国家科技图书文献中心专项资助

面向政府部门科技管理决策咨询研究服务系列丛书

香山科学会议
重点选题发展态势报告 2023

NSTL香山科学会议主题情报服务组　编著

电子工业出版社

Publishing House of Electronics Industry

北京·BEIJING

内 容 简 介

本书从国家科技图书文献中心（简称NSTL）面向香山科学会议前沿主题提供情报服务中，遴选深部地下储能、核酸生物结构化学与生物医学及健康、数字眼科与全身疾病认知方法及关键技术、营养素摄入与慢性病防控、中国西南山地生物多样性与生态安全，以及重要电子特气与湿电子化学品6个重要领域和方向，深入、系统地开展了国际战略规划、项目资助、基础研究、技术研发、重要企业及社会影响评价等针对性的情报分析和可视化展示，从国际科技发展和客观数据视角，为我国科学前沿重点领域和方向的科技创新发展与科技管理决策提供重要的参考依据。

本书所阐述的香山科学会议重点选题的领域和方向，选题新颖，具有前瞻性。本书采取了学科情报服务人员与领域研究专家密切合作的模式，数据资料翔实、分析全面透彻，适合政府部门科技管理人员、决策咨询研究人员和相关科技领域研究人员使用。

图书在版编目（CIP）数据

香山科学会议重点选题发展态势报告 . 2023 / NSTL香山科学会议主题情报服务组编著. —北京：电子工业出版社，2023.8

（面向政府部门科技管理决策咨询研究服务系列丛书）

ISBN 978-7-121-46105-7

Ⅰ.①香…　Ⅱ.①N…　Ⅲ.①自然科学 – 学科发展 – 研究报告 – 中国 – 2023　Ⅳ.①N12

中国国家版本馆CIP数据核字（2023）第152625号

责任编辑：徐蔷薇

印　　刷：北京捷迅佳彩印刷有限公司
装　　订：北京捷迅佳彩印刷有限公司
出版发行：电子工业出版社
　　　　　北京市海淀区万寿路173信箱　　邮编：100036
开　　本：787×1092　1/16　印张：22.5　字数：576千字
版　　次：2023年8月第1版
印　　次：2023年8月第1次印刷
定　　价：298.00元

凡所购买电子工业出版社图书有缺损问题，请向购买书店调换。若书店售缺，请与本社发行部联系，联系及邮购电话：（010）88254888，88258888。

质量投诉请发邮件至zlts@phei.com.cn，盗版侵权举报请发邮件至dbqq@phei.com.cn。

本书咨询联系方式：xuqw@phei.com.cn。

《香山科学会议重点选题发展态势报告 2023》
编委会

主　任：

　　许　倞

副主任：

　　郭志伟　李　普　田永生　燕　琳

编　委（按姓氏笔画排序）：

　　于建荣　刘细文　刘　韬　闫亚飞　吴　鸣

　　张　玢　张　超　阮梅花　赵晏强　陆　颖

　　唐小利　顾　方　鲁　瑛　靳　茜

主　编：

　　刘细文

副主编：

　　吴　鸣　靳　茜

当今世界面临百年未有之大变局，全球性问题影响深远，科技创新成为催动格局变化的重要因素，成为实现竞争力量转换的关键要素。世界各国都将科技创新作为国家战略的优先事项，把握科技发展态势，制定科技发展规划，改革创新体系和制度，完善创新管理制度，从整体上提高科技创新效能。因此，分析全球科技创新态势，了解科技创新的领域与主题布局已成为各级科技管理部门的大事。

科技信息机构和科技文献服务机构都将分析科技创新态势、服务科技管理决策作为重要的使命任务，作为本机构主要的服务拓展方向不断强化。科技信息机构依托科学计量学分析方法、大数据分析技术与工具、文本挖掘方法、信息计算技术等，围绕科技发展的热点、关键选题、重大科技进展等，组织专题进行深度分析，从不同层面刻画科技发展现状与态势，提出关于相关主题的科技发展趋势判断。经过几年来的不断探索，科技信息机构形成了开展学科领域（研究主题）发展态势分析的方法和结构，明确、间接客观地描述了科技创新的战略、布局、重点、进展、态势等，形成的相关研究报告得到了学科领域的战略科学家、管理专家、学者的高度认可，并支撑了重点领域方向的高层科技发展战略研讨会。

数字化技术、开放科学、开放存取的飞速发展与进步，使得学术信息快速可得且丰富多样。文献信息机构采集、整理的丰富学术信息为科技发展态势提供了重要支撑，也是这些机构开展学科态势分析的优势所在。科技论文、专利文献、会议文献等详细揭示了科学研究的成果和进展。综合性的学术信息分析，可以揭示科技发展态势，使人们可据此了解科技竞争状态。国家科技战略政策文件、科技项目立项等相关信息，可以从整体上揭示国家层面的科技布局，进而辅助科技管理与决策。科技论文、国家科技战略文件作为最重要的分析素材，以其权威性、系统性、公开性等特点，在国际科技态势分析中得到广泛应用。据此，国内科技信息机构梳理开放的科技战略政策文件、学术论文等，分析科技战略、科技布局的思路，揭示学科研究主题的演化轨迹和发展趋势。

国家科技图书文献中心（NSTL）作为国家科技文献信息资源战略保障基地和服务的集成枢纽，紧密围绕为政府科技决策提供咨询这一国家战略科技力量需求，面向入选香山科学会议的重要科学前沿和重大技术方向，组织 NSTL 香山科学会议主题情报服务团队，深入开展基于文献的情报研究服务，从国际科技发展和客观数据分析的视角，切实发挥国家科技信息平台的核心作用，助力高水平科技自立自强。2021—2022年，NSTL 面向实现碳达峰碳中和关键技术、缓解新能源供需难题、探索核酸化学生物技术带来的生命健康机遇、促进人工智能与数字医疗和疾病诊治交叉融合、支撑"健康中国行动、国民营养计划"，响应习近平总书记保护生物多样性、共建地球生命共同体的指示精神，以及支撑半导体先进制造关键材料的研发，遴选了深部地下储能、核酸生物结构化学与生物医学及健康、数字眼科与全身疾病认知方法及关键技术、营养素摄入与慢性病防控、中国西南山地生物多样性与生态安全，以及重要电子特气与湿电子化学品 6 个重要领域和方向，系统开展了国际战略规划、项目资助、基础研究、技术研发、重要企业及社会影响评价等情报分析和可视化展示，以为我国科技管理决策者和相关领域科技创新主体提供重要的参考依据。

期待更多的科技信息机构、咨询机构，充分利用 AI 技术、GPT 技术、现代情报分析方法等，创建更加科学合理的学科态势分析框架，发布更多的高水平科技发展态势分析报告。

国家科技图书文献中心主任

2023 年 6 月

充分利用科技文献、学术信息等,综合分析科技进展,揭示科技创新主题演化轨迹,阐明学科和主题科技创新的战略,已经成为科技信息机构、专业图书馆机构的基本任务。据此,我们形成了相对固定、科学、可行的揭示学科发展态势的框架和方法体系,并得到了众多顶尖科学家的赞许。自 2017 年以来,在国家科技图书文献中心(NSTL)的支持和资助下,我们每年都组织各成员单位、研究机构等,围绕近期香山会议的重点选题进行全面且深入的科学计量分析、情报分析,以揭示学科(主题)的发展轨迹和趋势。这些报告在香山会议中进行了专题汇报,并且支持了战略科学家的学科前沿研究工作,得到了学科领域科学家的认可。

为了将这些情报研究成果提供给学术界人士、科技管理者使用,同时,也为了展示科技信息机构开展科技情报服务的方法、水平与能力,我们从已完成的众多学科态势分析报告中精选出部分主题报告,集结出版。在后期编辑阶段,我们更新了原有数据,补充了部分分析性观点,修改了部分表述和结论。报告撰写人员在选题、框架搭建、数据分析、观点形成等阶段与相关领域的专家进行了深入沟通,得到了专家们的精心指导和帮助,在此一并表示感谢。

由于在数据来源、分析方法、专业知识、学术认知、专业能力等方面的局限,我们的态势报告分析框架、分析结论等还难免存在缺陷,恳请广大读者指正。

感谢香山科学会议办公室给予的大力支持和协助。

中国科学院文献情报中心主任

刘细文

2023 年 6 月

目 录 ▶ CONTENTS

第 1 章

深部地下储能领域发展态势分析

气候变化是人类面临的全球性问题，为了减轻气候变化的影响，《巴黎协定》明确提出将全球平均升温控制在相对于工业化前水平 2℃ 以内 [1]。"欧盟 2020—2030 年气候与能源政策框架"提出，到 2030 年温室气体排放比 1990 年减少 40%，可再生能源在能源消费结构中的比重至少提高到 27%。为避免气候变化造成的严重后果，如何有效解决碳排放问题成为全球关注的焦点，世界各国积极承诺实现碳中和目标，纷纷设定碳中和时间表。2020 年 9 月 22 日，习近平主席在第七十五届联合国大会上承诺，中国"二氧化碳排放力争于 2030 年前达到峰值，努力争取 2060 年前实现碳中和"。在发展低碳社会和减缓气候变化的努力下，新能源将成为未来电力供应的重要组成部分。各国都在积极研究和发展新能源技术，特别是风能、太阳能等用于发电的可再生能源大幅度增加。根据国际能源署统计数据，世界风能发电量从 2005 年的 104TWh 增加到 2019 年的 1427TWh，太阳能发电量从 2005 年的 4TWh 增加到 2019 年的 681TWh。可再生能源越来越多地纳入电网，将有助于实现温室气体减排目标。但同时也面临着一些问题，风能和太阳能等可再生能源发电具有波动性、不确定性，难以根据需求进行调整，其大规模并网将对电网的安全和稳定运行带来挑战。

储能技术是解决可再生能源大规模接入及提高常规电力系统和区域能源系统效率、安全性和经济性的迫切需要，是能源革命的关键支撑技术 [2]，得到世界各国的广泛关注。储能系统提供了平衡电力供应和电力需求的能力，可以改善电网性能，提升输电线路容量，缓解电压波动，提高电能质量和可靠性，即增加发电、传输和消费方式的灵活性，实现能源的弹性供给。大规模的储能系统可以容纳过多的非高峰期能源，在高负荷期间提供高功率能源，使发电厂全年以最高效率运行，实现能源分配和传输的灵活性，以及能源的安全供给。

[1] ROGELJ J, DEN ELZEN M, HÖHNE N, et al. Paris Agreement Climate Proposals Need a Boost to Keep Warming Well Below 2℃ [J]. Nature, 2016,534(7609):631.

[2] 陈海生，李泓，马文涛，等 . 2021 年中国储能技术研究进展 [J]. 储能科学与技术，2022，11(3):1052-1076.

为了有效利用需求低谷期的过剩能源，需要发展更多的能源储存形式。地下储能作为一种大规模能源存储技术具有广阔的应用前景。据估计，到 2060 年，我国地下储能工程将有 3 万亿～ 4 万亿元的市场规模，全球市场规模将达到 10 万亿元以上[1]。谢和平等人[2]提出深部开采及能源储存研究已经成为紧迫任务，需要研究建立深部资源开发与能源储存理论和技术体系，如何安全、可靠地开展深部能源储存，需要寻求理论和技术的重大突破。地下储能可以充分利用地下闲置空间，实现多种形式能量的大规模高效存储，对于优化能源结构、促进清洁能源生产、保障国家能源安全具有重要意义，是实现国家可持续发展和绿色发展战略的重要选择。

1.1　深部地下储能领域研究概况

1.1.1　地下储能分类

根据存储介质和功能的不同，地下储能主要分为压缩空气储能（CAES）、地下天然气存储（UGS）、地下储氢（UHS）、地下储油、地下抽水蓄能（UPHES）、地下重力储能（UGES）、地下热能存储（UTES）和地下储氦等。

1.1.1.1　压缩空气储能

压缩空气储能（Compressed Air Energy Storage，CAES）是基于燃气轮机技术发展起来的一种能量存储系统，其工作原理是利用用电低谷时富余电力将空气压缩并储存在储气设备中，在用电高峰时再将压缩空气释放出来推动透平发电。压缩空气储能的思想于 20 世纪 40 年代初被提出[3]，压缩空气储能对地理条件无特殊要求，建造成本和响应速度与抽水蓄能电站相当，使用寿命长，储能容量大，是最具发展潜力的大规模储能技术之一。对于微小型压缩空气储能电站来说，压缩空气的储气设备一般采用地面钢罐（管）；对于大规模压缩空气储能电站（100MW 以上）来说，由于储能所需的空间容积可达十万立方米，甚至百万立方米级别，因此其储气设备一般采用地下储气库。

压缩空气储能发电已有成熟的运行经验，最早投运的机组已经安全运行了 40 多年。目前，全球范围内已有两座大规模压缩空气储能电站投入商业运营：德国的亨托夫压缩空气储能电站和美国亚拉巴马州的麦金托什压缩空气储能电站，分别于 1978 年

[1] 肖立业，张京业，聂子攀，等 . 地下储能工程 [J]. 电工电能新技术，2022，41(2):1-9.
[2] 谢和平，高峰，鞠杨，等 . 深地科学领域的若干颠覆性技术构想和研究方向 [J]. 工程科学与技术，2017，49(1): 1-8.
[3] BUDT M, WOLF D, SPARN R, et al. A Review on Compressed Air Energy Storage:Basic Principles,Past Milestones and Recent Developments[J]. Applied Energy, 2016(170):250-268.

和 1991 年投入运营。其中，亨托夫压缩空气储能电站是世界上容量最大的压缩空气储能电站，其将压缩空气存储在地下 600m 的废弃矿洞中，矿洞总容积达 $3.1\times10^5m^3$，压缩空气的压力最高可达 10MPa；麦金托什压缩空气储能电站作为世界上第二座投入运营的商业压缩空气储能电站，位于地下 450m，总容积为 $5.6\times10^5m^3$。另外，日本于 2001 年在北海道空知郡投运了上砂川町 2MW 压缩空气储能示范项目，利用废弃煤矿坑作为储气洞穴（位于地下约 450m 处）。其余国家，如中国、德国、英国、瑞士、加拿大、澳大利亚和韩国等也在积极开发压缩空气储能电站技术。我国对压缩空气储能系统的研究开发较晚，中国科学院工程热物理研究所自 2004 年开始压缩空气储能技术的研发，提出了先进压缩空气储能新原理，已经突破了 1～100MW 级压缩空气储能系统关键技术，整体研发进程及系统性能都达到了国际领先水平。2022 年 5 月 26 日，历时两年建成的世界首座非补燃式压缩空气储能电站——江苏金坛压缩空气储能电站并入国家电网投产，这是我国首个盐穴压缩空气储能电站，位于地下约 1000m，一期储能装机 60MW，远期规划建设规模 1000MW[1]。

地下压缩空气储能面临的主要挑战是适当地理存储位置的可用性。理论上，在盐穴、硬岩和多孔岩层中建造压缩空气储库被证明是可行的。然而，在实践中，大型地下压缩空气储库建设的成熟经验仅限于盐穴中的采空区。在适合压缩空气储能的地质构造中，盐岩层中的盐腔更易开发，多孔岩层成本最低[2]，硬岩洞穴成本较高（见表 1-1）。近年来，开始有研究涉及多孔岩层中的压缩空气储能。例如，美国太平洋天然气和电力公司（Pacific Gas and Electric Company，PG&E）先进压缩空气储能示范项目，致力于测试多孔岩层作为加利福尼亚州压缩空气储库的适用性，并演示此类项目设计中的技术优化。该项目分为三个阶段：第一个阶段包括选址、储层测试、项目初步设计、环境评估和竞标（时长：4.5 年）；第二个阶段包括获批建设和测试完整的压缩空气储能项目（时长：6 年）；第三个阶段包括项目运营和监测（时长：至少 2 年）。

表 1-1 压缩空气储能存储介质和设备配置[3]

储层	存储能力（kWe）	功率（kW）	储能组件（kWh）	存储时间（小时）	总成本（美元/kW）
盐穴	200	350	1	10	360
多孔介质	200	350	0.1	10	351
硬岩洞穴	200	350	30	10	650

[1] 央视网. 我国首个盐穴压缩空气储能电站并网投产 [EB/OL]. (2022-05-26)[2022-07-18]. http://news.cctv.com/2022/05/26/ARTIuIJUo31SuQ4N4okkU7XU220526.shtml.

[2] BARNES F S, LEVINE J G. Large Energy Storage Systems Handbook[M]. USA:CRC Press, 2011:1-236.

[3] OLABI A B, WIBERFORCE T, RAMADAN M, et al. Compressed Air Energy Storage Systems: Components and Operating Parameters-A Review[J]. Journal of Energy Storage, 2021, 334:102000.

1.1.1.2 地下天然气存储

目前，地下天然气存储（Underground Gas Storage，UGS）作为一项成熟技术在全世界得到广泛应用。国际天然气联盟预测，到 2030 年地下储气库调峰需求量将达到 5030 亿 m^3，预计需要新增工作气量 1406 亿 m^3 才能满足今后的调峰需求，在现有地下储气库的基础上，需要新建 183 座地下储气库。自 1915 年加拿大在 Welland 气田建立第一座地下储气库起，全球地下储气设施建设已有 100 多年的历史，地下储气库的建设经历了发展初期、快速发展期和平稳发展期[1]。过去 100 多年中，地下储气库的数量和容积不断增长。国际天然气联盟统计数据显示，全球已建储气库达到 700 余座[2]，储气库分为油气藏型、盐穴型、含水层型和矿坑型，其中以油气藏型为主。储气库主要分布在北美、欧盟和俄罗斯等较为成熟的天然气市场。其中，美国一直高度重视地下储气库的建设和运营管理，储气库产业发展最为成熟，建设运营以油气藏型为主（见图 1-1）；欧盟各国积极建设地下储气设施，主要将天然气存储于枯竭油气藏和盐穴中。未来 10 ～ 20 年，全球地下储气库调峰需求量将越来越大，地下储气库数量和规模将会随需求量不断扩大。

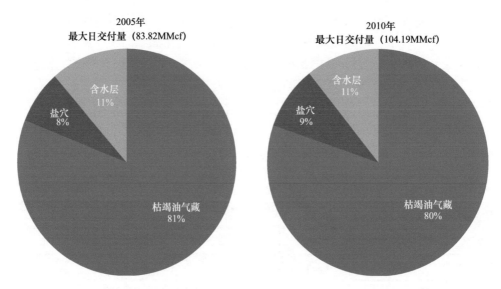

图 1-1　不同储层中的天然气占美国天然气存储总量之比

[1] 马新华，郑得文，魏国齐，等 . 中国天然气地下储气库重大科学理论技术发展方向 [J]. 天然气工业，2022，42(5):93-99.
[2] 郑雅丽，邱小松，赖欣，等 . 盐穴储气库地质体完整性管理体系 [J]. 油气储运，2022，41(9):1021-1028.

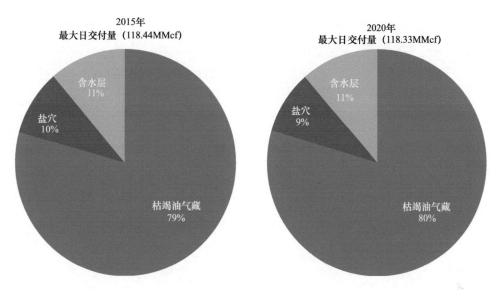

图 1-1　不同储层中的天然气占美国天然气存储总量之比（续）

数据来源：美国能源信息署。

　　中国地下储气库的发展起步较晚，最早于 20 世纪 60 年代末在大庆油田开始尝试将废弃油气藏改建为地下储气库，1999 年我国首次在大港油田利用枯竭凝析气藏建成了第一座真正商业化的调峰储气库——大港大张坨地下储气库，并于 2000 年投产运行。2007 年年底，我国第一个盐岩地下储气库——金坛储气库开始运营，这是国内第一个盐岩地下储气库，也是世界上第一个利用已有溶腔改建而成的储气库。截至 2015 年，我国已建成 11 座地下储气库（库群），包括 10 座油气藏型储气库和 1 座盐穴储气库（见表 1-2）[1]。尽管当前新形势下天然气需求量增速放缓，供应宽松，但随着大气治理的迫切需要和碳减排与碳交易市场的建立，中长期天然气需求量将不断增长。据预测，2030 年全国天然气消费量将达到 4000 亿 m³，对外依存度将超过 40%，按照国际平均水平 12% 测算，调峰需求量将达到 480 亿 m³，而我国现有地下储气库调峰设施仅 180 亿 m³，地下储气库建设正处于黄金发展期[2]。依据国家总体战略部署，我国将形成四大区域性联网协调的储气库群：东北储气库群、华北储气库群、长江中下游储气库群和珠江三角洲储气库群[3]。目前，我国地下储气库的发展虽取得一些进展，但是依旧处于初级发展阶段[4]。

[1] 陆争光 . 中国地下储气库主要进展、存在问题及对策建议 [J]. 中外能源，2016，21(6):15-19.

[2] 中国石油天然气集团公司 . 中国石油储气调峰规划研究 [R]. 北京：中国石油天然气集团公司，2015.

[3] 石油商报 . 中国石油储气库建设发展纪实 [EB/OL]. (2018-01-15)[2022-07-18]. http://center.cnpc.com.cn/sysb/system/2018/01/12/001674978.shtml.

[4] 同 [1].

表 1-2　我国在役地下储气库明细[①]

名称	类型	座数（座）	设计参数		注气能力（标准状态）（m³·d⁻¹）	采气能力（标准状态）（m³·d⁻¹）	投产年份	运营商
			库容量（10⁸m³）	工作气量（10⁸m³）				
大港库群	油气藏	6	69.6	30.3	1300	3400	2000	中国石油
金坛	盐穴	1	26.4	17.1	900	1500	2007	中国石油
京 58 库群	油气藏	3	15.4	7.5	350	628	2010	中国石油
刘庄[②]	油气藏	1	4.6	2.5	110	204	2011	中国石油
文 96[③]	油气藏	1	5.59	2.95	200	500	2012	中国石化
苏桥	油气藏	5	67.4	23.3	1300	2100	2013	中国石油
双 6	油气藏	1	41.3	16	1200	1500	2013	中国石油
相国寺	油气藏	1	42.6	22.8	1400	2855	2013	中国石油
呼图壁	油气藏	1	117	45.1	1550	2800	2013	中国石油
板南	油气藏	3	10.1	4.3	240	400	2014	中国石油
陕 224	油气藏	1	10.4	5.0	230	417	2015	中国石油
合计		24	410.39	176.85	8780	16304	—	—

注：①部分数据来源于中国石油勘探开发研究院廊坊分院和中国能源网等权威网站；②刘庄储气库目前依旧归属于中国石油，用于西气东输冀宁线用户季节调峰；③文 96 储气库建库时属于中国石油，1998 年石油系统重组后划归中国石化，用于中原地区调峰供气。

目前，用于地下天然气存储稳定安全存储的储层主要有枯竭油气藏、含水层和盐穴。在瑞典和美国，也有在工程洞穴、废弃煤坑和衬砌岩洞（Lined Rock Cavern，LRC）中开发的更为昂贵的储层。通常，地下天然气存储可以根据不同的规模和需求情况进行开发，如峰值存储（小型储层，常为盐穴或小型枯竭气藏）和季节性存储（大型含水层和枯竭油气藏用以平衡几周至数月的高需求期）。

1. 枯竭油气藏储气库

枯竭油气藏储气库利用枯竭的气藏 / 油藏建成，主要包括枯竭的干气藏、凝析气藏和油藏等，是天然气地下存储的主要储层。枯竭油气藏用作地下储气库可以利用已有设施，降低成本，同时枯竭油气藏的地质特征认知程度高，具有天然的密封性，储气量及调峰量大，可用于季节性调峰和战略储备，是三种不同地下储库中，最经济，最易开发、运营和维护的储层。

1950 年以前，几乎所有的天然气存储设施都建于枯竭油气藏中。其中，1915 年，加拿大安大略省韦兰首次成功地将天然气存储于地下枯竭气藏中。在美国，第一个存储设施位于纽约布法罗以南，到 1930 年，美国 6 个不同的州建立了 9 个地下储气库。

2. 含水层储气库

含水层是地下多孔、可渗透的岩层，起着天然蓄水层的作用。在密封可靠的盖层下注入高压天然气、驱替岩层中的水能形成含水层储气库。含水层储气库储量大，仅次于枯竭油气藏。目前，全球共有 80 多座含水层储气库，占地下储气库总数的 12% 左右[1]。法国、德国、俄罗斯等欧洲国家的含水层储气库技术发展比较成熟。

与其他储层相比，含水层不是理想储层。首先，含水层的地质特征认知程度低。为了研究含水层的地质特征并确定其作为天然气储存设施的适用性，必须进行勘探测试。地层的面积、自身的组成、孔隙度及地层压力都必须在地层开发之前确定。此外，储层的容量不确定，建库成本相对较高。含水层储气库建设必须开发相关的基础设施，建设周期长。由于含水层充满水，某些情况下必须使用强大的注入设备，以提供充足的注入压力。对存储于含水层中的天然气进行提取时，通常需要进行脱水处理。与枯竭油气藏相比，含水层用作储层需要更多的垫底气。由于含水层储层用作天然气存储的成本高于枯竭油气藏，这种类型的存储设施通常只在附近无枯竭油气藏的地区使用。

3. 盐穴储气库

地下盐岩地层为天然气存储提供了另一种选择，非常适合天然气存储。盐穴储气库密封性好、日提取量大、垫底气少（只需约 33% 的天然气总量作为垫底气）、注采转换灵活，可用于日、周调峰，但是这种储气库容积相对较小，扩容速度较慢，单位有效容积的建设成本相对较高。通常情况下，用于天然气存储的盐穴位于地表以下 1500 ～ 6000 英尺[2]。

成功的地下储气项目，涉及三个关键问题：地下空间存储容量的最大化、存储成本的最小化和井筒的完整性（包括注入井、生产井、现有的旧井和废弃井）。为了达到储能大、节约成本的目的，应尽可能利用现有井。现场经验和理论分析表明，采用裸眼砾石充填技术可以避免射孔充填困难问题，并可以扩大产能，保证生产能力。Florian 等人[3]的研究表明，用裸眼砾石充填代替套管内砾石充填可以将现有井转换为高产能井。此外，井的完整性是确保天然气长期安全封存的先决条件。在断层相关的地质环境中，影响井的完整性的两个主要因素是断层活化和盖层内裂缝的渗透率。断层稳定性和盖层完整性是整个地下储气库安全评价的重要组成部分，应限制断层和盖层承受的最大流体压力，避免岩石破坏。已有研究成果表明，流体的注采可能破坏断层的原始封闭能力，引起断层活化，断层封闭性分析是断层稳定性评价的必要前提。

---

[1] 李国兴. 地下储气库的建设与发展趋势 [J]. 油气储运，2006(8):4-6,12.

[2] 1 英尺等于 0.3048m。

[3] FLORIAN T, UEBERER W, NEDERLOF E. Increasing the Capacity of an Underground Gas Storage by Optimized Well Completions, Matzen Field, Austria[R]. The Netherlands, EUROPEC/EAGE Conference and Exhibition, 2009.

目前，我国已经形成了油管选择、井漏控制、井下安全阀、井下可回收封隔器、地层损伤预防等关键的前沿成熟技术，但是焊接套管技术的应用还不够成熟 [1]。

1.1.1.3 地下储氢

氢气作为一种清洁能源，能够减少温室气体和细颗粒物的排放，并且氢气可以转化为电或热，成为一种储存能量的载体。氢储能概念诞生于 20 世纪 70 年代中期，当时高昂的制氢价格限制了氢气的开发。在碳中和背景下，氢能被认为是"21 世纪终极能源"，属于全产业链清洁能源。根据世界氢能委员会预测，到 2050 年全球终端能源需求的 18% 将来自氢能。氢能产业发展到 2060 年对我国碳中和目标的贡献率将达到 13% 左右 [2]。地下储氢（Underground Hydrogen Storage，UHS）既可以为风能等间歇性能源提供电网储能，也可以为发电和运输提供燃料。因此，氢既可以用于短期和小规模应用，也可以用于长期和大规模应用。未来几年内，地下储氢可能会成为可再生能源产生的剩余电能存储的经济可行解决方案。

氢气最早以 50% ～ 60% 的比例混合于甲烷中用于形成人造煤气，并注入地下含水层和盐穴进行存储。法国、德国和前捷克斯洛伐克均使用该方法进行了人造煤气存储。其中，法国天然气工业股份有限公司将含有 50% 氢气的煤气存储于地下含水层中；德国的城市煤气存储在体积为 $3.2\times10^4m^3$ 的盐穴中，氢气含量达 60%；捷克的罗伯蒂斯将氢气含量约为 54% 的城市煤气储存于 400 ～ 500m 深的咸水层中。后来，英国的提赛德和美国的得克萨斯州成功建成了纯氢气地下盐穴储库（95% 的氢气及 3% ～ 4% 的二氧化碳），这些地下储氢经验证明氢气可以实现地下长期安全存储。近年来，纯氢气地下存储的案例并不多，其中，德国、法国和英国等 7 个国家的 12 家机构发起的利用氢气地下能源大型存储项目 HyUnder（2012—2014 年），首次在全欧洲范围内评估了在地下盐穴中长期存储氢气用于可再生电力的潜力。近年来，以美国为代表的世界发达国家地下储氢技术迅速发展。尽管我国地下储氢研究较少，尚无地下储氢实践 [3]，但是随着我国能源产业结构的调整，地下储氢技术作为能源结构调整的重要手段也将被逐步纳入战略日程。

理论上讲，氢气的地下存储方法与天然气存储方法类似（可以存储于枯竭油气藏、含水层和盐穴），地下储氢与数百年来石油公司广泛使用的天然气地下存储或二氧化碳地下存储并无明显区别。考虑到气态氢的具体特征，地下储氢可以参考借鉴在全球各

[1] BAI M X, SHEN A Q, MENG L D, et al. Well Completion Issues for Underground Gas Storage in Oil and Gas Reservoirs in China[J]. Journal of Petroleum Science and Engineering, 2018, 171:584-591.
[2] 贾英姿，袁璇，李明慧. 氢能全产业链支持政策：欧盟的实践与启示 [J]. 财政科学，2022, (1):141-151.
[3] 柏明星，宋考平，徐宝成，等. 氢气地下存储的可行性、局限性及发展前景 [J]. 地质论评，2014：60(4):748-754.

种地质构造中建造地下储气库的多年经验[1,2]。然而，由于氢分子体积小、易扩散，对储库的密封性有很高的要求，要求地质储层和上覆岩层具有良好的密封性。由于氢气可能会与枯竭油气藏中的残留油发生氢反应，因此其不适用于氢气存储。含水层可以用于氢存储，但是其地质结构鲜为人知，并且含水层所需的垫底气量很大，限制了其用作氢存储。盐穴是氢气存储的最佳选择，相对于氢气，盐是惰性的，盐穴具有很好的气密性。目前，地下储氢技术发展还不够成熟，其中以盐穴储氢最为先进[3]。

德国波茨坦地球科学研究中心指出，地下储氢在盖层岩石、氢气羽流、注采、垫底气、地质结构等方面存在不确定性，面临如下挑战：①考虑到储层和盖层的地质完整性、氢气地下化学反应等问题，需要满足地层多孔高渗、高地层压力、盖层低渗透或不渗透、合理的氢气注采速率等条件。②氢气地下化学反应、井筒完整性、氢气采出纯度及材料耐久性等问题。地下储氢受完井条件、地层化学反应、采出纯度等问题制约，应避免选择易与氢气发生化学反应的储层进行储氢开发[4]。在地下多孔介质中进行储氢的经验有限，虽然可以借鉴地下天然气存储、压缩空气存储和二氧化碳地质存储的经验，但是，地下氢存储还需考虑以下问题：①与甲烷相比，氢气的分子直径和动力黏度小很多，导致氢气具有很强的流动性和较高的泄漏风险；②氢可能会与地下矿物或流体发生反应，从而影响氢存储，特别是硫酸盐、碳酸盐和硫化矿物的富集地层，一般不宜进行地下储氢；③氢气在地层细菌的催化作用下易与其他气体发生化学反应，可能是导致地下耗氢微生物生长的原因；④氢的纯度可能会受到重复的注采循环的影响，从而影响氢气的利用效率。

研究人员对含水层、枯竭油气藏和盐穴中地下储氢的相关地质、技术和环境要求进行了汇总，如表 1-3 所示。

表 1-3　地下储氢相关的地质、技术、环境和成本汇总[5]

储层	含水层	枯竭油气藏	盐穴
深度	深度不同，最佳可达 2000m	深度不同，最佳可达 2000m	深度不同，最佳可达 1500m
储层 / 盖层岩性	储层岩石具有高孔隙度和高渗透率，顶板岩石密封性好，不开裂	储层岩石具有高孔隙度和高渗透率，顶板岩石密封性好，不开裂	盐丘、盐层

[1] IORDACHE M, PAMUCAR D, DEVECI M, et al. Prioritizing the Alternatives of the Natural Gas Grid Conversion to Hydrogen Using a Hybrid Interval Rough Based Dombi MARCOS Model[J]. International Journal of Hydrogen Energy, 2022,19:47.

[2] TARKOWSKI R. Perspectives of Using the Geological Subsurface for Hydrogen Storage in Polandl[J]. International Journal of Hydrogen Energy, 2017,42(1):347-355.

[3] WIELICZKO M, STETSON N. Hydrogen Technologies for Energy Storage: A Perspective[J]. MRS Energy & Sustainability, 2020,7:43.

[4] 柏明星，宋考平，徐宝成，等．氢气地下存储的可行性、局限性及发展前景 [J]. 地质论评，2014，60(4):748-754.

[5] TARKOWSKI R. Underground Hydrogen Storage: Characteristics and Prospects[J]. Renewable and Sustainable Energy Reviews, 2019, 105:86-94.

（续表）

储层	含水层	枯竭油气藏	盐穴
认可度	低，最近在评估二氧化碳地质封存潜力的背景下得到了欧洲的认可	得到公认	欧洲盐层得到公认
存储能力	很高	很高，接近开采量	高，与盐穴的体积对应
气密性	含水层的气密性最初未知	气藏的存在证实了其密封性	盐岩的良好性质保证了密封性
必要研究	可能的渗漏路径（地球物理调查、勘探钻孔和钻孔测试、岩样的实验室测试）；氢气与岩层及其封闭覆盖盖层之间的化学、矿物学和生物反应性；氢气渗透的密封性、严密性监测和储层压力控制；存储站点的详细特征和数字模型的创建	密封性监测和储层压力控制；氢气与岩层及其封闭覆盖盖层之间的化学、矿物学和生物反应性；氢气渗透的密封性；存储站点的详细特征和数字模型的创建	盐穴浸出过程中盐穴的地球物理调查；运行期间洞室变化的定期测量；存储站点的详细特征和数字模型的创建
世界各地已有经验	大量地下储气库成功运行，没有纯氢存储经验	大量地下储气库成功运行，没有纯氢存储经验	有氢气和其他气体的存储经验
注采周期	每年最多两次注采循环	每年最多两次注采循环	每年最多可进行 10 次注采循环
注采循环的灵活性	用于季节性存储	用于季节性存储	可用于比季节性更高频率的存储
抽出气体中的杂质	产生 H_2S 和 CH_4 等气体，出现氢气损失	产生 H_2S 和 CH_4 等气体，出现氢气损失，剩余碳氢化合物与氢气在枯竭油气藏中混合	氢和夹层（除盐岩外）之间不良反应产生的杂质
局限性	改造现有钻孔进行储氢可行性差；需要为存储系统的建设和运行提供合适的技术和设备	改造现有钻孔进行储氢可行性差；需要为存储系统的建设和运行提供合适的技术和设备；氢与液态烃的反应限制了枯竭油藏的使用	收敛变形导致洞穴阻塞；为存储系统的建设和运行提供合适的技术和设备；溶洞浸出水的可用性
建设与运维费用	高于盐穴或油气藏储存成本	枯竭气藏成本最低，油藏的成本较高	高于枯竭油气藏

此外，鉴于地下储氢过程中氢气的性质、储层地质标准和运营成本，研究人员提出地下储氢需要优先考虑以下问题[1]。

1. 选址

选址对于地下储氢意义重大，储层性质会影响氢的存储，储层类型会导致氢气的流失，存储地点会影响储氢的经济性和可信性，盖层的密封性和完整性会影响氢气的泄漏。

---

[1] ZIVAR D, KUAMR S, FOROOZES H J. Underground Hydrogen Storage: A Comprehensive Review[J]. International Journal of Hydrogen Energy, 2021,46(45):23436-23462.

针对以上问题，储氢过程中要求尽量选择高孔隙率和渗透率的多孔岩层，并且盖层要具有一定的防渗性，以避免泄漏。例如，可以采用选择性储氢技术，在分层含水层中储氢，以防止气体的泄漏和损失。储存地点的可用性，以及其与管道和氢源的距离及设施的供应等都会影响储氢的经济性和可行性，因此优先选择靠近氢源和管道的场所进行储氢。盐层和黏土层具有良好的密封性和水力完整性，是常见的盖层类型。

2. 注入策略

注入井的布置控制着储氢的效率，避免了横向扩散和氢气与已存在流体的接触；注入的速率会导致气体的横向扩散和指进，从而导致氢气的损失；存在垫底气时，会导致加压过程加快和剩余氢的饱和度降低。

针对以上问题，如果盖层下方有多个注入井，则可以从侧向扩散、溶解和气体指进中节约大量氢气。较低和稳定的注入速率有利于减少氢气的损失，储氢过程中应控制注入速率和注入压力，考虑适当的安全裕度。因为二氧化碳的密度很高，可以考虑将二氧化碳用作垫底气，从而有效减缓温室效应，取得很好的环保效益。

3. 水动力学影响

氢气的横向扩散和气体指进问题会导致不稳定的驱替和气体的泄漏。

针对以上问题，建议选择最佳注入速率和合适的储层结构，其中，陡倾构造和厚砂有利于抑制氢气指进。

4. 生物、地球化学和细菌效应的研究

二氧化碳的存在会导致产甲烷和产乙酰反应，形成或将氢转化为 CH_4 和 CH_3OO^-；与 SO_4^{2-} 的还原反应，将氢气转化为 H_2S，将 Fe^{3+} 还原为 Fe^{2+}；与黏土矿物（高岭石、伊利石和长石等）发生沉淀/溶解反应，导致渗透率和孔隙率发生变化。

针对以上问题，对上述反应的监测有利于避免储层孔隙度、渗透率的降低和盖层孔隙度、渗透率的提高。

5. 生物、化学反应机制与监测

气体的混合可能会引起垫底气与氢气发生反应，从而降低回收气体的质量；磁滞现象会捕集气体，降低存储效率；可回收氢气量会因损失而减少；氢气可以穿透盖层导致泄漏；混合气体注入中氢的纯度会影响其流动特性和传输机制，还可能影响水力完整性、地球化学机制、微生物反应以及设施和材料的可靠性。需要关注这些问题的机制研究和监测。

针对以上问题，建议使用与氢气密度差较高的气体作为垫底气，采用适当的注入速率，加强对预先存在流体和岩石矿物学的研究。

6. 抽取策略

抽取井的位置分布控制着氢气的存储效率；提取率会导致流体凝结、压力下降，从而导致效率降低；循环持续时间、循环次数及杂质等会影响提取氢的纯度。

针对以上问题，建议抽采过程中在盖层下面设多个浅抽采井，在高渗透区域提高注入能力和采出效率；高抽采率会导致流体凝结，建议在井中保持恒定压力；随着循环次数的增加，存储性能将得到提高；延长每个循环之间的持续时间有助于氢气与预先存在气体的分离，提高氢气纯度，同时应该从抽出的气体中进行杂质去除。

现有关于地下储氢的研究主要基于天然气和二氧化碳存储相关的研究和实践经验开展。近年来，地下储氢选址中的地质条件分析越来越受重视。Duigou 等人[1] 分析了法国大规模地下储氢的经济可行性和商业案例，论证了地下盐穴储氢是地质构造良好、国家大规模储电技术的可行选择。Lewandowska 等人[2] 通过对波兰未发育盐丘地质识别知识状况的详细分析，评估了盐丘在储氢方面的适用性，所提出的评价方法也适用于其他天然气的储气库选址及其他有地下盐层地区的类似工程。Tarkowski[3] 提出将层次分析法（AHP）用于储氢地质构造（含水层、油气藏和盐构造）的选择，对计划的地下储氢地点（地质构造）进行排序，以选择最佳结构进行地下储氢，具有良好的应用前景。针对我国盐穴储氢库，有研究人员指出应加强防氢渗透氢脆材料系列、储氢库地面配套设备、氢气除杂技术和地下微生物化学反应评估等方面的研究[4]。

1.1.1.4 地下储油

为了将石油安全储存于地下岩洞，瑞典"岩石力学和石油储备之父"Hageman 提出了"瑞典法"——将石油储备在地下水位线以下的非衬砌岩洞中，并于 1938 年申请了专利[5]。20 世纪 60—70 年代，形成了比较成熟的施工技术，储存介质也扩展到液化石油气。国际上主要的 30 多个国家共建有地下水封石油洞库 200 多处[6]，主要分布在瑞典、芬兰、挪威、法国、德国和沙特阿拉伯等国家[7]。

近年来，我国能源对外依存度不断攀升，2008 年起我国石油对外依存度突破

[1] DUIGOU A L, BADER A G, LANOIX J C, et al. Relevance and Costs of Large Scale Underground Hydrogen Storage in France[J]. International Journal of Hydrogen Energy, 2017,42(36):22987-23003.

[2] LEWANDOWSKA- ŚMIERZCHALSKA J, TARKOWSKI R, ULIASZ-MISIAK B. Screening and Ranking Framework for Underground Hydrogen Storage Site Selection in Poland[J]. International Journal of Hydrogen Energy, 2018, 43(9):4401-4414.

[3] TARKOWSKI R. Underground Hydrogen Storage: Characteristics and Prospects[J]. Renewable and Sustainable Energy Reviews, 2019, 105:86-94.

[4] 付盼，罗淼，夏焱，等. 氢气地下存储技术现状及难点研究 [J]. 中国井矿盐，2020，51(6):19-23.

[5] 时洪斌，刘保国. 水封式地下储油洞库人工水幕设计及渗流量分析 [J]. 岩土工程学报，2010(1):130-137.

[6] 王梦恕，杨会军. 地下水封岩洞油库设计、施工的基本原则 [J]. 中国工程科学，2008(4):11-16,28.

[7] 杜国敏，耿晓梅，徐宝华. 国外地下水封岩洞石油库的建设与发展 [J]. 油气储运，2006(4):5-6.

50%，2020 年超过 70%。我国的战略石油储备比较落后，战略石油储备量远低于美国、德国、法国等欧美发达国家。这与我国世界第二大经济体的国际地位极不相称，加之我国又是石油资源相对贫乏的国家，我国的石油安全面临着严峻考验，亟须建立大规模战略石油储备体系。

深部地下石油储备被誉为"高度战略安全的储备库"，表现出良好的经济性，占地面积少，易存储，是安全、经济、高效的存储方式。其中，盐岩因其低渗透率、低孔隙度、良好的流变性和自愈性，被国际社会公认为能源（石油、天然气、液化石油气等）储存的最佳介质。利用地下盐穴储备库进行石油及其产品的存储已经被众多发达国家采用，自 20 世纪 70 年代开始，西方发达国家开始在盐腔中存储石油，对盐岩储库围岩力学渗透特性进行了广泛、深入的研究。据统计，至今已有近 36 个国家实施了地下石油储备工作，其中美国 90%、德国 50%、法国 30% 的石油储存于盐岩库群中 [1]，具体情况如下 [2]。

1. 美国盐穴地下石油储备

美国的石油储备主要采用地下盐穴存储，均储藏在地下 610 ~ 1200m 深的巨型盐洞中。单个储油库所包含的洞穴数从 6 个到 22 个不等。美国石油储备比较集中，主要储存在 5 个地方：得克萨斯州 Bryan Mound（存储能力为 2.26 亿桶）、Big Hill（1.6 亿桶），路易斯安那州 West Hackberry（2.19 亿桶）、Bayou Choctaw（7500 万桶）、Weeks Island（7200 万桶），总存储能力为 7.5 亿桶。每个储备基地都由数量不等的盐穴组成，这些盐穴储气库的腔体高约 250m、直径约 70m、两腔间距约为腔体直径的 1.5 ~ 2 倍。

2. 德国盐穴地下石油储备

德国的原油主要储存在下萨克森州 1000 ~ 1500m 深的废弃盐矿中。德国地下储备库从北到南都有分布，西北部地区较多，绝大部分盐穴储备库用来储存原油，主要的 4 个储油基地共有 58 个溶腔，其中 Rüstringen 35 个（含战略储备 9 个）、Sottorf 9 个（战略储备）、Heide 9 个（战略储备）、Lesum 5 个（战略储备），总储存能力 1000 万 m^3。

3. 法国盐穴地下石油储备

法国在不同的地区利用盐穴储备各类石油产品，在利森地区储存成品油 120 万 m^3，在马洛斯地区存储 1400 万 m^3 轻质油，在钮因汉拓夫存储 30 万 m^3 轻质油，在不勒克森存储 300 万 m^3 成品油，在伊特斯尔利用 33 个盐穴存储 12 万 m^3 成品

---

[1] 张楠 . 层状盐岩储油库围岩力学和渗透特性及安全评价研究 [D]. 重庆：重庆大学，2019.

[2] 中国能源报 . 国外盐穴地下石油储备概况 [EB/OL]. (2015-05-29)[2022-07-18]. https://oil.in-en.com/html/oil 2344746.shtml.

油，另外还在法德边境存储了 4.5 万 m³ 成品油。

法国的 Manosque 盐穴储备库，位于法国东南马赛附近的 Manosque 小镇，距地中海约 100km。盐穴储备库位于低山丘陵区，占地面积 2km²，盐层厚度在 500～1000m 之间，盖层厚度在 200～1000m 之间。该储备库自 1968 年开始建设，目前建有 28 个盐腔，其中 14 个储备原油，另外 14 个储备不同的成品油，储存能力达 817 万 m³，溶腔体积在 20 万～50 万 m³ 之间，占法国国家战略储备的 40%。

我国石油战略储备主要以地面储罐存储为主，地下盐穴储油库的建设还一直处于论证等待阶段，盐穴石油地下储备远落后于发达国家[1]。未来，利用深部地下空间进行石油战略储备是我国石油战略储备的重要发展方向[2]。

1.1.1.5 地下抽水蓄能

抽水蓄能（Pumped Hydroelectric Energy Storage，PHES）是目前最具规模的储能方式，也是全球最成熟的大规模储能方法[3]，早在 1890 年就开始使用[4]，其具有储能潜力大、时间长、效率高等特点，预期效率为 90%。抽水蓄能选址标准包括充足的水源、有利的地形、广泛的社会可接受性和经济可行性。在地形不适合传统抽水蓄能的地区，地下抽水蓄能提供了一种更具吸引力的替代方案[5]。地下抽水蓄能（Underground Pumped Hydro Energy Storage，UPHES）系统的思想最早由 Fessenden 于 1910 年提出[6]，通过两个不同高度的水库来储存和利用水的势能。地下抽水蓄能的下部储水层是一个或多个地下洞室，不受地形的限制。抽水蓄能电站将水从低海拔抽到高海拔时，以水势能的形式储存电能，在需求高峰时可以将势能转换回电能。储能能力与出水量、高度差有关。由于地球重力相对较弱，系统的能量密度较低，因此需要较大的高度变化或较大的水量进行大量的能量存储。

地下水库可以在不同深度的岩层中挖掘，对于小型设施（10kW～0.5MW）也可以从现有的含水层或其他自然存在的地下水围堵层中挖掘，对于大型水电站（1000～3000MW）而言，最适宜的地下储层类型为工程洞穴或废弃矿井。地下抽水蓄能因在减少环境影响、提高选址灵活性和经济竞争力方面具有潜在优势，目前正得

[1] 李娜娜，赵晏强，王同涛，等 . 趋势观察：国际盐穴储能战略与科技发展态势分析 [J]. 中国科学院院刊，2021，36(10):1248-1252.

[2] 杨春和，王同涛 . 深地储能研究进展 [J]. 岩石力学与工程学报，2022，41(9):1729-1759.

[3] ANEKE M, WANG M H. Energy Storage Technologies and Real Life Applications–A State of the Art Review[J]. Applied Energy, 2016, 179:350-377.

[4] REHMAN S, A l-HADHRAMI L M, ALAM M M. Pumped Hydro Energy Storage System: A Technological Review[J]. Renewable and Sustainable Energy Reviews, 2015, 44:586-598.

[5] PICKARD W F. The History, Present State, and Future Prospects of Underground Pumped Hydro for Massive Energy Storage[J]. Proceedings of the IEEE, 2012, 100(2):473-483.

[6] MENENDEZ J, ORDONEZ A, ALVAREZ R, et al. Energy from Closed Mines: Underground Energy Storage and Geothermal Applications[J]. Renewable and Sustainable Energy Reviews, 2019, 108: 498-512.

到北美和国外公用事业行业的认可[1]。美国的联邦能源管理委员会（Federal Energy Regulatory Commission，FERC）为具有地下水库的地下抽水蓄能设施颁发了设施许可证[2]。欧洲（荷兰、德国和比利时）和新加坡等地也有一些相关项目在进行可行性论证[3]。德国提出把北莱茵 - 威斯特法伦州的 Prosper-Haniel 煤矿改建成 200MW 的地下抽水蓄能电厂，该项目将允许 100m³ 的水骤降 1200m，储存容量达 3GWh。针对地下抽水蓄能的经济可行性，需要开展广泛的研究[4]。Pujades[5] 和 Winde[6] 等人探讨了使用深矿或露天矿进行地下抽水蓄能的可行性；Madlener 等人[7] 对废弃煤矿中的地下抽水蓄能电站进行了经济性分析，其研究发现与传统的抽水蓄能电厂相比，地下抽水蓄能的预期投资成本略高。

地下抽水蓄能电站需要建造大型的地下水库。值得注意的是，深层基础设施的运维成本，包括通风系统和地下结构（如竖井、通道隧道和水库等）的成本，使地下抽水蓄能的利润降低。若将封闭式矿井用于地下抽水蓄能电站建设，应该研究项目区域的地震活动性及运营阶段（涡轮机和水泵模式）水体日均转移对岩土工程的影响；加强项目用水对水质（水轮机的运行和腐蚀问题）及干旱可能造成影响的研究。

1.1.1.6　地下重力储能

地下重力储能（Underground Gravitational/Gravity Energy Storage，UGES）是一种物理储能方式，其通过垂直提升 / 降低地下竖井中的重物将电能转换为重力势能进行能量存储。

近年来，随着全球储能技术的发展，基于废弃矿井的重力储能[8]、基于预制重物块的储能塔储能、基于重物[9] 和液压系统[10] 的重力储能等一系列储能技术受到广泛

[1] UDDIN N, ASCE M. Preliminary Design of an Underground Reservoir for Pumped Storage[J]. Geotechnical & Geological Engineering, 2003, 21(4):331-355.

[2] PICKARD W F. The History, Present State, and Future Prospects of Underground Pumped Hydro for Massive Energy Storage[J]. Proceedings of the IEEE, 2012, 100(2):473-483.

[3] PUJADES E, ORBAN P, BODEUX S, et al. Underground Pumped Storage Hydropower Plants Using Open Pit Mines: How Do Groundwater Exchanges Influence the Efficiency?[J]. Applied Energy, 2017,190:135-146.

[4] MENENDEZ J, ORDONEZ A, ALVAREZ R, et al. Energy from Closed Mines: Underground Energy Storage and Geothermal Applications[J]. Renewable and Sustainable Energy Reviews, 2019, 108: 498-512.

[5] PUJADES E, WILLEMS T, BODEUX S, et al. Underground Pumped Storage Hydroelectricity Using Abandoned Works (Deep Mines or Open Pits) and the Impact on Groundwater Flow[J]. Hydrogeology Journal, 2015, 24(6):1-16.

[6] WINDE F, KAISER F, ERASMUS E. Exploring the Use of Deep Level Gold Mines in South Africa for Underground Pumped Hydroelectric Energy Storage Schemes[J]. Renewable & Sustainable Energy Reviews, 2017, 78:668-682.

[7] MADLENER R, SPECHT J M. An Exploratory Economic Analysis of Underground Pumped-storage Hydro Power Plants in Abandoned Coal Mines[J]. Energies, 2020, 13(21):5634.

[8] BOTHA C D, KAMPER M J. Capability Study of Dry Gravity Energy Storage[J]. Journal of Energy Storage, 2019, 23:159-174.

[9] MORSTYN T, CHILCOTT M, MCCULLOCH M D. Gravity Energy Storage With Suspended Weights for Abandoned Mine Shafts[J]. Applied Energy, 2019, 239:201-206.

[10]RUOSO A C, CAETANO N R, Rocha L. Storage Gravitational Energy for Small Scale Industrial and Residential Applications[J]. Inventions, 2019,4(4):64.

关注与研究。其中，最受关注的是基于废弃矿井的重力储能和基于预制重物的储能塔储能[1]。例如，Botha 等人[2]对废弃矿山的 GES 系统进行了建模分析，介绍了传统提升方法和电动提升方法，发现 GES 的能量密度在 0.2 ~ 3.1Wh/L，功率密度为 0.3 ~ 30W/L，能量等级为 10^7Wh，并简要分析了 GES 的成本，结果表明 GES 是一种经济可行且具有发展潜力的存储技术，适用于大功率和分布式发电服务。Morstyn 等人[3]设计了一种利用悬浮物的重力储能系统，将废弃矿山的 340 口井转化为容量大于 1MWh 的重力储能单元，提供 0.804GWh 的能量。英国绿色工程初创公司 Gravitricity 公司利用废弃钻井平台与矿井，在 150 ~ 1500m 深的钻井中进行重力储能，相应的系统可以在 1s 内反应，使用寿命长达 50 年，效率可达 80%。目前，Gravitricity 公司研究在英国、东欧、南非、智利等国家和地区的废弃矿井中应用重力储能项目，这些矿井的深度可容纳一个全尺寸的重力装置，重力装置可以向下延伸至少 300m[4]。Energy Vault 公司则提出利用起重机将混凝土块堆叠成塔的结构（储能塔），利用混凝土块的吊起和降落进行储能与发电，该技术获得了日本软银集团 1.1 亿美元的资金支持，并于 2019 年开始在印度部署 35MWh 的储能系统，工作效率可达 90%，但是储能塔的建筑稳定性及对塔吊的精度控制难度较大，每天一升一降，容易引起倒塌风险，且易受天气影响。为此，我国学者提出将储能塔建造在地下竖井 / 斜井中，不仅克服了 Gravitricity 矿井存储能量有限的缺点，而且克服了储能塔建设难度大、存在倒塌风险和易受天气影响的特点，是具有广阔发展前景的地下重力储能方案[5]。

1.1.1.7 地下热能存储

地下热能存储是将热能存储在介质中并将介质置于地下空间的工程。早在 20 世纪 80 年代，瑞典与国际能源署合作，率先开展了大规模地下跨季节储热系统研究。如今，美国、瑞典、德国和丹麦等国均建成了基于跨季节储热技术的区域供热系统[6]。目前，有 3 种常见的地下热能存储（Underground Thermal Energy Storage，UTES）方式：含水层热能存储（Aquifer Thermal Energy Storage，ATES）、钻孔热能存储（Borehole Thermal Energy Storage，BTES）和岩穴热能存储（Rock Cavern Thermal Energy Storage，CTES）。ATES 和 BTES 已经商业化，由于受投资成本的影响，目前 CTES 的

---

[1] 肖立业，张京业，聂子攀，等 . 地下储能工程 [J]. 电工电能新技术，2022，41(2):1-9.

[2] BOTHA C D, KAMPER M J. Capability Study of Dry Gravity Energy Storage[J]. Journal of Energy Storage, 2019, 23:159-174.

[3] MORSTYN T, CHILCOTT M, MCCULLOCH M D. Gravity Energy Storage With Suspended Weights for Abandoned Mine Shafts[J]. Applied Energy, 2019, 239:201-206.

[4] 王林 . "重力储能"商业化渐行渐近 [N]. 中国能源报，2022-06-27(012).

[5] 同 [1].

[6] 同 [1].

商业应用还比较少[1]。

在 ATES 系统中，通过水井将热量存储在地下水及其周围的固体中，利用地下水将热能输送到含水层或从含水层中取出，荷兰和瑞典在这方面的应用处于领先地位[2]。BTES 系统由几个间隔很近的钻孔组成，钻孔深度在 50 ～ 200m 之间，它们作为地下热交换器，通常为 U 型管形式[3]。

1.1.1.8　地下储氦

氦气（He）有黄金气体之称，是无色、无味的稀有气体，不易液化、密度低、化学性质稳定、扩散性强、溶解度低，是国防军工行业和高科技产业发展不可或缺的稀有战略性物资之一。基于其独特的性质，氦气将继续在未来的关键技术开发中发挥重要作用。氦气作为一种不可再生资源，几乎不与任何其他物质发生反应，自然界中基本不存在氦气的化合物，故无法通过还原方式制取。目前，氦气资源绝大部分来自油气田，但并不是所有油气田中都有氦气资源。全球氦气资源分布不均，美国地质调查局 2021 年的调查报告显示[4]，全球氦气总资源量约为 $51.9×10^9m^3$，主要分布在美国、卡塔尔、阿尔及利亚、俄罗斯、加拿大和中国等国家（见图 1-2），资源量分别为 $20.6×10^9m^3$、$10.1×10^9m^3$、$8.2×10^9m^3$、$6.8×10^9m^3$、$2.0×10^9m^3$ 和 $1.1×10^9m^3$，此外，波兰和澳大利亚也有一定的氦气资源储量。截至 2020 年，全球已探明的剩余氦气储量总量为 $7.4×10^9m^3$。其中，美国氦气储量为 $3.9×10^9m^3$、阿尔及利亚氦气储量为 $1.8×10^9m^3$、俄罗斯氦气储量为 $1.7×10^9m^3$、波兰氦气储量为 $0.023×10^9m^3$。

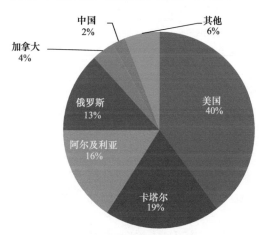

图 1-2　全球氦气储量分布情况

[1] CABEZA L F, MARTORELL I, MIRÓ L, et al. Introduction to Thermal Energy Storage (TES) Systems[J]. Advances in Thermal Energy Storage Systems, 2015(1):1-28.

[2] 同 [1]。

[3] ANDERSSON O. Aquifer Thermal Energy Storage (ATES) [J]. Thermal Energy Storage for Sustainable Energy Consumption: Fundamentals, Case Studies and Design, 2007,234:155-176.

[4] JOSEPH P. Helium [R]. America: U.S. Geological Survey, 2021.

近 20 年来，随着氦气应用的快速增加，特别是在医疗、工业和电子行业的广泛应用，全球氦气需求以每年 4%～6% 的速度增长，导致目前氦气供不应求，长期短缺。据估算，2016 年全球氦气需求量约为 $2.3 \times 10^8 m^3$，但年产量仅为 $1.54 \times 10^8 m^3$，若氦气产能每年增加 5%，到 2040 年全球氦气储量将完全耗尽。美国物理学会和材料研究学会建议美国应该保持氦气的非国防储备。2007 年下半年，美国将氦气核定为战略储备资源并限制粗氦产量[1]。欧盟曾将氦气列入关键矿物清单[2]，虽然 2020 年将氦气从关键矿物清单中去除，但因其供应集中度过高，欧盟仍将持续关注氦气的市场动态[3]。

将氦气从天然气生产流中分离出来并存储在地下，可以为潜在的重要应用提供保证。美国与俄罗斯具有氦气地下存储的经验。1945 年，美国开始将消费剩余的氦气注入得克萨斯州克里夫赛德的枯竭气田中，并建成世界上第一座氦气地下储库。1979—1991 年，俄罗斯在奥伦堡凝析气田的卡尔加雷含盐构造中先后建造了 6 个腔体用于氦气存储，这是世界上第一座盐穴氦气储库[4]。

我国氦气资源匮乏。1964 年，四川盆地威远气田发现氦气。20 世纪 70 年代，在自贡建成国内唯一的一套天然气提氦装置，后因资源枯竭及制备成本高于国外销售价格，于 2004 年关闭[5]。1990 年以前，受氦气产能、价格及应用领域的限制，我国氦气需求量非常小。目前，我国氦气基本依赖进口[6]，主要来源于美国、卡塔尔和澳大利亚 3 个国家，氦气资源安全形势十分严峻[7]。为了防止未来氦气资源受牵制，需要建设大量的氦气存储设施进行氦气储备，同时加大氦气资源勘探力度，寻找可能的资源。

1.1.2 地下储层分类及适用性

1.1.2.1 地下储层分类

地下空间储能常利用枯竭油气藏、含水层、盐穴、工程岩洞或废弃矿山进行。

1. 枯竭油气藏储层

枯竭油气藏储层利用枯竭的气层或油层建设，具有造价低、运行可靠的特点，包括枯竭的气藏、油藏和凝析气藏改建的地下储库。枯竭油气藏储气库是世界上应用

[1] 凌辉，周勇义，张黎伟，等 . 氦资源对科学仪器及科研项目的影响与对策 [J]. 科学管理研究，2012，30(6):21-24.

[2] ANDERSON, STEVEN T. Economics, Helium, and the U.S. Federal Helium Reserve: Summary and Outlook[J]. Natural Resources Research, 2018,27(4):455-477.

[3] 张哲，王春燕，王秋晨，等 . 中国氦气市场发展前景展望 [J]. 油气与新能源，2022，34(1):36-41.

[4] 郑雅丽，赖欣，邱小松，等 . 盐穴地下储采技术 [J]. 盐科学与化工，2021，50(1):7-14.

[5] 封万芳 . 威远天然气提氦的经济效益分析 [J]. 天然气工业，1989，9(3):69-71.

[6] 朱光有，丁玉祥 . 从天然气中走出来的氦 [J]. 石油知识，2021(3):23-25.

[7] 陶小晚，李建忠，赵力彬，等 . 我国氦气资源现状及首个特大型富氦储量的发现：和田河气田 [J]. 地球科学，2019，44(3):1024-1041.

最广泛的储气库。目前全球共有此类储气库 400 余座，占地下储气库总量的 75% 以上。枯竭油气藏用作地下储气层的优点主要体现在：①储气库中残留有少量的油气，减少了垫底气量；②储层厚度、孔隙度、渗透率、储层面积及原始地层压力、温度等资料已经掌握，一般不需要再进行勘探，油气田的部分设施可重复使用，因此建库周期短、投资和运行费用低、经济性好。我国常规地质油气藏多见于准噶尔盆地、塔里木盆地、柴达木盆地、四川盆地、松辽盆地、华北盆地、长江三角洲、东海盆地、北部湾盆地、南海盆地、鄂尔多斯盆地，这些都是适宜建造地下储层的盆地类型[1]。

2. 含水层储层

含水层能够保障足够的库容量，通过向含水层中注入高压气体，注入地层的气体将水从岩石孔隙中驱出，并在构造顶部非渗透盖层下积蓄起来，形成人造气藏（储气库）。含水层储气库要求含水层具有封闭性良好的盖层和倾向封闭构造，以防止气体泄漏。目前世界上约有 87 座含水层储气库，主要分布在美国（47 座）、俄罗斯和西欧，约占地下储气库总数的 15%。中国含水层储气库工程建设较为落后，2013 年中国石油天然气集团有限公司华北油田分公司启动了"华北油田含水层建库目标评价"项目，标志着国内首个含水层储气库工程建设正式启动[2]。

3. 盐穴储层

盐岩具有非常有利的地质条件（分布广、规模大、类型多、构造和水文条件简单、地层完整、产状平缓、埋藏深度大和盖层隔水性能好等）和优良的物理力学特性（孔隙率低、渗透率小、含水少或不含水、结构致密等），以及开采投资少、施工易、使用年限长和利于盐岩综合利用的优点。盐穴储存技术最初由德国人提出，并于 1916 年获得相关专利。在距离油气藏地区较远且盐岩矿床分布广泛的地区建造盐穴地下储库，实现油气储能、压缩空气储能和储氢，是目前世界上许多国家普遍采用的方法[3-6]。北美和欧洲地区是世界上盐岩矿床储气库发展较快的区域，1959 年，苏联建成世界上第

[1] MA J L, LI Q, MIHCAEL A, et al. Power-to-gas Based Subsurface Energy Storage: A Review[J]. Renewable and Sustainable Energy Reviews, 2018, 97:478-496.

[2] 贾善坡，金凤鸣，郑得文，等. 含水层储气库的选址评价指标和分级标准及可拓综合判别方法研究 [J]. 岩石力学与工程学报，2015，34(8):1628-1640.

[3] 梁卫国. 盐类矿床控制水溶开采理论及应用 [M]. 北京：科学出版社，2007.

[4] LUO X, WANG J H, DOONER M, et al. Overview of Current Development in Electrical Energy Storage Technologies and the Application Potential in Power System Operation[J]. Applied Energy, 2015, 37:511-536.

[5] OZARSLAN A. Large-scale Hydrogen Energy Storage in Salt Caverns[J]. International Journal of Hydrogen Energy, 2012, 37(19):14265-14277.

[6] LIU W, JIANG D, CHEN J, et al. Comprehensive Feasibility Study of Two-well-horizontal Caverns for Natural Gas Storage in Thinly-bedded Salt Rocks in China[J]. Energy, 2018, 143:1006-1019.

一座盐穴储气库[1]。美国的第一座盐穴储气库密歇根州 Marysville 于 1961 年开建，建成后工作压力为 7.2MPa。20 世纪 90 年代，美国陆续建成了 20 余座盐穴储气库，至 2009 年已拥有 31 座盐穴储气库[2]。据统计，美国在得克萨斯、路易斯安那、密歇根、堪萨斯和亚拉巴马等州都建有盐穴储气库。此外，加拿大、法国、德国、英国、丹麦、波兰等国均于 20 世纪建造了多座盐穴储气库。截至 2020 年年初，全世界共有 14 个国家 108 座盐穴储气库投入运行，占已建成 672 座储气库数量的 17%，主要分布在北美和欧洲（欧洲 60 座、北美 47 座），以美国（38 座）和德国（38 座）居多[3]。

德国亨托夫压缩空气储能电站于 1978 年投入运行，成功运行 20 年后，研究人员检测了 2 个储气盐穴的形状[4]，发现其与 1984 年的形状并无明显差异，未发现气体泄漏，这一事实充分表明在盐穴中进行压缩空气储能的可行性。

从盐岩的厚度和横向范围来看，垂直的盐丘更利于腔室的开发。这些腔室一般是竖向的，高几百米，直径几十米，体积可能有几十万立方米。盐穴地下存储的可接受范围为 200～2000m，可以确保更高的稳定性和较低的风险。较高的深度可以存储更多的气体，但是会增加开发成本，并面临着高温高压风险。Bauer[5] 建议盐穴储气库埋深应在 500～1500m。对于地下储气库，英国地质调查局建议最佳深度为 1000～1500m[6]。

此外，在盐穴储气库中，垫底气代表维持最小压力所需的气体，以防止因盐岩蠕变导致洞壁向内封闭。正常情况下，盐穴中工作气体占 70%～80%，垫底气的比例为 20%～30%。

1.1.2.2　地下储层适用性分析

枯竭油气藏提供了巨大的存储能力，在能源开发阶段确定了其适用性和相关地质参数，但是枯竭油气藏用作地下储层受到地理位置的限制。咸水层分布广泛，存储容量大，在地下储能中得到了广泛应用，特别是在德国和法国。然而，储气盖层的密封性需要进一步研究。盐穴储能是以人工空穴为基础的，要求提供空穴控制技术和先进的空穴检测方法，以达到理想的盐穴形状和尺寸。此外，这一过程需要大量的淡水资源。

[1] 郭彬，房德华，王秀平，等. 国外盐穴地下天然气储气库建库技术发展 [J]. 断块油气田，2002，9(1):78-80.

[2] 梅生伟，公茂琼，秦国良，等. 基于盐穴储气的先进绝热压缩空气储能技术及应用前景 [J]. 电网技术，2017，41(10):3392-3399.

[3] 张博，吕柏霖，吴宇航，等. 国内外盐穴储气库发展概况及趋势 [J]. 中国井矿盐，2021, 52(1): 21-24.

[4] 同 [2].

[5] BAUER S J. Underground Aspects of Underground Compressed Air Energy Storage (CAES)[R]. New York:USDOE National Nuclear Security Administration (NNSA), 2008.

[6] EVANS D J, WEST J M. An Appraisal of Underground Gas Storage Technologies and Incidents, for the Development of Risk Assessment Methodology[J]. Journal of Fuel Cell Technology, 2007, 6(49):97-107.

目前，不同类型储层中各储能技术的适用性、技术的经济可行性和成熟度处于不同发展阶段 [1]。其中，地下天然气存储是最成熟的地下储能技术，在欧洲、美国、加拿大等国家和地区的盐穴、含水层及枯竭油气藏中得到广泛应用；盐穴储层中的天然气存储和压缩空气存储技术已经成熟，但是其他储层中的压缩空气储能技术属于前瞻性技术，处于商业化前期和概念设计阶段；储氢技术和地下抽水蓄能技术发展不成熟。对于不同的储层介质，盐穴储层不适用于地下抽水蓄能和地下热能存储；工程洞穴中的天然气存储技术比较成熟，氢存储、压缩空气和地下抽水蓄能属于前瞻性技术，工程洞穴不适宜用作地下热能储层；含水层和枯竭油气藏中的储氢和压缩空气储能技术属于前瞻性技术，处于商业化前期和概念设计阶段。

我国学者综合前人研究成果 [2]，指出盐层储能库的基本地质条件包括：①盐层平面分布范围大且稳定，总厚度大于 100m；②盐层埋深在 400 ～ 1500m，以保证盐层的储气能力和建库效率，节约成本；③盐岩品位高，不溶物含量低于 25%（易于水溶造腔）；④盐岩沉积区内构造稳定，大断层不发育、层间小断层较少，闭合幅度大；⑤盖层厚度一般要求不小于 91.4 ～ 152.4m，以保证其稳定性；⑥水源充足，通常用地下水、湖水、河水、渠水等淡水或低浓度盐水进行造腔，所需水量一般为盐穴体积的 7 ～ 10 倍。

1.1.3　盐穴储能研究进展

1.1.3.1　盐岩力学特性研究

盐岩力学特性研究对于盐穴地下储气库的建设及运营具有重要意义。工业革命后，人们开始利用水溶法和矿山法开采盐矿，盐岩力学性能的研究也始于盐矿开采业。近几十年来，国内外学者针对盐岩的蠕变、流变、松弛、损伤、扩容、渗透特性、热效应及硬化等各方面性能开展了广泛研究。国内学者杨春和、姜德义、周时光、邱贤德、韩建增、王贵君、梁卫国、严仁俊、刘新荣、刘绘新等人针对盐岩的力学特性开展了相关研究，在盐岩蠕变的微观机理、温度效应、夹层影响、本构方程和损伤自愈合特性等方面取得了重要成就。近年来，我国含夹层盐岩的试验和理论研究取得长足发展。

盐岩的动态力学性能和动态本构关系对于储库在地震或爆炸作用下的稳定性具有重要意义。国内外研究人员对循环荷载作用下盐岩的力学特性进行了研究，主要集中

[1] MATOS C R, CARNEIRO J F, SILVA P P. Overview of Large-Scale Underground Energy Storage Technologies for Integration of Renewable Energies and Criteria for Reservoir Identification[J]. The Journal of Energy Storage, 2019, 21:241-258.

[2] 常小娜 . 中国地下盐矿特征及盐穴建库地质评价 [D]. 北京：中国地质大学，2014.

于循环荷载作用下盐岩的疲劳损伤和变形性能 [1-3]、高围压和低频循环荷载共同作用下的盐岩力学特性 [4-6]。

1.1.3.2　盐岩孔渗特性研究

盐岩自身具有极低的孔渗特性，这是盐岩储库能够长期保持良好密闭性的关键原因。李银平 [7-9]、陈卫忠 [10,11]、刘继芹 [12]、张楠 [13] 等人对我国层状盐岩的渗透特性开展了大量研究。这些研究主要针对储气库开展，对层状盐岩储油库的研究较少，而储油库运行环境下油水对围岩物理力学渗透等性质的影响对于盐穴储油库的稳定性及密闭性评价至关重要。

1.1.3.3　盐穴稳定性分析研究

盐穴腔体的稳定性控制一直是国际水溶采矿界的技术难题，腔体的稳定性受到地应力场、岩体物理力学性质、地下水、地质构造和开采厚度等的影响 [14]。目前，对于盐岩变形的一些力学机制仍认识不足，工程实践中的盐穴储库所在位置地质环境复杂。现有盐穴储库长期稳定性的研究主要基于数值模拟研究开展，分析对象多以垂直型盐穴储库为主，但是我国盐岩矿床具有总厚度较大、单层厚度较小的特点，更适于水平盐穴储库的建设。我国层状盐穴储库的建设不能套用国外关于盐穴储库稳定性的研究

[1] FUENKENJORN K, PHUEAKPHUM D. Effects of Cyclic loading on Mechanical Properties of Maha Sarakham Salt[J]. Engineering Geology, 2010, 112(1-4): 43-52.

[2] 杨春和，马洪岭，刘建锋. 循环加卸载下盐岩变形特性的试验研究 [J]. 岩土力学，2009，30(12):3562-3568.

[3] 郭印同，赵克烈，孙冠华，等. 周期荷载下盐岩的疲劳变形及损伤特性研究 [J]. 岩土力学，2011, 32(5):1354-1359.

[4] 肖建清. 循环荷载作用下岩石疲劳特性的理论与实验研究 [D]. 长沙：中南大学，2009.

[5] GUO Y T, YANG C H, MAO H J. Mechanical Properties of Jintan Mine Rock Salt Under Complex Stress Paths[J]. International Journal of Rock Mechanics & Mining Sciences, 2012, 56:54-61.

[6] 马林建，刘新宇，许宏发，等. 循环荷载作用下盐岩三轴变形和强度特性试验研究 [J]. 岩石力学与工程学报，2013，32(4):849-856.

[7] 李银平，杨春和，罗超文，等. 湖北省云应地区盐岩溶腔型地下能源储库密闭性研究 [J]. 岩石力学与工程学报，2007，26(12):2430-2436.

[8] 刘伟，NAWAZ M，李银平，等. 盐岩渗透特性的试验研究及其在深部储库中的应用 [J]. 岩石力学与工程学报，2014，33(10):1953-1961.

[9] 刘伟，李银平，杨春和，等. 层状盐岩能源储库典型夹层渗透特性及其密闭性能研究 [J]. 岩石力学与工程学报，2014(3):500-506.

[10] 陈卫忠，谭贤君，伍国军，等. 含夹层盐岩储气库气体渗透规律研究 [J]. 岩石力学与工程学报，2008，28(7):1297-1304.

[11] 谭贤君，陈卫忠，杨建平，等. 盐岩储气库温度－渗流－应力－损伤耦合模型研究 [J]. 岩土力学，2009，30(12):3633-3641.

[12] 刘继芹，寇双燕，李建君，等. 含夹层盐岩孔隙特征及非线性渗透模型 [J]. 油气储运，2018，37(9):39-45.

[13] 张楠. 层状盐岩储油库围岩力学和渗透特性及安全评价研究 [D]. 重庆：重庆大学，2019.

[14] 陈结. 含夹层盐穴建腔期围岩损伤灾变诱发机理及减灾原理研究 [D]. 重庆：重庆大学，2012.

成果，且我国水平盐穴储库长期稳定性的研究较为零散，仍有必要对建立水平盐穴储库的可行性及长期稳定性开展深入研究，特别是复杂溶腔盐穴储库、多因素影响下的盐穴储库稳定性、储库顶板稳定性等的研究。

此外，目前对于夹层破坏的研究主要集中在实验室内，在储库的运营阶段，夹层破坏的研究仍然很少。

1.1.3.4　盐穴地表沉降研究

盐岩储库在运营期间，腔室周围的盐岩由于不断蠕变而导致储库体积不断缩小，其沿上覆岩层传递可能会引起地面沉降。地面沉降主要受溶腔形状、溶腔高跨比、体积大小、埋深、运行压力、运行状态和上覆岩层特性等的影响。现有的研究多基于传统经典理论，如改进的概率积分法和拟合函数法。对于地表沉降影响因素的影响效果，一般采用地表监测数据及假设与沉降剖面线形状相近的参数与函数，然后结合统计学方法进行。总体来看，目前关于盐岩储库的稳定性研究主要集中于腔体的安全性，与地表沉降相关的研究稍显不足。

1.1.4　深部地下储能库群建设与运维关键技术

地下能源储库群是修建在地下，用来存储原油、液化石油气、天然气等能源物资的硬岩洞库。中国盐矿在开采时普遍采用密集腔群的方式进行布置[1]，如何在高效、合理地利用盐矿资源的同时保证储库的安全运行具有重要意义。对于盐岩地下储库群而言，不同的设计、建设及运行方案对地下储库的安全性影响也不同。储库形状、储库埋深、腔群布置形式、矿柱宽度、运行压力等是影响盐岩储气库稳定运营的主要因素[2]。

国内学者围绕盐穴储库稳定性、腔群布置形式、矿柱宽度等开展了相关研究。杨强等人[3]基于不平衡力和最小塑性余能原理，提出了地下储库群稳定性的判别方法；发展了考虑有限元强度折减的变形稳定理论，建立了基于强度折减系数和塑性余能范数的库群稳定性和破坏关键判据[4]。程丽娟等人[5]将基于不平衡力和最小塑性余能范数的地下洞群稳定性判别方法引入有限差分软件 FLAC3D，探讨了储库的布置方式和

---

[1] 杨强，刘耀儒，冷旷代，等 . 能源储备地下库群稳定性与连锁破坏分析 [J]. 岩土力学，2009，30(12):3553-3561.

[2] 张建配，张尚坤，贾超，等 . 基于屈服接近度的盐岩储气库多因素优化 [J]. 科学技术与工程，2019，19(30): 85-90.

[3] 同 [1].

[4] 杨强，邓检强 . 吕庆超等 . 基于能量判据的盐岩库群整体稳定性分析 [J]. 岩石力学与工程学报，2011，30(8): 1513-1521.

[5] 程丽娟，李仲奎，徐彬，等 . 盐岩密集储库群布置方式优化及连锁破坏研究 [J]. 岩石力学与工程学报，2011(2):296-305.

连锁破坏模式。杨强等人 [1] 研究了双储库临界间距、破坏模式和埋深对储库稳定性的影响。刘健等人 [2] 采用响应面法和蒙特卡罗方法对储气库矿柱间距进行了研究和优化。刘耀儒等人 [3] 通过地质力学模型试验研究了采气方式、内压大小和泥岩夹层对储库群整体稳定性的影响。贾超等人 [4] 基于正交试验方法研究了腔群的几何分布形式、矿柱宽度和夹层位置对地下储库群稳定性的影响。张建配等人 [5] 将屈服接近度函数（Yield Approach Index，YAI）的概念引入盐岩储存库的研究，通过数值模拟研究，建议腔群采用邻角 120°的方式进行布置，在满足储气库密闭性准则的条件下，可以适当提高储库的运行压力；矿柱宽度的设计则要根据运行压力和储库建设经济性等综合考虑。

目前，越来越多的薄层盐岩被用于地下能源存储，盐穴储库的建设和运维技术的深入研究与实践将具有重要意义。以下为地下储库建设和运维关键技术。

1.1.4.1 储库科学选址技术

1. 适用于建库地质体的四维地震勘探技术

现代精细地震勘探技术能够显示较小构造，甚至气－液界面和地层岩相的倾向差异。目前，我国已经研制出高精度的 3D 地震解释技术 [6]，可以有效识别厚度大于 5m 和断距大于 10m 的断层，精细、准确刻画盐层的三维空间展布特征。正处于研究阶段的四维地震技术是勘探适宜储库构造的比较有前景的技术 [7]，该技术基于多项技术，如以均匀间距置于地面或永久置于井内的地震传感器，多层覆盖地震技术，以更好地研究油藏岩石的物理性质。以低成本四维地震监测技术为代表的储库监测技术亟待攻关。

2. 选址地质评价技术

盐穴储库对库址要求很高，不同位置的盐层在构造完整性、埋藏深度、沉积厚度、盐岩品位、密封性等方面差异较大。因此，有必要对盐穴储库的优化设计进行现场评价。场地评价是对盐层沉积特征、空间分布控制因素和分布规律、夹层、顶板、底板性质及

[1] 杨强，潘元炜，邓检强，等 . 地下盐岩储库群临界间距与破损分析 [J]. 岩石力学与工程学报，2012，31(9):1729-1736.

[2] 刘健，宋娟，张强勇，等 . 盐岩地下储气库群间距数值计算分析 [J]. 岩石力学与工程学报，2011(S2):3413-3420.

[3] 刘耀儒，李波，杨强，等 . 岩盐地下油气储库群稳定性分析及连锁破坏的地层力学模型试验 .[J]. 岩石力学与工程学报，2012，31(S2):3681-3687.

[4] 贾超，张凯，张强勇，等 . 基于正交试验设计的层状盐岩地下储库群多因素优化研究 [J]. 岩土力学，2014，35(6):1718-1726.

[5] 张建配，张尚坤，贾超，等 . 基于屈服接近度的盐岩储气库多因素优化 [J]. 科学技术与工程，2019，19(30):85-90.

[6] 完颜祺琪，丁国生，赵岩，等 . 盐穴型地下储气库建库评价关键技术及其应用 [J]. 天然气工业，2018，38(5):111-117.

[7] 张耀民，廖鑫海，黄建平，等 . 国外天然气地下储存建设技术进展 [J]. 石油科技论坛，2008(4):29-33.

分布规律进行盐层的封闭性和与盐层有关的断裂特征的精细地质评价。目前，我国尚未形成系统的盐穴储气库库址评价优选方法，严重制约了我国盐穴储气库的发展建设[1]。

马小明等人[2]通过建立地下储气库库址评价要素与界限标准实现评价优选，基于模糊集合理论对评价对象按综合分值的大小进行排序，根据模糊评价集上的值按最大隶属度原则评定对象的等级，从而创建库址评价数学模型，实现库址选优的科学定量化。贾善坡等人[3]根据选址技术、地质安全、经济性及社会环境特征，获取含水层储气库候选场地的技术指标对应的适宜度，采用层次分析法确定各项技术指标的权重值，根据所述各项技术指标对应的适宜度及所述各项技术指标的权重值，得到含水层储气库候选场地的综合建库适宜度，依据预设的含水层储气库选址指标适宜度等级表，得到评估结果。完颜祺琪等人[4]以金坛储气库为例，从构造特征、盐层发育情况、盐层埋深、盐层厚度、盐层品位、盐层性质及厚度、密封性等方面，分析总结了盐穴地下储气库库址的优选评价方法及建库优选原则，为我国盐穴储气库库址的优选和评价提供了可行方法。

1.1.4.2 储气库建设中的垫底气设计技术

地下储气库投资成本中，垫底气的费用占比最大，通常占总投资的 30% ～ 40%。若应用某种气体替代天然气作垫底气，将会使投资成本显著降低。国外试验结果表明，应用垫底气后，投资成本降低 20%[5]。目前采用最多的是混合气和惰性气体。混合气作垫底气需要专门的技术、模型和测量工具以准确处理气体混相现象。美国和俄罗斯等对惰性气体、氮气或压缩机组废气用作垫底气进行了研究与工程实践，结果表明不但可以减少垫底气用气量、提高气井抽气量，还可以节约储气库的建设费用。此外，二氧化碳也是垫底气的理想气体，采气期间，随着地层压力的下降，二氧化碳会膨胀充当垫层，随着储气压力的升高，其压缩密度会超过天然气。但是，目前国内外天然气储库内用二氧化碳充当垫底气的研究几乎没有。减少垫气量混相技术，用惰性气体作垫气层是降低地下储气库投资和运行费用的最主要发展方向[6]。值得一提的是，杨海军等人提出盐穴储气库无垫底气技术[7]，其研究结果表明，该技术可以大幅提高盐穴储气库腔体利用效率，降低成本，为我国盐穴储气库建设带来更多效益。

[1] 完颜祺琪，冉莉娜，韩冰洁，等 . 盐穴地下储气库库址地质评价与建库区优选 [J]. 西南石油大学学报（自然科学版），2015, 37(1):57-64.

[2] 马小明，苏立萍，张家良，等 . 一种地下储气库科学选址方法：中国，CN109376948A[P]. 2019-02-22.

[3] 贾善坡，张辉，林建品，等 . 一种含水层地下储气库的选址评估方法：中国，201410482652.3 [P].2014-12-24.

[4] 同 [1].

[5] 张耀民，廖鑫海，黄建平，等 . 国外天然气地下储存建设技术进展 [J]. 石油科技论坛，2008(4):29-33.

[6] 吴建发，钟兵，罗涛 . 国内外储气库技术研究现状与发展方向 [J]. 油气储运，2007(4):1-3，62-63.

[7] 杨海军，周冬林，杜玉洁，等 . 盐穴储气库无垫底气技术探讨 [J]. 石油钻采工艺，2020，42(4):501-506.

1.1.4.3　盐穴储库造腔技术

1. 边溶盐、边储气技术 [1]

边溶盐、边储气作为一项盐穴建库的新技术，已经在美国得克萨斯州 Moss 盐矿和路易斯安那州 Egan 盐矿得到成功应用，并取得了良好的经济效益。这种盐腔的初始部分利用传统的水溶盐方式形成，先将上部盐层溶至设计尺寸，此时下部还未溶解。该技术需要井口和溶盐管柱等专门的设备，在保证上部腔体储气的同时，使下部溶盐建腔能够继续进行；在上部盐腔排卤储气的同时，下部盐层开始溶解建腔。上部存储的气体可以作为下部盐层溶解时的顶板保护层。在溶盐过程中，气体和盐水界面被严格控制，基本保持在盐腔中部。当下部盐层溶解到与上部腔体基本相同的直径时，继续利用上述完井方式和井口设备优化储气库的运行，扩大储气能力。此时，需要严格控制气体－盐水界面，以保护顶板，避免天然气泄漏。

2. 大井眼造腔技术

在盐穴储气库建设过程中，国外普遍采用大井眼造腔。地下储气库中大井眼造腔技术能够增加卤水循环流量，缩短盐腔建造时间，明显提高天然气调峰量。若无液体（油、气、凝析液）产出，在国外选择大井眼造腔已经成为一条设计准则，国外该技术已发展非常成熟，如美国的 Salado 储库、德国的 Etzel 储库、法国的 Manosque 储库等均采用大井眼造腔技术 [2]。大井眼造腔技术也适用于渗透率极低的含水层建库和低渗透枯竭油藏改建地下储气库。

3. 双井造腔技术

双井造腔技术通过钻两口单井，连通后，一口井注水，另一口井采出卤水的方式进行造腔 [3]，这种技术可以提高单腔盐腔有效体积，加快造腔速度，节约工期，降低能耗。例如，荷兰 Zuidwending 储气库、土耳其 TuzGölü 储气库都采用双井造腔技术。目前，我国已经掌握了双井水平对流造腔、双井单腔加油垫造腔技术 [4]，我国在云应储气库开展的双井单腔造腔先导性试验取得成功。

4. 水平井造腔技术

水平井造腔技术由一口直井、一口水平井对接组成，直井、水平井套管均下入目

[1] 张耀民，廖鑫海，黄建平，等 . 国外天然气地下储存建设技术进展 [J]. 石油科技论坛，2008(4):29-33.
[2] 张博，吕柏霖，吴宇航，等 . 国内外盐穴储气库发展概况及趋势 [J]. 中国井矿盐，2021, 52(1): 21-24.
[3] 郑雅丽，赖欣，邱小松，等 . 盐穴地下储气库小井距双井自然溶通造腔工艺 [J]. 天然气工业，2018，38(3):96-102.
[4] 杨海军 . 中国盐穴储气库建设关键技术及挑战 [J]. 油气储运，2017，36(7):747-753.

的盐层顶部，沿水平井轨迹抽提管柱进行对流循环造腔。水平井造腔技术可以减少井的数量，提高燃气输送能力的采收率，提高单井调峰气量。为了降低生产管柱沿程压力损失，大部分井都设计为单一管径，以减少缩径，避免发生气体窜流。若油藏渗透率较低，水平井比直井更适用。在同一油藏中，水平井调峰气量比直井高 1.5 ～ 6 倍，主要取决于油藏性质和水平段长度。在运行过程中，水平井还能抑制水的锥进。若水平段在气水界面上，在采气过程中，由于水平段的压力损失小于直井，能有效减少水体锥进速度。目前，俄罗斯伏尔加地区储气库已建成长 440m、宽 44m、高 40m 的腔室。该技术适用于盐层较薄的建库区域，适合我国东部地区储库的建设 [1]。

5. 定向井和丛式井建造技术 [2]

欧洲一些国家在深层盐岩（埋深 2000m 以上）建库、定向井和丛式井盐穴建库方面取得明显进展。目前，国内盐穴储库仍以直井为主，井型单一。在薄盐层中开展丛式定向井研究，是破解库址资源少、建库条件难度大和资源利用率低等难题的有效途径。

6. 套管焊接建造技术

德国在浅层盐穴造腔中推广应用了套管焊接建造技术，使得注采井筒的完整性得到有效提高 [3]。我国虽然已经形成了油管选择、井漏控制、井下安全阀、井下可回收封隔器、地层损伤预防等关键的前沿技术，但是焊接套管技术的应用还不够成熟 [4]。

7. 老腔改造技术

盐矿老腔改造过程中面临井眼直径大、井况复杂、井筒密封性要求高、腔体形态修复等挑战。老腔改造技术包括井筒改造技术和腔体修复技术。我国金坛储气库建设中采用盐化企业采卤过程中形成的老腔改建储气库，以声呐检测、稳定性评价为基础，结合井筒改造技术，形成了盐穴储气库老腔套铣改造技术 [5]。金坛盐穴储气库已成功改造 5 口老腔。

8. 天然气阻溶及腔体修复技术 [6]

盐穴储气库造腔过程中国际上普遍使用柴油作为阻溶剂，存在成本高、易污染且无法在注气排卤阶段作为阻溶剂修补因地质、工艺因素造成的偏溶等缺点。我国建立了天

---

[1] 张博，吕柏霖，吴宇航，等 . 国内外盐穴储气库发展概况及趋势 [J]. 中国井矿盐，2021，52(1): 21-24.

[2] 袁光杰，夏焱，金根泰，等 . 国内外地下储库现状及工程技术发展趋势 [J]. 石油钻探技术，2017，45(4):8-14.

[3] 同 [2].

[4] BAI M X, SHEN A Q, MENG L D, et al. Well Completion Issues for Underground Gas Storage in Oil and Gas Reservoirs in China[J]. Journal of Petroleum Science and Engineering, 2018, 171:584-591.

[5] 同 [1].

[6] 同 [1].

然气阻溶及腔体修复技术，完成了一口盐腔的现场试验，使腔体体积增加了 1.4 万 m³。

9．厚夹层垮塌技术 [1,2]

由于地质原因限制，我国大部分储气库建库区域含盐地层均存在厚夹层。为了充分利用盐层造腔，我国学者提出厚夹层垮塌技术，并于东部地区选取两口储气库井，开展了二次建槽的先导性试验，先在厚夹层下部盐层一次建槽，然后在上部盐层二次建槽，使厚夹层在重力作用下自然垮塌，提高了单腔工作气量和有效空间。

10．盐穴腔体密封监测技术 [3]

目前，盐穴腔体密封监测技术在国外尚无统一的方法和检测标准，在腔体试压方面主要通过向生产套管中注入柴油，通过检测油水界面是否移动判断盐腔的密封性。基于此，我国考虑盐层及井腔实际情况，在西气东输金坛储气库对盐腔气密封监测方法进行了改进，向生产套管中注入氮气至指定深度，定时测量气液界面深度并记录井口压力，计算井筒内的气体漏失率，判断盐腔的密封性。使用氮气测试腔体密封性技术现场可操作性强、经济性好、评价结果准确。

11．造腔油水界面光纤实时监测技术 [4]

国外对于造腔过程中的油水界面监测主要采用中子法，该方法测量精度高，但是费用较高。我国主要在层状盐岩中造腔，需要精细控制油水界面，监测频率高于国外。金坛储气库采用了造腔油水界面光纤实时监测技术，目前该技术已经成功应用于数口造腔井，界面深度误差小于 0.5m，表现出良好的可靠性和经济性。

1.1.4.4　盐穴储气库运行监测技术

盐穴储气库运行监测技术主要包括：温度、压力和流量的监测，地面沉降监测，微震监测，腔体形态监测，腔体带压与流量监测，井筒、腔体泄漏监测和腔体垮塌及裂缝监测等技术。其中，腔体运行期间的温度、压力、流量监测，对于及时发现运行过程中的问题具有重要作用。注采运行过程中的地面沉降监测，对于防止腔体可能发生的沉降对地面建筑物造成的损害意义重大。我国在总结国外储气库安全运营与监测经验的基础上，形成了包括腔体完整性测试、腔体形态测试、温度压力与流量监测、腔体带压监测、井筒泄漏监测、腔体泄漏监测、地面沉降监测、微震监测、腔体垮塌与裂缝监测等技术在内的监测体系，形成了覆盖地下、井筒和地面的监测与完整性管

[1] 张博，吕柏霖，吴宇航，等 . 国内外盐穴储气库发展概况及趋势 [J]. 中国井矿盐，2021，52(1):21-24.
[2] 王元刚，陈加松，刘春，等 . 盐穴储气库巨厚夹层垮塌控制工艺 [J]. 油气储运，2017，36(9):1035-1041.
[3] 杨海军 . 中国盐穴储气库建设关键技术及挑战 [J]. 油气储运，2017，36(7):747-753.
[4] 同 [3].

理体系[1,2]。例如，新型光纤测井技术实现了对井筒泄漏的监测；气体示踪技术被用于判断盐穴储气是否泄漏及储气库盐穴地区地层的完整性；在腔体垮塌及裂缝监测方面，利用微地震技术实现了实时监测。

1.1.4.5　储气库优化运行技术[3]

新技术的应用对地下储气库的管理运行至关重要。目前，非胶结孔油藏砾石充填防砂技术，聚合物调剖控水技术，非胶结孔隙油藏固结技术，用于改进设计的数学模型和软件（包括能够提供油藏几何形状和岩石性质的三维模拟软件），地下储库设备维修和操作技术，新测井工具（如核磁共振、改进的三维地震传感器、多种流体及砂粒探测器等）和安全风险监测评价等技术被用于地下储库的有效管理。

1.1.4.6　储库自动化管理技术

目前，集散控制系统在储气设施中的广泛应用，提高了国外地下储气库的自动化控制和管理水平。远程遥控和自动化技术的进步，使得一个控制中心可以同时控制几个远程储库设施。例如，亚得里亚海上油气田采用了 SIRIONE-2 系统对各储气库生产进行集中管理。意大利研究建立集散式操作中心，对 Po Valley 地区的储库设施实行集中管理。随着物联网、区块链技术的发展，储库自动化管理技术将成为重要的发展方向。

1.1.5　盐岩地下储库灾难性事故分析

近 30 年来，国外盐岩地下储库灾难性事故时有发生（见表 1-4），事故类型主要有油气渗漏、溶腔失效和地表沉陷等，事故的突发性强、破坏力大，往往造成重大经济损失和环境次生灾害。其中，盐岩地下储库的风险事故类型主要是地表塌陷、气体泄漏和爆炸、溶腔过度收敛和地表过度沉降、库群破坏等，顶板、溶腔、套管、管道和地面设备等是易发生破坏的部位，运营期为事故主要发生阶段。

表 1-4　国外部分盐岩地下储库灾难性事故[4]

储库名称	时间	地点	存储介质	事故类型	事故描述	事故原因
Kiel101	1967 年	德国	天然气	溶腔失效	40 天后体积收缩 12.3%	腔体破损、顶板垮塌

[1] 完颜祺琪，丁国生，赵岩，等.盐穴型地下储气库建库评价关键技术及其应用[J].天然气工业，2018，38(5):111-117.
[2] 杨海军.中国盐穴储气库建设关键技术及挑战[J].油气储运，2017，36(7):747-753.
[3] 张耀民，廖鑫海，黄建平，等.国外天然气地下储存建设技术进展[J].石油科技论坛，2008(4):29-33.
[4] 张楠.层状盐岩储油库围岩力学和渗透特性及安全评价研究[D].重庆：重庆大学，2019.

（续表）

储库名称	时间	地点	存储介质	事故类型	事故描述	事故原因
West Hackberry	1970 年	美国路易斯安那州	石油	地表沉陷	地面沉降 75mm/ 年	腔体过度变形
Eminence	1970—1972 年	美国密西西比州	天然气	溶腔失效	腔体短时间收缩 40%	腔体破损、顶板垮塌、底板隆起
Tersanne	1970—1980 年	法国	天然气	溶腔失效	体积损失超过 35%，地面沉降高达 40mm/ 年	腔体破损、顶板垮塌
Petal	1974 年	美国密西西比州	—	油气渗漏	疏散范围 7km², 疏散3000 人	人为失误
West Hackberry	1978 年 9 月	美国路易斯安那州	石油	油气渗漏	大火、井喷	上覆地层非均匀变形导致密封失效
Mont Belvieu	1980 年	美国得克萨斯州	液化石油气	油气渗漏	大火、爆炸	上覆地层非均匀变形导致密封失效
Conway	1980—2002 年	美国堪萨斯州	天然气	盖层失效	燃气泄漏至地下水	—
Bryan Mound	1982—1998 年	美国得克萨斯州	石油	地表沉陷	地面沉降 0.12 英尺 / 年	腔体过度变形
Mont Belvieu	1984 年	美国得克萨斯州	液化石油气	油气渗漏	大火、爆炸	腔体破损导致密封失效
Mont Belvieu	1985 年 11 月	美国得克萨斯州	液化石油气	油气渗漏	大火、爆炸	腔体破损导致密封失效
Mont Belvieu	1988 年	美国得克萨斯州	液化石油气	地表沉陷	地面沉降 20～40mm/ 年，影响半径达 1500m	蠕变过量
Teutschenthal	1988 年	德国	—	地表裂缝	80% 的气体逸出	套管破损
Clute	1988 年	美国得克萨斯州	—	气体逸出	600 万加仑的乙烯逸出	套管破损
Big Hill	1989—1999 年	美国得克萨斯州	石油	地表沉陷	地面沉降为 0.30 英尺 / 年	腔体过度变形、顶板垮塌
Stratton Ridge	1990 年	美国得克萨斯州	天然气	溶腔失效	腔体弃用、地面沉降	蠕变过量
Brenham	1992 年 4 月	美国得克萨斯州	液化石油气	油气渗漏	大火、爆炸	人为操作失当导致腔体密封失效
MIneola	1995 年	美国得克萨斯州	—	地表沉陷	大火	人为失误
Fort Saskatchewan	2001 年	加拿大苏斯喀彻温省	乙烷	油气渗漏	火灾、持续 8 天	上覆地层非均匀变形导致密封失效

（续表）

储库名称	时间	地点	存储介质	事故类型	事故描述	事故原因
Yaggy	2001 年1 月	美国堪萨斯州	天然气	油气渗漏	大火、爆炸	腔体破损导致密封失效
Magnolia	2003 年	美国路易斯安那州	—	气体逸出	3500 万立方英尺的天然气逸出	套管破损
Moss Bluff	2004 年8 月	美国得克萨斯州	天然气	油气渗漏	大火、爆炸	腔体破损导致密封失效

1.2 深部地下储能领域规划布局

1.2.1 主要国家科技战略与计划

1.2.1.1 美国

美国重视地下空间在储油、储气、储氢与储氦等方面的全方位应用。自 1962 年 12 月起，美国禁止氦出口，并将过剩的氦存储于国家地下氦储库（枯竭气田）[1]。 1973 年，中东国家实施石油禁运导致全球油价飙升后，美国政界人士首次提出了石油 储备的想法。美国国会在 1975 年通过了《能源政策与保护法案》，确立了战略石油储 备，以防出现重大供应问题。美国先后建成了 5 个盐穴储油库，共有 60 个盐穴用于战 略石油储备，每个盐穴都是直径约为 200 英尺、高约 2550 英尺的圆柱体。

2017 年 9 月，美国能源部宣布资助 1970 万美元用于强化其下辖的国家实验室与 私营企业在能源创新领域的合作，由劳伦斯利佛莫尔国家实验室牵头的压缩空气储能 技术和岩石储热技术研究得到资助。

2018 年，美国国家科学院发布了《美国地质调查局能源资源计划的未来方向》[2]。 针对美国地质调查局的能源资源计划，确定了美国及世界面临的能源资源挑战，提出 未来 10 ～ 15 年内能源资源的开发和研究方法，以有效应对这些挑战，并更好地为美 国地质调查局能源研究重点和美国政府的能源需求及优先事项提供信息。指出适应波 动性电源（如风能和太阳能）及相关能源存储技术是未来 10 ～ 15 年内面临的主要 挑战之一。地下存储包括用于地质构造中的压缩空气储能、抽水蓄能、储气和蓄热， 必须对地下储层进行表征，了解如何存储资源、存储的影响因素及如何提取存储的 资源。

[1] КУЧЕРУК Е В, ХОБОТ М Р. 美国氦的储量和潜在资源 [J]. 天然气化工（C1 化学与化工），1980(2): 45-47.

[2] National Academies of Sciences, Engineering, and Medicine. Future Directions for the U.S. Geological Survey's Energy Resources Program[M]. Washington, DC: The National Academies Press, 2018.

2020 年 8 月，美国能源部化石能源办公室发布氢经济战略，以促进和扩大国内氢能源经济，大型的现场和地质储氢是其研发项目的重要组成部分。同年 11 月，美国能源部发布《氢能计划发展规划》，提出了未来十年及更长时期内氢能研究、开发和示范的总体战略框架。储氢作为关键技术领域研发及示范的重点项目被提及，该领域的技术需求和挑战为：开发大规模储氢设施，包括现场大量应急供应和地质储氢。《氢能计划发展规划》基于近年来的氢能关键技术的成熟度和预期需求，提出了近、中、长期技术开发选项，地质储氢（如洞穴、枯竭油气藏储氢）为中期技术开发选项。其中，地质储氢的识别、评估和论证被列为关键技术领域研发及示范重点。同年 12 月，美国能源部发布了储能大挑战路线图（Energy Storage Grand Challenge Roadmap），这是美国能源部针对储能的首个综合性战略，旨在加速下一代储能技术的开发、商业化和应用，维持美国在储能领域的全球领导地位，到 2030 年开发并在国内制造能够满足美国所有时长需求的储能技术，预计到 2050 年美国将需要 1000GW 的储能来支持可再生能源的利用。该路线图包含"三大课题"和"五大路径"，并列举了储能的"三个技术方向"，其中，氢储能（HES）和地下热能存储作为重要的储能技术被提及。

2021 年 1 月 15 日，美国能源部发布项目招标文件，提出将投入 1.6 亿美元支持改造美国化石燃料和发电基础设施，开发基于化石燃料的氢生产、运输、存储和应用相关技术，以推进实现净零排放。其中，一个重点关注的技术主题是：开发先进技术以提高地下储氢经济性和效率、安全性、完整性等性能。

2022 年 3 月，初创公司 Green Hydrogen International 宣布实施大规模盐穴储氢枢纽计划，将在美国得克萨斯州南部开发世界上最大的绿氢生产和存储中心——"氢城"，"氢城"以位于杜瓦尔县 Piedras Pintas 盐丘的储氢设施为中心，通过管道连接至科珀斯克里斯蒂和布朗斯维尔。其中，盐丘存储是该计划的关键要素，将在 Piedras Pintas 盐丘建立 50 多个盐穴，提供高达 6TWh 的能量存储。

2022 年 7 月，美国领先的地下存储和地面设施建造商 WSP USA 公司获得了清洁能源存储基础设施的合同，建造绿色氢生产和存储设施。WSP USA 将负责犹他州 ACES Delta 地区两个大型盐丘的开发。盐丘建成后，将提供 100% 的清洁能源季节性存储能力，对于未来美国西部电网的脱碳至关重要。

1.2.1.2 欧盟

欧盟委员会认为，到 2050 年，氢在欧洲能源结构中的比重将由 2019 年的不到 2% 上升到 13% ~ 14%。为此，欧盟积极部署地下储氢项目计划，促进能源结构转型。欧洲 HyUnder 储氢项目在德国、英国、法国、荷兰、罗马尼亚和西班牙等国范围内评估了地下盐穴长期储氢的潜力。奥地利 SUN.STORAGE 项目调查和分析了加氢对天然气储库的影响。阿根廷期望通过风电场产生的电能转化为氢气，并注入地下枯竭油气田来存储氢气。波兰评估了盐类矿床对氢气存储的适宜性。德国于利希能源与气候研究所（IEK-3）的研究表明，欧洲具有在层状盐岩盐层和盐丘中存储 84.8PWh 氢气的技术潜力，这些盐洞大部分集中在北欧的近海和陆上位置，德国占最大份额，其次是荷兰、英国、挪威、丹麦和波兰[1]。

早在 2003 年欧盟就制定了"欧盟氢能和燃料电池发展路线图"。HyPSTER（Hydrogen Pilot Storage for large Ecosystem Replication）是首个由欧盟支持的在盐穴中进行工业规模的绿色储氢项目。该项目总预算为 1300 万欧元，2021 年年初获得燃料电池与氢能联合行动计划 500 万欧元的补贴。该项目将首先进行地下盐穴和地表工程研究，然后在实际条件下开展试验研究。该项目的目标是以工业规模测试盐穴中绿氢的生产和存储，以及该方法在欧洲其他地点技术与经济上的可复制性，以支持欧洲氢经济的发展。

2019 年 2 月，欧盟委员会宣布成立创新基金，计划于 2020—2030 年间投入 100 余亿欧元，重点关注 CCS、可再生能源、储能和能源密集型行业领域，储能领域主要包括压缩空气储能和液态空气储能相关的产品创新，如区块链技术和人工智能。

2020 年 1 月，欧盟"燃料电池与氢能联合行动计划"（FCH-JU）发布招标公告，计划投入 9300 万欧元支持氢能和燃料电池领域 24 个技术主题的研究。包括：枯竭气藏和其他地质储层中可再生氢气的存储，研究在枯竭气田和其他类型地质储层中大规模存储可再生氢气的可行性，并对地下存储可再生氢气进行技术经济评估；小型盐穴中可再生氢气存储的循环测试，研究利用盐穴进行氢气循环存储的可行性，进行中试规模的示范。

1.2.1.3　英国

2017 年，英国发布《现代工业战略》，将储能确定为英国成为全球领导者的 8 项技术之一。英国地质调查局强调了地质学在支持英国长期能源转型中的重要性，地热能、CCUS（碳捕集、利用与封存）、地下储氢和储热是英国实现净零排放的 4 项技术。

2021 年 7 月 15 日，SSE 的子公司英国 SSE Thermal 和挪威石油和天然气公司 Equinor 表示，计划在东约克郡海岸的 Aldbrough 储气库开发英国最大的储氢站点之一。该站点将于 2028 年完成，预计容量至少为 320GWh。Aldbrough 储气库由 9 个地下盐穴组成，可以存储 1.95 亿 m³ 的天然气，Aldbrough 储氢站点将转换 4 个储氢盐穴用于储氢，每个盐穴容量为 80GWh。考虑到该站点的容量，未来可能需要建造更多的储氢盐穴，若 9 个盐穴全部改造，则容量可达 720GWh。同年 8 月，英国发布首个国家氢能战略，盐穴储氢作为氢气储运方案被提及。

为了支持地下储能技术的有效应用，英国地质调查局围绕盐穴的可循环使用性和安全性开展了实验研究，以量化层状岩盐的变形并检查砂岩特性对氢气的响应。英国

---

[1] CAGLAYAN D G, WEBER N, HEINRICHS H U, et al. Technical Potential of Salt Caverns for Hydrogen Storage in Europe[J]. International Journal of Hydrogen Energy, 2020, 45(11):6793-6805.

地质调查局还将在英国 Geoenergy 天文台使用专门设计用于量化 Permo-Triassic 砂岩不同沉积相热响应的钻孔阵列，以了解砂岩的热响应并确定其作为地下储热库的适用性，具体将开展以下研究：①明确可用洞穴的发展和行为，以作为甲烷、氢气和压缩空气的存储设施；②更好地了解地下氢气的行为，尤其是微生物种群和储层性能的变化；③帮助量化 Sherwood 砂岩的热响应和容量，Sherwood 砂岩是英国许多地区的主要潜在地下储热库。

2021 年 8 月 25 日，英国地质调查局发布"地下储能：支持向净零碳排放过渡的绿色解决方案"，概述了英国目前正在寻求的可再生能源存储绿色解决方案的研究进展。具体包括：盐穴压缩空气储能技术、盐穴及多孔岩石储氢和多孔岩石中的热能存储。其中，英国地质调查局正在进行以下研究：①岩盐的完整性，包括层状岩盐的性质、泥岩和其他不溶性物质与岩盐序列互层等关键科学问题；②多孔岩石（如砂岩）中储氢的可行性，以及在何种条件下，自然地质可能对此类储氢构成障碍；③论证基于多孔岩石含水层储能机制（ATES）的热能存储技术，聚焦影响 ATES 方案的基岩组成、结构要素和围岩性质等关键要素。

1.2.1.4 德国

德国高度重视"绿色氢能源"，将氢视为德国能源转型成功的关键原材料。2019年，德国 HYPOS 研究所宣布世界首个为期两年的洞穴储氢研究（H2 research cavern）项目，该研究项目旨在开发并正式批准一个盐洞储氢研究平台。作为该研究项目的一部分，德国中部的地下氢存储试点项目于 2019 年 5 月 1 日启动，将建成欧洲大陆上第一个洞穴氢气存储设施，也是世界上首个存储可再生绿氢的地下设施。

2020 年，德国联邦交通和数字基础设施部投资近 600 万欧元资助机动性氢气洞穴（HyCAVmobil）项目，德国航空航天中心负责研究和评估如何将氢存储在盐穴中，在实验室规模的测试之后，将在 EWE 能源公司经营的洞穴中进行测试。在柏林附近的罗德斯多夫勃兰登堡镇，EWE 能源公司正在盐岩中建造一个只用于储氢的小型洞穴存储设施，深度约为 1000m，容积为 $500m^3$。

2020 年，德国发布《国家氢能战略》，推出 38 项具体措施，涵盖氢的生产制造和应用等多个方面。在存储领域，氢的各种存储与运输可能性是重要研究内容，如地下储氢、利用现有天然气存储设施储氢、固态储氢等。

1.2.2 全球地下储能项目

1.2.2.1 地下压缩空气储能项目

地下压缩空气储能发电已有成熟的运行经验。近年来，中国、美国、加拿大和澳大利亚等国都部署了压缩空气储能项目（见表 1-5）。

表 1-5 近年来压缩空气储能项目汇总 [1]

项目名称	国家	埋深（m）	储气洞穴容积（m³）	投入运行时间	输出功率（MW）	装机容量（MWh）	运行效率（%）	最大压力（MPa）	储层类型
亨托夫压缩空气储能电站	德国	600～800	31 万	1978 年	初始功率为290MW，2006 年优化以后提升到321MW	—	29	4.8～6.6	盐穴
麦金托什压缩空气储能电站	美国	450～750	56 万	1991 年	110	—	54	7.5	盐穴
日本北海道 Kamimas-agawa 压缩空气储能试验项目	日本	450	1600	20 世纪90 年代	—	—	—	—	泥质砂岩衬砌岩石洞穴
Norton 压缩空气储能电站	美国	670	$9.57×10^6$	2001—2013 年	800～2700	2700	—	5.5～11	盐岩层洞穴
上砂川盯压缩空气储能示范项目	日本	约 450	—	2001 年	4	—	—	8	废弃煤矿坑
联合循环压缩空气储能发电项目	瑞士	—	—	—	422	—	—	3.3	硬岩洞穴
韩国压缩空气储能电站试点项目	韩国	100	—	2011 年	—	—	—	—	衬砌石灰岩洞穴

[1] MARCUS K, ANJALI J, Rohit B, et al. Overview of Current Compressed Air Energy Storage Projects and Analysis of the Potential Underground Storage Capacity in India and the UK[J]. Renewable and Sustainable Energy Reviews, 2021,139:110760.

（续表）

项目名称	国家	埋深（m）	储气洞穴容积（m³）	投入运行时间	输出功率（MW）	装机容量（MWh）	运行效率（%）	最大压力（MPa）	储层类型
330 MW - Gaelectric 压缩空气储能项目	英国	1500	9000	2008—2019年	330	1980	—	—	盐穴
Seneca 压缩空气储能项目	美国	—	—	2010—2012年	150	2000	—	—	盐穴
AA 压缩空气储能中试项目	瑞士	—	—	2017年	0.7	—	63～74	8	先前开挖的无衬砌的岩洞
中盐金坛压缩空气储能项目	中国	750～900	—	建设中	50～60	200～300	60	—	溶液开采盐穴
Goderich A 压缩空气储能设施	加拿大	—	—	2019年	1.75	7	>60	—	专用开采洞穴
Apex 压缩空气储能源中心 Bethel	美国	—	—	2019年	324～487	16000	—	—	溶液开采盐穴
肥城压缩空气储能电站	中国	—	—	建设中	1250（计划）	7500	67	—	盐穴
PG&E 先进压缩空气储能项目	美国	—	—	2020年	300 年	—	—	—	枯竭气藏

1.2.2.2　地下储氢项目

目前，许多用于储能的氢气洞穴项目正在迅速开展，主要参与国家都是盐穴较多的国家，如美国、德国、法国、英国等。现有地下储氢库技术参数如表 1-6 所示。

表 1-6　现有地下储氢库技术参数[1-3]

项目名称	国家	存储方式	运行状态 / 开始时间	储层埋深 （m）	体积 （m³）	氢气含量 （%）	存储压力 （MPa）	储层 类型
Beynes	法国	与天然气混合存储	运行	430	3.3×10^8	50	—	地下含水层
Kiel	德国	混合氢气地下存储	已关闭	—	32000	60	8～10	盐丘
Ketzin	德国	与天然气混合存储	运行	200～250	—	62	—	含水层
Lobodice	捷克	混合氢气地下存储	运行	430	—	50	9	含水层
Teesside	英国	纯氢气地下存储	1972 年	365	210000	95	4.5	层状盐岩
Clemens	美国	纯氢气地下存储	1983 年	1000	580000	95	7～13.7	盐丘
Moss Bluff	美国	纯氢气地下存储	2007 年	1200	566000	—	5.5～15.2	盐丘
Spindletop	美国	纯氢气地下存储	—	1340	906000	95	6.8～20.2	盐丘
Diadema	阿根廷	混合氢气地下存储	—	600	—	10	1	枯竭气藏
Underground Sun Storage	奥地利	混合氢气地下存储	运行	1000	—	10	7.8	枯竭气藏

表 1-7 所示为全球地下储氢项目计划，英国、德国、加拿大和波兰等国都制订了相应的储氢计划。

---

[1] 付盼，罗森，夏焱，等 . 氢气地下存储技术现状及难点研究 [J]. 中国井矿盐，2020，51(6):19-23.

[2] OZARSLAN A. Large-scale Hydrogen Energy Storage in Salt Caverns[J]. International Journal of Hydrogen Energy, 2012, 37(19):14265-14277.

[3] LORD A S. Overview of Geologic Storage of Natural Gas with an Emphasis on Assessing the Feasibility of Storing Hydrogen[R]. California: Sandia National Laboratories, 2009.

表 1-7　全球地下储氢项目计划 [1]

地点	国家	储层类型	性质	标准
San Pedro Belt	西班牙	咸水层	孔隙度为 20%，渗透率为 100mD	风电制氢季节性储氢回收率
Rough Gas Storage Facility	英国	枯竭气藏	容积为 $4.8\times10^7m^3$，孔隙度为 20%，渗透率为 75mD，埋深为 2743m，压力为 5～10MPa，周期为 120d	化学稳定性，生物消耗，渗漏和运行条件
Ocna Mures	英国	盐穴	—	地质标准，卤水的可用性和消耗量，存储地点
Targu Ocna	英国	盐穴	—	
Ocnele Mari	英国	盐穴	—	
Cacica	英国	盐穴	—	
Midland Valley	英国	油藏	渗透率为 60～80mD，厚度为 100～1000m	地质不确定性，存储能力
Rhaetian，Schleswing-Holstein	德国	气藏	孔隙度为 13%～33%，渗透率为 2.1～572.2mD，埋深为 460～490m，厚度为 5～30m，压力为 6.5MPa	天然气藏中储氢的可行性，存储能力
Northern Nordrhein Westfalen	德国	盐穴	容积为 $2.4\times10^9m^3$	碳氢化合物存储转换为氢存储的经济评价
Northwest Germany	德国	盐穴	容积为 $4.6\times10^9m^3$	
Central Germany	德国	盐穴	容积为 $1.8\times10^9m^3$	
Salina B and A2，Ontario	加拿大	盐穴	B：埋深为 400m，厚度为 90m，容积为 $6.4\times10^6m^3$；A2：埋深为 525m，厚度最大为 45m，容积为 $9.5\times10^6m^3$	深度和矿物学等地质标准，从碳氢化合物转为氢存储
Mount Simon Aquifer，Ontario	加拿大	咸水层	埋深为 800m，孔隙度为 5%～15%，压力为 7.6MPa，含盐量为 100～300k mg/L，容积为 72500 万 t 二氧化碳	基于先前 CCS 的评估结果
Rogozno	波兰	盐丘	—	盐丘的尺寸 / 面积，盐镜深度，对盐丘的认识，内部结构的复杂性，现存的地质报告和盐储量
Damaslawek				
Lanieta				
Lubien				
Goleniow				
Izbica Kujawska				
Debina				

[1] ZIVAR D, KUAMR S, FOROOZES H J. Underground Hydrogen Storage: A Comprehensive Review[J]. International Journal of Hydrogen Energy, 2021,46(45):23436-23462.

（续表）

地点	国家	储层类型	性质	标准
Gora Region	波兰	盐层	—	储层岩性，勘探阶段，盐层类型、容积、深度和地温梯度
Chabowo T	波兰	含水层	—	构造活动，覆岩岩性，勘探阶段，深度，储层孔隙体积
Przemysl	波兰	天然气藏	—	覆岩岩性，构造活动，沉积形式，储层孔隙体积，深度，勘探阶段
Tuz Golu Gas Storage Site	土耳其	盐穴	容积为 $7.56\times10^6\text{m}^3$，埋深为 $1100\sim1400\text{m}$，最大压力为 22MPa	从碳氢化合物存储转为氢存储
Lille Thorup	丹麦	盐穴	埋深为 $1270\sim1690\text{m}$，压力为 $5\sim10\text{MPa}$，温度为 $40\sim50\,℃$，容积为 4.45×10^8 万 m^3	从碳氢化合物存储转为氢存储

1.3 深部地下储能领域研究态势

本节基于引文索引 Web of Science 核心合集数据库中的科学引文索引扩展版（Science Citation Index Expanded，SCIE，简称 SCI）数据库，采用文献计量方法，从国家、科研机构及发文数量等层面，多角度分析了深地储能领域的研究概况，以期在一定程度上展示深地储能领域的研究现状和发展趋势。

本节分析的 SCI 论文的文献类型限定为论文（Article）、会议录文献（Proceedings Paper）和综述（Review）。分析的数据年限为 1900—2022 年，数据检索时间为 2022 年 7 月 14 日。

文献计量方法：主要采用 Derwent Data Analyzer（DDA）软件对检索到的 2450 篇论文进行数据统计、分析和挖掘。

1.3.1 发文趋势

深地储能领域的研究目前处于较快增长阶段。从历年深地储能领域 SCI 论文产出趋势（见图 1-3）可以看出，该领域内 SCI 论文产出可追溯到 1959 年 [1]，早期的相关研究以地下天然气存储为主。SCI 发文数量以 1990 年和 2005 年为时间节点，可以分为三个时间段（2022 年数据仅供参考）：1990 年之前的 30 年中，该领域的研究成果较为有限，年均发文数量小于 10 篇。1990 年石油危机爆发，刺激了深地储能领域的研

[1] KATZ D L, TEK M R, COATS K H. Effect of Unsteady-State Aquifer Motion on the Size of an Adjacent Gas Storage Reservoir[J]. Transactions of the AIME, 1959, 216(1):18-22.

究，1991—2005 年的发文数量保持稳定增长；2006 年至今，该领域内研究成果产出呈现快速增长态势。近年来，整体而言，全球深地储能领域研究发展迅猛，初步预计未来几年该领域相关研究产出成果仍将保持增长态势。

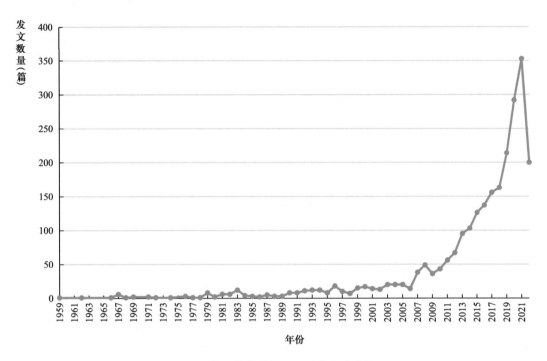

图 1-3　深地储能领域 SCI 论文产出趋势

深地储能领域 SCI 发文研究方向分布如图 1-4 所示，主要研究方向（WOS 领域分类）集中在工程学、能源与燃料和地质学等方向，占比分别为 20%、20% 和 10%。

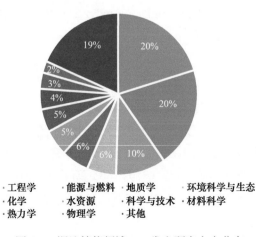

·工程学　　·能源与燃料　·地质学　　·环境科学与生态
·化学　　　·水资源　　　·科学与技术·材料科学
·热力学　　·物理学　　　·其他

图 1-4　深地储能领域 SCI 发文研究方向分布

1.3.2 研究热点

关键词是反映研究主题内容的重要信息，对其进行统计分析，可以快速了解研究领域的最新研究动态和研究热点。本章将 2017—2022 年出现的频率最高的 10 个关键词以一年为时间切片，分析每年高频关键词变化情况。从表 1-8 中可以看出，地下储气、地下储氢、压缩空气储能、盐岩与盐穴、数值模拟分析等与地下储能相关的研究方向一直是近几年关注的热点。

表 1-8　深地储能领域年度研究热点

年度	高频词	涉及的主要研究问题
2017	Compressed air energy storage; Energy storage; Hydrogen storage; Numerical simulation; Aquifer thermal energy storage;Rock salt; District heating; Gas storage;Numerical modelling; Underground gas storage	压缩空气储能；储能；储氢；数值模拟分析；含水层储能；盐岩；区域供热；储气；地下储气
2018	Underground gas storage; Energy storage; Numerical simulation; Permeability; Salt carven; Aquifer; Aquifer thermal energy storage(ATES); Compressed air energy storage; Hydrogen storage; Seasonal thermal energy storage	地下储气；储能；数值模拟分析；渗透率；盐穴；含水层储能；压缩空气储能；储氢；季节性热能存储
2019	Energy storage; Aquifer thermal energy storage; Underground gas storage; Gas storage; Geothermal energy; Groundwater; Rock salt; Compressed air energy storage; Hydrogen storage; Numerical simulation	储能；含水层储能；地下储气；地热能；地下水；盐岩；压缩空气储能；储氢；数值模拟分析
2020	Energy storage; Underground gas storage; Numerical simulation; Renewable energy; Groundwater; Aquifer thermal energy storage; Porous media; Rock salt; Salt rock; Numerical modelling	储能；地下储气；数值模拟；可再生能源；地下水；含水层储能；多孔介质；盐岩；数值模拟分析
2021	Underground gas storage; Energy storage; Salt carven; Hydrogen; Compressed air energy storage; Underground hydrogen storage; Geothermal energy; Renewable energy; Hydrogen storage; Underground storage	地下储气；储能；盐穴；储氢；压缩空气储能；地热能；可再生能源
2022	Underground gas storage; Energy storage; Hydrogen; Hydrogen storage; Salt carven; Underground Hydrogen storage; Rock salt; Porous media; Numerical modelling; Numerical simulation	地下储气；储能；地下储氢；盐穴；盐岩；多孔介质；数值模拟分析

关键词出现频率的分析可以体现该学科态势的发展演化。将深地储能领域 SCI 文献数据导入可视化软件 VOSviewer，构建关键词共现网络并进行聚类分析（见图 1-5 和图 1-6）。其中，节点的不同颜色代表其属于不同聚类，可用于识别该领域主要研究方向。由图 1-5 可以看出，深地储能领域研究主题可分为："盐岩物理力学性质研究"相关主题；"地下储库建造"相关主题；"储层适用性研究"相关主题；"储能成本、适用性研究"相关主题等。其中，"盐岩物理力学性质研究"相关主题主要集中于盐岩的渗透率、蠕变、失稳和稳定性分析等（见图 1-6）。事实上，对盐岩物理力学特性的研究始终是国际研究热点之一。1981 年、1986 年、1993 年、1996 年、1999 年共召开了

5 届盐岩的力学特性专门会议，研究盐岩中的能源储存相关力学问题 [1]。第七届国际岩石力学大会设有盐岩力学特性研究专题 [2]。

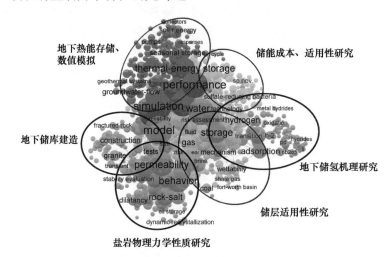

图 1-5 深地储能领域关键词聚类图

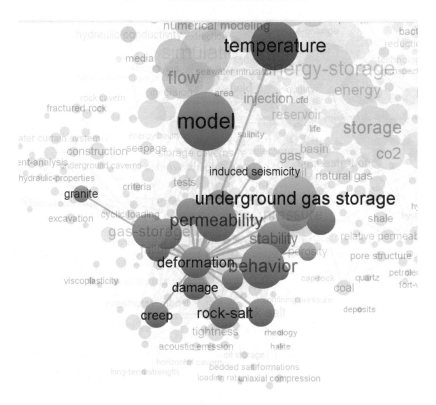

图 1-6 盐岩相关关键词聚类图

[1] 陈锋，李银平，杨春和，等. 云应盐矿盐岩蠕变特性试验研究 [J]. 岩石力学与工程学报，2006(S1):3022-3027.

[2] 马洪岭. 超深地层盐岩地下储气库可行性研究 [D]. 武汉：中国科学院研究生院（武汉岩土力学研究所），2010.

利用 VOSviewer 软件绘制深地储能领域关键词聚类时序图，可以展现研究热点随时间变化发生的演变，描述相关主题的活跃年份趋势（见图 1-7）。默认按照关键词的平均出现年份取值进行颜色映射，可以根据颜色不同识别近期研究热点，可以从中对深地储能领域当前活跃主题有一个概貌认识，颜色越浅表明近年来相关研究热度越高。例如，层状盐岩、盐岩物理力学性质、盐岩中的气体存储等均是最近较为活跃的研究主题，与表 1-8 中的深地储能领域年度研究热点分析结果一致。

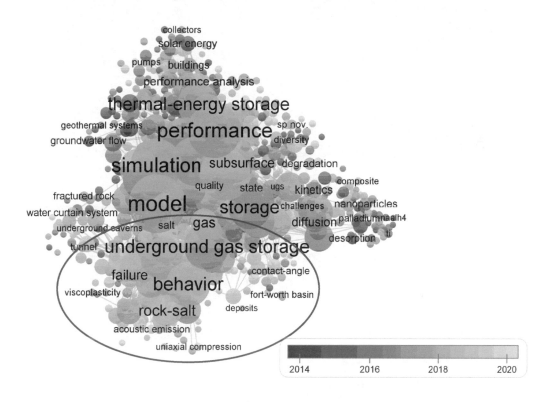

图 1-7　深地储能领域关键词聚类时序图

密度视图可以用来快速观察重要领域知识及研究密度情况，每一个节点都根据该点周围节点的密度来填充颜色，密度越大，颜色越深。选择关键词共现分析，制成深地储能领域研究关键词共现密度视图（见图 1-8），每点密度大小依赖于周围区域元素的数量及这些元素的重要性，密度越小越接近蓝绿色。十大高频热点词是：储能（energy storage）、表现（performance）、模型（model）、温度（temperature）、性质（behavior）、盐岩（rock salt）、变形（deformation）、渗透率（permeability）、存储（storage）、地下储气（underground gas storage）。可见，盐岩物理力学性质、数值模拟分析及气体地下存储的研究是深地储能领域的研究热点问题。

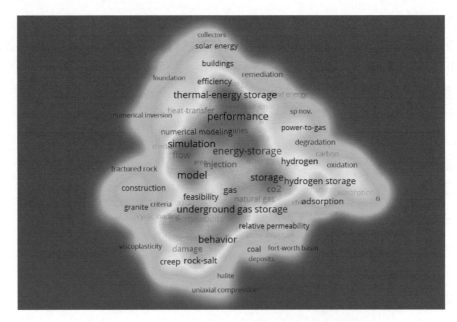

图 1-8　深地储能领域研究关键词共现密度视图

1.3.3　主要国家

深地储能领域 SCI 发文数量排名前 10 位的国家如图 1-9 所示。排名前 10 位的国家分别为中国、美国、德国、法国、英国、加拿大、荷兰、意大利、韩国和波兰，表

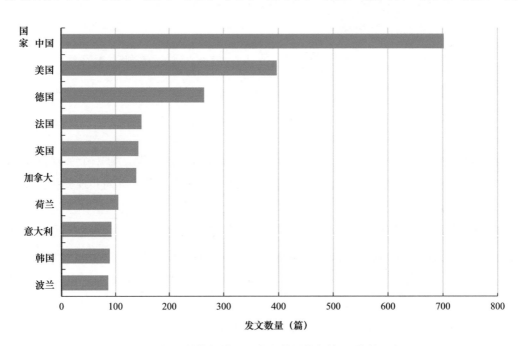

图 1-9　深地储能领域 SCI 发文数量排名前 10 位的国家

明世界上对于深地储能的研究主要集中在发达国家。其中，我国以发文数量 702 篇排名第 1 位，近年来我国深地储能领域的研究备受关注，成果产出表现出不断增长态势。由该领域 SCI 论文产出趋势（见图 1-3）和该领域主要国家发文数量年度变化趋势（见图 1-10）可见，我国在深地储能领域的研究发展阶段与全球发展阶段几乎一致，特别是进入 21 世纪以来，这种趋势更加明显；美国以发文数量 397 篇排名第 2 位；此外，德国、法国、英国和加拿大等国家近年来在该领域的研究成果比较突出。

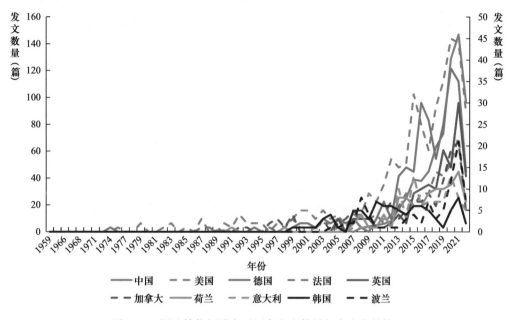

图 1-10　深地储能领域主要国家发文数量年度变化趋势

论文被引情况能在一定程度上反映研究成果的影响力，h 指数能反映出该领域研究成果产出的总体水平。从深地储能领域 SCI 发文数量排名前 10 位国家的论文被引情况来看（见表 1-9），美国在该领域的成果篇均被引频次和 h 指数排名第 1 位，显示出高影响力。中国在该领域的研究成果数量最多，篇均被引频次排名较低，h 指数排名第 2 位，表明中国在该领域的产出已经具有较好的影响力。

表 1-9　SCI 发文数量排名前 10 位国家的论文被引用情况

国家	发文数量（篇）	总被引频次（次）	篇均被引频次（次）	h 指数
中国	702	11009	15.68	51
美国	397	13197	33.24	53
德国	265	6765	25.53	41
法国	148	2864	19.35	29
英国	142	3260	22.96	31
加拿大	138	3885	28.15	29

（续表）

国家	发文数量（篇）	总被引频次（次）	篇均被引频次（次）	h 指数
荷兰	105	2902	27.64	30
意大利	92	2026	22.02	24
韩国	89	2526	28.38	25
波兰	85	855	9.94	17

从深地储能领域主要国家研究合作网络聚类图看（见图 1-11），我国在该领域的合作国家主要为美国、德国、澳大利亚、英国和加拿大等。

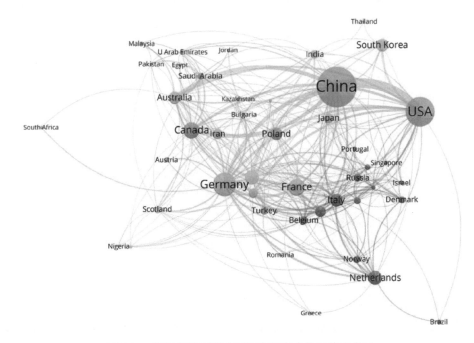

图 1-11　深地储能领域主要国家研究合作网络聚类图

1.3.4　主要机构

研究机构作为科研活动的主要场所和主体，是决定一个国家科研水平的基础要素。本章选择了深地储能领域 SCI 发文数量全球排名前 10 位的机构进行比较分析。由表 1-10 可以看出，中国科学院以发文数量 162 篇排名第 1 位，是该领域全球发文数量最多的研究机构，h 指数排名第 1 位，表明中国科学院在该领域的研究水平较高，影响力较大，其中，中国科学院武汉岩土力学研究所发文数量占中国科学院发文数量的66.67%。排名前 10 位的机构中有 4 家中国机构，重庆大学以发文数量 77 篇排名第 5位，中国石油天然气集团有限公司以 73 篇排名第 6 位。此外，德国的亥姆霍兹联合会和美国能源部在该领域内具有较大的影响力。

表 1-10 排名前 10 位的 SCI 发文机构情况

机构	发文数量（篇）	国家	总被引频次（次）	篇均被引频次（次）	h 指数
中国科学院	162	中国	3527	21.77	35
中国科学院武汉岩土力学研究所	108	中国	1919	17.77	28
亥姆霍兹联合会	100	德国	3092	30.92	28
美国能源部	86	美国	3348	38.93	27
重庆大学	77	中国	1689	21.94	25
中国石油天然气集团有限公司	73	中国	923	12.64	18
法国国家科学研究中心	72	法国	1421	19.74	23
乌迪斯法国研究型大学联盟	50	法国	1015	20.3	16
代尔夫特理工大学	41	荷兰	598	14.59	16
内华达大学	41	美国	1275	31.1	24

　　机构共现分析主要对研究机构的发文情况和合作关系进行考察。图 1-12 为深地储能领域主要机构研究合作网络聚类图，节点代表一个研究机构，节点越大表示该研究机构的发文数量越多；节点之间的连线表示研究机构之间的合作关系，节点的连线越多，表示研究机构之间的合作越频繁。中国科学院武汉岩土力学研究所作为该领域研究产出最多的机构，与其他机构开展了非常广泛的合作。

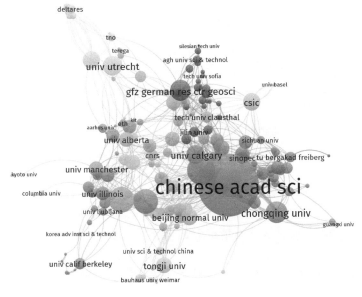

图 1-12 深地储能领域主要机构研究合作网络聚类图

1.4 小结

本章通过内容调研，对深地储能领域重大国际计划、主要国家项目及领域相关动态和研究前沿进行了梳理归纳。基于 SCI 论文成果的科学计量分析，对深地储能领域研究态势进行了定量揭示。通过调研和分析，得出以下主要结论：

（1）随着各国碳中和目标的提出，新能源将是未来电力供应的主体。地下储能作为一种大规模能源存储技术具有广阔的应用前景，是支撑我国大规模发展新能源、保障能源安全的关键技术，可以充分利用地下闲置空间，实现多种形式能源资源的大规模高效存储，对于优化能源结构、促进清洁能源生产、保障国家能源安全意义重大，是实现国家可持续发展和绿色发展战略的重要选择。

（2）当前深地储能领域科学研究正处于快速发展阶段，一系列重大计划和战略的部署推进了该领域的快速发展，为深地储能的深入研究提供了机遇。世界主要发达国家在深地储能领域开展了大量的研究，实施了一系列示范与商业项目，并且实施了一系列项目资助计划与政策。我国"碳达峰、碳中和"目标的提出和"深海、深地、深空"战略的实施，为实现地下储能领域突破性发展提供了重要发展机遇。

（3）地下天然气存储、地下储氢、压缩空气储能、盐岩与盐穴、数值模拟分析等与地下储能相关的研究方向一直是近几年关注的热点。地下储能主要储层包括盐穴、含水层和枯竭油气藏等，盐穴地下储能是当前的研究前沿方向。其中，盐穴储氢进入蓬勃发展期，盐穴中的压缩空气储能迎来重要发展机遇期，盐穴储气研究如火如荼，盐穴电池储能系统的研究迫在眉睫 [1]。我国盐穴利用方面的研究起步较晚，与欧美等国家和地区相比，盐穴地下储库的建设数量和技术水平仍有较大差距 [2]。

（4）深地储能领域的研究主要有"盐岩物理力学性质研究"相关主题、"地下储库建造"相关主题、"储层适用性研究"相关主题、"储能成本、适用性研究"相关主题等。其中，"盐岩物理力学性质研究"相关主题主要集中于盐岩的渗透率、蠕变、失稳和稳定性分析等，是最近较为活跃的研究主题。层状盐岩、盐岩物理力学性质、数值模拟分析及气体地下存储的研究是领域内的研究热点问题。

（5）当前深地储能领域的研究成果产出主要集中于中国和美国。中国在该领域的研究成果数量居世界第 1 位，论文产出已经具有较好的影响力，其中，中国科学院是该领域发文数量最多的中国机构，具有较大的影响力。

致谢：中国科学院武汉岩土力学研究所杨春和院士、王同涛研究员，中国科学院文献情报中心吴鸣研究馆员对本章内容提出了宝贵意见和建议，谨致谢忱。

执笔人：中国科学院武汉文献情报中心李娜娜、赵晏强。

[1] 李娜娜，赵晏强，王同涛，等．趋势观察：国际盐穴储能战略与科技发展态势分析 [J]. 中国科学院院刊，2021，36(10):1248-1252.

[2] 袁光杰，夏焱，金根泰，等．国内外地下储库现状及工程技术发展趋势 [J]. 石油钻探技术，2017，45(4):8-14.

第 2 章

核酸生物结构化学与生物医学及健康领域发展态势分析

核酸是基因的物质载体，也是生命现象最本质的客观存在。核酸是由核苷酸聚合而成的生物大分子，它包括脱氧核糖核酸（DNA）和核糖核酸（RNA）。核酸是生命体遗传信息的携带者和传递者，它不仅对生命的延续、遗传特性的保持、生长发育、细胞分化等起着重要作用，而且与生命的异常活动如遗传病、代谢病、传染病、肿瘤等也密切相关。核酸功能的失调会引发各种疾病，包括内源性核酸疾病和外源性核酸疾病。内源性核酸疾病包括细胞核 DNA、线粒体 DNA 突变或损伤引起的疾病（如癌症、基因遗传病等），以及 DNA 或 RNA 表达和修饰异常引起的疾病。细胞核 DNA（nuclear DNA）相关疾病一般由染色体 DNA 损伤或突变引起；胞质 DNA（位于细胞质的 DNA）相关疾病一般由线粒体 DNA 损伤或突变及胞质中 DNA 片段积累等引起。而外源性核酸入侵引发的疾病主要是由微生物感染（包括细菌、真菌、病毒和类病毒）或寄生虫引起。核酸几乎与所有的生命过程息息相关。除碱基精准配对外，DNA 和 RNA 还能形成复杂而特异的空间结构，与其他分子进行特异性结合，以支撑生命的进程。

核酸探索是生命科学的基础研究内容之一，涉及基因信息存储、核酸复制和转录、蛋白翻译、基因序列测定、基因调控、基因表达、信号传导和生长发育等领域。核酸相关的研究正被广泛应用于：①核酸分子检测体系，如将 RT-PCR 用于新冠病毒检测和疫情防控；②功能基因组学和病毒学，如 mRNA 疫苗的研究、新冠病毒结构研究、非编码基因研究；③基因表达调控和核酸药物研究（如反义寡核苷酸药物、小核酸药物和核酸适配体药物），以及天然化合物（如中药分子）与核酸相互作用的研究；④核酸分子筛选用于食品安全检测和环境生物监测；⑤材料科学，如 DNA 纳米材料、分子电子器件等；⑥农牧业监测，如微生物病虫害检测；⑦核酸信息存储、读取、运算和 DNA 计算机。

为进一步探索生命本质与核酸规律，功能核酸（包括核酸﹣蛋白质复合物）的结构研究已成为全球关注的关键科学问题。然而，迄今为止，全球科学家共测定近 20 万个生物大分子结构（大多为蛋白质晶体衍射结构），其中核酸结构（DNA 或 RNA 结构）仅占 2% 左右，核酸－蛋白质复合物结构仅占 5% 左右。尽管近年来电镜结构测定发展迅猛，但其结构精度需要进一步提高。对于分子量相对较小的分子或复合物（4 万道尔顿以下），使用电镜测定结构尚有难度。虽然 X 射线晶体学和冷冻电镜在结构生物学各有优势，但是也面临共同的技术挑战，如缺少高精度结构解析和动态监测，以及不造成结构改变的定点修饰策略。最新的前沿突破包括硒核酸化学生物学的创新，能够极大地推动核酸生物结构化学的发展。例如，研究人员可利用硒原子取代核酸的氧原子，运用化学和酶促反应把硒原子定点引入核酸的不同位置和化学环境中，以便对核酸的碱基、核糖、磷酸骨架和碱基配对等进行原子水平的研究和优化。在核酸上引入硒原子，可以极大地提高核酸碱基配对的特异性、聚合酶分子识别的准确性、体内和体外的生物活性、生物稳定性、热稳定性、化学稳定性、核酸信息存储和读取的稳定性及精准性。通过核酸化学相关技术，硒原子策略还能够极大地促进核酸晶体生长和相位测定，提高晶体结构和电镜结构的解析精度，从而极大地推动核酸和核酸－蛋白质复合物的结构生物学和分子生物学发展。核酸领域的多尺度技术创新，将极大地推动核酸生物结构化学与生物医学及健康研究，并加快相关产业的发展，具有重要的现实意义和深远的历史意义。

利用核酸化学生物学技术，研究人员能够在高精度核酸结构解析的基础上，对核酸及其蛋白质复合物的结构和功能进行原子和分子层面的深入探索，推动生物学、结构学、物理学和化学等方面的研究进展，为基础生命科学、国家健康安全（如新冠病毒的核酸快速检测、核酸分子药物、核酸疫苗设计创新、治疗和防控）及产业化创新等带来巨大机会。21 世纪以来，核酸化学生物学、核酸分子生物学、核酸生物信息学、结构生物学、遗传学和表观遗传学、肿瘤学、核酸创新药物发现及核酸精准诊断等生命科学领域的研究已经成为主要国家的科研投入热点。基于对国内外核酸研究的最新进展和未来展望，我们意识到核酸生物结构化学的科学意义重大，其发展前景和影响范围相当广泛，将推动生命健康领域更进一步的发展。

2.1　核酸生物结构化学与生物医学及健康领域规划布局

经过几十年的发展，核酸一级结构（核酸序列）与化学修饰方面已经取得重要进展，然而核酸领域仍面临许多科学问题。例如，对于核酸三维结构与功能之间的关系，如何准确地量化测定？ DNA 和 RNA 结合蛋白等核酸复合物的结构如何随时间和空间发生动态变化？如何从核小体、染色质、染色体、核糖体、细胞、器官、系统、生物体等层面看待核酸结构的重要功能？此外，X 射线结晶学、电镜核酸结构解析和核磁共振等分析技术都有各自的优缺点，迫切需要开发新的方法来实现更精准的核酸结构

（包括核酸－蛋白质复合物）测定，如将硒原子策略和人工智能技术整合至核酸结构的预测和解析中。

另外，核酸的化学修饰和三维结构在人类发育、疾病进展和药物创新研发等方面发挥了重要作用，甚至比核酸遗传序列作用更大、更复杂。

为此，美国、欧盟及欧洲主要国家（法国、德国、英国）、日本和我国持续提出核酸结构（DNA 和 RNA）及相关健康领域的战略规划、创新项目、平台与机构建设，针对该领域前沿科学问题开展前瞻性布局。

2.1.1 战略规划

2.1.1.1 美国

美国国立卫生研究院（National Institutes of Health，NIH）、美国国家科学基金会（National Science Foundation，NSF）和美国食品药品监督管理局（Food and Drug Administration，FDA）分工合作，以联合推动核酸结构化学研究与成果转化。

NIH 通过其内部研究计划资助 RNA 生物学研究，研究方向之一是确定 RNA 的结构、RNA-RNA 的相互作用、RNA-蛋白质的相互作用，并阐释 RNA 在疾病中的作用，探索 RNA 创新疗法。NIH 早在 2003 年就资助了"人类基因组的结构注释"（Structural Annotation of the Human Genome）项目，执行时间为 2003—2014 年。该项目以前所未有的分辨率表征不同细胞周期阶段的染色体三维（3D）结构，让研究人员识别参与染色体 3D 折叠的顺式元件；该项目还研究了决定基因组 3D 折叠的过程，如 DNA 拓扑的转录和调节。该项目为解答长程基因调控、染色体分离及致密中期染色体（Compact Metaphase Chromosomes）提供了思路与方法。

NIH 于 2004 年资助了"单核苷酸分辨率下的基因组 DNA 结构"项目（执行时间为 2004—2012 年）。该项目的第一个目标是开发用于收集羟基自由基降解数据的高通量方法，以增强羟基自由基切割强度数据库（ORChID 数据库）的预测能力。第二个目标是分析处于选择性进化压力下的人类 DNA 结构特征。相关研究产生了覆盖人类基因组 DNA 编码区域、大小为 30 兆字节的单核苷酸结构图；形成的 ORChID 数据库可以搜索基因组中可能与生物学功能相关的潜在结构；开发的算法可以在较高精度上预测任何 DNA 序列的羟基自由基切割模式。

基于上述两个项目，NIH 共同基金（Common Fund）于 2015 年启动了"4D 核组"（4D Nucleome，4DN）项目，该项目的第二阶段已于 2020 年开始，旨在从四维（三维空间和时间）角度研究细胞核的组织结构、细胞核组织在基因表达和细胞功能中的作用，以及核组织的变化对正常发育和各种疾病的影响。该项目主要采取以下 6 项行动。

（1）核组织与功能跨学科联盟（Nuclear Organization and Function Interdisciplinary

Consortium，NOFIC）：NOFIC 由多学科团队组成，旨在开发和验证新的方法与全基因组图谱技术，以便更深入地了解时间和空间中的核组织及其在调节基因表达中的作用。

（2）核组学工具：鼓励化学和生物化学技术的开发与验证，这些技术用于测量哺乳动物细胞中基因组、基因组之间、组织与功能调节因子（Genomic Loci and Regulators of Genome Organization and Function）的三维相互作用。

（3）核体和核室（Nuclear Bodies and Compartments）：研究核体（核内结构和功能亚基）和核室（核内的特定次区域）之间的不同局部环境，分析相关结构与重要生理过程的关系。研究人员开发相关工具和方法，以研究细胞核三维结构和核体空间排列与基因表达调控的分子机制。

（4）成像工具：开发更高通量、更高分辨率的成像方法，以测量活体单细胞中核组织的变化。

（5）4DN 网络组织中心（4DN Organizational Hub，4DN-OH）：4DN-OH 是一个社区网站，用于促进 4DN 研究人员之间以及与更大的学术团体共享数据、试剂、标准和协议，促进多方合作与交流。

（6）4DN 数据协调与集成中心（4DN network Data Coordination and Integration Center，4DN-DCIC）：4DN-DCIC 能够汇集、存储和显示 4D 核组研究人员生成的所有数据，并提供数据分析和结果可视化等功能服务。

NSF 还资助了大量交叉前沿研究，如 2022 年启动的"用于信息存储的半导体合成生物学电路和通信"项目（Semiconductor Synthetic Biology Circuits and Communications for Information Storage，SemiSynBio-III），其重要方向之一是将核酸结构研究成果应用于信息存储领域，开发 DNA 存储系统和器件。NSF 的生物分子系统集群项目（Biomolecular Systems Cluster）资助生物化学（大分子的结构和功能研究）、生物物理学（核酸、蛋白质和其他生物大分子的组装、原子结构和三维结构）和代谢生物化学（细胞生理学、酶学和生物化学）等主题，并通过"分子生物物理学""遗传学机制"等项目，部署生物大分子（包括蛋白质、核酸等）结构及功能研究。

美国食品药品监督管理局（FDA）主要负责审评和审批基于核酸的试验、试剂盒与医疗装置，已批准多项基于 DNA 或 RNA 序列、结构和表达的检测产品，用于疾病诊断、病原体识别等。FDA 出台了若干细胞与基因疗法指南，将进一步促进寡核苷酸药物开发。

2.1.1.2　欧盟

21 世纪初，欧盟委员会通过"第五框架计划"资助结构基因组学的研究，即开发 X 射线结晶和核磁共振等核酸结构分析技术，为高通量的基因组结构研究奠定了

技术基础 [1]。随着研究的不断深入，研究人员不仅聚焦于核酸分子的生物学功能，还开始探索 DNA 与 RNA 的二维和三维结构，并将其作为生物支架探索化学分子与核酸的相互作用 [2]。在 2020 年发布的《欧洲地平线计划基因组学白皮书》中，欧盟委员会提出了"医学基因组学"的概念，即整合基因组功能、基因组结构、基因组规模等数据开发疾病早期的识别和干预方案。基因组结构成为靶点验证和药物开发的参考因素之一。基于基因组测序和结构分析，研究人员能够利用计算机建模并预测化学小分子与核酸的相互作用，进而筛选治疗效果更明显的药物候选分子，提高临床前研究效率。

在技术方面，欧盟委员会长期关注纳米技术在医疗领域的应用。其将 DNA 双链用作纳米材料，有望在医学、光学、电子学等领域实现变革性突破。早在 2005 年欧盟便成立了行业组织"欧洲纳米医学技术平台"（European Technology Platform Nanomedicine，ETPN），旨在创建欧洲生态系统，加速再生医学和生物材料、纳米疗法（包括药物输送）、医疗设备（纳米诊断和成像）等技术发展。核酸药物是其最新关注重点。2012 年，欧盟委员会通过玛丽·居里行动研究奖学金，资助欧洲 DNA 纳米技术学院（European School of DNA Nanotechnology，EScoDNA），以创建 DNA 纳米技术的良好研究环境，集中培养年轻研究人员。

在核酸化学领域，欧洲研究人员认为"空间组学"具有较高的发展前景。2020 年，在 *Nature Reviews Genetics* 上发表的 *The road ahead in genetics and genomics* 一文中，欧洲分子生物学实验室（European Molecular Biology Laboratory，EMBL）的 Eileen EM Furlong 和苏黎世联邦理工学院的 Barbara Treutlein 都提出"空间组学"是未来基因组学的发展方向之一。传统的单细胞基因组学研究方法破坏了基因组的空间背景，导致基因组、转录组、表观组的研究缺乏空间和结构依据。未来，需要在单细胞水平模拟并预测基因组的空间活动，进而开展健康和疾病的多组学分析 [3]。

2014 年，欧洲研究理事会（European Research Council，ERC）联合欧洲基因调控中心（Center for Genetic Regulation，CRG）启动 4DGENOME 项目，旨在探索基因表达过程中稳定不变和瞬间变化的基因结构动力学。这一项目将补充三维基因组的信息，研究从核小体到染色体等不同尺度上的基因组构象。4DGENOME 项目的具体任务包括：描述稳定表达或激素刺激过程中基因组的三维变化；集成可视化的多维数据；在三维基因组和转录组之间建立关联性；发现三维基因组建立、维持和修饰的机制。2022 年 3 月，ETPN 宣布参与 NANOSPRESSO-NL 项目，旨在开发颠覆性纳米医

[1] HEINEMANN U. Structural genomics in Europe: Slow start, strong finish?[J]. Nature structural biology, 2000,7:940-942.

[2] WAGENKNECHT H A. Nucleic acid chemistry[J]. Beilstein journal of organic chemistry, 2014,10:2928-2929.

[3] MCGUIRE A L, GABRIEL S, TISHKOFF S A, et al. The road ahead in genetics and genomics[J]. Nature Reviews Genetics,2020,21(10):581-596.

学技术，制造用于临床RNA和DNA递送的脂质纳米颗粒，为罕见病开发个性化核酸药物。

2.1.1.3　英国

英国政府在2022年发布的政府报告文件《超越健康的基因组学》（*Genomics Beyond Health*）中聚焦人类基因组学研究，探索了基因组在农业、生态学和合成生物学中的应用，以了解基因组学在生命健康领域的潜在用途；并重点探讨了基因组学将如何影响人类未来的生活，总结了DNA为社会带来的益处及挑战，也强调了开展DNA结构研究的重要性。

英国于2020年发布的政策文件《英国基因组：医疗保健的未来》（*Genome UK: the future of healthcare*）中强调了基因组学对于医疗保健的重要意义。在此之前，英国政府于2012年宣布资助5.23亿美元启动"英国基因组学"计划（Genomics England），联合Illumina、Genomics England和英国国家医疗服务体系（NHS）合作开展并完成10万人的基因组检测。此后，英国计划将基因组学纳入国民医疗保健系统，通过全基因组测序、药物基因组学、癌症基因组学等方法改善国民的疾病诊断和治疗方案。基于英国国家医疗服务体系的基因组医学服务（NHS England Genomics Medicine Service），有望使英国成为世界上首个将全基因组测序纳入国民医疗保健系统的国家。其中，药物基因组学将辅助医疗机构提供定制药物治疗，以便患者获得有用的治疗和建议；通过结合基因组、影像学和纵向健康与护理数据，将有助于改善癌症患者的治疗效果。

英国商业、能源和产业战略部（Department for Business, Energy and Industrial Strategy，BEIS）生命科学办公室和卫生与社会保障部（Department of Health and Social Care，DHSC）于2021年5月联合发布了《英国基因组2021—2022年实施计划》（*Genome UK: 2021 to 2022 implementation plan*）。该计划是推进2020年发布的《英国基因组：医疗保健的未来》战略愿景的第一步，其中提出了5项优先行动，包括：加强社会参与及开发新型测序和分析工具，提高基因组数据的多样性，解决少数民族人群数据代表性不足的问题；对疑似罕见病和癌症患者进行全基因组测序，支持英国百万人基因组测序目标的实现；整合多源数据和新技术，支持更快、更全面的癌症基因组检测；启动"我们的未来健康"（Our Future Health）研究计划，推动下一代诊断和临床研究工具的开发，包括多基因风险评分系统、药物发现方法和智能临床试验平台；制定共享基因组和与其相关的健康数据的全球标准和政策。

2.1.1.4　德国

德国在空间基因组结构领域开展了大量研究。2019年，德国研究基金会（Deutsche

Forschungsgemeinschaft，DFG）建立优先计划"发育和疾病中的空间基因组架构"，关注基因组完整性，借助高时空分辨率剖析高等动物基因组的结构与功能关系。该计划支持驱动和维持染色质三维折叠的关键因素研究，鼓励将先进的分子生物学工具、精确的遗传图谱和编辑、超分辨率和活细胞成像与新型计算技术相结合。目前，该计划已经进入第二阶段，重点资助下列研究：①捕获空间染色质构象的新技术，尤其是与转录组、组蛋白修饰、DNA 甲基化等结合使用的技术，以解析和跟踪单细胞核内基因组结构的特征；②剖析染色质三维折叠对细胞发育分化中基因表达或基因组完整性的影响；③基于基因组编辑、患者数据和疾病模型，将染色质三维折叠与疾病病理学进行关联研究；④开发和应用新颖的计算方法，对空间基因组的动态情况和最终结构进行整合、可视化和定量分析。

2.1.1.5 法国

法国巴斯德研究所设有横向研究项目"定量生物学"，旨在根据物理和数学模型来理解复杂生物行为的基本原则。该项目建设了"基因组空间调控"实验室，面向病原体等微生物，研究其染色体功能，并开发新型基因组技术，利用染色体三维结构来鉴定微生物群落，探索微生物感染的动态过程。

2.1.1.6 日本

围绕核酸研究，日本发布了系列规划促进相关领域的发展。其《第三期科学技术基本计划》将生命科学、信息通信、环境、纳米材料等 8 个重点领域作为日本 2006—2010 年科研攻关的重点，确定了 273 个重要研发课题。在 RNA 研究领域，设有解析基因组、RNA、蛋白质、糖类化合物、代谢产物等的构造、功能及相互作用等课题，旨在揭示不同水平（基因组、RNA、蛋白质、代谢产物等）的生命活动状态，将细胞和生命体作为系统进行理解[1]。

日本厚生劳动省于 2019 年发布了"基因组解析计划"，以国立癌症研究中心为核心，包括静冈癌症中心、癌研有明医院、京都大学、国立精神与神经医疗研究中心、国立成育医疗研究中心、国立医院机构东京医疗中心，以及东京大学、横滨市立大学、名古屋大学、东北大学、庆应义塾大学、大阪大学等的医学部和附属医院等参与单位，计划用 3 年时间对近 10 万名癌症患者、疑难杂症患者进行基因组解析，分析其所有的遗传信息。

日本"政府综合创新战略推进会议"于 2019 年 6 月发布了《集成创新战略

---

[1] 陶鹏，陈光，王瑞军. 日本科学技术基本计划的目标管理机制分析——以《第三期科学技术基本计划》为例 [J]. 全球科技经济瞭望，2017，3:32-39.

2019》。这是日本政府继 2002 年推出《生物技术战略大纲》和 2008 年推出《促进生物技术创新根本性强化措施》之后，再次推出国家生物技术发展新战略。《集成创新战略 2019》再次确认了生物技术的战略地位，提出促进生物资源库、生物数据科技设施、生物科技人才等的发展。《集成创新战略 2021》指出要协调东北医学银行（Tohoku Medical Megabank，TMM）项目、日本生物银行（Bio Bank Japan，BBJ）和国家生物银行中心网络（National Center for Biobank Networks，NCBN）三大数据库的成果，并推进大规模基因组和数据基础设施的创建，强调要稳步推进"基因组解析计划"。

2.1.1.7 中国

近年来，中国高度重视 RNA 及核酸相关研究，围绕 RNA 结构、功能、调控等方面发布了系列政策规划。《国家中长期科学和技术发展规划纲要（2006—2020 年）》将表观遗传学及非编码核糖核酸、生命体结构功能及其调控网络等方向的研究列为科学前沿问题，"十一五"和"十二五"基础研究发展规划也将这两个方向列为基础科学前沿领域的重点方向。

"十三五"以来，组学（如基因组学、转录组学、蛋白质组学和代谢组学等）技术不断发展，其利用各种数据分析技术综合解释来自基因组、转录组、蛋白质组和代谢组的生物过程数据，以及 DNA、RNA 的结构与功能。《"十三五"生物技术创新专项规划》指出，针对复杂生命科学重大前沿方向，促进生物技术与材料科学、生物医学工程等多学科的交叉融合，发展表观遗传组学、转录组学、蛋白质组学、代谢组学等组学技术，在微生物组学技术、生物医学影像技术等方面取得重大突破。《"十三五"国家科技创新规划》强调，发展高效生物技术及前沿共性生物技术，抢抓生物技术与各领域融合发展的战略机遇，加快推进基因组学新技术、结构生物学等生命科学前沿关键技术突破。《中华人民共和国国民经济和社会发展第十四个五年规划和 2035 年远景目标纲要》将基因与生物技术列为七大科技前沿攻关领域之一，强调重视基因组学研究应用。

2.1.2 项目资助

2.1.2.1 美国

NIH、NSF 等美国科研管理机构支持核酸结构与化学研究，并为相关研究项目提供经费。其中，NIH 资助的"4D 核组"（4DN）项目第二阶段资助项目如表 2-1所示。

表 2-1　"4D 核组"（4DN）项目第二阶段资助项目

实时染色质动力学和功能研究（项目资助编号：RFA-RM-20-003）	
机构名称	项目标题
伊利诺伊大学香槟分校	使用新型蛋白质组学、基因组学、转基因和活细胞显微镜技术鉴定活性的生态龛位
斯坦福大学	染色质状态转变过程中的活细胞多重超分辨率成像
加州理工学院	单细胞中染色体组织和染色质状态的动态变化
普林斯顿大学	发育过程中基因活性的 4D 染色质全景图
约翰斯·霍普金斯大学	活细胞中单分子分辨率下染色质在 DNA 转录和修复期间的功能
加利福尼亚大学旧金山分校	染色质组织中蛋白质缩合的调节和功能表征
宾夕法尼亚大学	针对 3D 基因组结构和功能的动态成像
慕尼黑亥姆霍兹中心	哺乳动物发育初期核结构模型的建立和可视化
4DN 数据集成、建模和可视化中心（项目资助编号：RFA-RM-20-004）	
机构名称	项目标题
马萨诸塞大学医学院	基因组 3D 结构与物理研究中心
卡内基梅隆大学	通过整合全面的多模态数据，对 4D 核组结构和功能进行多尺度分析
西雅图华盛顿大学	UW 哺乳动物胚胎发生中心的四维基因组组织（时空染色体组学：三维空间＋时间）
加利福尼亚大学圣地亚哥分校	多模态和多尺度的综合核组研究中心
4DN 组织和功能在人类健康和疾病中的作用（项目资助编号：RFA-RM-20-005）	
机构名称	项目标题
戴维·格拉斯通研究所	4D 基因组折叠在人类心脏发育中的遗传决定因素
Salk 生物研究所	研究结构变异对癌症三维基因组调控的影响
西雅图华盛顿大学	与 T 细胞记忆和自身免疫相关的三维构象变化
纪念斯隆－凯特林癌症中心	通过 4D 增强子图谱、综合分析并使用 CRISPR 大规模筛选糖尿病相关 β 细胞增强子
马萨诸塞大学医学院	正常和疾病状态下核仁在人类基因组中的作用
哥伦比亚大学	探究健康和疾病中的基因组折叠轨迹
宾夕法尼亚大学	病理学中染色质结构导致单细胞连接不稳定性和转录沉默的机制
耶鲁大学	B 细胞发育、恶性肿瘤和体细胞超突变过程中的基因组结构
加利福尼亚大学旧金山分校	绘制人脑发育和疾病中的 3D 表观基因组图谱
加利福尼亚大学尔湾分校	人类海马体中衰老相关 4D 核组的单细胞分析

（续表）

人类健康和疾病中 4DN 组织和功能的新研究者项目（项目资助编号：RFA-RM-20-006）	
机构名称	项目标题
杜克大学	缺血诱导的组织损伤和修复中肌肉再生的 4D 核组
约翰斯·霍普金斯大学	原肠胚中谱系特异性基因组重组的动态及其对疾病相关表观遗传突变的反应
得克萨斯大学	超越基因剂量：通过 4D 基因组了解唐氏综合征
斯坦福大学	癌症中 T 细胞衰竭的 4DN
西北大学	大脑发育和行为中的基因组机制
卡内基梅隆大学	端粒酶或端粒替代延长癌症中相分离诱导的核组织变化
限制竞争协议：4DN 组织中心（项目资助编号：RFA-RM-20-007）	
机构名称	项目标题
加利福尼亚大学圣地亚哥分校	NIH 共同基金 4DN 组网络组织中心第二阶段
限制竞争协议：4DN 数据协调与集成中心（项目资助编号：RFA-RM-20-008）	
机构名称	项目标题
哈佛医学院	4DN 网络数据协调与集成中心
NIH 支持会议和科学会议（项目资助编号：PA-18-648）	
机构名称	项目标题
Keystone Symposia 分子生物学会	3D 基因组：基因调控与疾病
核组织与功能跨学科联盟（NOFIC）（项目资助编号：RFA-RM-14-030）	
机构名称	项目标题
南加利福尼亚大学	绘制 3D 基因组全景图
伊利诺伊大学香槟分校	核基因组的细胞学、基因组学和功能学综合图谱
马萨诸塞大学医学院	基因组 3D 结构与物理研究中心
路德维希癌症研究所有限公司	圣地亚哥 4DN 研究中心
杰克逊实验室	用于时空基因组组织与调控的核组定位系统
西雅图华盛顿大学	西雅图华盛顿大学核组织与功能中心
4DN 成像工具（U01）（项目资助编号：RFA-RM-14-009）	
机构名称	项目标题
耶鲁大学	用于 4DN 高通量纳米扫描的集成成像系统
加州理工学院	通过结合 CRISPR 成像和顺序 FISH 对单细胞中的染色体进行高分辨率动态成像
欧洲分子生物学实验室	通过超分辨率显微镜和 DNA 序列建模重建人类基因组的动态 3D 结构

（续表）

4DN 成像工具（U01）（项目资助编号：RFA-RM-14-009）	
机构名称	项目标题
普林斯顿大学	对染色体动力学进行成像并测量其对转录活性的影响
马萨诸塞大学医学院	通过四维度的单分子成像进行单个细胞中局部和全局染色质结构和基因表达的可视化分析
加利福尼亚大学戴维斯分校	用于 4DN 成像的基因编码的微小光源
斯坦福大学	深度超定位显微镜和有效不可漂白的 4DN 组学标记
Salk 生物研究所	对细胞核内的 3D 结构进行局部和全局染色质结构成像
阿尔伯特·爱因斯坦医学院	用于活细胞和组织中的功能基因组的成像工具

4DN 网络数据协调与集成中心（项目资助编号：RFA-RM-14-011）	
机构名称	项目标题
哈佛医学院	4DN 网络数据协调与集成中心
圣路易斯华盛顿大学	华盛顿大学 4DN 网络数据协调与集成中心

4DN 网络组织中心（项目资助编号：RFA-RM-14-010）	
机构名称	项目标题
加利福尼亚大学圣地亚哥分校	4DN 网络的组织中心和门户网站

核体和核室（项目资助编号：RFA-RM-14-008）	
机构名称	项目标题
普林斯顿大学	光遗传学液滴：光控的核质液相分离
斯克里普斯研究所	绘制外围核室的组织图谱
Fred Hutchinson 癌症研究中心	一个可逆的侵入性工具包，能够跟踪在核体不同亚室之间移动的基因
加州理工学院	破译长链非编码 RNA 介导的核功能和机制
马萨诸塞大学医学院	哺乳动物早期发育过程中的核仁基因组学
哥伦比亚大学	破译控制嗅觉受体表达的核体和区室

核组学工具（项目资助编号：RFA-RM-14-007）	
机构名称	项目标题
Babraham 研究所	用于高覆盖率的单细胞自动化实验、计算管道、单细胞 RNA-seq 的集成：在单细胞分辨率下实现 4D 核组学研究
加州理工学院	用于全面绘制单细胞核结构中 RNA 和 DNA 动态组织的新工具
贝勒医学院	超越 DNA 连接：使用接近连接和拆分池条形码技术探索高阶基因组结构
康奈尔大学	Distance-Hi-C：创建光激活的 X 连接器以定义核结构
宾夕法尼亚大学	以高时空分辨率对基因组折叠进行工程化和可视化研究

目前，NSF 资助的在研项目主要涉及 DNA 存储研究、利用人工智能预测及设计核酸等生物大分子结构、基于结构的重新设计、新功能 DNA 的重组等。通过相关资助项目，研究人员能够分析核酸的结构—动力学关系、核酸三维结构与化学修饰在发育、疾病和药物反应中的作用，也可以开发 DNA 纳米材料及纳米机器人（见表 2-2）。

表 2-2　NSF 资助的核酸结构相关在研项目

项目题名	承担机构	研究内容	起止年月	资助金额（万美元）
核酸记忆	博伊西州立大学	开展 DNA 存储研究，开发两个存储介质原型，即数字核酸（dNAM）和序列核酸记忆（seqNAM），具体包括：生物合成 DNA 分子；设计由该分子制成的基板；使用将数字信息写入基板的额外 DNA 分子；使用算法最大限度地减少编码和解码错误	2018.7—2023.6	112.5
染色体结构和动力学的模型研究	科罗拉多州立大学	更好地理解真核染色体的结构，以及染色体结构如何影响基因组功能	2018.8—2022.7	79.56
NUPACK：云上的分子编程	加利福尼亚理工学院	将 NUPACK Web 应用程序架构在云上，促使资源能够动态扩展以响应研究人员逐年增长的需求	2018.11—2023.10	60
多价结合空间模式的核酸纳米结构	埃默里大学	研究多价结构，如正配体—受体对空间排列的影响，使用这种"空间组织异质多价性"为大分子和超分子设计提供新策略	2020.8—2023.7	42
基于嘧啶发色团（Pyrimidine Chromophore）功能化核酸衍生物中的电子弛豫极化途径	凯斯西储大学	研究目标包括：①解开核酸衍生物中的电子弛豫极化途径；②绘制势能面的拓扑图；③建立结构—动力学关系以揭示功能化调节辐射和非辐射衰变的途径	2018.7—2023.6	62.72
RaMP：生物分子结构预测和设计的毕业后培训计划	约翰斯·霍普金斯大学	将持续 3 年，每年为 8 名学员提供生物分子结构预测和设计方面的严格、跨学科、协作研究培训	2022.1—2026.7	299.17
下一代蛋白质数据库：支持不同的研究和教育用户群体	罗格斯大学	蛋白质数据库（PDB）目前拥有约 160000 个确定的蛋白质和核酸 3D 结构。该项目旨在改进存储在 PDB 中的三维大分子结构信息，优化数据累积、传输和管理	2020.7—2023.6	161.2
噬菌体 λ 衣壳组装与成熟的生化、生物物理和结构特征	科罗拉多大学丹佛分校	该项目将定义外壳组装和稳定性所需的衣壳蛋白结构与热力学相互作用。这些研究将采用生化（诱变）、生物物理（分析超速离心）、计算（分子动力学）和结构（核磁共振、结晶学、低温电子显微镜）方法	2020.7—2024.6	100.61
β 重组酶的结构和作用机制	俄亥俄州立大学	研发一个能重新设计细菌（包括重组 DNA）的过程，细菌被重新设计用于杀死癌细胞等目的。该项目将在原子分辨率下观察复合物并测量相互作用的强度和速度，研究重组酶如何与 DNA 结合蛋白结合，提高 DNA 重组的效率，并扩大基因组工程在不同细菌中的应用	2022.7—2026.6	104.14

（续表）

项目题名	承担机构	研究内容	起止年月	资助金额（万美元）
非细胞骨架酶丝形成的结构、机制和功能相关性	亚利桑那大学	增加对控制酶活性的机制的理解，该机制涉及线性自组装的形成。总体科学目标是发现通过均相线性聚合调节酶活性的优势	2019.1—2023.8	105.43
确定染色质结构和基因调控之间因果关系的工程技术	杜克大学	通过跨学科合作开发必要的技术，准确预测、监测和描述基因组结构，更精确揭示基因组结构与功能关系	2018.9—2022.8	200
活细胞染色质结构设计和 DNA 折纸工具开发	俄亥俄州立大学	利用生物工程、细胞生物学、遗传学、单分子光谱学、超分辨率显微镜和多尺度分子建模来设计活细胞染色质结构或开发 DNA 折纸工具	2019.9—2023.8	211
Epigenetics 2：通过染色质结构和动力学的物理模型分析细胞命运	加利福尼亚大学欧文分校	通过基因组学、显微镜和计算建模的结合，揭示表观遗传的分子和物理原理。研究结果有望为细胞工程开辟新的机遇	2017.9—2023.8	300
使用 DNA 构建的模块化的自组装机器人：基于图形神经网络和 DNA 折纸建模和制造纳米结构	卡内基梅隆大学	利用 DNA 折纸技术，并结合机器学习、人工智能技术，开发未来纳米级机器人系统	2020.7—2025.6	122.01
染色质重塑和慢病毒融合的结构机制	索尔克生物研究所	揭示病毒劫持宿主蛋白并永久性改变宿主基因组的机制。通过原子结构揭示病毒和宿主蛋白质之间的相互作用	2021.9—2025.8	104.82

2.1.2.2　欧盟

本节列举若干欧盟委员会资助的核酸结构检测、核酸结构与功能等相关主题的大型研究项目。

一些项目聚焦检测和操作技术，通过开发新型工具/方法来解析核酸复制、转录、翻译等过程中的核酸结构变化过程，如法国国家健康与医学研究院的 DNAFOLDIMS 项目开发了揭示 DNA 折叠特征的高级质谱方法，能够重现 DNA 分子的结构（包括 DNA 折叠的二级结构、DNA 缠绕的三级机构及分子间相互作用的四级结构），该项目组构建了 G4 生物物理数据库可视化工具（G4 biophysics database visualization，g4dbr），帮助研究人员计算核酸分子之间的能量代谢过程，预测 DNA 分子的三维结构。另一些项目则基于核酸结构开发新型工具，将特殊 DNA 结构和分子编程技术应用于生物传感、生物催化、智能自适应材料、仿真机器人等领域，如德国慕尼黑工业大学的 DNA ORIGAMI MOTORS 和 VIROFIGHT 项目，利用折叠 DNA 构建纳米外壳来捕获并中和特定病毒。

　　生物医学是核酸化学与核酸结构的主要应用领域，欧盟委员会支持研究人员基于核酸结构开发肿瘤、免疫系统疾病、传染病、骨骼疾病的新型疗法（见表 2-3）。例如，爱尔兰都柏林城市大学的 ClickGene 和 NATURE-ETN 项目，整合点击化学、纳米技术、脂质体和核酸技术，开发基因沉默、基因编辑、表观遗传调控等基因疗法；希腊 Idryma Technologias Kai Erevnas 研究所的 CATCH-U-DNA 提出了一种 DNA 生物传感器，能够在 2 小时内检测血清中的循环 DNA，提高液体活检效率；荷兰乌得勒支大学医学中心的 CARTHAGO 项目开发腰椎间盘突出和骨关节炎的非病毒基因疗法，使用纳米载体靶向输送修饰的核酸分子，并使用超声技术进行体内核酸转染，最终触发体内蛋白－寡核苷酸偶联物的释放。

表 2-3　2011—2022 年欧盟委员会资助的部分核酸结构相关研究项目

项目简称	项目名称	领导机构	起止时间	资助金额（万欧元）
NATURE-ETN	用于未来基因编辑、免疫治疗和表观遗传序列修饰的核酸（Nucleic Acids for Future Gene Editing, Immunotherapy and Epigenetic Sequence Modification）	爱尔兰都柏林城市大学	2020—2024 年	400
VIROFIGHT	具有靶标特异性的通用病毒中和外壳（General-purpose virus-neutralizing engulfing shells with modular target-specificity）	德国慕尼黑工业大学	2020—2024 年	380
CARTHAGO	腰椎间盘变性的非病毒基因疗法（Cartilaginous tissue regeneration by non-viral gene therapy; taking the hurdles towards efficient delivery）	荷兰乌得勒支大学医学中心	2020—2024 年	400
DNA ORIGAMI MOTORS	构建纳米级的 DNA 折纸驱动器（Constructing and powering nanoscale DNA origami motors）	德国慕尼黑工业大学	2017—2022 年	200
CATCH-U-DNA	利用超声流体动力学捕获非扩增的肿瘤循环 DNA（Capturing non-Amplified Tumor Circulating DNA with Ultrasound Hydrodynamics）	希腊 Idryma Technologias Kai Erevnas 研究所	2017—2020 年	341
SUPRABIOTICS	用于抗生素和生物成像的超分子基团（Supramolecular Protective Groups Enabling Antibiotics and Bioimaging）	德国莱布尼兹材料研究所	2016—2022 年	250
illumizymes	用于生物分子标记和荧光激活的适配子和核酸酶（Illuminating aptamers and ribozymes for biomolecular tagging and fluorogen activation）	德国维尔茨堡大学	2016—2022 年	206
AEDNA	无定形和先进的 DNA 纳米技术（Amorphous and Evolutionary DNA Nanotechnology）	德国慕尼黑工业大学	2016—2021 年	215
MuG	多尺度复杂基因组学（Multi-Scale Complex Genomics）	西班牙巴塞罗那生物医学研究所基金会	2015—2018 年	296

（续表）

项目简称	项目名称	领导机构	起止时间	资助金额（万欧元）
ClickGene	用于未来基因疗法开发的点击化学技术（Click Chemistry for Future Gene Therapies to Benefit Citizens, Researchers and Industry）	爱尔兰都柏林城市大学	2015—2018 年	356
DNAFOLDIMS	揭示核酸折叠动力学的先进质谱方法（Advanced mass spectrometry approaches to reveal nucleic acid folding energy landscapes）	法国国家健康与医学研究院	2014—2020 年	200
POL1PIC	RNA 聚合酶 I 转录起始机制的动态结构（Dynamic architecture of the RNA polymerase I transcription initiation machinery）	德国欧洲分子生物学实验室	2014—2019 年	245
DNA MACHINES	基于互锁 DNA 结构的纳米机器（Nanomachines based on interlocked DNA architectures）	德国波恩大学	2011—2016 年	250

2.1.2.3　英国

英国主要在核酸结构可视化工具、核酸结构和功能变化等方面进行布局，以期在生命科学和健康领域发挥促进作用。

英国国家科研与创新署（UKRI）是核酸生物结构研究的主要资助机构。UKRI 下属生物技术和生物科学研究委员会（BBSRC）资助东英吉利大学（UEA）开发了能够识别基因组中 RNA 结构的计算工具和算法。基于该算法，研究人员可通过生物进化和物理学原理预测 RNA 结构、分析 RNA 结构及其在分子和细胞生物学中的应用，开发了可用于处理、分析和可视化 sRNA 数据的工具——UEA small RNA Workbench。该工具可使用户在生成的数据集之间进行实时交互，并将生物信息学命令插入现有的研究管道，便于研究人员使用。基于该工具，研究人员还可通过 RNA 末端平行分析技术（PARE）及最新实验数据来预测基因组中的 sRNA 区域，并利用多个样本所提供的额外信息来拓展现有的 sRNA 聚类方法。

英国癌症研究院（Cancer Research UK）也专注于 RNA 生物学研究。该机构致力于研究 RNA 生物学方面的变化及其导致癌症的基本机制，包括 RNA 的加工、修饰、转运、翻译和衰变过程在癌症中的作用；RNA 的选择性剪切在抑制癌症中的意义；长链非编码 RNA（lncRNA）在癌症发生 / 发展过程中的作用等。随着近年来 RNA 疗法的兴起，该研究的成果有助于开发新型 RNA 诊疗方法。

探索 RNA 等复杂生物分子性状和活动的技术对于了解此类生物分子的作用至关重要，其中开发新的分析方法是重要一环。BBSRC 于 2018 年资助牛津大学开展了"RNA 精度距离测量"研究，旨在开发一种新型结构工具，并基于该工具探索核酸等复杂生物分子的结构及功能，推动结构生物学的发展。

核酸结构在多种化学变化中发挥着重要作用。欧盟委员会资助了 UKRI 的 RNA-

Rep 项目，该项目致力于验证非酶促 RNA 的复制通过化学物质进行调节，并将由此产生的双链分子通过加热分离出来。该项目重点关注 RNA 分子的解链与分离，从而研究化学驱动的核酸复制过程。

植物的核酸结构也受到一定关注。BBSRC 和中国科学院大学联合开展了水稻体内 mRNA 二级结构组的研究项目，利用水稻基因组学和转录组学方面大量研究提供的证据，从结构组学的角度深入探讨了水稻 mRNA 二级结构的特征及其潜在的生物学功能，为深入研究重要农业性状相关的基因提供了全新角度[1]。

此外，英国也重视对核酸研究设备及工具的投入。UKRI 下属战略机构"创新英国"（Innovate UK）对基因组分析设备进行了高达 500 万英镑的投资，旨在提高英国生产和商业化基因组分析技术的能力。表 2-4 对英国资助的部分核酸结构研究项目进行了汇总。

表 2-4　英国资助的部分核酸结构研究项目

项目题名	承担机构	研究内容	起止年月	资助金额
MMbio	英国剑桥大学	开发用于生物干预的核酸操作分子工具	2017.1—2021.8	397 万欧元
RNA-Rep	英国国家科研与创新署	研究化学驱动的核酸复制	2019.4—2021.3	22.4 万欧元
INAME	英国牛津大学	DNA 和 RNA 在活细胞中的合成与代谢及其在癌症研究中的应用	2016.1—2018.1	19.5 万欧元
TNSBSLD	英国剑桥大学	通过定点配体研究靶向核酸结构	2010.5—2012.4	17.2 万欧元
在长 RNA 中实现精确距离测量	英国牛津大学	RNA 精确距离测量研究	2018.1—2020.6	15 万英镑
利用全基因组测序寻找癌症新疗法	阿斯利康、强生公司等	利用全基因组测序探寻癌症新疗法	2020.9 至今	800 万英镑

2.1.2.4　日本

围绕非编码 RNA 功能研究、miRNA 图谱构建等领域，日本先后启动了"哺乳动物基因组功能注释计划""基因组网络项目""功能性 RNA 项目"等研究计划与项目，通过文部科学省（MEXT）、经济产业省（METI）、科学技术振兴机构（JST）等持续资助了理化学研究所（RIKEN）、国立遗传学研究所、东京大学等机构。2015年，日本成立了专门的医疗研发资助机构（Japan Agency for Medical Research and

---

[1] DENG H, CHEEMA J, ZHANG H, et al. Rice in Vivo RNA Structurome Reveals RNA Secondary Structure Conservation and Divergence in Plants[J]. Molecular plant, 2018, 11(4):607-622.

Development，AMED），整合文部科学省、厚生劳动省、经济产业省在健康医疗领域的经费资源，承担其移交的资助功能。

2000 年，日本启动了哺乳动物基因组功能注释（Functional Annotation of the Mamalian Genome，FANTOM）计划项目，旨在利用先进的 cDNA 技术，建立完整的人类基因文库。目前，该计划处于第 6 期（FANTOM 6，2021—2025 年），其研究重点是非编码 RNA 的功能分析，目标是系统阐明人类基因组中 lncRNA 的功能。部分试验性分析结果已经发布，如发现超过 25% 的 lncRNA 会影响细胞生长和形态，以及细胞迁移。FANTOM 6 项目中获得的相关序列等数据文件已在项目网站公开。

在此之前，FANTOM 5（2016—2020 年）的重点是绘制哺乳动物启动子、增强子、lncRNA 和 miRNA 图谱，旨在系统地研究人体中所有细胞类型的基因，确定基因从基因组区域何处被读取，并用这些信息建立人体各类原代细胞的转录调控模型。FANTOM 5 分为 2 期：第 1 期绘制大部分哺乳动物原代细胞类型、一系列癌细胞系和组织中的转录本、转录因子、启动子和增强子图谱；第 2 期利用各种 RNA 表达分析来理解生命奥秘。FANTOM 5 检测了人体 180 种主要细胞中启动子和增强子的活性，总共鉴定出了 18 万个启动子和 4.4 万个增强子，并发现它们中的大部分具有高度细胞类型特异性。FANTOM 5 于 2017 年绘制出人与鼠的 miRNA 及其启动子表达图谱，并鉴定指出人体中约有 20000 个功能性 lncRNA。

日本文部科学省于 2004 年实施"基因组网络项目"（Genome Network Project），旨在对基因表达调控功能进行综合分析，了解从最初的基因作用到最终引起疾病的整个变化过程，研究与生物钟等相关的特定反应等。"基因组网络项目"为期 5 年（2004—2008 年），共资助约 120 亿日元，其中 2004 年的经费为 30 亿日元，2005 年、2006 年、2007 年的经费均为 23 亿日元，2008 年的经费为 15 亿日元。"基因组网络项目"共资助了 38 个研究课题，研究内容包括：①基因组功能信息分析——人类全基因组逆转录病毒 siRNA 文库构建、用于基因组网络分析的人类 cDNA 克隆收集、转录动力学分析等；②基因组网络平台构建——人类基因组网络信息系统构建及算法改良等；③下一代基因组分析技术开发——基因组甲基化分析方法开发等；④个体生物功能分析——基因表达模式的综合分析、基因调控因子非编码 RNA 分析、人类基因组染色质的综合分析；⑤动态网络分析技术开发。2009—2013 年，"创新技术与创新细胞生物学项目"（Innovative Cell Biology by Innovative Technology）利用"基因组网络项目"的相关成果，结合下一代测序技术与细胞内成像技术，对基因组信息进行了大规模、多学科分析，进一步了解了细胞水平的生物现象机制，支持了"单细胞 mRNA 分析预处理技术""基于转录组的广泛分析破译剪接代码并寻找治疗 RNA 疾病的方法"等多项课题的研究。

2005 年，日本经济产业省启动"功能性 RNA 项目"（Functional RNA Project），主要开发生物信息学技术、工具，以识别和分析非编码 RNA 在体内的功能，应用于各种疾病的诊断、治疗及再生医学的实现等。"功能性 RNA 项目"为期 5 年（2005—2009 年），其中 2005—2007 年共资助约 22.35 亿日元。"功能性 RNA 项目"建立了汇集各生物信息学相关工具和数据库的门户网站。文部科学省也于 2006 年实施"功能性 RNA 研究项目"（Functional RNA Research Program），对 RIKEN 投入 30 亿日元用于鉴定导致恶性肿瘤的非编码 RNA 的研究。

日本基因组医学联盟（GEnome Medicine alliance Japan，GEM-Japan）是全球基因组学和健康联盟（GA4GH）推动的项目之一，由 AMED 于 2018 年成立，实施了临床和基因组信息综合数据库计划（Program for an Integrated Database of Clinical and Genomic Information）、医学基因组推广平台计划（Platform Program for Promotion of Genome Medicine）、基因组和临床研究 BioBank 项目（BioBank Japan Project for Genomic and Clinical Research）、东北医疗大银行项目（Tohoku Medical Megabank Project）等，旨在推动阐明基因组信息与临床特征之间关系的研究，分析了 7609 名参与者的全基因组序列，并通过 TogoVar 公开了汇总的变异和频率数据集，访问相关数据需要提前注册账户并使用密码登录（见表 2-5）。

表 2-5　日本核酸及 RNA 研究相关计划 / 项目

项目名称	研究内容	起止时间	资助金额
哺乳动物基因组功能注释计划项目（Functional Annotation of the Mamalian Genome）	FANTOM 5：绘制哺乳动物启动子、增强子、lncRNA 和 miRNA 图谱 FANTOM 6：非编码 RNA 的功能分析	2000 年至今	—
基因组网络项目（Genome Network Project）	siRNA 文库构建、cDNA 研究、非编码 RNA 分析等	2004—2008 年	约 120 亿日元
功能性 RNA 项目（Functional RNA Project）	非编码 RNA 体内功能研究	2005—2009 年	2005—2007 年共 22.35 亿日元
功能性 RNA 研究项目（Functional RNA Research Program）	导致恶性肿瘤的非编码 RNA 研究	2006 年	30 亿日元
创新技术与创新细胞生物学项目（Innovative Cell Biology by Innovative Technology）	单细胞 mRNA 分析预处理技术研究等	2009—2013 年	—

此外，日本科学技术振兴机构也通过先进技术探索性研究（Exploratory Research for Advanced Technology，ERATO）、胚胎科学与技术的先驱研究（Precursory Research for Embryonic Science and Technology，PRESTO）、ACT-X、ACCEL 计划，在生命科学、材料科学、环境科学、纳米技术、信息通信等领域进行持续性资助。在核酸、染色体等领域，主要围绕 RNA 修饰、非编码 RNA 机制、DNA 合成、DNA 构象、DNA 拓扑结构、染色体凝聚、异染色质形成等进行研究（见表 2-6）。

表 2-6　2018 年以来日本科学技术振兴机构资助的核酸及 RNA 相关计划 / 项目

研究计划	项目名称	牵头机构	研究内容	起始时间
ERATO（5～6 年，12 亿日元 / 项目）	RNA 修饰项目	东京大学	鉴定新的 RNA 修饰酶及其基因；阐明由异常 RNA 修饰引起的人类疾病的发病机制	2020 年
	染色质图谱	东京大学	确定各种染色质单元的结构和功能；构建染色质图谱	2019 年
PRESTO（3～4 年，30 万～4000 万日元 / 项目）	生物分子系统的动态超组装（2020 年启动）（东京大学）			
	人类染色体凝聚的单分子和超分辨率成像	日本国立遗传学研究所	染色体凝聚机制研究	2020 年
	异染色质形成中的高阶结构	庆应义塾大学	异染色质形成中的高阶结构变化	2020 年
	在单个 mRNA 水平上观察和控制 RISC 功能	日本科学技术振兴机构	RISC 在单个 mRNA 水平上的功能研究	2020 年
	大规模基因组合成和细胞编程（2018 年启动）（庆应义塾大学）			
	异染色质的建立及其分子基础	日本理化学研究所（RIKEN）	非编码 RNA 在异染色质形成中的作用研究	2020 年
	通过模拟和实验比较阐明染色体的动力学	日本科学技术振兴机构	染色休动力学研究	2020 年
	开发一种自下而上的 DNA 序列自动设计技术	九州工业大学	自动化的长链 DNA 合成技术研究	2020 年
	基因组序列细菌细胞的全细胞建模	RIKEN	基因组 DNA 的全细胞建模研究	2020 年
	DNA 拓扑结构在基因组组织中的作用	京都大学	DNA 拓扑结构及拓扑异构酶 2 研究	2019 年
	单分子水平上表观基因组遗传的 DNA 帘幕分析	京都大学	DNA 帘幕（DNA curtains）技术研究	2019 年
	连接高阶染色质结构和基因组功能的中枢结构	名古屋大学	高阶染色质结构的分子机制研究	2019 年
	使用化学稳定的核苷酸类似物进行长 DNA 合成	东京工业大学	开发长链 DNA 化学合成的新技术	2019 年
	控制 DNA 纠缠以确保有效的 DNA 复制和重组	日本国立遗传学研究所	DNA 纠缠机制及 SMC（染色体结构维持蛋白）研究	2019 年
	利用大碱基合成 DNA 设计、构建和推广人类人造染色体	Kazusa DNA 研究所	人类人造染色体（HAC）机构、设计构建研究	2018 年
	阐明复制子的 DNA 结构并控制染色体复制	日本东北大学	DNA 复制子的序列结构研究	2018 年
	DNA 聚类导致的基因调控物理学	北海道大学	DNA 构象改变及 DNA 凝聚研究；超增强子转录调控机制研究	2018 年
ACT-X（最高研究经费 1000 万日元 / 年）	生命现象与材料	东京大学	DNA 合成和功能表达技术研究	2022 年

2.1.2.5　中国

中国通过国家重点基础研究发展计划（以下简称 973 计划）、国家自然科学基金委员会重大研究计划和重点项目支持核酸结构化学与生物医学及健康领域的研究。

2014 年，国家自然科学基金委员会的生命科学部启动了"基因信息传递过程中非编码 RNA 的调控作用机制"重大研究计划，以重要模式生物为对象，整合多种技术和方法，发现基因信息传递过程中的新非编码 RNA，并研究非编码 RNA 的生成和代谢及其参与重要生命活动的生物学功能，为发现新的功能分子元件及由其引发的新的生命活动规律提供关键信息。该重大研究计划的重要方向包括：①非编码 RNA 及相关复合物的结构与功能；②非编码 RNA 在重大疾病发生、发展中的作用机制；③ RNA 动态结构、信息分析和成像技术。2014 年，国家自然科学基金委员会医学部资助了"长非编码 RNA 调控网络在恶性肿瘤转移中的功能和机制研究"项目，发现了一批调控肿瘤侵袭转移、增殖、凋亡、代谢、调节肿瘤免疫和炎症等方面的 lncRNA，涉及 lncRNA 结构的疾病关联研究。2015 年资助的"RNA 结合蛋白在早期胚胎发育中的作用及机理"重大项目，旨在综合利用遗传学、结构生物学和体内示踪结合体外生物化学分析等方法，发掘新的时空表达特异的 RNA 结合蛋白分子，解析重要 RNA 结合蛋白调控 RNA 活性及功能的分子机制，深化 RNA 结合蛋白对生命活动调控机制的理解和认识。

在重点项目方面，2010 年以来，国家自然科学基金委员会资助了染色质动态结构及其功能、DNA 甲基化修饰及 DNA 纳米粒子开发、RNA 甲基化修饰，以及核酸结构变化在疾病中的作用等研究方向（见表 2-7）。

表 2-7　2010 年以来国家自然科学基金委员会资助的核酸生物结构相关项目

项目名称	项目负责人	依托单位	批准金额（万元）	项目起止年月	批准年度
可逆化学修饰调控 lncRNA 二级结构机制及其功能研究	张强锋	清华大学	300	2018.1—2021.12	2017 年
小环 DNA 构建手性分子瓦及调控 B.Z 构象的 DNA 纳米结构	肖守军	南京大学	70	2018.1—2020.12	2017 年
RNA m6A 甲基化动态修饰机制和动态结构变化的研究	唐淳	中国科学院武汉物理与数学研究所	150	2018.1—2020.12	2017 年
组蛋白琥珀酰化对核小体和染色质动态结构影响的表征及其阅读器的鉴定	李祥	香港大学深圳研究院	70	2018.1—2020.12	2017 年
酵母全基因组重复后基因网络结构微进化的研究	何云刚	复旦大学	130	2018.1—2019.12	2017 年

（续表）

项目名称	项目负责人	依托单位	批准金额（万元）	项目起止年月	批准年度
DNA 硫修饰复合物的双功能活性与结构研究	邓子新	上海交通大学	70	2018.1—2020.12	2017 年
人源 APOBEC3F 蛋白 CD2 结构域催化 DNA 胞嘧啶脱氨基化抗 HIV 感染分子机制研究	曹春阳	中国科学院上海有机化学研究所	70	2018.1—2020.12	2017 年
NF110 与 DDX5 对长非编码 RNA 结构与功能的调控	周宇	武汉大学	80	2017.1—2019.12	2016 年
长非编码增强子 eRNA 在 CTCF 介导的染色质高级拓扑结构调控基因表达中的功能机制研究	吴强	上海交通大学	100	2017.1—2019.12	2016 年
具有催化功能的非编码 RNA 的结构与作用机制研究	任艾明	浙江大学	80	2017.1—2019.12	2016 年
长链非编码 RNA 稳定性相关 RNA 结构元件与 RNA 降解关系研究	郑晓飞	中国人民解放军军事科学院军事医学研究院	290	2016.1—2019.12	2015 年
酵母核糖体小亚基前体的结构	叶克穷	中国科学院生物物理研究所	290	2016.1—2019.12	2015 年
组蛋白伴侣 HIRA 特异识别组蛋白变体 H3.3.H4 的结构研究	许瑞明	中国科学院生物物理研究所	75	2016.1—2016.12	2015 年
CTCF 介导的染色质高级拓扑结构调控转录机制研究	吴强	上海交通大学	75	2016.1—2016.12	2015 年
染色质高级结构调控基因活性的机制研究	刘喆	天津医科大学	75	2016.1—2016.12	2015 年
小分子调控 DNA 甲基化的结构与功能研究	徐彦辉	复旦大学	200	2015.1—2016.12	2014 年
crRNA 介导的免疫系统的结构与功能研究	王艳丽	中国科学院生物物理研究所	300	2015.1—2018.12	2014 年
miR-24 的二级结构 -G- 四链体对血管平滑肌细胞功能的调控	徐明	北京大学	100	2014.1—2016.12	2013 年
lincRNA 通过影响神经元相关基因的染色质结构调控胶质细胞向神经元的转分化	孙毅	同济大学	300	2014.1—2016.12	2013 年
干细胞编程与重编程中染色质高级结构动态变化和表观遗传调控	李国红	中国科学院生物物理研究所	350	2013.1—2016.12	2012 年
DNA、金属纳米粒子、光子晶体多级表面增强结构的自组装与应用	李明珠	中国科学院化学研究所	70	2012.1—2014.12	2011 年

（续表）

项目名称	项目负责人	依托单位	批准金额（万元）	项目起止年月	批准年度
DNA 折纸结构模板引导的金属纳米粒子手性螺旋链的自组装	丁宝全	国家纳米科学中心	70	2012.1—2014.12	2011 年
Igk 基因染色质高级结构形成的分子机制以及与组蛋白甲基化的相关性研究	刘喆	天津医科大学	60	2011.1—2013.12	2010 年
30nm 染色质纤维精细结构及其表观遗传调控的研究	李国红	中国科学院生物物理研究所	60	2011.1—2013.12	2010 年

　　国家自然科学基金委员会通过国家杰出青年科学基金资助核酸及 RNA 领域的青年人才 12 位，涉及染色质 / 染色体结构、DNA 自组装结构、核酸 - 蛋白质复合物结构解析、RNA 剪接体结构解析等领域（见表 2-8）。

表 2-8　国家自然科学基金委员会资助的核酸生物结构相关国家杰出青年科学基金项目

项目名称	项目负责人	依托单位	批准金额（万元）	项目起止年月	批准年度
DNA 自组装结构的功能化	丁宝全	国家纳米科学中心	—	2021.1—2023.12	2020 年
发展荧光成像技术研究细胞染色质结构与功能	孙育杰	北京大学	350	2019.1—2023.12	2018 年
蛋白质 - 核酸复合物的结构与功能研究	王艳丽	中国科学院生物物理研究所	350	2018.1—2022.12	2017 年
生物大分子复合物的高分辨冷冻电镜结构研究	高宁	北京大学	350	2018.1—2022.12	2017 年
染色体的结构与功能研究	雷鸣	上海交通大学	350	2016.1—2020.12	2015 年
表观遗传调控关键蛋白的结构与功能研究	徐彦辉	复旦大学	400	2015.1—2019.12	2014 年
核酸 - 蛋白质复合物的结构	叶克穷	中国科学院生物物理研究所	200	2014.1—2017.12	2013 年
参与基因表达调控的蛋白质复合物的结构研究	许瑞明	中国科学院生物物理研究所	200	2010.1—2013.12	2009 年
禽流感病毒 RNA 聚合酶结构与功能研究	刘迎芳	中国科学院生物物理研究所	200	2010.1—2013.12	2009 年
结构生物学	施一公	清华大学	200	2009.1—2012.12	2008 年
电化学分析	樊春海	中国科学院上海应用物理研究所	200	2008.1—2011.12	2007 年

科技部设立"蛋白质机器与生命过程调控""干细胞及转化研究"等重点专项资助 RNA 相关领域的研究。在"干细胞及转化研究"重点专项方面，主要支持了"组蛋白及 DNA 修饰在细胞编程与重编程过程中的相互关联及动态调控机制研究""非编码 RNA 介导的染色质高级结构动态变化对细胞命运决定的调控作用及分子机制""lncRNA 甲基化修饰在多能干细胞维持与分化中的作用及机制研究""非编码 RNA 及其新型修饰在翻译水平精密调控干细胞多能性的研究""RNA 结合蛋白在 T 淋巴细胞发育与再生中的功能和机制研究"等多个研究项目。在"蛋白质机器与生命过程调控"方面，资助了"环状 RNA 翻译蛋白质的调控过程与生物学功能""参与 DNA 损伤应答的新型蛋白质机器维持基因组稳定性的机制研究""胞内及微环境 RNA- 蛋白质复合机器对细胞命运的调控作用及机制""RNA- 蛋白质机器在哺乳动物遗传信息表达中的调控功能与机制""信使 RNA 腺嘌呤 m6A 甲基转移酶复合机器的工作机理""与非编码小 RNA 的生成、分泌和吸收相关的新型亚细胞器中的蛋白质机器研究"等多项研究。

2021 年，"十四五"国家重点研发计划"生物大分子与微生物组"重点专项发布 2021 年项目申报指南，布局 RNA 相关研究、结构生物学等方向的项目，如环形 RNA 加工代谢与功能调控、功能性 RNA 在肿瘤细胞恶性转化和可塑性调控等过程中的功能机制等。

此外，科技部实施的 973 计划也资助了一些核酸生物结构领域的项目，如表 2-9 所示。

表 2-9　核酸生物结构相关 973 计划项目

项目编号	项目名称	项目第一承担单位	项目首席科学家	年度
2013CB911100	重要病毒转录复制蛋白复合体的结构功能研究	中国科学院武汉病毒研究所	陈新文	2013 年
2013CB910400	染色体结构与功能	中国科学院上海生命科学研究院	雷鸣	2013 年
2012CB944600	生殖细胞基因组结构变异的分子基础	复旦大学	金力	2012 年
2009CB825500	表观遗传学的结构机理研究	中国科学院生物物理研究所	许瑞明	2009 年
2009CB825600	染色质解码的基础及医学应用基础研究	复旦大学	于文强	2009 年

2.1.3　平台与机构建设

2.1.3.1　美国

美国通过设立相关机构、建设相关数据库并开发相应的软件来促进该领域的发展。

1. 机构建设

为了推进 DNA 元件百科全书（ENCODE）计划，NIH 资助了美国马萨诸塞大学医学院建设"基因组物理学及 3D 结构中心"（Center for 3D Structure and Physics of the Genome），该中心由马萨诸塞大学医学院 Job Dekker 教授团队负责建设。基因组的空间结构影响几乎所有基因组的生理过程。详细了解人类基因组（或称为 4D 核组）的空间排列，以及驱动染色体折叠的生物学和物理原理，需要结合生物学与物理学、计算生物学等专业知识。该中心组建了高度跨学科的团队，其目标是生成经过广泛验证的 4D 核组图谱，探索其物理和动态特性及调节活性。该中心将分步骤实现以下目标：

（1）进一步优化和验证基于染色体构象的全基因组分析方法，探测染色体在单个核小体、染色质纤维和整个细胞核甚至跨细胞群等不同层次的折叠。由于染色体和核组织与细胞的生物学状态密切相关，绘制的 4D 核组等生物状态将反映细胞周期（相间和有丝分裂）和细胞分化（多能和分化状态）期间的不同构象。

（2）利用上述步骤中产生的数据开发分析工具并建模，以深入了解不同尺度上染色体折叠的结构和动力学变化。

（3）对生成的染色质互作图谱进行生物学验证并进一步阐述构象特征，通过对基因组序列和表观遗传位点的特异性编辑，在基因组内创建新的接触点（Contact Points），鉴定促进或限制这些相互作用的因子（蛋白质和核酸）。

2. 相关数据库和软件开发

研究产生的数据被汇集生成各种数据库，研究人员基于这些数据开发了许多软件包。加利福尼亚大学圣克鲁兹分校的基因组浏览器（Genome Browser）中含有丰富的基因组数据及相关分析工具和算法。羟基自由基切割强度数据库（ORChID）包含经实验确定的裸 DNA 分子的羟基自由基，并含有能预测任何 DNA 序列切割模式的算法。NUPACK 是一个不断发展的软件包，用于分析和设计核酸结构，满足分子编程、核酸纳米技术和合成生物学等新兴学科研究人员的需求；NUPACK 开发团队将重新调整 NUPACK Web 应用程序，以实现云端部署。SimulFold 在贝叶斯框架下利用马尔可夫链蒙特卡罗算法（MCMC 算法）推断 RNA 结构。ValFold 是一种分析核酸适体截断过程的程序，不仅能预测规范的 Watson-Crick 配对，而且能预测从 G- 四链体派生的 G-G 配对。

美国主导的 ENCODE 计划开发了一系列分析基因组结构的软件。例如，①一种 lncRNA 计算框架，通过结合各种基因表达数据和基于序列的参数来识别结构化 RNA；② HiveR，利用蜂巢图（Hive Plot）绘制网络的可视化方法，定量理解网络结构，管理由边缘效应引起的视觉复杂性，识别网络结构的发展趋势和异常特征；③圣路易斯华盛顿大学表观基因组浏览器（WashU Epigenome Browser），为表观基因组数据集提供可视化、集成和分析工具；④ King 算法，一种利用高通量基因型数据进行关系推断的快速算法；⑤基因组结构校正器（Genome Structure Correction，GSC），一种基于基因组特征平稳模型的数据抽样方法，能够解决隐藏的数据分析问题；⑥ Flux Capacitor，分析两种剪接形式的外显子结构的工具；⑦ RBNS Pipeline，一套生物信息学工具，用于分析蛋白质结合 RNA 的高通量测序实验数据。

2.1.3.2 欧盟

欧洲分子生物学实验室的生物信息学研究所自 2011 年起开始运营欧洲核苷酸档案（European Nucleotide Archive，ENA），开放核酸测序数据并提供相关的组装分析和分箱分析工具，推动欧洲地区的核酸研究。随着研究的深入，欧盟委员会联合欧盟成员国开始建设各类基础设施，以支持核酸化学和结构等相关研究。典型设施包括：

欧洲测序和基因分型基础设施（European Sequencing and Genotyping Infrastructure，ESGI）。2015 年，欧盟委员会通过第七框架计划建成欧洲测序和基因分型基础设施，整合了基因测序、基因分型、生物信息学的研究成果，构建对外部用户开放的大规模 DNA 分析设施。ESGI 包含 7 个主要基因组研究站点和 4 个合作伙伴站点，提供跨欧洲的生物信息学分析工具，并为欧盟成员国的研究人员提供研究培训。

欧洲生命科学大数据联盟（ELIXIR）。ELIXIR 是一个由生命科学家、计算机科学家及相关支撑人员组成的欧洲跨国组织，其宗旨是帮助研究人员利用海量生命科学数据，获得关于生命健康与疾病的新见解。ELIXIR 总部 ELIXIR Hub 位于英国剑桥附近的惠康基因组园区（Wellcome Genome Campus），每个成员国均设有 ELIXIR Nodes，形成覆盖欧洲 23 个国家的网络设施。ELIXIR 已经建成 23 个核心数据资源，分别关注基因、化学小分子、蛋白质、酶等物质的生物活性，其中欧洲基因表观组档案（European Genome-phenome Archive，EGA）永久存储并共享生物医学研究项目产生的所有可识别的遗传学和表观学数据，染色体结构与基因功能的关联性是其关注重点之一；ChEMBL 将化学、生物活性、基因组数据整合起来，助推基因组信息用于新药转化过程；欧洲核苷酸档案提供了全球核酸测序信息记录，包括原始测序数据、序列组装信息和功能注释等。

分子尺度生物物理学基础设施（MOlecular-Scale Biophysics Research Infrastructure，MOSBRI）。2021 年 7 月，法国巴斯德研究所协调筹建的 MOSBRI 投入运营。MOSBRI 获得欧盟 INFRAIA 计划（集成社区建设计划）的 500 万欧元经费支持，囊括欧洲 11 个学术团体和 2 个工业合作伙伴，其通过构建生物物理联合技术平台，测量物理性质来研究生物大分子（蛋白质、DNA、RNA、多糖、脂质）的结构、动力学和相互作用，最后破译分子行为对疾病的影响。MOSBRI 将对欧洲两大结构生物学基础设施 INSTRUCT-ERIC 和 iNEXT 进行补充，围绕分子结构和生物系统的实时动力学，建设并扩展分子规模的多功能物理学技术，包括流体动力学、光谱学、量热法、快速和超快速实时生物传感、非变性质谱、原子力显微镜等。

欧洲虚拟研究环境网站（Virtual Research Environment，VRE）。VRE 是欧盟项目"多尺度复杂基因组学"（MuG）构建的门户网站，可供注册用户上传基因组数据，并使用在线的可视化工具进行基因结构分析。MuG VRE 于 2017 年 11 月建成并投入运营。2018 年，MuG 项目组针对网站稳定性、运算效率和用户体验对在线存储系统进行了优化。

2.1.3.3 英国

英国多个机构与平台推动了核酸生物结构研究的发展。UKRI 下属生物技术和生物科学研究委员会（BBSRC）资助建立了"英美活细胞中 RNA 结构研究平台"（UK-US platform for the study of RNA structure in living cells），基于该平台，英国约翰英尼斯中心、英国东英吉利大学、美国加利福尼亚大学戴维斯分校和美国普渡大学等院校开展合作，其研究成果揭示了活体内 RNA G- 四链体的存在，为活体真核细胞中 RNA G- 四链体的形成提供了直接证据；此外，该研究还揭示了 RNA 结构是多倍体中亚基因组表达不对称的重要调节剂，为多倍体作物的分子育种提供了新的可能。

UKRI 下属医学研究委员会（MRC）分子生物学实验室（LMB）特设了结构研究部（Structural Studies Division），该部门的设立旨在研究具有重要生物学意义的分子的结构和功能，以及不同分子之间的相互作用。为了研究 mRNA 的二级结构，该部门研究人员开发了一种名为"hiCLIP"的突破性技术，该技术利用双链体结合的蛋白质来识别细胞 mRNA 中的双链体。此外，研究人员还证明了全长 mRNA 分子的远端部分可以结合在一起形成双链体，从而确定了活细胞中全长 mRNA 分子的基本结构。

英国弗朗西斯·克里克研究所（Francis Crick Institute）的结构生物学平台（Structural Biology Platform）在学术界、医学界和工业界建立了一定的战略合作关系，致力于利用其先进的技术来研究生物分子的结构及功能。该研究所的合作伙伴包括MRC、伦敦大学学院（UCL）、帝国理工大学（Imperial College London）、伦敦国王学院（KCL）和英国癌症研究中心（Cancer Research UK）等。现阶段，该研究所致力于表征病毒 RNA 的结构和功能，并利用 RNA 结构开发疫苗和抗病毒疗法。

MRC、BBSRC 及英国 RNA 协会等资助布莱顿苏塞克斯医学院成立了"RNA 生物学研究组"。这是一个由 7 个实验室组成的生命科学网络，致力于研究 RNA 对调节细胞增殖及迁移等过程的作用，从而了解 RNA 在人类疾病发生 / 发展中的作用。

为了推动英国在生物医学与健康领域的研究，英国还建立了多个基因组数据库。"英国基因组学"计划（Genomics England）通过使用基因组学来开发个性化和预测性的医疗保健解决方案，为英国国家医疗服务体系（NHS）提供了尖端的基因组学服务，并为学术和行业研究提供了开创性研究数据库，预计到 2024 年，Genomics England 将至少拥有 50 万个全基因组数据。英国生物银行（UK BioBank）是一个大型生物医学数据库和研究资源，包含来自 50 万个英国参与者的遗传和健康信息，其基因组数据涉及全外显子组测序和全基因组测序，UK BioBank 因其长期前瞻性队列研究数据获得了诸多科研人员的青睐，促成了多项改善人类健康的科学发现。此外，英国国立卫生研究院（NIHR）的生物资源（BioResource）数据库也为研究人员了解基因、环境和疾病之间的联系提供了平台，有助于改善医疗实践，推动针对患者的靶向治疗的开发。

2.1.3.4　日本

1. 相关机构建设

日本 RNA 及核酸领域的重要研究机构有 RIKEN、日本科学技术振兴机构、东京大学、国立遗传学研究所、大阪大学、Kazusa DNA 研究所等。各机构研究团队在不同 RNA 领域进行研究。例如，2008 年以来，RIKEN 组学科学中心（OSC）的研究极大地阐明了 RNA 在多种细胞中的表达和功能。RIKEN 于 2018 年对原 RIKEN 综合医学科学中心（IMS）和 RIKEN 生命科学技术中心的基因组技术部进行重组合并（中心名称保持不变，仍为 RIKEN IMS），开展人类基因组和免疫功能方面的研究，包括：①转录组技术实验室，开发综合检测非编码 RNA 并全面筛选其功能的技术；②综合基因组分析实验室，围绕线粒体疾病及相关遗传病，利用下一代测序技术，关注转录组、基因调控网络、非编码 RNA 的分析等。由若干首席科学家团队组成了 RIKEN 跨学科研究中心，如 RNA 系统生物学实验室，主要通过下一代测序技术来探讨核酸翻译控制的机制，致力于 lncRNA 对发育的影响研究。

此外，日本还建有日本基因组医学联盟（GEM-Japan）、日本 RNA 学会（RNA Society）、日本核酸化学学会（Japan Society of Nucleic Acids Chemistry）、日本核酸医学会（Nucleic Acids Therapeutics Society of Japan）等。

2. 数据库与平台建设

日本 DNA 数据库（DNA Data Bank of Japan，DDBJ）创立于 1984 年，1987 年开始正式提供服务，由日本国立遗传学研究所维护和更新，是世界三大 DNA 数据库之一。DDBJ 主要向研究者收集 DNA 序列信息并赋予其数据存取号，数据来源主要是日本的研究机构，也可以接受来自任何其他国家科学家的数据。该数据库通过环球网、匿名 FTP、E-mail 或 Gopher 方式为广大研究人员服务。2020 年，DDBJ 接受了 6836 份注释核苷酸序列的提交，其中 59.3% 是由日本研究小组提交的。DDBJ 定期发布数据，其 2021 年 6 月发布的数据包括 2830321188 个序列和 15093100107909 个碱基对 [1]。

---

[1] OKIDO T, KODAMA Y, MASHIMA J, et al. DNA Data Bank of Japan (DDBJ) update report 2021[J]. Nucleic Acids Research, 2022, 50(D1): D102-D105.

BioBank Japan 数据库成立于 2003 年，也由 AMED 基因组和临床研究 BioBank 项目管理，收集了日本超过 270000 名患者的 DNA、血清和临床信息，还对采集的 DNA、血清和其他生物样本进行了包括全基因组测序和代谢组 / 蛋白质组分析在内的组学分析，产生了重要的研究成果。

"功能性 RNA 项目"基于相关非编码 RNA 结构与功能数据，构建了 fRNAdb 数据库，这是一个从非编码 RNA 序列中挖掘 / 注释功能性候选 RNA 的平台，收集了约 50 万个 RNA 的序列信息、二级结构、来源（如人、小鼠、细菌、病毒）等。同时，该项目开发了 CentroidHomfold 工具，可以使用自动收集的目标同源序列来预测 RNA 二级结构。

TogoVar 数据库平台由 GEM-Japan 开发，于 2020 年发布 GEM-Japan 全基因组集合 GEM-J WGA（GEM Japan Whole Genome Aggregation），分析了 7609 名参与者的全基因组序列，在常染色体上检测到 76768387 个单核苷酸变异（Single Nucleotide Variation，SNV）与 10202908 个插入和缺失序列（Insertion and Deletion，INDEL）。在 X 染色体上，检测到 2898518 个 SNV 和 410435 个 INDEL。

此外，日本大阪大学构建的 RTips 包括 IPknot++、RactIP、IPknot 等工具，可对 RNA 二级结构、RNA-RNA 相互作用（联合二级结构）进行预测。

2.1.3.5　中国

1.　相关机构建设

中国 RNA 及核酸领域的重要研究机构包括清华大学、中国科学院生物物理研究所、中国科学院分子细胞科学卓越创新中心（生物化学与分子生物学研究所）、中山大学相关研究团队等。中国科学院生物物理研究所拥有生物大分子国家重点实验室和中国科学院核酸生物学重点实验室。中国科学技术大学也有由施蕴瑜院士带领、以一大批青年骨干为核心的庞大研究团队等。另外，我国也建立了区域 RNA 研究联盟，如上海 RNA 俱乐部（Shanghai RNA Club）。

2019 年，中国科学院北京基因组研究所联合中国科学院生物物理研究所和中国科学院上海营养与健康研究所共同建设国家基因组科学数据中心，围绕人、动物、植物、微生物等基因组数据，重点开展数据库体系及数据资源建设，开展数据服务、系统运维、技术研发、数据挖掘等系列工作，主要研究方向包括：①围绕中国人群普惠健康的精准医学相关组学信息资源，完善建立中国人群基因组遗传变异图谱，形成中国人群精准医学信息库；②基于高通量测序的海量原始组学数据资源，建立符合国际标准的原始组学数据归档库，形成中国原始组学数据的共享平台；③围绕国家重要战略生物资源，建立海量组学数据的整合、挖掘与应用体系，形成综合性的多组学数据库系统。该中心具备超过 5000 个计算核心及总容量超过 8 PB 的数据存储资源，已经开发形成一系列的多组学数据库系统。

2. 数据库与平台建设

近年来，中国研究人员陆续开发出多个 RNA 相关数据库及平台，涉及 lncRNA、microRNA、circRNA、mRNA 等。

北京大学健康科学中心于 2019 年发布 lncRNA 相关疾病数据库 2.0 版本（LncRNA Disease v2.0），整理了"lncRNA- 疾病"关联数据资源，集成了一个生物信息学工具用于预测新的人类长非编码 RNA 和疾病的关系，收录了 529 种 lncRNA 相关疾病，涉及205959 个"lncRNA- 疾病"关联数据、1004 个"circRNA- 疾病"关联数据。

国家基因组科学数据中心开发的 lncBook 数据库于 2020 年 6 月上线，包括268848 个 lncRNA、1867 个功能性 RNA、与 3773 个疾病相关联的 97998 种 lncRNA、92725757 个 SNP 等数据。又如，LncRNAWiki 2.0 数据库致力于 lncRNA 的注释管理，包括 2512 种 lncRNA、584 种疾病、587 种 SgRNAs 等。

中山大学 RNA 信息中心屈良鹄、杨建华教授等开发的 starBase 数据库（现称为ENCORI 数据库），使用大规模 CLIP-Seq 来解码 miRNA-ceRNA、miRNA-ncRNA、蛋白质 -RNA 相互作用网络，已从多维测序数据中识别出超过 410 万个 miRNA-ncRNA、290 万个 miRNA-mRNA、410 万个 RBP-RNA 和 150 万个 RNA-RNA 相互作用。

2021 年 11 月，复旦大学发布人类血液外泌体长链 RNA 数据库 2.0 版本（exoRBase 2.0），提供了细胞外囊泡长片段 RNA 的全面注释与表达图谱，共收录了79084 种 circRNA、15645 种 lncRNA、19643 种 mRNA。

2.2 核酸生物结构化学与生物医学及健康领域研究态势

各国对核酸结构化学领域的资助与支持，促进了该领域相关研究论文和专利技术成果不断增长。本节利用 Web of Science 核心合集数据库，从论文发表的角度评估"核酸生物结构化学与生物医学及健康"的研究态势，并利用 VOSviewer 等可视化工具制作知识图谱，结合高被引论文，分析该领域的研究热点与研究前沿。

2.2.1 研究概况

2.2.1.1 发文趋势

全球研究机构共发表"核酸生物结构化学"相关的研究论文 161900 篇[1]。数据库中收录最早的论文为剑桥大学 Michael Waring 于 1968 年发表于 *Nature* 的论文，他提

---

[1] 检索日期：2022 年 5 月 16 日。数据库更新日期：2022 年 5 月 13 日。

出抗菌药物影响 DNA 结构的 3 种途径[1]。进入 21 世纪后，该领域的发文数量保持稳定且快速的增长趋势，每年发文数量增长 300～400 篇，2021 年发文数量达到 9295 篇（见图 2-1）。本节选取 2017—2022 年的 47814 篇论文进行详细分析。

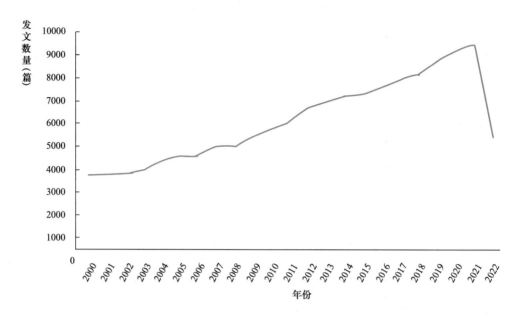

图 2-1 核酸生物结构化学领域的论文发表情况

注：2022 年的数据仅统计至 8 月底。

2.2.1.2 主要国家

2017—2022 年，全球研究机构共发表核酸生物结构化学方面的研究论文 47814 篇。美国发表 12861 篇论文，居全球首位。中国的发文数量略低于美国，为 12420 篇。在发文数量最多的 10 个国家中，英国、加拿大、美国是篇均被引频次较高的 3 个国家。中国的篇均被引频次为 13.86 次，略低于全球平均水平（14.95 次）。

从 ESI 高水平论文量[2] 及其占比、CNS 论文量及其占比可以了解各国高水平论文发表情况。在发文数量排名前 10 位的国家中，美国、中国、德国、英国发表的 ESI 高水平论文和 CNS 论文较多。从高水平论文量占比来看，英国、加拿大、美国在核酸生物结构化学领域的研究水平较高，而中国的研究水平和影响力与这些国家仍有差距。此外，英国、法国、西班牙、德国等欧洲国家的国际合作论文占比较高。中国的国际合作论文占比约为 23.03%，国际合作程度相对较低（见表 2-10）。

---

[1] WARING M J. Drugs which affect the structure and function of DNA[J]. Nature, 1968, 219 (5161):1320-1325.

[2] 基本科学指标数据库（Essential Science Indicators，ESI）根据文献对应领域和出版年中的高引用阈值，把某一领域中被引频次排名前 1% 的论文定义为"ESI 高被引论文"，把过去两年内发表的、被引频次是领域内前 0.1% 的论文定义为"ESI 热点论文"。Web of Science 核心合集数据库将"ESI 高被引论文"和"ESI 热点论文"统称为"ESI 高水平论文"。ESI 高水平论文指标已被广泛使用。

表 2-10 2017—2022 年核酸生物结构化学领域主要国家的论文发表情况

国家	发文数量（篇）	总被引频次（次）	篇均被引频次（次）	ESI 高水平论文量（篇）	ESI 高水平论文量占比（%）	CNS 论文量（篇）	CNS 论文量占比（%）	国际合作论文量（篇）	国际合作论文占比（%）
美国	12861	252727	19.65	291	2.26	278	2.16	5769	44.86
中国	12420	172186	13.86	163	1.31	77	0.62	2860	23.03
印度	3590	35065	9.77	24	0.67	8	0.22	1221	34.01
德国	3372	62439	18.52	82	2.43	70	2.08	2151	63.79
英国	3247	69239	21.32	77	2.37	77	2.37	2400	73.91
日本	2401	29959	12.48	21	0.87	21	0.87	900	37.48
法国	2177	36035	16.55	37	1.70	28	1.29	1556	71.47
意大利	1998	31112	15.57	39	1.95	9	0.45	1195	59.81
加拿大	1764	34937	19.81	42	2.38	23	1.30	1085	61.51
西班牙	1517	22109	14.57	25	1.65	12	0.79	1010	66.58

2.2.1.3 主要机构

美中两国的研究机构在核酸生物结构化学领域表现活跃。2017—2022 年该领域发文数量最多的 20 个机构包括 8 个美国机构、7 个中国机构、2 个英国机构，以及法国、日本、加拿大机构各 1 个。中国科学院在近 5 年内共发表 1504 篇研究论文，位列全球第一，高于哈佛大学、法国国家健康与医学研究院（INSERM）等国际知名机构。

而在论文水平及研究影响力上，欧美机构表现较好。美国霍华德·休斯医学研究所和麻省理工学院的论文篇均被引频次分别高达 53.30 次和 51.41 次，其高水平论文量和 CNS 论文量占比也位居全球前两位，显著高于其他研究机构。在发文数量较多的前 20 个国际机构中，中国机构的篇均被引频次已经超过全球平均水平，但与国际顶尖机构仍有一定距离。

从 ESI 高水平论文和 CNS 论文来看，美英研究机构在该领域的研究水平较高，学术影响力较大。美国哈佛大学、加利福尼亚大学系统、美国国立卫生研究院、加拿大多伦多大学、英国剑桥大学的 ESI 高水平论文和 CNS 论文占比居全球前列。中国科学院、上海交通大学、北京大学的研究水平和学术影响力已经超过全球平均水平，但与国际顶尖机构仍有一定距离。中国研究机构的国际合作论文占比均未超过 40%，与其他国际机构同样存在较为明显的差距（见表 2-11）。

表 2-11　2017—2022 年核酸生物结构化学领域主要研究机构的发文情况

机构	论文量（篇）	总被引频次（次）	篇均被引频次（次）	ESI 高水平论文量（篇）	ESI 高水平论文量占比（%）	CNS 论文量（篇）	CNS 论文量占比（%）	国际合作论文量（篇）	国际合作论文占比（%）
中国科学院	1504	29520	19.63	31	2.06	27	1.80	464	30.85
哈佛大学	773	28306	36.62	56	7.24	50	6.47	449	58.09
法国国家健康与医学研究院	718	14584	20.31	16	2.23	14	1.95	463	64.48
霍华德·休斯医学研究所	512	27288	53.30	37	7.23	59	11.52	183	35.74
上海交通大学	478	9422	19.71	9	1.88	10	2.09	161	33.68
中山大学	403	6826	16.94	5	1.24			102	25.31
牛津大学	375	10076	26.87	14	3.73	18	4.80	287	76.53
斯坦福大学	370	13301	35.95	20	5.41	22	5.95	189	51.08
剑桥大学	362	13925	38.47	21	5.80	12	3.31	269	74.31
麻省理工学院	361	18560	51.41	36	9.97	33	9.14	185	51.25
东京大学	361	7202	19.95	9	2.49	8	2.22	128	35.46
浙江大学	343	5365	15.64	8	2.33	2	0.58	112	32.65
四川大学	340	5460	16.06	5	1.47	1	0.29	61	17.94
多伦多大学	337	12347	36.64	18	5.34	12	3.56	227	67.36
北京大学	333	6697	20.11	9	2.70	7	2.10	87	26.13
北卡罗来纳大学	333	8412	25.26	17	5.11	12	3.60	128	38.44
约翰斯·霍普金斯大学	319	11247	35.26	19	5.96	12	3.76	162	50.78
复旦大学	317	5680	17.92	6	1.89	5	1.58	117	36.91
加利福尼亚大学圣地亚哥分校	295	9292	31.50	14	4.75	14	4.75	143	48.47
宾夕法尼亚大学	295	8289	28.10	8	2.71	8	2.71	152	51.53

2.2.2　研究前沿与热点

2.2.2.1　研究热点

在原子水平了解核酸的结构特征，对于破译基因表达 / 调控的代码及设计新的医疗纳米材料和治疗方法都至关重要。随着生物信息学技术及核酸数据库的发展，研究人员可以借助越来越多的资源和工具来探索核酸的三维结构，开展分子构象建模、分子动力学、分子相互作用和可视化分析。单分子荧光共振能量转移技术（single molecule Fuorescence Resonance Energy Transfer，smFRET）为研究大分子结构动力学铺平了道路 [1]。Web 3DNA 2.0 能够通过嵌入式软件 3DNA 和嵌套的其他组件，在后端进行同步计算，破译单链 RNA、双螺旋 DNA、G- 四链体、蛋白质修饰 DNA 的结构参数并绘制可视化模型 [2]。相关研究工具不仅大幅提升了核酸结构与功能的研究效率，而且推动了遗传学、表观学、电化学等热点领域的研究发展。本节选取相关学科的研究论文进行关键词聚类和可视化分析，基于作者关键词的共现频率绘制热点图谱，分析相关热点领域，概述核酸生物结构化学在基础研究、技术开发、医疗应用中的贡献，主要体现在以下几个方面（见图 2-2）。

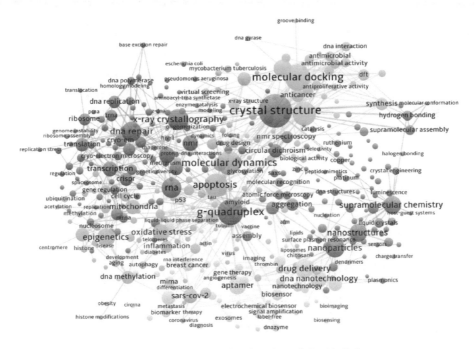

图 2-2　核酸生物结构化学与生物医学的研究热点

[1] LERNER E, CORDES T, INGARGIOLA A, et al. Toward dynamic structural biology: Two decades of single-molecule Förster resonance energy transfer[J]. Science, 2018,359(6373):eaan1133.

[2] LI S, OLSON W K, LU X J. Web 3DNA 2.0 for the analysis, visualization, and modeling of 3D nucleic acid structures[J]. Nucleic acids research, 2019,47(W1):W26-W34.

核酸结构与修饰对细胞功能的影响（图 2-2 中绿色部分）：化学修饰会对核酸功能产生巨大的调控作用，影响 DNA 和 RNA 的信息编码能力，进而影响转录活性、蛋白质表达、细胞凋亡等细胞行为。核酸化学修饰可能受到 DNA 和 RNA 结构的影响。例如，DNA 和 RNA 可能发生 ADP- 核糖化反应，影响 DNA 损伤修复、抗病毒免疫等细胞功能，人类的 PARP10、PARP11、PARP15 及 PARP 同源物 TRPT1 作为写入器（writer）参与 RNA 磷酸化末端的 ADP- 核糖化，细胞 ADP- 核糖基水解酶（PARG、TARG1、MACROD1、MACROD2 和 ARH3）等可以作为擦除器（eraser）[1]。德国药物生物化学研究所发现共价 DNA-RNA 杂交体的结构能够增强 Dnmt2 的催化能力，更高效地引导 tRNA 产生甲基化修饰[2]。美国研究人员发现在三链核酸结构 R 环中，RNA 会阻断 DNA 甲基化并促进转录，导致 TGF-β 途径的激活[3]。墨尔本大学确定了 SMCHD1 与染色体铰链区结合位点的三维结构，并分析了其中的核酸动力学机制[4]。

自我动态组装的 G- 四链体结构（图 2-2 中紫色部分）：G- 四链体（G-quadruplex）是由富含串联重复鸟嘌呤（G）的 DNA 或 RNA 折叠形成的高级结构，在体内形成非规范结构，参与了转录、翻译、基因表达、表观遗传调控、DNA 重组等细胞生理过程。近几年，研究人员进一步深入研究了 G- 四链体的结构和功能。中国科学院合肥研究院首次解析了 DNA 序列 d（GTTAGG）在钠离子溶液中形成的三聚 G- 四链体液体核磁结构，并且证明该结构与未折叠的单链组分之间存在秒级别的动态交换现象[5]。丹佛大学发现 G- 四链体能够与蛋白质形成寡聚体复合物，并阻止蛋白质的聚集，同时还能诱导大肠杆菌中生物传感器的折叠水平[6]。华中农业大学采用长波长反常散射解析了猪伪狂犬病毒 IE180 3' UTR RNA G- 四链体结构，为靶向 RNA G- 四链体的药物设计奠定了结构基础[7]。G- 四链体与基因启动子区域、DNA 端粒区域、蛋白质等结合，

[1] WEIXLER L, SCHÄRINGER K, MOMOH J, et al. ADP-ribosylation of RNA and DNA: from in vitro characterization to in vivo function[J]. Nucleic acids research, 2021,49(7):3634- 3650.

[2] KAISER S, JURKOWSKI T P, KELLNER S, et al. The RNA methyltransferase Dnmt2 methylates DNA in the structural context of a tRNA[J]. RNA Biology, 2017,14(9):1241-1251.

[3] GRUNSEICH C, WANG I X, WATTS J A, et al. Senataxin Mutation Reveals How R-Loops Promote Transcription by Blocking DNA Methylation at Gene Promoters[J]. Molecular Cell, 2018, 69(3):426-437.e7.

[4] CHEN K, BIRKINSHAW R W, GURZAU A D, et al. Crystal structure of the hinge domain of Smchd1 reveals its dimerization mode and nucleic acid-binding residues[J]. Science signaling, 2020,13(636):eaaz5599.

[5] JING H, FU W, HU W, et al. NMR structural study on the self-trimerization of d(GTTAGG) into a dynamic trimolecular G-quadruplex assembly preferentially in Na+ solution with a moderate K+ tolerance[J]. Nucleic acids research, 2021, 49(4):2306-2316.

[6] BEGEMAN A, SON A, LITBERG T J, et al. G-Quadruplexes act as sequence-dependent protein chaperones[J]. EMBO reports, 2020,21(10):e49735.

[7] ZHANG Y, E OMARI K, DUMAN R, et al. Native de novo structural determinations of non-canonical nucleic acid motifs by X-ray crystallography at long wavelengths[J]. Nucleic acids research, 2020,48(17):9886-9898.

可能增加癌症、神经退行性疾病 [1] 的发生风险。例如，剑桥大学通过荧光标记在不同乳腺癌亚型中跟踪 G- 四链体的特殊模式，提出 G- 四链体有望用作乳腺癌精准诊断的生物标志物，也可用作抗癌疗法的重要潜在靶点 [2]。

基因表达调控中的 RNA 动态加工修饰（图 2-2 中深蓝色部分）：在转录和翻译过程中，RNA 的结构、稳定性和动力学性质受到化学修饰和胞内分子环境的影响。中国科学院生物化学与细胞生物学研究所首次阐述了环形 RNA 在细胞受病毒感染时的降解机制，以及其通过形成分子内双链结构结合天然免疫因子，参与天然免疫应答调控的重要新功能，并揭示了环形 RNA 低表达与炎症性自身免疫性病——系统性红斑狼疮密切相关 [3]。真核生物 RNA 的转录、翻译既受到加帽和加尾的影响，也受到上百种化学修饰的调节。m6A 等修饰可以调节 mRNA 分子的可变剪切、出核、翻译、降解等过程，并在生理过程中调节干细胞分化、生长发育、性别决定、DNA 损伤修复、热休克反应、学习与记忆、癌症发展、免疫反应等 [4]。芝加哥大学总结了 m6A 甲基转移酶、甲基识别蛋白、去甲基化酶的生物功能，强调了细胞内环境对 RNA 修饰调控和功能的重要性 [5]。

基于分子对接技术的药理学研究（图 2-2 中浅蓝、天蓝部分）：分子对接（Molecular Docking）是一种基于结构的药物设计方法，其通过研究有机小分子配体与生物大分子受体相互作用，预测其结合模式和亲和力，在酶学研究及药物设计领域具有广泛的应用价值。新兴技术的发展推动了分子对接技术的应用效率，如人工智能技术能够从大量序列中快速识别潜在的候选适体，借助机器 / 深度学习的方法预测适配子与靶标的结合能力 [6]。使用分子对接技术，研究人员能够分析核酸修饰与蛋白质结合的作用机制，了解导致细胞凋亡或产生细胞毒性的分子机制，可应用于癌症等疾病的疗法开发。例如，中佛罗里达大学开发了一种由杂交抗癌化合物（7ESTAC01）与 DNA 相互作用诱导的电化学生物传感器，并通过紫外线可见吸收光谱、分子对接证实

[1] TATEISHI-KARIMATA H, SUGIMOTO N. Roles of non-canonical structures of nucleic acids in cancer and neurodegenerative diseases[J]. Nucleic acids research, 2021,49(14):7839-7855.

[2] HÄNSEL-HERTSCH R, SIMEONE A, SHEA A, et al. Landscape of G-quadruplex DNA structural regions in breast cancer[J]. Nature genetics, 2020,52(9):878-883.

[3] LIU C X, LI X, NAN F, et al. Structure and Degradation of Circular RNAs Regulate PKR Activation in Innate Immunity[J]. Cell, 2019,177(4):865-880.e21.

[4] ROUNDTREE I A, EVANS M E, PAN T, et al. Dynamic RNA Modifications in Gene Expression Regulation[J]. Cell, 2017,169(7):1187-1200.

[5] SHI H, WEI J, HE C. Where, When, and How: Context-Dependent Functions of RNA Methylation Writers, Readers, and Erasers[J]. Molecular Cell, 2019,74(4):640-650.

[6] CHEN Z, HU L, ZHANG B T, et al. Artificial Intelligence in Aptamer-Target Binding Prediction[J]. International journal of molecular sciences, 2021,22(7):3605.

7ESTAC01 与 ctDNA 的键合相互作用，有效识别细胞内 DNA 的损伤情况 [1]。那不勒斯费德里科二世大学使用分子对接等技术分析卟啉样化合物与 KRAS G- 四链体的相互作用，并证实了卟啉样化合物的细胞毒性，为癌症治疗奠定了基础 [2]。

DNA 纳米技术及配体构建（图 2-2 中黄色部分）：核酸纳米技术能够人为设计核酸分子并促进其自下而上的自组装过程。DNA 分子容易与其他系统组装结合，形成纯 DNA 纳米材料、DNA- 无机物纳米材料、DNA- 有机物纳米材料等复合物，进而扩展生物功能，提高递送性能。随着纳米技术的快速发展和对 DNA 纳米结构的管理，各种可设计的原理和丰富的 DNA 刚性结构被用于制备、形成、组装纳米颗粒模板或生物分子支架（如瓦片组装、折纸结构），以及动态纳米力学系统。DNA 折纸术（DNA origami）是 DNA 纳米技术的一个重要分支，其出现和发展使 DNA 的制备变得容易，也促进了 DNA 结构的爆发性发展。中国科学院上海应用物理研究所针对 DNA 折纸术中二氧化硅复合纳米材料的问题，创建了仿生二氧化硅纳米结构的通用术，可以通过调节生成时间来调整材料厚度，同时保证杂交结构的硬度和柔韧性 [3]。DNA 纳米技术的发展孕育出多种新型 DNA 纳米材料，这些新型材料被广泛应用于组织工程、免疫工程、药物递送、疾病诊断和生物传感器等领域 [4]。

核酸纳米技术的医疗应用（图 2-2 中红色部分）：DNA 具有优异的生物相容性、分子可编程性、精确组装可控性等优势，适用于健康监测、疾病诊断、靶向药物研发等医学场景，在重大疾病治疗中显示出巨大的潜力。研究人员针对核酸纳米材料的制造工艺、功能稳定性、生物安全性等问题开展大量研究，推动相关基因疗法应用于肿瘤 [5]、急性肾损伤 [6] 等疾病的治疗。北京化工大学等开发了一种纳米四面体辅助的核酸适体传感平台，能够直接捕获和检测肝细胞的癌性外泌体，并将检测灵敏度提升 100 倍 [7]。中国科学院长春应用化学研究所开发了一个基于自组装 MnO2@PtCo 纳米

[1] LOZANO UNTIVEROS K, DA SILVA E G, DE ABREU F C, et al. An electrochemical biosensor based on Hairpin-DNA modified gold electrode for detection of DNA damage by a hybrid cancer drug intercalation[J]. Biosensors & bioelectronics, 2019,133:160-168.

[2] CATERINO M, D'ARIA F, KUSTOV A V, et al. Selective binding of a bioactive porphyrin-based photosensitizer to the G-quadruplex from the KRAS oncogene promoter[J]. International journal of biological macromolecules, 2020,145:244-251.

[3] LIU X, ZHANG F, JING X, et al. Complex silica composite nanomaterials templated with DNA origami[J]. Nature, 2018,559(7715):593-598.

[4] MA W, ZHAN Y, ZHANG Y, et al. The biological applications of DNA nanomaterials: current challenges and future directions[J]. Signal transduction and targeted therapy, 2021,6(1):351.

[5] LV Z, ZHU Y, LI F. DNA Functional Nanomaterials for Controlled Delivery of Nucleic Acid-Based Drugs[J]. Frontiers in bioengineering and biotechnology, 2021,9:720291.

[6] YING Y, TANG Q, HAN D, et al. Nucleic Acid Nanotechnology for Diagnostics and Therapeutics in Acute Kidney Injury[J]. International journal of molecular sciences, 2022,23(6):3093.

[7] WANG S, ZHANG L, WAN S, et al. Aptasensor with Expanded Nucleotide Using DNA Nanotetrahedra for Electrochemical Detection of Cancerous Exosomes[J]. ACS Nano, 2017, 11 (4):3943-3949.

粒子的 ROS 生成平台，能够启动细胞内对低氧肿瘤的生化反应，优先诱导肿瘤细胞凋亡 [1]。湖南大学分子科学与生物医学实验室报道了一种三维 DNA 纳米逻辑机器人，集成了多个核酸适体功能触角，成功实现了癌细胞表面的运算识别，展现了精准诊疗的潜力。

基于核酸结构的疫苗和佐剂研发（图 2-2 中土黄色部分）：RNA 是调节各种生化途径的关键参与者。SARS-CoV-2、埃博拉、寨卡等 RNA 病毒导致的传染性疾病对疫苗研发提出了迫切的需求。通过对病毒 RNA 的结构解析，研究人员能够确定病毒复制和感染的过程，进而寻找病毒的中和靶点，开发对应的疫苗产品。为了增加 RNA 疫苗在体内的稳定性，研究人员开发了纳米颗粒、蛋白载体等递送系统和疫苗佐剂，改变了核酸－蛋白质结构，提高了核酸稳定性，最终发挥中和病毒及预防疾病的作用。在新冠疫情暴发不到一年的时间里，两种基于 mRNA 的疫苗 BNT162b2 和 mRNA-1273 获批上市。新冠疫情 mRNA 疫苗代表了一类新型疫苗产品，由编码 SARS-CoV-2 Spike 糖蛋白的合成 mRNA 链组成，用脂质纳米颗粒将 mRNA 递送到细胞。这些突破为 mRNA 疫苗的设计提供了思路，加快了相关市场的发展速度 [2]。

此外，核酸结构的研究也影响了基因编辑等颠覆性技术的发展。例如，在 CRISPR/Cas 系统中，crRNA 与反式激活的 tracrRNA 形成嵌合 RNA 分子 sgRNA，介导 Cas9 蛋白在特定序列处进行切割，形成 DNA 双链断裂，完成基因定向编辑等各类操作 [3]。通过调整 sgRNA 的结构，研究人员还将继续探讨提高基因编辑效率、降低脱靶效应的新方法。

2.2.2.2 研究前沿

基于 Essential Science Indicators 数据库，本节对高被引论文进行聚类分析，以确定核酸生物结构化学与生物医学及健康领域的最新突破和成果，确定该领域的研究前沿，具体包括：

RNA 与结合蛋白的分子动力学调控机制。与 RNA 结合蛋白（RBP）结合能够改变 RNA 的命运和功能。相关研究已经发现数百种 RBP，有些 RBP 的特定结构域与 RNA 结合。为了纯化 RNA- 蛋白质复合物，德国海德堡大学提出了一种蛋白质交联 RNA 的通用纯化方法 XRNAX，用于研究蛋白质 -RNA 相互作用的结构和组成，以解

[1] WANG Z, ZHANG Y, JU E, et al. Biomimetic nanoflowers by self-assembly of nanozymes to induce intracellular oxidative damage against hypoxic tumors[J]. Nature communications, 2018, 9(1):3334.

[2] VERBEKE R, LENTACKER I, DE SMEDT SC, el al H. The dawn of mRNA vaccines: The COVID-19 case[J]. Journal of controlled release: official journal of the Controlled Release Society, 2021, 333:511-520.

[3] JIANG F, DOUDNA J A. CRISPR-Cas9 Structures and Mechanisms[J]. Annual review of biophysics, 2017, 46:505-529.

决 RNA 生物学中的基本问题 [1]。加利福尼亚大学圣地亚哥分校绘制了迄今为止最大的系统性人类 RBP 功能图谱，可以识别体内 RBP 与 RNA 和染色质的结合位点、体外 RBP 结合偏好、RBP 结合位点的功能和细胞内 RBP 位置，描绘整个转录组的 RBP 结合谱和生理作用，包括 RNA 稳定性、剪切调控和 RNA 定位等 [2]。

G- 四链体的结构与功能。富含鸟嘌呤的核酸单链序列能够自折叠形成 G- 四链体结构。近年来，很多研究证明了 G- 四链体结构在转录和基因组稳定性调节等方面的作用，并揭示了其与癌症治疗的潜在相关性。小分子药物可以改变 G- 四链体结构，促进基因表达和端粒酶抑制的选择性下调，并激活 DNA 损伤反应，同时影响人类癌症中的几个关键驱动基因，具有潜在的治疗益处。G- 四链体在病毒感染中同样发挥作用，意大利帕多瓦大学研究了 G- 四链体介导的病毒生命周期，并开发出 G4 配体，用于抵抗寨卡病毒等 [3]。意大利那不勒斯费德里科二世大学总结了靶向人类凝血酶的 G- 四链体适配体，分析相关化学修饰对血栓疾病的影响 [4]。

R 环（R-loop）与基因转录和疾病的关系。R 环是细胞内的一种特殊的三链核酸结构，包括一条 DNA:RNA 杂合链（由 RNA 与其同源 DNA 序列互补杂交形成）和一条单链 DNA。该结构大量存在于基因组的着丝粒 DNA、端粒、核糖体 DNA 及转录起始和终止点附近。R 环在 DNA 复制和转录之间诱导了特定位置的 DNA 断裂和损伤，斯坦福大学的研究人员首次将 DNA 复制与 R 环联系起来，提出由 R 环介导的基因组不稳定机制 [5]。法国图卢兹大学发现 R 环结构会在 DNA 双链断裂位点累积，影响 DNA 双链修复，导致基因有害物质的产生 [6]。该领域需要回答一系列问题，例如，如何区别生理性 R 环和病理性 R 环，基因组中意外产生 R 环的频率有多高，细胞中存在哪些机制能够修复病理性 R 环并消除 R 环导致的染色质结构损害，等等。

DNA 折纸术及其在生物医药中的应用。DNA 折纸术将一条长的 DNA 单链（通常为基因组 DNA）与若干人工设计的短 DNA 片段进行碱基互补，可以根据需求构造出高度复杂的纳米图案或结构。DNA 折纸术是 DNA 纳米技术与 DNA 自组装领域的重大进展之一。为了提高 DNA 折纸术的生产效率，*Nature* 刊登了一系列论文来阐述

[1] TRENDEL J, SCHWARZL T, HOROS R, et al. The Human RNA-Binding Proteome and Its Dynamics during Translational Arrest[J]. Cell, 2019, 176(1-2):391-403.e19.

[2] VAN NOSTRAND E L, FREESE P, PRATT GA, et al. A large-scale binding and functional map of human RNA-binding proteins[J]. Nature, 2020, 583(7818):711-719.

[3] RUGGIERO E, RICHTER S N. G-quadruplexes and G-quadruplex ligands: targets and tools in antiviral therapy[J]. Nucleic acids research, 2018, 46(7):3270-3283.

[4] RICCARDI C, NAPOLITANO E, PLATELLA C, et al. G-quadruplex-based aptamers targeting human thrombin: Discovery, chemical modifications and antithrombotic effects[J]. Pharmacology & therapeutics, 2021, 217:107649.

[5] HAMPERL S, BOCEK M J, SALDIVAR J C, et al. Transcription-Replication Conflict Orientation Modulates R-Loop Levels and Activates Distinct DNA Damage Responses[J]. Cell, 2017, 170(4):774-786.e19.

[6] MARNEF A, LEGUBE G. R-loops as Janus-faced modulators of DNA repair[J]. Nature cell biology, 2021, 23(4):305-313.

大规模 DNA 折纸术的实现过程。加利福尼亚理工学院的研究人员根据数学中"分形"（Fractals）的概念，研发出成本低廉的折纸技术，即把组装过程分解成多个更简单的步骤，在各自试管中组装较小的结构单元，再将其混合在一起自组装成更大的结构[1]。慕尼黑理工大学则是利用噬菌体大量生产自切割单链 DNA，然后将其组装成肉眼可见的纳米结构[2]。DNA 折纸术被广泛应用于重大疾病的疗法研发中。亚利桑那州立大学将"DNA 分子"折叠成管状的"DNA 纳米机器人"，同时再把癌症治疗药物（凝血酶）放置其中，DNA 机器人能够在血管内识别癌细胞表面特有的核仁蛋白，并将凝血酶释放至癌细胞上，在短时间内使肿瘤组织出现大量血凝，进而萎缩并死亡[3]。深圳大学、上海交通大学与美国威斯康星大学、亚利桑那州立大学等联合团队发现了 DNA 纳米结构在动物肾脏高效特异蓄积的特性，发展出用于急性肾损伤预防和治疗的新型纳米诊疗技术[4]。

2.3　核酸生物结构化学与生物医学及健康领域技术态势

从 IncoPat 专利数据库中检索到核酸结构与化学相关的专利申请 26502 件，合并 8343 个专利族，其中 2017—2022 年公开的专利申请 5121 件[5]。本节基于 2017—2022 年的专利申请情况，对该领域的技术重点和代表性机构进行分析。

2.3.1　专利申请

2.3.1.1　专利申请趋势

核酸结构化学相关的专利公开情况整体呈现稳定且快速的增长趋势。自 1975 年起，受益于 DNA 重组技术的发展，涉及核酸结构的专利陆续出现。进入 20 世纪 90 年代，随着人类基因组计划等大科学项目的开展，核酸结构的专利公开数量也进入稳定增长阶段。自 2012 年起，CRISPR 等基因编辑技术出现，大幅提升了核酸研究效率，相关专利数量快速增加（见图 2-3）。

[1] TIKHOMIROV G, PETERSEN P, QIAN L. Fractal assembly of micrometre-scale DNA origami arrays with arbitrary patterns[J]. Nature, 2017,552(7683):67-71.

[2] PRAETORIUS F, KICK B, BEHLER K L, et al. Biotechnological mass production of DNA origami[J]. Nature, 2017,552(7683):84-87.

[3] LI S, JIANG Q, LIU S, et al. A DNA nanorobot functions as a cancer therapeutic in response to a molecular trigger in vivo[J]. Nature Biotechnology, 2018,36(3):258-264.

[4] JIANG D, GE Z, IM H J, et al. DNA origami nanostructures can exhibit preferential renal uptake and alleviate acute kidney injury[J]. Nature biomedical engineering, 2018,2(11):865-877.

[5] 检索日期：2022 年 8 月 20 日。

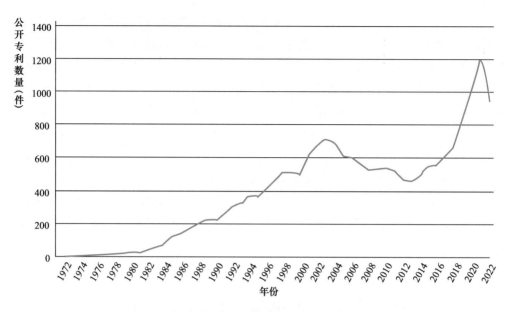

图 2-3　核酸生物结构化学相关的专利公开变化趋势

注：由于专利审查公开需要 18 个月，2021—2022 年的数据仅供参考。

2.3.1.2　主要国家 / 地区

2017—2022 年，全球核酸生物结构化学相关专利共计 5121 件。中国是专利申请数量最多的国家，为 2035 件，占全球总数的 39.74%，远高于全球其他国家。其中，中国共申请 PCT 专利 87 件，仅次于美国的 162 件，位列全球第 2。然而，与其他主要国家相比，中国的 PCT 专利申请数量占专利申请总数的比例较低。由此推测，中国在核酸生物结构化学方面的专利质量还有待提高（见表 2-12）。

表 2-12　2017—2022 年主要国家的核酸生物结构化学相关专利数量

申请人所在国	专利申请数量（件）	PCT 专利申请数量（件）	PCT 专利占比（%）
中国	2035	87	4.28
美国	1266	162	12.80
日本	618	84	13.59
韩国	475	58	12.21
德国	200	23	11.50
英国	116	16	13.79
新加坡	71	17	23.94
俄罗斯	50	4	8.00
加拿大	46	6	13.04
瑞士	40	5	12.50

从专利应用国家来看，美国是全球最主要的专利技术来源国，而且重视在日本、中国进行市场布局。相比之下，中国专利权人在其他国家申请专利较少，可见中国在其他国家的市场布局比较有限（见图 2-4）。

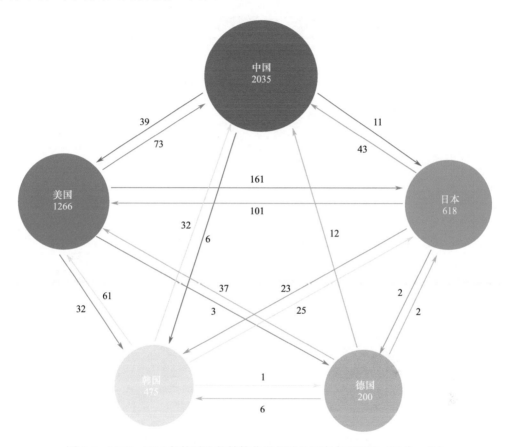

图 2-4　2017—2022 年核酸生物结构化学领域的国家专利流向（单位：件）

2.3.1.3　主要专利申请人

2017—2022 年，全球专利申请数量排名前 10 位的国际机构中，包括 5 个美国机构、2 个韩国机构，以及日本、德国、新加坡机构各 1 个。中国科学院、中国农业大学、上海交通大学等高校在核酸生物结构化学领域表现活跃。主要国际专利申请人既包括韩国柏业生物技术公司、美国世代生物公司等生物技术公司，也包括韩国科学技术院、美国哈佛大学等研究高校，而中国专利申请人则以高校和研究机构为主（见表 2-13）。

高校和研究机构的专利更关注实验技术和基础研究，如美国博德研究所专注于开发基因编辑技术，用于研究和操控核酸结构与功能；中国科学院的各大研究所则基于核酸结构开发各类 DNA 传感器。生物技术公司则更关注核酸相关技术在医疗领域的应用，如韩国柏业生物技术公司是全球最大的寡核苷酸合成公司；美国世代生物公司和新加坡浪潮生命科学有限公司专注于非病毒型基因疗法的开发；德国 Silence Therapeutics 公司和美国 Dicerna Pharmaceuticals 公司则专门开发基于 RNA 干扰的治疗方案。

表 2-13　2017—2022 年核酸生物结构化学领域主要专利申请人及其专利申请数量

国际申请人	专利申请数量（件）	国内申请人	专利申请数量（件）
韩国柏业（Bioneer）生物技术公司	80	中国科学院	55
美国世代生物公司（Generation Bio, Inc）	51	中国农业大学	32
韩国科学技术院	47	上海交通大学	30
美国哈佛大学	47	江南大学	30
美国麻省理工学院	44	南京大学	26
日东电工株式会社（Nitto Denko Corporation）	38	北京大学	22
德国 Silence Therapeutics 公司	36	浙江大学	22
美国 Dicerna Pharmaceuticals 公司	34	复旦大学	21
新加坡浪潮生命科学（Wave Life Sciences）有限公司	34	昆明理工大学	21
美国博德研究所	32	清华大学	21
		福州大学	21

2.3.2　专利技术分布

2.3.2.1　技术分类

基于 IPC 分类 [1]，核酸生物结构化学领域的专利主要涉及生物化学与遗传突变工程（C12N）/ 医学卫生学（A61K 和 A61P）和检测分析（G01N）等技术领域。进一步细化专利分类，可以发现相关专利主要涉及突变或遗传工程、核酸的光学和化学检测等技术，并应用于遗传病、感染、消化系统、免疫系统等疾病的治疗（见表 2-14）。

表 2-14　2017—2022 年核酸生物结构化学领域专利技术分类情况

IPC 分类号（小类）	IPC 分类号（大组）	技术内容	专利申请数量（件）
C12N	C12N15	突变或遗传工程：涉及 DNA、RNA、载体（如质粒）的分离、制备或纯化	2640
	C12N9	酶、酶原及其组合物	319
	C12N5	未分化的人类、动物或植物细胞系和组织	269

---

[1] 国际专利分类（IPC 分类）是一种以功能性为主、应用性为辅的技术分类方式。

（续表）

IPC 分类号（小类）	IPC 分类号（大组）	技术内容	专利申请数量（件）
C12N	C12N1	微生物及其组合物	131
	C12N7	病毒及其组合物	51
C12Q	C12Q1	包含酶、核酸或微生物的测定或检验方法	2665
A61K	A61K31	含有机有效成分的医药配制品	969
	A61K48	含有插入活体细胞中遗传物质且以治疗遗传病为目的的医药制品，包括基因治疗	512
	A61K47	包含靶向剂或改性剂的医用制品	488
	A61K9	以特殊物理形状为特征的医药品	316
	A61K39	含有抗原或抗体的医药制品	161
A61P	A61P35	抗肿瘤药	388
	A61P31	抗感染药	168
	A61P43	用于特殊目的（如罕见病治疗）的药物	140
	A61P37	治疗免疫或过敏性疾病的药物	86
	A61P1	治疗消化道或消化系统疾病的药物	74
G01N	G01N33	利用非光学、电磁、超声的特殊方法来研究或分析材料	468
	G01N21	利用光学手段，即利用亚毫米波、红外光、可见光或紫外光来测试或分析材料	247
	G01N27	利用电、电化学或磁的方法测试或分析材料	122
	G01N1	样品取样、制备、测试	22

2.3.2.2 技术热点

本节基于专利引用、关键词出现频率，利用 IncoPat 在线分析工具，寻找特定技术领域的技术密集区域，并绘制专利地图。由此总结核酸生物结构化学领域的主要技术，同时分析获益于核酸结构知识的新兴技术领域。根据 3D 专利地图来看，核酸结构的技术主要包含 3 类：一是包含核酸序列的组合物，可用于疾病诊断、监测、治疗的全过程（图 2-5 中上部岛屿）；二是研究核酸结构的数字工具和基因编辑系统（图 2-5 中左下角岛屿）；三是核酸结构的医学应用（图 2-5 中右下角岛屿）。具体技术热点如下。

寡核苷酸合成与制备方法：相关专利通常描述了一类寡核苷酸（尤其是单链 RNA）的结构，以及这种结构的制备方法。寡核苷酸经过与聚合物的共价连接，能够大幅提升其在体内环境的稳定性。例如，韩国 Bioneer 公司开发了一种高效的纳米颗粒型寡核苷酸结构及其制备方法，用于优化寡核苷酸结构的合成过程（申请号：EP14819529）。日本核酸药物公司（Bonac Corporation）发明了一类核酸分子抑制剂，通过对 miRNA 分子进行化学修饰，提高其稳定性和难降解性，扩展了 RNA 分子的医学应用范围（申请号：EP17184080）。日本东丽株式会社、武田制药、大阪大学等企业和高校也开发了多种核酸合成与制备方法。

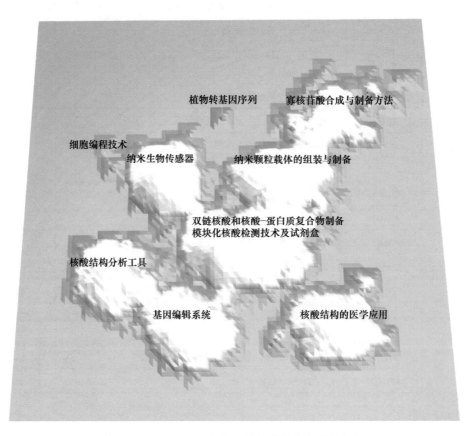

图 2-5　2017—2022 年核酸结构化学技术重点分布

纳米生物传感器和细胞编程技术：相关专利融合纳米技术和生物学，利用核酸合成新型纳米传感器。研究人员将能够识别转录因子的核酸序列编入分子开关，当核酸与靶标蛋白结合时，即可通过荧光等形式测定细胞内靶标蛋白的活动情况。例如，科罗拉多大学构建了核糖开关和核酶支架的组合物，以生成体内体外均具有敏感性的生物传感器（申请号：BRPI112019012012）。利用融合生物传感器和细胞编程技术，研究人员能够操控细胞中特定转录因子的表达情况，如哈佛大学构建的分子工具，能够实时记录核酸结构及其组装过程（申请号：EP17753794）。

模块化核酸检测技术及试剂盒：相关专利包含高特异性的核酸检测方法、装置和试剂盒，通过核酸适体进行结构修饰，加强与靶基因的特异结合并提高体外扩增效率。例如，德国 Zytovision 公司开发了一系列核酸检测试剂盒，通过原位杂交等技术识别染色体异常的位点（申请号：EP15002200）；新加坡国立大学利用两种独立的酶 -DNA 纳米结构构建高灵敏度的信号元件，在酶的辅助下进行可视化和模块化的核酸检测（申请号：SG11202013188Q）；厦门艾德生物医药科技股份有限公司（Amoy Diagnostics）开发了一种环状核酸扩增方法，使用 3 ~ 20 个碱基的茎环结构引物识别靶序列，在靶序列不存在的情况下引物能够自动形成茎环结构退火（申请号：ES09842062）。

双链核酸和核酸 - 蛋白质复合物制备：相关专利包含干扰 RNA 等双链核酸，以及核酸 - 蛋白质复合物。这类复合物可用于调节基因表达，进而达到治疗疾病的目的。英国 Silence Therapeutics 公司、新加坡浪潮生命科学有限公司等基因疗法研发企业都参与了干扰 RNA 技术的研发。此外，韩国 Seasun Therapeutics 公司提出了一种肽核酸复合物结构，这一结构能够修饰核酸并形成正电荷，更易于进入细胞的靶向目标区域（申请号：AU2017310146）。

纳米颗粒载体的组装与制备：纳米颗粒是粒径为 10 ~ 1000nm 的颗粒状分散体或固体颗粒。相较于病毒载体较高的细胞毒性和免疫原性，纳米载体通常具有良好的生物相容性和生物可降解性，对细胞的生长代谢影响较小。北京百药智达、美国 Promega、韩国 Bioneer 等生物医药公司均投入并研发纳米颗粒载体的组装与制备技术，构建脂质纳米颗粒、聚合物纳米颗粒、金属纳米颗粒、无机非金属纳米颗粒等新型药物递送系统。

核酸结构分析工具：相关专利通常提供结构变体和核酸信息分析工具，在读取核酸序列数据后提供可视化结构及相关数据。研究人员可通过相关工具解析核酸异常结构与功能的联系。基因测序的独角兽公司 10x Genomics、DNA 应用商店 Good Start Genetics 等都开发了类似的平台和技术。

基因编辑系统：相关专利提供了基因编辑与修饰的组合物，具体包括基因载体、核酸序列及相关缓冲液。美国应用干细胞有限公司的可控系统包含条件外显子和适体结构域，能够结合效应分子以引发 RNA 的结构改变，从而调节条件外显子的剪接和基因编辑酶的表达（申请号：EP20749041）。美国世代生物公司开发了基于封闭端 DNA（ceDNA）的基因编辑技术，即在 ceDNA 载体中包含 ITR 序列、特异性结合域、GSH 基因座等，基于 ceDNA 的方法有望打破现有基因编辑的局限性，配合纳米颗粒实现腺病毒技术所无法完成的治疗目标（申请号：EP19760769）。

核酸结构的医学应用：相关专利关注各类疾病的精准诊断和治疗。例如，将 miRNA 等双链 RNA 结构用作癌症的生物标志物，并以此为靶点开发靶向疗法（申请号：EP17843978）；根据单核苷酸多态性，预测患者对于抗生素药物的耐药性（申请号：EP16159205）等。迄今为止，核酸结构已经被用于癌症、白血病、呼吸系统疾病、炎症感染等疾病的诊断和治疗。

2.4 核酸生物结构化学与生物医学及健康领域成果转化

基于核酸结构测定和化学修饰，研究人员能够开发出探针等检测产品、核酸药物等药物产品。2020 年新冠疫情暴发以来，新冠病毒的核酸检测、疫苗和药物创新研究发展迅速，为全球及我国应对疫情发挥了重要作用。

本节利用 Cortellis 产品数据库，分别从临床试验和产品研发角度分析该领域的研究成果转化情况。

2.4.1 临床试验

基于核酸生物结构开发的相关产品包括核酸适配体（aptamer）、以核酸为靶点的小分子药物、小核酸药物、反义核酸药物、核酸疫苗等。在确定了产品范围后，本节基于 Cortellis 数据库，使用 Polynucleotides、Oligonucleotide、Aptamer、Antisense RNA、Ribozyme 等关键词进行检索。结果显示，2017—2022 年启动的核酸生物结构相关临床试验[1]共 952 项，其中干预性试验 831 项，观察性试验 121 项。

2.4.1.1 试验阶段

从临床试验阶段看，临床Ⅳ期试验 91 项，临床Ⅲ期试验 103 项，临床Ⅱ期试验 177 项，临床Ⅰ期试验 230 项，另外还有一些试验未明确临床分期（见图 2-6）。

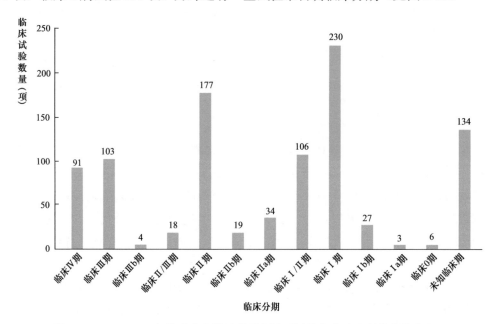

图 2-6 2017—2022 年核酸生物结构化学领域开展的临床试验所处阶段分布

注：未知临床期是指未标明临床分期的试验。

---

[1] 包括在 2017—2022 年启动的，目前正在进行的、即将进行和已完成的临床试验，去除中止的临床试验。检索日期：2022 年 10 月 18 日。

2.4.1.2　主要国家

涉及核酸结构的临床试验主要在美国、英国、加拿大、德国、西班牙等国家开展。我国共开展临床试验 51 项，临床试验数量排名第 13 位（见图 2-7）。

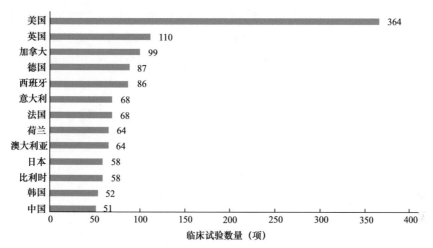

图 2-7　2017—2022 年核酸生物结构化学领域开展的临床试验的国家分布

2.4.1.3　主要临床试验申办机构

在核酸生物结构化学领域中，申办临床试验数量较多的机构包括 Ionis 制药公司、Moderna 公司、BioNTech 公司、辉瑞公司、阿斯利康公司、Alnylam 制药公司、Regeneron 制药公司等企业，以及美国国立卫生研究院下属的美国国家过敏与传染病研究所等（见图 2-8）。

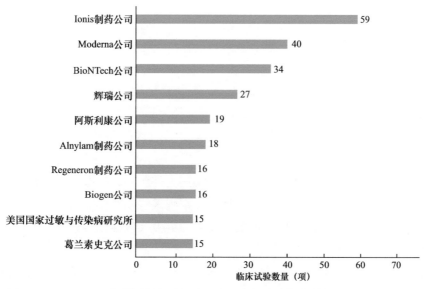

图 2-8　2017—2022 年核酸生物结构化学领域开展临床试验量排名前 10 位的机构

2.4.1.4 主要疾病领域

核酸生物结构化学领域的临床试验主要用于治疗以下 4 类适应证：以 COVID-19 感染、乙型肝炎病毒感染、乳头瘤病毒感染为代表的感染性疾病；以转移性结直肠癌、鳞状细胞癌、转移性非小细胞肺癌、腺癌、肝细胞癌为代表的恶性肿瘤；以脊髓性肌萎缩、杜氏肌营养不良等为代表的遗传疾病；以动脉粥样硬化、高胆固醇血症等为代表的心血管疾病。另外，还有少量试验研究用于治疗代谢性疾病（如脂质代谢紊乱等）的药物（见表 2-15）。

表 2-15　2017—2022 年核酸生物结构化学领域开展临床试验数量较多的适应证

适应证	临床试验数量（项）
COVID-19 感染	350
乙型肝炎病毒感染	45
晚期实体瘤	30
脊髓性肌萎缩	27
杜氏肌营养不良	22
转移性结直肠癌	22
鳞状细胞癌	17
流感病毒感染	15
转移性非小细胞肺癌	14
动脉粥样硬化	13
心血管疾病	13
腺癌	12
高胆固醇血症	11
乳头瘤病毒感染	11
肝细胞癌	10
脂质代谢紊乱	10
转移性胰腺癌	10

2.4.2 产品研发

核酸药物是除化学药物和抗体药物外的第三大类药物。核酸药物的研发经历了较长的发展历程，存在稳定性低、免疫原性差、细胞摄取效率低、内吞体逃逸难等研发瓶颈，曾限制了核酸药物的发展，但关键技术的突破（包括化学修饰、递送系统等方面的进步）为攻克上述技术难题提供了路径。

化学药物和抗体药物通过与靶点蛋白结合发挥治疗作用，但可成药的蛋白靶点数量有限，抗体药物可能因作用靶点的位置、数量而受到限制。相较而言，核酸药物具有明显优势，拥有更广的作用范围。在哺乳动物基因组中，70% ～ 90% 的 DNA 会被转录为 RNA，只有不足 3% 的 DNA 会最终表达为蛋白质，而非编码 RNA 在生命活动的调节中发挥着重要作用。核酸类药物可基于碱基互补原理对影响相关蛋白质表达的基因进行调节，如反义寡核苷酸（ASO）、siRNA、miRNA、saRNA 等，而不是与靶点蛋白结合。核酸药物通过合适的递送系统进入细胞内部发挥作用，可靶向更多传统小分子药物和抗体类药物无法靶向的分子靶点，而且可对细胞内外和细胞膜蛋白发挥调节作用。同时，大部分核酸药物的作用基础是碱基互补配对原则，只需知道靶基因的碱基序列，就能够快速设计核酸药物的序列。

然而，核酸药物研发也面临着稳定性差、存在免疫原性等问题，目前主要通过如下方式解决：①通过对核糖、磷酸骨架、碱基及核酸链末端等的化学修饰可增强核酸药物的稳定性、降低免疫原性；②改进递送系统，提高核酸药物进入细胞的效率。总体而言，核酸药物研发的挑战与机遇并存。

2.4.2.1 核酸药物研发

本节利用 Cortellis 数据库检索，发现核酸生物结构化学领域目前共有 1236 个基于相关分子机制的药物 [1]。

1. 研发阶段

从研发进度来看，该领域的 1236 个药物中，24 个为已上市药物，注册前阶段 2 个、临床Ⅲ期 40 个、临床Ⅱ期 146 个、临床Ⅰ期 116 个，未标明临床几期的 7 个，临床前 648 个、发现阶段 253 个（见图 2-9）。

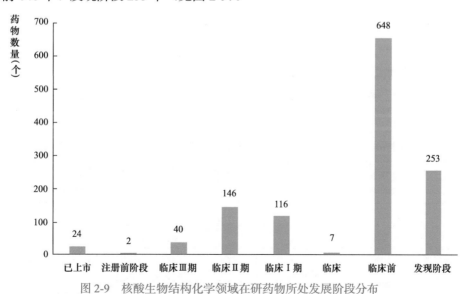

图 2-9　核酸生物结构化学领域在研药物所处发展阶段分布

---

[1] 去除中止、撤回和无进展报道的药物，从技术角度限定，技术领域与临床试验检索时的技术相同。

2. 主要国家

从国家角度看，美国研发机构开发了799个核酸药物，数量远高于其他国家；在研药物数量排名第2位的是英国，为124个；排名第3位的是中国，为110个。此外，开发新药数量较多的国家还包括日本、加拿大、德国等（见图2-10）。

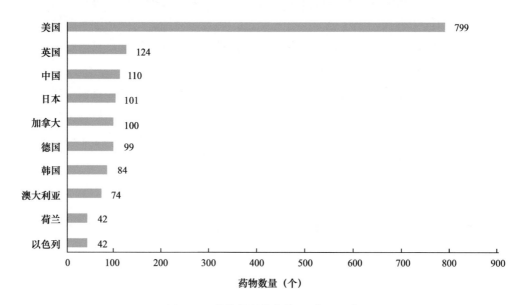

图2-10 药物数量排名前10位的国家

3. 主要机构

从事核酸药物研发的主要国际公司包括Ionis制药公司、Moderna公司、Alnylam制药公司、Wave生命科学公司、BioNTech公司等；主要国内公司包括苏州瑞博生物技术股份有限公司、斯微（上海）生物科技有限公司、浙江海昶生物医药技术有限公司、云顶药业（苏州）有限公司、成都先导药物开发股份有限公司等（见表2-16）。

表2-16 从事核酸药物研发的主要国内外公司

国际公司	药物数量（个）	中国公司	药物数量（个）
Ionis制药公司	77	苏州瑞博生物技术股份有限公司	13
Moderna公司	57	斯微（上海）生物科技有限公司	11
Alnylam制药公司	33	浙江海昶生物医药技术有限公司	4
Wave生命科学公司	21	云顶药业（苏州）有限公司	3
BioNTech公司	19	成都先导药物开发股份有限公司	3
辉瑞制药公司	19	苏州艾博生物技术公司	3

（续表）

国际公司	药物数量（个）	中国公司	药物数量（个）
Arrowhead 制药公司	17	云南沃森生物技术股份有限公司	3
CureVac 公司	16	北京艾棣维欣生物技术股份公司	2
ProQR 治疗公司	16	北京索莱宝科技有限公司	2
Quark 制药公司（已成为日本 SBI 公司的子公司）	16	嘉晨西海（杭州）生物技术有限公司	2
Sarepta 治疗公司	16	江苏命码生物科技有限公司	2
Sirnaomics 公司	16	上海复星医药（集团）股份有限公司	2

4. 主要适应证

目前，核酸药物的适应证主要包括 COVID-19 感染、杜氏肌营养不良、乳腺肿瘤、胰腺肿瘤、乙型肝炎病毒感染等，可分为感染性疾病、遗传性神经疾病和肿瘤三大类（见图 2-11）。

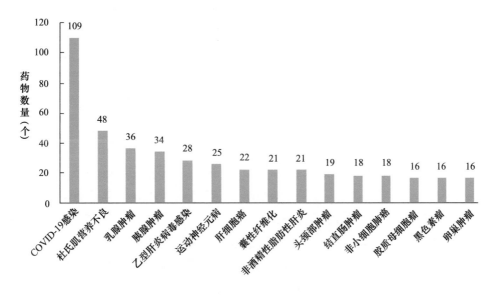

图 2-11　药物数量为 16 个及以上的有效适应证

5. 主要作用机制

核酸生物结构化学领域药物的具体作用机制包括 COVID-19 棘突糖蛋白调节剂、杜氏肌营养不良（Duchenne Muscular Dystrophy，DMD）基因调节剂、短链 toll 样受体 9（TLR-9）激动剂、与高胆固醇血症相关的 PCSK9（Proprotein Convertase Subtilisin/ Kexin Type 9）基因抑制剂、与结直肠癌等多种疾病相关的 TGFB1（Transforming

Growth Factor Beta 1）基因抑制剂、K-ras 基因抑制剂、转甲状腺素（Transthyretin，TTR）基因抑制剂等（见图 2-12）。

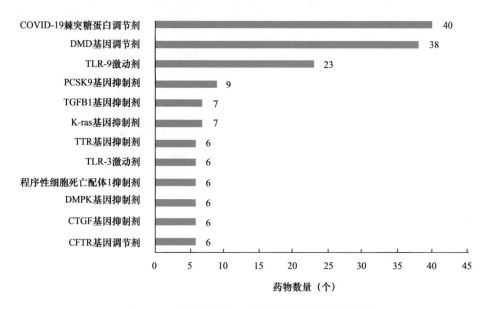

图 2-12　药物数量为 6 个及以上的靶标作用机制

6. 已上市产品及其销售额预测

已上市的 24 个核酸药物主要由 Ionis 制药公司、Alnylam 制药公司、Sarepta 治疗公司、Moderna 公司、日本新药株式会社、BioNTech 公司等公司开发。我国的湖南九芝堂斯奇生物制药有限公司、吉林亚泰医药公司也有核酸药物产品上市（见表 2-17）。上市核酸药物的适应证包括晚期肿瘤、杜氏肌营养不良、高脂蛋白血症、家族性淀粉样神经病变及心脏病等慢性病，以及 COVID-19 感染、乙型肝炎病毒感染等传染病。

从技术角度看，核酸药物主要是反义寡核苷酸、寡核苷酸，以及寡核苷酸与其他疗法的组合，例如：① lumasiran 是一种靶向羟基酸氧化酶 1（HAO1）的 siRNA 疗法，使用增强稳定化学（ESC）-GalNAc 共轭传输方法，被批准用于治疗原发性高草酸尿症 1 型（PH1），以降低儿童和成人患者的尿草酸水平；② Emergent BioSolutions 开发的 AV-7909（NuThrax），由该公司的炭疽疫苗 BioThrax 配合辉瑞公司疫苗佐剂 VaxImmune，用于在接触后预防炭疽杆菌感染。VaxImmune（CPG-7909）是一种短链 toll 样受体 9（TLR-9）激动剂，含有未甲基化的 CPG 基序；③ aflibercept 是一种重组受体，包含部分 VEGF 的胞外结构域受体，与人类 IgG1 的 Fc 部分融合，阻断 VEGF 和胎盘生长因子（PlGF），该产品在美国、欧盟和日本与 5- 氟尿嘧啶、亚叶酸钙和伊立替康（FOLFIRI）联合使用，用于治疗转移性结直肠癌（mCRC）等；④ pegaptanib 是一种通过玻璃体内注射的抑制血管生成的抗 VEGF165 适体，用于治疗年龄相关黄斑变性（AMD）。

表 2-17 已上市的 24 个核酸药物

药名	原研公司	有效适应证	靶标作用机制	技术
fomivirsen	Ionis 制药公司	巨细胞病毒视网膜炎		反义寡核苷酸
inotersen	Ionis 制药公司	家族性淀粉样神经病变；脂毒性心肌病	淀粉样蛋白沉积抑制剂；TTR 基因抑制剂；转甲状腺素抑制剂	反义寡核苷酸
mipomersen	Ionis 制药公司	家族性高胆固醇血症	ApoB 基因抑制剂；载脂蛋白 B100 拮抗剂	反义寡核苷酸
nusinersen	Ionis 制药公司	脊髓性肌萎缩		反义寡核苷酸
viltolarsen	日本新药株式会社	杜氏肌营养不良	DMD 基因调节剂	反义寡核苷酸
casimersen	Sarepta 治疗公司	杜氏肌营养不良	DMD 基因调节剂	反义寡核苷酸；反义 RNA
eteplirsen	Sarepta 治疗公司	杜氏肌营养不良	DMD 基因调节剂	反义寡核苷酸；反义 RNA
golodirsen	Sarepta 治疗公司	杜氏肌营养不良	DMD 基因调节剂	反义寡核苷酸；反义 RNA
volanesorsen	Ionis 制药公司	I 型高脂蛋白血症；高甘油三酯血症	APOC3 基因抑制剂	反义寡核苷酸；反义 RNA
defibrotide	Gentium 公司	急性胸部综合征；COVID-19 感染		寡核苷酸
elasomeran	Moderna 公司	COVID-19 感染	COVID-19 棘突糖蛋白调节剂	mRNA 疫苗
givosiran	Alnylam 制药公司	急性间歇性卟啉症；肝卟啉病	5 氨基乙酰丙酸合酶 1 抑制剂	寡核苷酸
heplisav	Dynavax 技术公司	乙型肝炎病毒感染	TLR-9 激动剂	寡核苷酸
inclisiran	Alnylam 制药公司	冠心病；高胆固醇血症	PCSK9 基因抑制剂	寡核苷酸
patisiran	Alnylam 制药公司	家族性淀粉样神经病变；脂毒性心肌病	淀粉样蛋白沉积抑制剂；TTR 基因抑制剂	寡核苷酸
rintatolimod	AIM 免疫技术公司	晚期胰腺癌、肺癌等实体瘤；慢性疲劳综合征；认知障碍；COVID-19 感染	2,5-寡腺苷酸合成酶刺激剂；I 型干扰素受体激动剂；核糖核酸酶刺激剂；TLR-3 激动剂	寡核苷酸
tozinameran	BioNTech 公司	COVID-19 感染	COVID-19 棘突糖蛋白调节剂	mRNA 疫苗

（续表）

药名	原研公司	有效适应证	靶标作用机制	技术
ZyCoV-D	Zydus-Cadila 集团	COVID-19 感染	COVID-19 棘突糖蛋白调节剂	寡核苷酸
卡介菌多糖核酸注射液	湖南九芝堂斯奇生物制药有限公司	普通感冒；皮肤病；湿疹；银屑病；荨麻疹		寡核苷酸；低聚糖
卡介菌多糖核酸注射液	吉林亚泰医药公司	过敏性慢性支气管炎；普通感冒等传染病		寡核苷酸；低聚糖
lumasiran	Alnylam 制药公司	高草酸尿症；尿石症	羟基酸氧化酶 1 调节剂	寡核苷酸；GalNAc-siRNA 组合物
AV-7909	Emergent BioSolutions 公司	炭疽杆菌感染	TLR-9 激动剂	药物组合；寡核苷酸
aflibercept	再生元制药公司	肝细胞癌；转移性结肠癌、卵巢癌、肾细胞癌等；神经内分泌肿瘤	胎盘生长因子配体抑制剂；VEGF-A/B 配体抑制剂	组合寡核苷酸适体疗法
pegaptanib	NeXstar 制药公司	年龄相关黄斑变性	VEGF 受体拮抗剂	组合寡核苷酸适体疗法

注：TLR——短链 toll 样受体；VEGF——血管内皮生长因子；APOC3——载脂蛋白 C3 基因；DMD——杜氏肌营养不良；ApoB——载脂蛋白 B；TTR——转甲状腺素；PCSK9——Proprotein Convertase Subtilisin/Kexin Type 9。

Cortellis 数据库预测，到 2028 年，12 个核酸药物的年销售额将超过 1 亿美元，其中 elasomeran 的年销售额高达 234.15 亿美元；4 个药物（tozinameran、nusinersen、givosiran 和 patisiran）的销售额将超过 5 亿美元（见图 2-13）。

此外，目前全球共有 66 个以转录因子为靶点的药物[1]，其中处于注册前、临床Ⅲ期、临床Ⅰ期及未明确临床阶段的试验各 1 个，处于临床Ⅱ期的 14 个，处于临床前的 35 个，处于发现阶段的 35 个[2]。这些药物的适应证包括对肺癌、鳞状细胞癌、急性髓细胞白血病等癌症，以及阿尔茨海默病、帕金森病、运动神经元病、听力障碍、镰状细胞贫血病等。这些药物主要由美国（51 个）、日本（6 个）、中国（5 个）、韩国（5 个）、澳大利亚（3 个）、德国（3 个）、加拿大（3 个）研发。这些药物的作用机制主要有锌指蛋白基因刺激因子、MYC 基因抑制剂、NFE2L2 基因刺激因子、DUX4 基因抑制剂、ATOH1 基因刺激因子等（见图 2-14）。

[1] 检索方式：Any Action(Transcription factor gene modulator)。检索日期：2022 年 8 月 15 日。
[2] 有些药物有多个适应证，针对这些适应证处于不同的研发阶段，因此被重复统计。

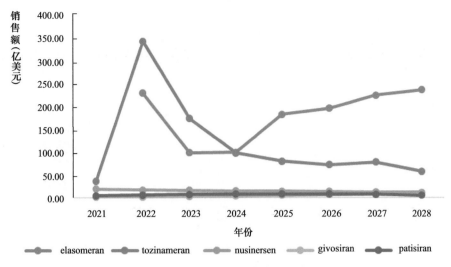

注：2021 年为公司报告值，2022—2028 年为 Cortellis 数据库预测值。

图 2-13 排名前 5 位的药物销售额年度趋势

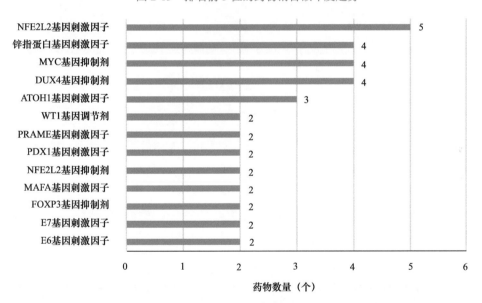

图 2-14 以转录因子为靶点新药研发领域药物数量为 2 个及以上的靶标作用机制

2.4.2.2 核酸检测产品

本节检索了药智网数据库（该数据库整合了中国、美国、日本、欧洲、德国、法国、英国等主要国家的上市医疗器械信息）。结果显示，截至 2022 年 8 月 23 日，国家及各省市药监局共批准 422 个核酸检测试剂盒；英国注册的核酸检测试剂盒有 348 个；美国上市的核酸检测试剂盒有 792 个，其中审批途径包括 PMA（420 个）、510(k)（344 个）、DeNovo（28 个）。

2.4.2.3 美国核酸检测产品

从产品类型看，美国的核酸检测产品主要为Ⅱ类和Ⅲ类器械，另有少量Ⅰ类器械（见图 2-15）。

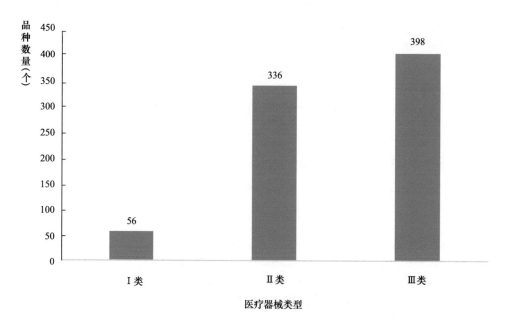

图 2-15　美国核酸检测医疗器械类型分布

进一步分析美国核酸检测产品的类别可以看出，丙型肝炎病毒 RNA 检测产品的数量最多，其次是原癌基因 Her-2/Neu 检测产品，产品数量排在第 3 位的是呼吸道病毒面板核酸检测系统。此外，胃肠道细菌、结构分枝杆菌、耐甲氧西林金黄色葡萄球菌、链球菌等细菌的核酸检测试剂，阴道毛滴虫等寄生虫核酸检测试剂，衣原体检测试剂的上市产品数量也不少（见表 2-18）。

表 2-18　美国品种较多的核酸检测产品类别

类别名称	品种数量（个）
丙型肝炎病毒 RNA 的测定、杂交和／或核酸扩增	280
原癌基因 Her-2/Neu 检测	101
呼吸道病毒面板（panel）核酸检测系统	75
胃肠道细菌面板（panel）多重核酸检测系统	26
结核分枝杆菌复合物核酸扩增系统	22
耐甲氧西林金黄色葡萄球菌核酸扩增检测	22
链球菌核酸扩增分析系统	18
衣原体 DNA 探针、核酸扩增试剂	18

（续表）

类别名称	品种数量（个）
甲型流感和乙型流感多重核酸检测试剂	16
细菌性阴道炎（阴道毛滴虫）核酸检测系统	16
引起性传播感染的非病毒微生物核酸检测系统	14
A、C、G 群 β 溶血性链球菌核酸扩增系统	13
前列腺癌基因核酸扩增测试系统	13
单纯疱疹病毒核酸扩增试剂	12
实时核酸扩增系统	12
2009H1N1 流感病毒核酸或抗原检测与鉴定	10

从产品开发公司可以看出，罗氏分子系统公司开发了 237 个产品，遥遥领先于并列第 2 位的 GEN-PROBE 公司和雅培公司。GEN-PROBE 公司于 2009 年 10 月以 6000 万美元收购了流感及相关传染病分子检测行业的领导者 Prodesse 公司，加强了其在流感检测方面的产品研发能力；雅培公司下属的分子公司、诊断公司等子公司，开发核酸检测 / 诊断产品；排名第 4 位的 VENTANA 医学系统公司开发了 45 个产品。除企业外，开发 10 个以上诊断产品的机构中还包括美国疾病控制与预防中心等政府机构（见表 2-19）。

表 2-19　开发 10 个及以上产品的公司及机构

公司及机构	开发产品数（个）
罗氏分子系统公司	237
GEN-PROBE 公司	62
雅培公司	62
VENTANA 医学系统公司	45
Cepheid 公司	37
Hologic 公司	32
Luminex 公司	23
美国疾病控制与预防中心	22
BioFire Defense 公司	18
QUIDEL 集团	17
BECTON DICKINSON 公司	17
NANOSPHERE 公司	16
安捷伦科技有限公司	15
DAKO DENMARK 公司	14

（续表）

公司及机构	开发产品数（个）
西门子医疗诊断公司	12
ADVANDX 公司	11
ALERE SCARBOROUGH 公司	10
BD 诊断公司	10

2.4.2.4　中国核酸检测产品

中国的核酸检测产品均属于Ⅲ类医疗器械。从年度趋势看，国家及各省市药监局批准上市的核酸检测产品数量总体呈增长态势，尤其是 2021 年达 148 个，是 2020 年的 2 倍（见图 2-16）。

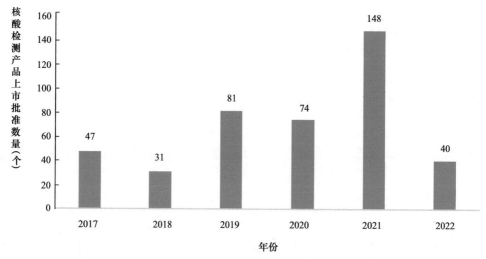

注：2022 年的数据不全，仅供参考。

图 2-16　2017—2022 年中国国家及各省市药监局批准上市的核酸检测产品数量

从地域分布看，广东省企业的产品研发数量排名全国第一，共有 110 个上市产品；上海市排名第二，有 60 个上市产品；江苏省排名第三，有 58 个上市产品；此外，北京市、福建省、湖北省、浙江省等地的生物技术公司也开发了一定数量的核酸检测产品（见图 2-17）。

核酸检测产品的主要研发企业包括：中山大学达安基因股份有限公司、泰普生物科学（中国）有限公司、圣湘生物科技股份有限公司、武汉百泰基因工程有限公司、苏州天隆生物科技有限公司、厦门安普利生物工程有限公司、艾康生物技术（杭州）有限公司、北京华大吉比爱生物技术有限公司、北京鑫诺美迪基因检测技术有限公司、广东和信健康科技有限公司等（见图 2-18）。

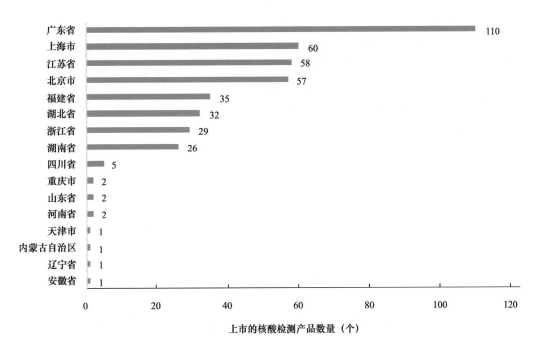

图 2-17 2017—2022 年中国上市核酸检测产品开发企业所在地域分布

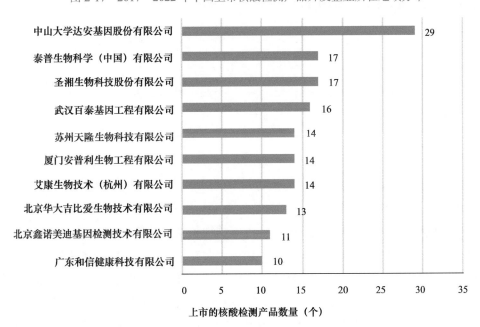

图 2-18 2017—2022 年中国开发上市核酸检测产品数量排名前 10 位的企业

从疾病领域来看，核酸检测产品应用的主要疾病领域分别是：人乳头瘤病毒（53 个）、肠道病毒（41 个）、新型冠状病毒（35 个）。此外，流感病毒、柯萨奇病毒等领域也拥有较多的核酸检测产品。除病毒外，核酸检测产品还可用于衣原体（如沙眼衣原体）等微生物的检测，以及细菌（如结核分枝杆菌、淋球菌）的检测（见图 2-19）。

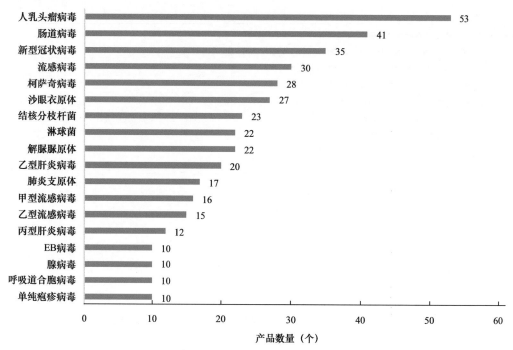

注：EB 病毒，爱泼斯坦 - 巴尔病毒。

图 2-19　中国拥有 10 个及以上核酸检测产品的适应证

2.5　小结

1．战略布局

根据各国在核酸生物结构化学与生物医学的战略规划文本可以看出，美国的布局重点包括：①在基础研究方面，主要研究人类基因组三维结构注释、细胞核四维核组的结构和功能、核酸组装及三维结构、染色体结构和动力学等内容；②在应用研究方面，关注四维核组在人类健康和疾病中的作用，并基于 DNA 或 RNA 的序列、结构和表达开发检测产品，以用于疾病诊断、识别病原体，开发核酸疗法等；③在技术开发方面，运用核酸结构开发 DNA 信息存储和云上分子编程与核组学工具、DNA 折纸术、成像工具开发、数据建模及可视化，以及基于核酸结构开发的纳米颗粒作为疾病治疗中的药物递送载体。

欧盟及以德国、法国为代表的成员国的布局重点是：①在基础研究方面，在单细胞水平开展基因组空间组学研究，探索基因结构动力学并与健康和疾病相关联，分析四维基因组学的相关机制；②在应用研究方面，主要利用染色体三维结构研究微生物感染的动态过程，以解析相关感染性疾病的机制，基于 DNA 折叠开展纳米医学研究，基于核酸"结构－功能"的人工设计开发新药和核酸适体药物；③在技术开发方面，主要开发 DNA 纳米材料、脂质纳米颗粒载体，或开发 3D/4D 基因组学研究的工具。

英国在 DNA、RNA 结构与功能研究领域，重视基因组研究在医疗健康中的应用，将研究成果应用于医疗领域；积极推广基因组检测应用，有望成为全球首个将全基因组测序纳入国民医疗保健系统的国家；发展药物基因组学，助力新药研发；整合基因组、影像学和纵向健康与护理数据，以改善癌症治疗；重视能够识别基因组中 RNA 结构的计算工具和算法、核酸药物递送技术等。

日本重视基因组（包括 RNA）的构造、功能及相互作用，开展哺乳动物基因组功能注释和染色质高级结构与图谱解析，通过日本基因组医学联盟推动阐明基因组信息与临床特征之间关系的研究，开发下一代基因组动态网络分析技术、DNA 与人造染色体设计与合成技术、DNA 帘幕技术等。

我国重视核酸生物结构化学领域的基础研究，重点包括：DNA、RNA（尤其是非编码 RNA）的结构与功能解析、化学修饰改造（单原子修饰改造、硒原子修饰改造）、DNA/RNA 与蛋白质复合物的结构、染色质动态结构及其功能、DNA/RNA 甲基化修饰等表观遗传调控研究；资助了一部分研究，探索核酸结构变化在肿瘤、HIV 感染等疾病中的作用研究；资助了少量的技术开发，如组学技术、DNA 纳米颗粒开发、DNA 折纸结构模板引导的金属纳米粒子手性螺旋链的自组装等。

此外，在平台与设施建设方面，各国都建设了相关的数据库，并基于基因组数据开发了相关算法，美国还专门成立了基因组物理学及 3D 结构中心。

2. 成果产出

从国家层面看，2017—2022 年我国的论文数量和总被引频次排名第 2 位；在发文数量排名前 10 位的国家中，篇均被引频次排名第 8 位，ESI 高水平论文量排名第 2 位，ESI 高水平论文量占比排名第 8 位，CNS 论文量排名第 3 位，CNS 论文量占比排名第 8 位，表明我国的发文数量排名靠前，但是篇均被引频次和高质量研究论文的占比等指标排名较低，国际合作论文占比靠后；从专利申请角度看，我国的专利量排名第 1 位，PCT 专利申请数量排名第 2 位，但 PCT 专利申请数量占比排名第 10 位；我国开展的临床试验较少，全球数量排名第 13 位；研发的新药数量排名第 3 位；开发了422 种核酸检测产品，少于美国的 792 种。

从机构角度看，我国重要的研究机构有中国科学院、上海交通大学、北京大学、中山大学、四川大学、浙江大学、复旦大学等；重要的专利申请单位有江南大学、青岛科技大学、浙江大学、南京大学、福州大学、复旦大学、四川大学、中山大学、中国国家纳米科学中心等；重要的药物研发机构有苏州瑞博生物技术股份有限公司、斯微（上海）生物科技有限公司、浙江海昶生物医药技术有限公司、云顶药业（苏州）有限公司、成都先导药物开发股份有限公司、苏州艾博生物技术公司、云南沃森生物技术股份有限公司等企业；重要的核酸检测产品开发机构有中山大学达安基因股份有限公司、圣湘生物科技股份有限公司、泰普生物科学（中国）有限公司、武汉百泰基因工程有限公司、艾康生物技术（杭州）有限公司等，主要分布于广东省、上海市、江苏省等。

目前，该领域的研究热点包括核酸和核酸－蛋白质复合物的结构研究、G-四链体自我动态组装、核酸结构动态变化与修饰在基因表达调控和细胞功能中的作用、核酸纳米技术及在医疗中的应用、基于分子对接技术的药理学研究、基于核酸结构的疫苗和佐剂研发等；研究前沿包括 RNA 与蛋白结合的分子动力学调控机制、G-四链体的结构与功能、R 环（R-loop）与基因转录和疾病的关系、DNA 折纸术及其在生物医药中的应用等。该领域的技术重点包括寡核苷酸合成与制备方法、纳米生物传感器和细胞编程技术、双链核酸和核酸－蛋白质复合物制备、纳米颗粒载体的组装与制备、核酸结构分析工具开发、基因编辑系统改进、模块化核酸检测技术及试剂盒开发等核酸结构的医学应用。

从以上分析可以看出，我国布局的重点在基础研究，而应用研究和技术开发资助较少；从成果产出看，我国基础研究实力较强，但是主要聚焦在核酸序列或传统的结构与功能研究层面，对于高维的结构研究开展较少，相关创新型技术开发研究较少，在临床试验和产品研发方面较弱，尤其是我国开展的相关临床试验较少。

致谢：四川大学生命科学学院、硒核酸国际研究院院长黄震教授对本章提出了宝贵的意见和建议，谨致谢忱。

执笔人：中国科学院上海营养与健康研究所 / 中国科学院上海生命科学信息中心阮梅花、袁天蔚、张丽雯、朱成姝、于建荣。

第 3 章

数字眼科与全身疾病认知方法及关键技术发展
态势分析

3.1 数字眼科与全身疾病认知方法及关键技术概况

近年来，随着大数据、互联网、人工智能技术的不断提高，全球数字医疗产业发展迅速；疾病和传统医疗费用的增加，为数字医疗的长远发展提供了潜在动力。2020 年，新冠疫情暴发，远程会议、5G、人工智能等相关数字医疗手段帮助我们充分利用现有医疗资源，远程诊疗、远程购药等方式在防疫"大考"中发挥了重要作用。数字化医疗将成为后疫情时代医药健康产业发展的新方向。

医学影像数据识别是人工智能（AI），尤其是深度学习技术在医疗领域最为常见和普遍的应用。根据 Global Market Isight 的数据报告，全球人工智能医学影像市场作为人工智能医疗应用领域的第二大细分市场，将以超过 40% 的增速发展，在 2024 年达到 25 亿美元的规模，市场全球占比将达到 25%。弗若斯特沙利文发布的报告显示，中国人工智能医学影像市场规模预计将从 2020 年的 3 亿元以 76.7% 的复合年增长率在 2030 年增至 923 亿元。2020 年 7 月，中国开始逐步发放各类智能医疗影像三类医疗器械证，市场进入快速成长期。

眼睛作为结构精密的光学器官，在临床上有着种类丰富、数据庞大的影像学资料，是医学与数字技术交叉融合的突破口。2017—2019 年发表的人工智能与医学影像相关的同行评议研究中，眼科领域研究约占 1/4。迄今为止，美国食品药品监督管理局（FDA）已批准 30 多项人工智能医学产品，而眼科疾病筛查应用属于首批获准的产品。数字技术不仅可以辅助医生进行眼科疾病的筛查、预测、分类及转诊评估，还可以通过对眼部图像的分析，开展其他相关疾病的诊断。通过眼底照相检查，不仅可以检出高度近视视网膜变化、糖网、老年黄斑变性、疑似青光眼等常见的眼科疾病风险，还可以识别与人体微循环系统有关的其他病变和风险，如高血压对血管的影响、动脉硬化、肾病风险、脑卒中风险等全身性慢性病及并发症风险。

3.1.1　研究现状

根据国家卫生健康委员会的数据，2011—2020 年，我国眼科医院诊疗人次从 1277.35 万人次增长到 3462.63 万人次，入院人次从 56.92 万人次增长到 213.31 万人次，年复合增速分别为 11.72% 和 15.81%。眼部常见疾病有病理性近视、年龄相关性黄斑变性、视网膜脱离、青光眼、白内障等。与眼科相关的疾病还有糖尿病性视网膜病变、高血压、视网膜静脉阻塞等。

1.　眼部疾病

1）病理性近视

近视严重时可发展成病理性近视，病理性近视伴随视网膜退化性改变，可能会导致不可恢复的视力损害。中国病理性近视患者人数从 2015 年的 1920 万人增至 2020 年的 2260 万人，年复合增长率为 3.3%，预计到 2030 年将达到 3230 万人，2020—2030 年的年复合增长率为 3.7%。当前在病理性近视检测方面，主要还是高度依赖视力测试、眼底检查及眼轴测量等手动方式，亟须自动检测并长期跟踪病理性近视的方法和设备。

2）年龄相关性黄斑变性

年龄相关性黄斑变性主要发生在 50 岁以上的人群中，严重时可导致永久性视力损害。年龄相关性黄斑变性早期阶段极少产生症状，因此早期检测可以降低视力损害危险。中国年龄相关性黄斑变性患者人数从 2015 年的 1570 万人增至 2020 年的 2640 万人，年复合增长率为 11.0%，预计到 2030 年将达到 5230 万人，2020—2030 年的年复合增长率为 7.1%。

3）视网膜脱离

视网膜脱离是指视网膜神经上皮和色素上皮分离。患有高度近视的人群发展成视网膜脱离的风险是低度近视人群的 5 倍或 6 倍以上，严重时会出现不可逆的视力损害。2020 年中国视网膜脱离患者人数达到 14 万人，预计到 2030 年将达到 15 万人，2020—2030 年的年复合增长率为 0.4%。人工智能诊断设备通过分析完整的视网膜影像，可以实现对视网膜脱离的高效及自动检测。

4）青光眼

青光眼是一种异质性神经退行性疾病，其特征是视网膜神经节细胞及其轴突逐渐消失，现已成为全球不可逆性失明的主要原因。青光眼早期无明显症状，晚期察觉症状时，功能损失已不可逆。2020 年我国青光眼患者有 2100 万人。

5）白内障

白内障是致盲性眼病。白内障是由老化、遗传、局部营养障碍、免疫与代谢异常、外伤、中毒、辐射等原因造成晶状体代谢紊乱，导致晶状体蛋白质变性发生混浊的眼部疾病，如不进行手术治疗最终会致盲。据世界卫生组织发布的报告，全球有 35% 的盲症、25% 的中重度视力损伤等来自未及时治疗的白内障；中国是世界上盲人和视觉损伤患者数量最多的国家之一，国内白内障患者占全国人口总数的 32.5%。我国 60 岁以上人群白内障发病率约为 80%，据估算我国白内障患者人数或已高达 2.08 亿人。

2. 内分泌疾病——糖尿病性视网膜病变

糖尿病性视网膜病变是糖尿病的严重并发症之一，早期糖尿病性视网膜病变通常无症状。定期、持续监测糖尿病性视网膜病变有助于评估糖尿病的进展，从而实施有效干预并降低视力下降、糖尿病肾病及糖尿病心肌病等严重并发症的患病风险。利用深度学习技术快速处理和分析视网膜影像的人工智能糖尿病性视网膜病变筛查，可以有效协助医生做出诊断。

中国糖尿病性视网膜病变患者人数已由 2015 年的 3250 万人增至 2020 年的 3730 万人，年复合增长率为 2.8%，预计到 2030 年将达到 5060 万人，2020—2030 年的年复合增长率为 3.1%。2020 年中国糖尿病性视网膜病变筛查的市场规模达 22 亿元，预计到 2030 年将达到 100 亿元，2020—2030 年的年复合增长率为 16.6%。

3. 心血管疾病——高血压、视网膜静脉阻塞

1）高血压

2020 年，中国高血压患者超过 3.244 亿人。高血压性视网膜病变被认为是判断、监测严重高血压的最重要因素之一。由于高血压患者进行定期检查率较低，导致中国的高血压性视网膜病变患者人数由 2015 年的 3480 万人增至 2020 年的 4220 万人，年复合增长率为 3.9%。2020 年，中国高血压性视网膜病变筛查的市场规模达 88 亿元，预计到 2030 年将达到 270 亿元，2020—2030 年的年复合增长率为 11.9%。

2）视网膜静脉阻塞

视网膜静脉阻塞由正常视网膜组织静脉回流中断导致，可能导致部分或全部视力丧失。中国视网膜静脉阻塞患者人数已从 2015 年的 560 万人增至 2020 年的 670 万人，年复合增长率为 3.7%，预计到 2030 年将达到 950 万人，2020—2030 年的年复合增长率为 3.5%。

3.1.2 应用研究

1. 数字技术在眼科常见疾病方面的应用研究

1）在白内障疾病方面的应用

新加坡通信研究院科研人员 [1] 通过人工智能识别裂隙灯显微镜图像诊断核性白内障。广州市儿童医院 [2] 和伊斯兰阿扎德大学 [3] 在手术前使用超声生物显微镜成像评估小儿白内障和相关眼部异常，辅助医生做出精准的医疗诊断方案。中山大学中山眼科中心 [4] 眼科专家提出了裂隙灯图像的 3 个分级程度，并研发了自动诊断软件。首都医科大学 [5] 提出了新型六级白内障分级方法，并利用深度学习算法实现白内障自动分级。美国威斯康星州眼科手术有限公司的 Clarke 等人 [6] 通过使用神经网络学习 150 例病例的方法预测人工晶体（IOL）公式，其神经网络预测公式优于 Holladay 公式。中山大学中山眼科中心专家 [7] 通过使用扫频源光学相干断层扫描（SS-OCT）分析人工晶体屈光度计算公式的准确性。美国纽约蒙蒂菲奥里医疗中心提出使用人工智能技术优化人工晶体计算公式，能够帮助非典型参数患者达到更高术后视力 [8]。日本冢崎医院 [9] 提出一种实时提取白内障手术分期的系统，可利用人工智能技术对连续环形撕囊、核摘除及其他 3 个白内障手术阶段进行实时自动分析。中南大学爱尔眼科学院研究团队探索了 3D 可视化系统在白内障手术中的运用 [10]。

[1] LI H, LIM J H, LIU J, et al. A computer-aided diagnosis system of nuclear cataract[J]. IEEE Transactions on Biomedical Engineering, 2010, 57(7): 1690-1698.

[2] XIANG D, CHEN L, HU L, et al. Image features of lens opacity in pediatric cataracts using ultrasound biomicroscopy[J]. Journal of AAPOS, 2016, 20(6): 519-522.e4.

[3] El SHAKANKIRI N M, BAYOUMI N H, ABDALLAH A H, et al. Role of ultrasound and biomicroscopy in evaluation of anterior segment anatomy in congenital and developmental cataract cases[J]. Journal of Cataract & Refractive Surgery , 2009, 35(11): 1893-1905.

[4] LIU X, JIANG J, ZHANG K, et al. Localization and diagnosis framework for pediatric cataracts based on slit-lamp images using deep features of a convolutional neural network[J]. PLoS One, 2017, 12(3): e0168606.

[5] HANG H, NIU K, XIONG Y, et al. Automatic cataract grading methods based on deep learning[J]. Comput Methods Programs Biomed, 2019(182): 104978.

[6] CLARKE G P, BURMEISTER J. Comparison of intraocular lens computations using a neural network versus the Holladay formula[J].Journal of Cataract & Refractive Surgery, 1997, 23(10): 1585-1589.

[7] Refractive Predictability Using the IOLMaster 700 and Artificial Intelligence–Based IOL Power Formulas Compared to Standard Formulas[J]. Journal of Refractive Surgery, 2020, 36(7): 466-472.

[8] SIDDIQI A A, LADAS J G, LEE J K. Artificial intelligence in cornea, refractive, and cataract surgery[J]. Curr Opin Ophthalmol, 2020, 31(4): 253-260.

[9] MORITA S, TABUCHI H, MASUMOTO H, et al. Real-time extraction of important surgical phases in cataract surgery videos[J]. Scientific Reports, 2019, 9(1): 16590.

[10]QIAN Z, WANG H, FAN H, et al. Three-dimensional digital visualization of phacoemulsification and intraocular lens implantation[J].Indian Journal of Ophthalmology, 2019, 67(3): 341.

2）在青光眼疾病方面的应用

人工智能技术在诊断青光眼方面主要用于检测视网膜神经纤维层厚度、杯盘比和视野。中山大学中山眼科中心 [1] 开发了一种用于青光眼性视神经病变（GON）分类的深度学习系统，用于对彩色眼底照片上的青光眼性视神经病变进行自动分类。韩国的檀国大学 [2] 基于视网膜神经纤维层厚度和视野等数据开发了随机森林算法模型，在诊断青光眼方面具有更高的敏感度和特异性。Fu 等人 [3] 提出了一种视盘感知的集成神经网络青光眼分类方法，该网络集成了多级的全局图像信息和局部视盘信息，提升了分类性能。Petersen 等人 [4] 证明了使用深度学习模型直接进行分类的效果要比传统的分割病灶然后从病灶提取量化指标方法的效果好。

3）在视网膜病变方面的应用

眼睛是人体唯一可以无创方式直接看到血管及神经细胞的部位。通过视网膜影像，可直接对视网膜病变及变化进行观察及分析，以检测、辅助诊断及评估慢性病风险。目前，数字技术在视网膜疾病方面的应用主要集中于视网膜疾病、年龄相关性黄斑变性（AMD）、早产婴儿视网膜病变（ROP）和视网膜静脉闭塞（RVO）的进展预测与治疗方面。

新泽西理工学院基于 Vgg16 预训练网络模型的深度神经网络对视网膜图形进行分类，测试精度可达 99%[5]。英国 DeepMind 公司 [6] 将深度学习架构应用于 3D 光学相干断层扫描图像分类，提高了转诊的准确性。慕尼黑大学眼科医院 [7] 使用机器学习预测新生血管性 AMD 患者 3 次抗血管内皮生长因子注射后 3 个月和 12 个月的视力。北京协和医院 [8] 将 50 例新生血管性 AMD 患者术前和术后的 OCT 图像使用 pix2pixHD 方

[1] Li Z，HE Y，KEEL S，et al．Efficacy of a deep learning system for detecting glaucomatous optic neuropathy based on color fundus photographs[J].Ophthalmology ,2018, 125(8) : 1199-1206.

[2] KIM S J, CHO KJ, OH S. Development of machine learning models for diagnosis ofglaucoma[J].PLoS One, 2017, 12(5): e0177726.

[3] FU H Z, CHENG J, XU Y W, et al. Disc-aware ensemble network for glaucoma screening from fundus image[J]. IEEE Trans Med Imaging, 2018, 37(11) : 2493-2501．

[4] PERERSEN C A, MEHTA P, LEE A Y, et al. Data-driven, feature-agnostic deep learning vs retinal nerve fiber layer thickness for the diagnosis of glaucoma[J]. JAMA Ophthalmol, 2020, 138(4) : 339-340.

[5] SHIH F Y, PAREL H. Deep Learning Classification on Optical Coherence Tomography Retina Images. International Journal of Pattern Recognition and Artificial Intelligence, 2020, 34(8): 2052002.

[6] DE FAUW J, LEDSAM J R, ROMERA-PAREDES B, et al. Clinically applicable deep learning for diagnosis and referral in retinal disease[J]. Nature Medicine, 2018, 24(9): 1342-1350.

[7] ROHM M, TRESP V, MULLER M, et al. Predicting visual acuity by using machine learning in patients treated for neovascular agerelated macular degeneration[J]. Ophthalmology, 2018, 125 (7) : 1028-1036.

[8] LIU Y, YANG J, ZHOU Y, et al. Prediction of OCT images of short-term response to anti-VEGF treatment for neovascular agerelated macular degeneration using generative adversarial network[J]. British Journal of Ophthalmology, 2020, 104(12): 1735-1740.

法进行合成，并评估合成图像的质量、真实性和预测能力，可以准确预测新生血管性年龄相关性黄斑有无积液。华盛顿大学[1]通过训练深度学习神经网络可以实现新生血管簇面积的自动分割。蒙特利尔大学[2]利用机器学习和形态分析方法，可以精确计算视网膜血管密度及判断病理血管簇区域。日本冢崎医院[3]使用深度卷积神经网络对视网膜静脉闭塞患者和常人的眼底图像进行训练，并使用超广角眼底图像构建深度模型，可以高度准确地区分健康眼和 RVO 眼。

2. 数字技术在远程眼科方面的应用研究

随着技术的进步，医生可通过远程医疗进行疾病的诊断和治疗。新冠疫情全球大流行将远程医疗带至眼科医疗服务的前沿，并可能持续改变眼科疾病的诊疗模式。目前，眼科远程医疗主要用于眼科疾病的远程筛查、远程诊断和随访、远程手术和治疗等。

1）远程筛查

远程筛查解决了许多国家和地区医疗服务分布不均衡的问题，有助于提高 DR 筛查的覆盖率，降低筛查费用。英国和新加坡等一些发达国家率先建立了基于远程医疗的 DR 筛查，由专业培训的医务人员（包括护士、验光师等）进行数字眼底照相和阅片。我国也在不同地区开展了规模不等的 DR 筛查，如健康快车 DR 筛查工程和中国糖网筛防工程，具有一定的影响力。2010 年，新加坡一项基于远程医疗的全国性 DR 筛查整合项目成立，共筛查约 20 万例糖尿病患者，远程筛查与面对面的医生评估模式相比，直接节省费用 144 新元 / 人[4]。2000 年，印第安人卫生服务乔斯林视觉网络（Indian Health Service-Joslin Vision Network，IHSJVN）建立，成为美国基于初级保健的眼科最大远程医疗项目之一[5]。印度是早产儿数量最多的国家，已成功实施了早产儿视网膜病变远程筛查项目，如卡纳塔克邦 ROP 互联网辅助诊断系统和 ROPE-SOS（Retinopathy of Prematurity Eradication Save Our Sight）项目等[6]。

[1] XIAO S, BUCHER F, WU Y, et al. Fully automated, deep learning segmentation of oxygen-induced retinopathy images[J]. JCI insight, 2017, 2(24) : e97585.

[2] MAZZAFERRI J, LARRIVEE B, CAKIR B, et al. A machine learning approach for automated assessment of retinal vasculature in the oxygen induced retinopathy model[J]. Scientific Reports, 2018, 8(1) : 3916.

[3] NAGASATO D, TABUCHI H, OHSUGI H, et al. Deep-learning classifier with ultrawide-field fundus ophthalmoscopy for detecting branch retinal vein occlusion[J]. International Journal of Ophthalmology, 2019, 12(1) : 94-99.

[4] NGUYEN H V, TAN G S, TAPP R J, et al. Cost-effectiveness of a National Telemedicine Diabetic Retinopathy Screening Program in Singapore[J]. Ophthalmology, 2016(123): 2571-2580.

[5] TING D S W, CHEUNG C Y, LIM G, et al. Development and Validation of a Deep Learning System for Diabetic Retinopathy and Related Eye Diseases Using Retinal Images From Multiethnic Populations With Diabetes[J]. Journal of the American Medical Association , 2017(318): 2211-2223.

[6] SHAH P K, RAMYA A, NARENDRAN V. Telemedicine for ROP[J]. Asia Pac J Ophthalmol (Phila), 2018(7): 52-55.

2）远程诊断和随访

在英国，约 50% 的医院眼科使用青光眼虚拟诊所，即由诊所医生或技术人员收集患者电子病历上传至远程医疗系统，青光眼专科医生进行远程诊断、决策并将信息反馈给患者[1]。阿尔伯塔大学研究团队[2] 在青光眼远程诊疗指南中，制定了青光眼远程诊疗需具备的设备及评估医生标准。

3）远程手术和治疗

2019 年，北京协和医院眼科团队完成了全球首例 5G 远程眼底激光治疗，采用靶向导航激光仪进行规划并启动激光机自动治疗，根据患者情况随时调整参数，最终安全、精准、顺利地完成了激光治疗。

3. 数字技术在眼科治疗全身疾病方面的应用研究

眼部视网膜动静脉是人体活组织上唯一可以直接看到的血管，同时视神经是大脑的延长部分，所以通过眼部检查可以发现身体血管、大脑等的多种疾病。随着人工智能技术的推进，这些眼部图像检查还可以逐渐运用于眼科的各个场景。

1）数字眼科在糖尿病方面的应用

视网膜病变是糖尿病患者的常见并发症，"眼底彩照 +AI"的模式有助于糖尿病性视网膜病变筛查诊断的普及。谷歌公司[3] 使用深度学习算法，自动检测视网膜眼底照片中的糖尿病性视网膜病变和糖尿病性黄斑水肿。日本自治医科大学[4] 提出了一种新的人工智能疾病分期系统，用于对糖尿病性视网膜病变进行分级。中山大学中山眼科中心联合北京鹰瞳科技发展股份有限公司开展"AI 视网膜多病种辅助诊断系统"[5] 研究，使用来自 16 家具有不同疾病分布、不同级别的医疗机构的 20 余万张视网膜图像，训练出了可同时识别 14 种常见眼底异常的 AI 视网膜多病种辅助诊断系统。

2）数字眼科在心血管疾病方面的应用

心血管疾病是全球主要的死亡原因，而心血管疾病的标志，如高血压视网膜病变

[1] COURT J H, AUSTIN M W. Virtual glaucoma clinics: patient acceptance and quality of patient education compared to standard clinics [J]. Clin Ophthalmol, 2015(9): 745-749.

[2] GAN K, LIU Y, STAGG B, et al. Telemedicine for Glaucoma: Guidelines and Recommendations[J]. Telemed J E Health, 2020(26): 551-555.

[3] GULSHAN V PENG L, CORAM M, et al. Development and Validation of a Deep Learning Algorithm for Detection of Diabetic Retinopathy in Retinal Fundus Photographs[J]. Journal of the American Medical Association, 2016, 316(22):2402-2410.

[4] TAKAHASHI H, TAMPO H, ARAI Y, et al. Applying artificial intelligence to disease staging: Deep learning for improved staging of diabetic retinopathy[J]. PLoS One, 2017, 12(6) : e0179790.

[5] FU H, LI F, SUN X, et al. AGE challenge: angle closure glaucoma evaluation in anterior segment optical coherence tomography[J]. Medical Image Analysis, 2020(66): 101798.

和胆固醇栓塞，通常可以在眼底表现出来，因此利用眼底影像人工智能分析可反映心血管系统的健康状况及未来的发病风险。2017 年，谷歌研究人员[1]通过深度学习从视网膜图像中提取和量化多种心血管危险因素，包括年龄、性别和收缩压等，来预测特定个体的心血管风险。

3）数字眼科在阿尔茨海默病方面的应用

阿尔茨海默病（Aizheimer's Disease，AD）是一种起病隐匿的进行性发展的神经系统退行性疾病。2017 年，Golzan 等人[2]发现视网膜动脉搏动幅度与新皮质 Aβ 评分呈正相关，AD 患者视网膜神经节细胞层厚度明显减小。2018 年，O'Bryhim 等人[3]研究表明，生物标志物阳性的临床前 AD 患者的视网膜血管和结构改变可能在临床可检测到的认知症状出现之前就已经凸显，在生物标志物阳性组中，黄斑中心凹内的血管系统丢失，导致黄斑中心凹无血管区增大。2021 年，Tian 等人[4]利用机器学习技术识别视网膜血管系统和 AD 之间的潜在联系，通过显著性分析证实了小血管比大血管对 AD 分类的贡献更大。

4）数字眼科在肾功能障碍方面的应用

视网膜血管系统的改变与肾功能障碍和肾小球滤过率降低有关。2020 年，Kang 等人[5]建立了一个深度学习模型来检测视网膜眼底图像中的早期肾功能损害，为后续的使用眼底影像分析检测早期肾功能的人工智能模型研发提供了经验。同年，Sabanayagam 等人[6]开发了一种人工智能深度学习算法来从视网膜图像中检测慢性肾脏疾病，结果表明该算法在临床应用中具有一定的可能性。

5）数字眼科在肝胆疾病方面的应用

在肝硬化早期和晚期的不同阶段，肝细胞会合成大量一氧化氮，肾素－血管紧张素系统活动增强，将会引起眼球后动脉血管的血压升高，利用人工智能技术可以通过

[1] POPLIN R, VARADARAIAN A V, BIUMER K, et al. Predicting cardiovascular risk factors from retinal fundus photographs using deep learning[J]. Nature Biomedical Engineering, 2018, 2(3):158-164.

[2] GOLZAN S M, GOOZEE K, GEORGEVSKY D, et al. Retinal vascular and structural changes are associated with amyloid burden in the elderly: ophthalmic biomarkers of preclinical Alzheimer's disease[J]. Alzheimers Research & Therapy , 2017, 9(1): 13.

[3] O'BRYHIM B E, APTE R S, KUNG N, et al. Association of preclinical alzheimer disease with optical coherence tomographic angiography findings[J]. JAMA Ophthalmol, 2018, 136(11): 1242-1248.

[4] TIAN J, SMITH G, GUO H, et al. Modular machine learning for Alzheimer's disease classification from retinal vasculature[J]. Scientific Reports,2021, 11(1): 238.

[5] KANG E Y, HSIEH Y T, LI C H, et al. Deep learning-based detection of early renal function impairment using retinal fundus images: model development and validation[J]. JMIR Med Inform, 2020, 8(11): e23472.

[6] SABANAYAGAM C, XU D, TING D S W, et al. A deep learning algorithm to detect chronic kidney disease from retinal photographs in community based populations[J]. Lancet Digit Health, 2020, 2(6): e295-e302.

眼球后动脉血流动力学变化来评估肝功能。2021 年，Xiao 等人[1] 设计了一种深度学习模型以建立眼睛特征和主要肝胆疾病之间的联系，并从眼睛图像中自动筛选和识别肝胆疾病，建立了 7 个裂隙灯模型和 7 个眼底模型，为肝胆疾病的筛查和鉴定提供了一种无创、方便、互补的方法。

6）数字眼科在其他疾病方面的应用

2020 年，Rim 等人[2] 开发了深度学习算法来预测视网膜照片中的系统性生物标志物，包括身体成分测量（身高、体重和身体肌肉质量）和肾功能（肌酐）。2020 年，谷歌研究人员 Mitani 等人[3] 提出基于深度学习算法的视网膜眼底图像贫血检测，可以根据眼底图像预测贫血和血红蛋白。Outlaw 等人[4] 基于智能手机数据处理和色度校准系统的相关研究，开发出一种人工智能辅助诊断黄疸系统，该系统可以直接利用智能手机摄像头采集巩膜图片来实现黄疸的初诊与分级。

3.2　数字眼科与全身疾病认知方法及关键技术规划布局

数字医疗是解决医疗生产力的根本之道。当前，人口老龄化、慢病高速增长、医疗资源供需严重失衡及地域分配不均等问题依然严峻，数字医疗需求巨大。全球主要国家纷纷出台数字医疗、智能医疗等相关战略政策，推动数字医疗产业的快速发展。

3.2.1　战略规划

1．美国数字医疗相关举措

2016 年，美国推出《国家人工智能研究和发展战略计划》，提出加强人工智能在医疗诊断和处方治疗决策支持系统中的应用；在 2019 年的新版本中提出将医学医疗作为人工智能研发策略的重点领域。

2016 年，美国在《为人工智能的未来做好准备》中，提出利用人工智能提高对医疗并发症的预测水平，通过电子化病历对医疗大数据进行分析挖掘。

2019 年，美国在《美国人工智能倡议》中指出，向学术界、医疗卫生领域开放美

[1] XIAO W, HUANG X, WANG J H, et al. Screening and identifyzing hepatobiliary diseases through deep learning using ocular images: a prospective, multicentre study[J]. Lancet Digit Health, 2021, 3(2): e88-e97.

[2] RIM T H, LEE G, KIM Y, et al. Prediction of systemic biomarkers from retinal photographs: development and validation of deep-learning algorithms[J]. Lancet Digit Health, 2020, 2(10): e526-e536.

[3] MITANIA, HUANG A, VENUGOPALAN S, et al. Detection of anaemia from retinal fundus images viadeep learning[J]. Nature Biomedical Engineering 2020, 4(1): 18-27.

[4] OUTLAW F, NIXON M, ODEYEMI O, et al. Smartphone screening for neonatal jaundice via ambient-subtracted sclera chromaticity[J]. PLoS One, 2020, 15(3): e0216970.

国政府手里的数据和计算资源，促进人工智能研究发展。

2. 英国数字医疗相关举措

2017 年，《在英国发展人工智能》报告中提到，将人工智能技术应用于医疗领域，可以辅助医疗诊断，并能够预测疾病发生率及潜在流行趋势。

2018 年，《产业战略：人工智能领域的协议》提出将资助 2.1 亿英镑的产业战略挑战基金（ISCF），支持数据应用于早期诊断和精准医学（包括使用人工智能分析数字病理医学图像）的研究。

2018 年，英国政府宣布拨款 5000 万英镑用于更深入地开发人工智能在医疗细分领域的应用，来提升癌症等多种疾病的早期诊断能力和病患护理效率，并专门成立了 5 个人工智能医疗技术中心来联合研究机构和企业共同开发更智能的医学成像分析应用，为患者做出更好的临床决策。

2019 年，英国国家卫生服务系统（NHS）宣布将组建新的联合单位 NHSX，用于加速 NHS 的数字化转型，同时投资 2.5 亿英镑建立国家人工智能实验室，推动人工智能技术在英国医疗领域的应用。

3. 日本数字医疗相关举措

日本重点关注医疗保健领域的人工智能应用。医疗保健是医疗人工智能的重要组成部分，日本政府将建设医疗人工智能和医疗护理的大数据系统，以应对迅速老龄化的社会。

2016 年，日本发布《新产业构造蓝图》，提出利用人工智能及物联网技术，建立新医疗系统。

2017 年，日本推出《人工智能的研究开发目标和产业化路线图》，对医疗领域的人工智能应用前景做出详细描述，并提供相应的促进政企校合作的政策。

2018 年，日本政府在人工智能技术战略会议上制定一系列措施，极大地推动了医疗人工智能的发展，提出了建立医疗人工智能医院的计划，致力于在 2022 年前建立 10 家人工智能医院，利用人工智能技术进行识片、阅片、诊断，最后给出治疗建议，完成构建世界一流先进医疗护理保健系统的目标。

4. 欧盟数字医疗相关举措

欧盟主要通过"地平线"计划支持医疗人工智能的发展。2014—2017 年，在"地平线 2020"（Horizon 2020）计划的支持下，欧盟向包括大数据、健康、交通和空间研究在内的人工智能相关研究和创新投入约 11 亿欧元。

2018 年，欧盟委员会发布"地平线欧洲"（Horizon Europe）计划（第九框架计划）提案，在卫生、健康领域投资约 77 亿欧元，积极推进人工智能技术在个性化医疗、卫生保健信息系统、临床决策辅助诊断等领域的应用。

2018 年，欧盟发布《人工智能时代：确立以人为本的欧洲战略》，提出将在医疗健康领域进行人工智能产品和服务的基础建设。

2020 年，欧盟发布《人工智能白皮书》，将医疗健康领域相关的人工智能企业列为重点审核和监管对象。

5. 中国数字医疗相关举措

近年来，随着医疗卫生领域科技创新向纵深发展，数字技术在医疗领域的应用也成为中国的重要战略方向之一。国务院、工业和信息化部、国家药品监督管理局等部委颁布一系列政策文件（见表 3-1），重点围绕医学影像、智慧医院、医疗机器人、新药研发等细分方向，从鼓励研发创新、促进应用推广、完善标准体系等方面支持数字医疗行业创新发展。

表 3-1　中国数字医疗领域相关政策文件

日期	政策文件名称	主要内容
2021 年 9 月	《"十四五"全民医疗保障规划》[1]	支持远程医疗服务、互联网诊疗服务、互联网药品配送、上门护理服务等医疗卫生服务新模式新业态有序发展，促进人工智能等新技术的合理运用
2021 年 6 月	《关于推动公立医院高质量发展的意见》[2]	推动云计算、大数据、物联网、区块链、第五代移动通信（5G）等新一代信息技术与医疗服务深度融合。推进电子病历、智慧服务、智慧管理"三位一体"的智慧医院建设和医院信息标准化建设。大力发展远程医疗和互联网诊疗。推动手术机器人等智能医疗设备和智能辅助诊疗系统的研发与应用。建立药品追溯制度，探索公立医院处方信息与药品零售消费信息互联互通
2021 年 3 月	《国民经济和社会发展第十四个五年规划和 2035 年远景目标纲要》[3]	构建基于 5G 的应用场景和产业生态，在智能交通、智慧物流、智慧能源、智慧医疗等重点领域开展试点示范
2020 年 8 月	《国家新一代人工智能标准体系建设指南》[4]	围绕医疗数据、医疗诊断、医疗服务、医疗监管等，重点规范人工智能医疗应用在数据获取、数据隐身管理等方面的内容

[1] 国务院办公厅. 国务院办公厅关于印发"十四五"全民医疗保障规划的通知 [EB/OL]. (2021-09-29). http://www.gov.cn/zhengce/content/2021-09/29/content_5639967.htm.

[2] 国务院办公厅. 国务院办公厅关于推动公立医院高质量发展的意见 [EB/OL]. (2021-05-14). http://www.gov.cn/gongbao/content/2021/content_5618942.htm.

[3] 中华人民共和国中央人民政府. 中华人民共和国国民经济和社会发展第十四个五年规划和 2035 年远景目标纲要 [EB/OL]. (2021-03-13). http://www.gov.cn/xinwen/2021-03/13/content_5592681.htm.

[4] 国家标准化管理委员会，中央网信办，国家发展改革委，等. 关于印发《国家新一代人工智能标准体系建设指南》的通知 [EB/OL]. (2020-07-27). http://www.gov.cn/zhengce/zhengceku/2020-08/09/content_5533454.htm.

（续表）

日期	政策文件名称	主要内容
2020 年 7 月	《关于支持新业态新模式健康发展激活消费市场带动扩大就业的意见》[1]	积极发展互联网医疗，进一步加强智慧医院建设，规范推广慢性病互联网复诊、远程医疗、互联网健康咨询等模式
2019 年 9 月	《促进健康产业高质量发展行动纲要（2019—2022 年）》[2]	加快人工智能技术在医学影像辅助判读、临床辅助诊断、多维医疗数据分析等方面的应用，推动符合条件的人工智能产品进入临床试验，积极探索医疗资源薄弱地区、基层医疗机构应用人工智能辅助技术提高诊疗质量，促进实现分级诊疗
2018 年 7 月	《关于深入开展"互联网＋医疗健康"便民惠民活动的通知》[3]	推进智能医学影像识别、病理分型和多学科会诊以及多种医疗健康场景下的智能语音技术应用，提高医疗服务效率
2018 年 7 月	《互联网诊疗管理办法（试行）》[4]	进一步规范互联网诊疗行为，发挥远程医疗服务积极作用，提高医疗服务效率，保证医疗质量和医疗安全
2018 年 4 月	《关于促进"互联网＋医疗健康"发展的意见》[5]	鼓励研发基于人工智能的临床诊疗决策支持系统，开展智能医学影像识别及多种医疗健康场景下的智能语音技术应用
2017 年 7 月	《关于印发新一代人工智能发展规划的通知》[6]	推广应用人工智能治疗新模式，建立智能医疗体系。研发人机协同临床智能诊疗方案，实现智能影像识别、病理分型和智能多学科会诊
2017 年 1 月	《"十三五"全国人口健康信息化发展规划》[7]	发挥 AI、医用机器人等先进技术和装备产品在人口健康信息化和健康医疗大数据应用发展中的引领作用
2016 年 12 月	《"十三五"国家信息化规划》[8]	推动健康医疗相关的人工智能、生物三维打印、医用机器人、可穿戴设备等产品在疾病预防、卫生应急、健康保健等领域的应用

[1] 国家发展改革委，网信办，工业和信息化部，等 . 关于支持新业态新模式健康发展激活消费市场带动扩大就业的意见 [EB/OL]. (2020-07-14). http://www.gov.cn/zhengce/zhengceku/2020-07/15/content_5526964.htm.

[2] 国家发展改革委，教育部，科技部，等 . 促进健康产业高质量发展行动纲要（2019—2022 年）[EB/OL]. （2019-09-29）. http://www.gov.cn/xinwen/2019-09/30/5435160/files/4ab8512c9b3d40a49792fd633c32c337.pdf.

[3] 国家卫生健康委，中医药局 . 关于深入开展"互联网＋医疗健康"便民惠民活动的通知 [EB/OL]. （2018-07-10）. http://www.gov.cn/zhengce/zhengceku/2018/12/31/content_5435186.htm.

[4] 卫生健康委，中医药局 . 卫生健康委 中医药局关于印发互联网诊疗管理办法（试行）等 3 个文件的通知 . [EB/OL]. (2018-07-17). http://www.gov.cn/gongbao/content/2019/content_5358684.htm.

[5] 国务院办公厅 . 国务院办公厅关于促进"互联网＋医疗健康"发展的意见 [EB/OL].(2018-04-28). http://www.gov.cn/zhengce/content/2018-04/28/content_5286645.htm.

[6] 国务院 . 国务院关于印发新一代人工智能发展规划的通知 [EB/OL]. (2017-07-08). http://www.gov.cn/zhengce/content/2017-07/20/content_5211996.htm.

[7] 中华人民共和国国家发展和改革委员会 . "十三五"全国人口健康信息化发展规划 [EB/OL].(2017-07-20). https://www.ndrc.gov.cn/fggz/fzzlgh/gjjzxgh/201707/t20170720_1196848.html.

[8] 国务院 . 国务院关于印发"十三五"国家信息化规划的通知 [EB/OL].(2016-12-25). http://www.gov.cn/zhengce/content/2016-12/27/content_5153411.htm.

（续表）

日期	政策文件名称	主要内容
2016 年 5 月	《"互联网＋"人工智能三年行动实施方案》[1]	支持在健康医疗等领域开展人工智能试点示范
2016 年 9 月	《智能硬件产业创新发展专项行动（2016—2018 年）》[2]	推动智能医疗健康设备在诊断、治疗、护理、康复等环节的应用
2016 年 10 月	《"健康中国 2030"规划纲要》[3]	发展基于互联网的健康服务，推进可穿戴设备、智能健康电子产品和健康医疗移动应用服务等
2016 年 6 月	《关于促进和规范健康医疗大数据应用发展的指导意见》[4]	大力推动政府健康医疗信息系统和公众健康医疗数据互联融合，开放共享，消除信息孤岛，积极营造促进健康医疗大数据安全规范

在人工智能辅助医疗器械方面，2019 年，国家药品监督管理局发布《深度学习辅助决策医疗器械软件审评要点》，进一步明确了基于深度学习的医疗器械的临床试验要求和审批程序。2020 年，人工智能糖尿病筛查软件纳入《中国 2 型糖尿病防治指南（2020 年版）》，作为对人工智能糖尿病性视网膜病变筛查以预防和治疗糖尿病的有力认可和验证。2021 年，国家药品监督管理局更新了《医疗器械分类目录》，将人工智能医疗器械列为第二类或第三类医疗器械。

在数字眼科及全身疾病认知方面，2022 年，国家卫生健康委员会印发《"十四五"全国眼健康规划（2021—2025 年）》，提出积极推动"互联网＋"医疗服务模式在眼科领域的应用，利用互联网诊疗、远程医疗等信息化技术，提升眼科医疗服务的可及性。推进大数据、人工智能、5G 等新兴技术与眼科服务深度融合，开展人工智能在眼病预防、诊断和随访等领域的应用，提升眼病早期筛查能力。建立眼科病例数据库，加强眼科病例数据收集、统计分析，为临床科学研究提供数据支撑[5]。2022 年 1 月 24 日，中山大学中山眼科中心牵头组织的团体标准《虚拟现实技术视觉健康影响评价方法》

[1] 中华人民共和国中央人民政府. 四部门关于印发《"互联网＋"人工智能三年行动实施方案》的通知 [EB/OL]. (2016-05-23). http://www.gov.cn/xinwen/2016-05/23/content_5075944.htm.

[2] 工业和信息化部，国家发展和改革委员会. 两部委关于印发《智能硬件产业创新发展专项行动（2016—2018 年）》的通知 [EB/OL]. (2016-09-19). https://www.miit.gov.cn/zwgk/zcwj/wjfb/zh/art/2020/art_7cfc64f0d6334a978687cbc7cb0f308b.html.

[3] 国务院. 中共中央 国务院印发《"健康中国 2030"规划纲要》[EB/OL]. (2016-10-25). http://www.gov.cn/zhengce/2016-10/25/content_5124174.htm.

[4] 国务院办公厅. 国务院办公厅关于促进和规范健康医疗大数据应用发展的指导意见 [EB/OL]. (2016-06-24). http://www.gov.cn/zhengce/content/2016-06/24/content_5085091.htm.

[5] 国家卫生健康委. 国家卫生健康委关于印发"十四五"全国眼健康规划（2021—2025 年）的通知 [EB/OL]. （2022-01-04）. http://www.gov.cn/zhengce/zhengceku/2022/01/17/content_5668951.htm.

（编号：T/CSBME 052—2022）正式发布，该标准是我国虚拟现实领域首个视觉健康团体标准。

3.2.2　注册软件

近年来，人工智能技术在医疗器械领域的应用快速推进，为疾病诊断、慢性病监测与管理等提供了便捷、高效的技术手段。人工智能医疗器械的注册审批是决定人工智能技术能否产品化、能否获得市场准入并进行规模化临床应用的前提条件。

糖网筛查是新一代人工智能技术在医疗器械领域的研究热点之一。2018 年 4 月 11 日，美国 FDA 批准了 IDx 公司 IDx-DR 糖尿病性视网膜病变（以下简称糖网）筛查软件，该软件基于眼底照片检测成年糖尿病患者糖网症状的严重程度，并提供是否需要转诊的检查建议。这是美国 FDA 批准的第一款采用新一代人工智能技术的糖网筛查软件产品。目前，国内外已经有多款糖网筛查软件相继面市（见表 3-2），推动了智能眼科的快速发展。

表 3-2　数字眼科及全身疾病认知领域相关注册软件信息

公司	已注册产品	颁发机构	获批准日期	其他产品	适应证
北京鹰瞳科技发展股份有限公司	Airdoc-AIFUNDUS(1.0)	国家药品监督管理局	2020 年 8 月	1. Airdoc-AIFUND-US(2.0) 2. Airdoc-AIFUND-US(3.0) 3. 独立 SaMD 产品 4. 健康风险评估方案	1.SaMD：糖尿病性视网膜病变、高血压性视网膜病变、视网膜静脉阻塞、年龄相关性黄斑变性、白内障、视网膜脱离、病理性近视及青光眼、ICVD/ASCVD 等多种疾病的辅助诊断； 2. 健康风险评估解决方案：评估与多种疾病及病灶相关的健康风险指标
		欧洲统一（CE）	2020 年 3 月		
北京致远慧图科技有限公司	EyeWisdom	国家药品监督管理局	2021 年 6 月	—	分析成年糖尿病患者彩色眼底图像（包含全部视盘和黄斑区域），帮助执业医师发现中度非增生性（含）以上糖尿病性视网膜病变，并提出进一步就医检查的辅助诊断建议
		CE	2020 年 1 月		
深圳硅基仿生科技有限公司	AIDRscreening	国家药品监督管理局	2020 年 8 月	—	糖尿病性视网膜病变
微医（福建）医疗器械有限公司	REALDOCTOR DRAssistant，V1.2	国家药品监督管理局	2022 年 4 月	—	糖尿病性视网膜病变

（续表）

公司	已注册产品	颁发机构	获批准日期	其他产品	适应证
Retmaker	—	CE	—	DR Screening	糖尿病性视网膜病变
Digital Diagnostics	IDx-DR	FDA	2018 年 4 月	—	糖尿病性视网膜病变及糖尿病黄斑性水肿
		CE	2016 年 4 月		
Eyenuk	EyeArt	FDA	2020 年 8 月	1. Eyenuk 青光眼软件 2. Eyenuk 年龄相关性黄斑变性软件	糖尿病性视网膜病变、青光眼及年龄相关性黄斑变性
		CE	2016 年 6 月		
Oculogica	EyeBOX	FDA	2018 年 12 月	—	利用专有算法和机器学习跟踪患者的眼球运动，以帮助诊断脑震荡
RightEye	RightEye Vision System	FDA	2018 年 9 月		用于记录、查看和分析眼球运动，以识别患者的视觉跟踪障碍

中国目前已经批准上市的糖尿病性视网膜病变筛查软件有 4 款，分别来自北京鹰瞳科技发展股份有限公司、北京致远慧图科技有限公司、深圳硅基仿生科技有限公司和微医（福建）医疗器械有限公司。2022 年 7 月，苏州体素信息科技有限公司糖尿病性视网膜病变眼底图像辅助诊断软件获批上市，苏州体素信息科技有限公司成为国内第 5 家获得眼底人工智能辅助诊断注册的准入企业。

1. 北京鹰瞳科技发展股份有限公司

北京鹰瞳科技发展股份有限公司（以下简称鹰瞳科技）的核心产品是 Airdoc-AIFUNDUS。

Airdoc-AIFUNDUS（1.0）主要用于糖尿病性视网膜病变的辅助诊断，是同类产品中首个获得国家药品监督管理局第三类医疗器械证书及全球第二款获批的人工智能视网膜影像识别分析的 SaMD。

Airdoc-AIFUNDUS（2.0）在辅助诊断糖尿病性视网膜病变的 Airdoc-AIFUNDUS（1.0）的基础上，增加了高血压性视网膜病变、视网膜静脉阻塞和年龄相关性黄斑变性 3 个适应证。该产品于 2021 年 11 月获得医疗器械临床试验项目各试验中心伦理审查批件，正式进入临床试验阶段。

Airdoc-AIFUNDUS（3.0）相比于 2.0 版本，多了病理性近视及视网膜脱离辅助诊断服务，并且已经在认证的过程中。

2. 北京致远慧图科技有限公司

北京致远慧图科技有限公司主要产品包括糖尿病性视网膜病变眼底图像辅助诊断软件（EyeWisdom®DSS）、多病种眼底影像辅助诊断软件（EyeWisdom®MCS）和糖尿病性视网膜病变筛查的糖网筛查解决方案。

目前，糖尿病性视网膜病变眼底图像辅助诊断软件（EyeWisdom®DSS）正式获批国家药品监督管理局医疗器械三类证和 CE 认证。多病种眼底影像辅助诊断软件（EyeWisdom®MCS）已经获得 CE 认证，同时获得了国家药品监督管理局的《创新医疗器械特别审查程序》的审批（第三类）。

3. 深圳硅基仿生科技有限公司

深圳硅基仿生科技有限公司的主要产品是糖尿病性视网膜病变眼底图像辅助诊断软件 AIDRscreening，该软件于 2020 年 8 月获批三类医疗器械注册证。该软件采用基于卷积神经网络的自主设计网络结构，基于分类标注的眼底图像数据，对算法模型进行训练和验证。该软件通过获取眼底相机拍摄的患者眼底彩色照片，利用深度学习算法对图像进行计算、分析，为执业医师提供视网膜病变，以及进一步就医检查的辅助诊断建议。

4. 微医（福建）医疗器械有限公司

2022 年 4 月，微医（福建）医疗器械有限公司的"眼底影像计算机辅助诊断软件"获批国家药品监督管理局三类医疗器械。该软件对糖尿病性视网膜病变的识别准确度高达 95%。除了糖网，青光眼、黄斑病变等 12 种病变均可通过该软件进行识别。

5. 苏州体素信息科技有限公司

2022 年 7 月，苏州体素信息科技有限公司糖尿病性视网膜病变眼底图像辅助诊断软件获批上市。苏州体素信息科技有限公司成为国内第 5 家获得眼底人工智能辅助诊断注册的准入企业。

6. Retmaker

Retmaker 开发了一款用于糖尿病性视网膜病变筛查的软件 DR Screening，该软件获得欧洲 IIa 类医疗器械，也获得澳大利亚治疗产品管理局批准。同时，该公司还开发了一款用于检测微动脉瘤的器械（Diabetic Retinopathy），通过计算微动脉瘤的形成和消失，可以预测糖尿病性黄斑水肿和增殖性视网膜病变的风险。

7. Digital Diagnostics

Digital Diagnostics 的主要产品是糖尿病性视网膜病变医疗级的人工智能系统 IDx-DR。该系统是美国 FDA 批准通过的首个应用于一线医疗的自主式人工智能诊断设备。IDx-DR 可以在无专业医生参与的情况下，通过查看视网膜照片对糖尿病性视网膜病变进行诊断。

8. Eyenuk

Eyenuk 的主要产品是用于糖尿病性视网膜病变治疗的 EyeArt® 系统。2020 年 8 月，美国 FDA 签发 EyeArt® 自主人工智能系统上市的 510（k）核准（K200667）。EyeArt 是美国 FDA 首次核准的能在全科和眼科医疗机构中通过单次检测同时检出 mtmDR 和 vtDR 的自主人工智能系统，也是美国 FDA 首次核准的可获得患者双眼诊断输出的自主 AI 系统。目前，EyeArt 已获得美国 FDA 许可、CE 认证和加拿大卫生部许可。

9. Oculogica

Oculogica 的主要产品是 EyeBOX 软件，它可以通过测量眼球运动异常来帮助诊断脑震荡。该软件已于 2018 年 12 月获得美国 FDA 批准。EyeBOX 软件通过将神经科学和专有算法相结合，对患者的神经健康状况进行客观评估，从而消除了诊断中的猜测。当颅神经受到潜在脑震荡的影响时，EyeBOX 软件会测量异常的眼球运动并提供与脑震荡相关的"BOX 评分"。

10. RightEye

RightEye 的主要产品是 RightEye Vision System。该产品于 2018 年 9 月获得美国 FDA 510（k）许可。RightEye Vision System 通过动眼神经测试识别眼球震颤，不仅可以诊断疾病，还可以在早期发现帕金森疾病。

3.2.3 项目资助

近年来，我国国家重点研发计划、国家自然科学基金委员会及地方自然科学基金委员会等机构在数字眼科疾病及全身疾病认知领域也发布了相关的项目指南，资助了一批科技研发项目。

在国家重点研发计划方面，2017—2019 年，中山大学、复旦大学、中山大学中山眼科中心和浙江大学眼科医院均获得了国家重点研发计划经费资助，分别推动其在数字诊疗装备研发——眼科多模态成像及人工智能诊疗系统的研发和应用，数字诊疗装备研发——光学相干层析成像手术导航显微镜及青光眼手术应用，数字诊疗装备研发——常见致盲、致疾、致死疾病的人工智能筛查诊断系统，数字诊疗装备研发——

127

新型人工智能算法及其眼病肿瘤病理诊断应用方面开展深度科学研究。

1. 中国在数字眼科及全身疾病认知领域的资助项目情况分析

使用关键词在万方科慧数据库进行基金项目检索，获得中国数字眼科及全身疾病认知领域基金资助项目 161 项（见图 3-1）。基金资助项目最多的是中国台湾科学及技术委员会（38 项），其次为国家自然科学基金委员会（29 项），排名第 3 位的是国创计划（27 项）。

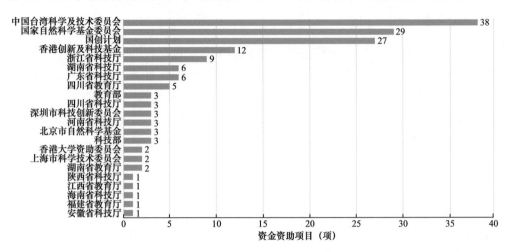

图 3-1　中国数字眼科及全身疾病认知领域基金资助项目分布

2015—2021 年，国家自然科学基金委员会在数字眼科及全身疾病认知领域资助项目总经费为 1362.5 万元，平均年度资助经费为 194.6 万元。其中，2015 年资助经费最多，达到 323 万元，平均单项资助经费为 161.5 万元。2019 年资助项目数量最多，平均单项资助经费为 28.3 万元（见图 3-2）。

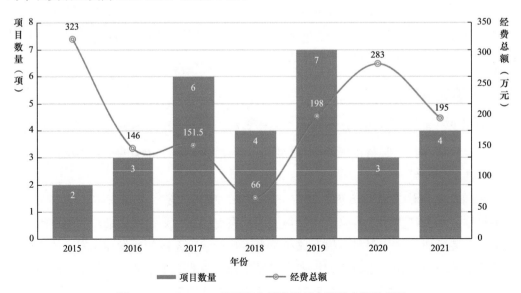

图 3-2　2015—2021 年国家自然科学基金委员会资助项目

国家自然科学基金委员会资助项目领域主要聚焦在视网膜病变、糖尿病性视网膜病变、白内障、青光眼、心血管疾病、眼底图像、近视和糖尿病肾病 8 个方向（见表3-3）。

表 3-3　国家自然科学基金委员会项目研究领域及申请机构

研究领域	项目数量（项）	经费总额（万元）	申请机构
视网膜病变	11	684.5	上海交通大学、苏州大学、山东财经大学、济南大学、西北师范大学、武汉科技大学、中南大学
糖尿病性视网膜病变	6	398	首都医科大学、广西师范大学、苏州大学、哈尔滨理工大学
白内障	3	103	湖州师范学院、复旦大学、中山大学
青光眼	3	95	北京化工大学、北京大学、中南大学
心血管疾病	2	110	首都医科大学、北京大学
眼底图像	2	46	中南大学、福建农林大学
近视	1	55	上海交通大学
糖尿病肾病	1	30	郑州大学

视网膜病变研究领域的资助项目数量和资助经费最多，分别为 11 项和 684.5 万元，该领域资助项目的主要申请机构有上海交通大学、苏州大学、山东财经大学、济南大学、西北师范大学、武汉科技大学和中南大学。

糖尿病性视网膜病变研究领域的资助经费为 398 万元，资助项目为 6 项，主要申请机构有首都医科大学、广西师范大学、苏州大学和哈尔滨理工大学。

除科技部和国家自然科学基金委员会外，教育部、浙江省科技厅、香港大学资助委员会、香港创新及科技基金、中国台湾科学及技术委员会、四川省科技厅、四川省教育厅、深圳市科技创新委员会、上海市科学技术委员会、陕西省科技厅、江西省教育厅、湖南省科技厅、海南省科技厅、国创计划、广东省科技厅也在数字眼科及全身疾病认知领域资助了相关经费。

2. 国外在数字眼科及全身疾病认知领域的资助项目

1）美国

根据万方科慧数据库的检索结果，统计得到美国自 2003 年起至今，在数字眼科及全身疾病认知领域资助项目 40 项，总计资助经费 449.79 万美元。主要资助机构有美国国家健康研究所（36 项）、美国国家自然科学基金委员会（2 项）、美国疾控中心（1 项）和美国退伍军人事务部（1 项）。获得资助项目较多的 3 个机构分别是俄勒冈健康与科学大学（5 项）、Eyenuk（4 项）和加利福尼亚大学系统（3 项）。

美国在数字眼科及全身疾病认知领域的基金资助方面主要有基于人工智能技术的青光眼、白内障疾病治疗；基于人工智能的视网膜病变研究；基于数字眼科技术的阿尔茨海默病、糖尿病研究；远程眼科诊疗研究等方面。

2）日本

自 2010 年起，日本在数字眼科及全身疾病认知领域资助项目 12 项，资助项目的主要研究领域聚焦在基于数字技术的眼底图像、视网膜图像及青光眼治疗方面。日本在该领域提供基金经费的机构是日本学术振兴会。东京大学和大阪大学在该领域分别申请到 2 项资助项目。

3）英国

自 2016 年至今，英国在数字眼科及全身疾病认知领域资助项目 14 项，资助项目的主要研究领域聚焦在糖尿病性视网膜病变、远程眼科诊疗、黄斑疾病治疗、基于光学断层扫描的眼底成像技术等方面。英国在该领域提供基金资助的机构是英国研究与创新局。格拉斯哥大学和利物浦大学在该领域分别申请到 2 项资助项目。

3.3 全球数字眼科与全身疾病认知方法及关键技术研究态势

在全球数字医疗政策推动和各主要国家基金项目的支持下，全球数字眼科及全身疾病认知领域的科技论文产出数量不断提升。本节以科睿唯安旗下 Web of Science 核心合集数据库作为科技论文数据源，利用人工智能、机器学习、深度学习、虚拟现实、青光眼、白内障、视网膜病变、黄斑性病变、远程眼科等关键词构建数字眼科及全身疾病认知领域检索策略，并进行数据检索，检索时间为 2022 年 6 月 30 日。检索数据经人工判读，去除噪声文献后，获得该领域科技文献论文 6372 篇。

3.3.1 发文趋势

20 世纪 90 年代，随着计算机的普及和互联网的出现，数字技术逐步应用到眼科医疗领域。美国、澳大利亚和德国是数字眼科及全身疾病认知领域的主要发文国家，其主要研究内容聚焦在远程眼科方面。进入 21 世纪，随着我国相继出台多项支持数字医疗的政策，国内的研究机构开始在数字眼科及全身疾病认知领域开展科研工作。2014 年之后，随着数字技术水平不断提高，加之金融资本追捧，数字医疗蓬勃发展，全球在数字眼科及全身疾病认知领域的发文数量开始出现快速增长趋势，尤其是在 2018 年之后，我国数字眼科及全身疾病认知领域的发文数量紧追美国（见图 3-3）。

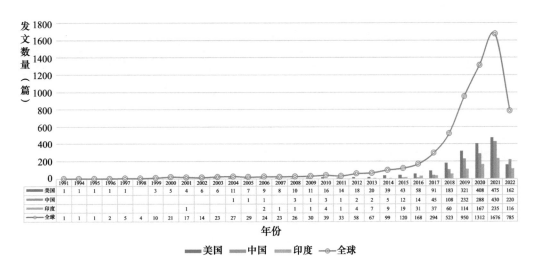

年份	1991	1994	1995	1996	1997	1998	1999	2000	2001	2002	2003	2004	2005	2006	2007	2008	2009	2010	2011	2012	2013	2014	2015	2016	2017	2018	2019	2020	2021	2022
美国	1	1	1	1	1		3	5	4	2	6	11	4	5	8	10	11	16	14	18	20	39	43	58	91	183	321	408	475	162
中国																3	5	1	3	1	1	2	5	12	45	108	232	288	430	220
印度										1			2	1		1	1	4	1	4	7	9	19	31	37	60	114	167	235	116
全球	1	1	1	2	5	4	10	21	17	14	23	27	29	24	23	26	50	39	33	58	67	99	120	168	294	523	950	1312	1676	785

图 3-3　全球数字眼科及全身疾病认知领域发文趋势

3.3.2　主要国家

全球数字眼科及全身疾病认知领域发文数量较多的 10 个国家分别是美国、中国、英国、印度、澳大利亚、新加坡、德国、韩国、加拿大和日本（见表 3-4）。

表 3-4　全球数字眼科及全身疾病认知领域发文国家分布

序号	国家	发文数量（篇）	合作国家及发文数量（篇）	主要研发机构及发文数量（篇）
1	美国	1933	中国（205） 英国（154） 德国（92）	加利福尼亚大学系统（228） 哈佛大学（173） 约翰斯·霍普金斯大学（127）
2	中国	1369	美国（205） 新加坡（92） 英国（89）	中国科学院（144） 中山大学（135） 首都医科大学（85）
3	印度	810	美国（88） 英国（55） 新加坡（35）	印度理工学院（75） 印度国立技术研究院（62） 普拉萨德眼科研究所（40）
4	英国	564	美国（154） 中国（89） 印度（55）	伦敦大学（225） 莫菲尔德眼科医院（178） 利物浦大学（39）
5	澳大利亚	331	中国（81） 美国（64） 英国（42）	悉尼大学（65） 墨尔本大学（58） 西澳大利亚大学（53）
6	新加坡	306	中国（92） 美国（83） 英国（51）	新加坡国立大学（217） 新加坡国家眼科中心（198） 南洋理工大学（58）

序号	国家	发文数量（篇）	合作国家及发文数量（篇）	主要研发机构及发文数量（篇）
7	德国	292	美国（92） 英国（52） 中国（35）	亥姆霍兹协会（35） 慕尼黑工业大学（32） 波恩大学（28）
8	韩国	277	美国（52） 印度（19） 新加坡（18）	首尔国立大学（54） 成均馆大学（41） 延世大学（26）
9	加拿大	245	美国（65） 英国（27） 印度（24）	多伦多大学（43） 阿尔伯塔大学（41） 蒙特利尔大学（27）
10	日本	230	美国（39） 中国（29） 英国（20）	东京大学（33） 广岛大学（20） 冢崎医院（18）

从国际合作角度来看，在发文数量排名前 10 位的国家中，美国与其他 9 个国家的发文合作最为密切，合作发文数量均排名前 2 位；其次是英国，除韩国外，英国与其他 8 个国家的合作发文数量均排名前 3 位。中国与美国、英国、澳大利亚、新加坡、德国和日本 6 个国家的合作发文较为密切，合作发文数量排名前 3 位。

通过梳理主要国家在数字眼科及全身疾病认知领域发文数量排名前 3 位的机构，发现美国在该领域发文较多的 3 个机构分别是加利福尼亚大学系统、哈佛大学和约翰斯·霍普金斯大学，平均发文数量为 176 篇。中国在该领域发文数量较多的机构分别是中国科学院、中山大学和首都医科大学，平均发文数量为 121 篇。印度在该领域发文数量较多的机构分别是印度理工学院、印度国立技术研究院和普拉萨德眼科研究所，平均发文数量为 59 篇。英国在该领域发文数量较多的机构分别是伦敦大学、莫菲尔德眼科医院和利物浦大学，平均发文数量为 147 篇。

3.3.3 学科分布

从学科分布来看，全球数字眼科及全身疾病认知领域发文首先聚焦在眼科、电气电子工程、人工智能、生物医学工程和医学影像方面；其次分布在信息系统、计算机科学跨学科应用、计算机科学理论方法、影像科学和光学方面；同时在医学信息学、医疗保健科学服务、普通内科、电信和多学科科学方面也有一定的发文数量（见图 3-4）。

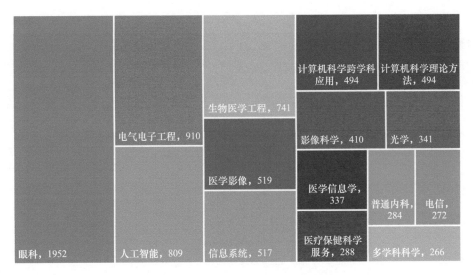

图 3-4　全球数字眼科及全身疾病认知领域发文学科分布（单位：篇）

3.3.4　主要机构

全球数字眼科及全身疾病认知领域发文数量排名前 30 位的机构中，美国机构数量最多，有 15 家；中国有 5 家机构，新加坡有 3 家机构，英国、印度和澳大利亚各有 2 家机构，奥地利有 1 家机构（见表 3-5）。

表 3-5　全球数字眼科及全身疾病认知领域重要发文机构

序号	机构名称	国家	发文数量（篇）	篇均被引频次（次）	h 指数	发文年份（年）	学科规范化影响力	一作发文数量占比（2008—2022 年）	国际合作论文数量占比（%）
1	加利福尼亚大学系统	美国	228	30.49	31	1994—2022	3.23	50.27%	41.90
2	伦敦大学	英国	225	24.61	35	1999—2022	3.30	43.08%	80.00
3	新加坡国立大学	新加坡	217	20.08	33	2010—2022	4.17	57.79%	74.87
4	新加坡国家眼科中心	新加坡	198	20.57	31	2010—2022	4.63	51.37%	76.50
5	穆尔菲尔德眼科医院	英国	178	25.16	31	2001—2022	3.63	38.22%	80.98
6	哈佛大学	美国	173	36.74	28	2000—2022	4.33	40.13%	43.12
7	中国科学院	中国	144	15.12	22	2004—2022	3.08	47.66%	37.21

（续表）

序号	机构名称	国家	发文数量（篇）	篇均被引频次（次）	h指数	发文年份（年）	学科规范化影响力	一作发文数量占比（2008—2022年）	国际合作论文数量占比（%）
8	中山大学	中国	135	18.5	20	2010—2022	3.10	52.76%	61.42
9	约翰斯·霍普金斯大学	美国	127	25.39	25	2011—2022	3.82	57.14%	39.50
10	斯坦福大学	美国	120	25.72	27	2008—2022	3.68	47.41%	47.41
11	俄勒冈健康与科学大学	美国	103	16.71	20	2002—2022	2.97	61.86%	51.52
12	哈佛医学院	美国	101	48.54	20	2014—2022	5.72	37.89%	47.37
13	维也纳医科大学	奥地利	97	21.8	21	2004—2022	4.04	72.73%	55.06
14	约翰斯·霍普金斯医学院	美国	92	30.09	23	2011—2022	4.29	44.71%	38.82
15	杜克大学	美国	90	15.48	19	2005—2022	2.34	43.37%	41.18
16	哥伦比亚大学	美国	90	16.82	20	2006—2022	3.06	69.51%	36.47
17	首都医科大学	中国	85	25	17	2012—2022	3.01	26.58%	46.84
18	上海交通大学	中国	82	24.21	15	2004—2022	2.38	59.21%	33.33
19	伊利诺伊大学	美国	81	11.14	17	2015—2022	3.15	36.00%	50.67
20	美国国立卫生研究院	美国	78	8.45	12	2014—2022	3.18	51.43%	38.57
21	印度理工学院	印度	75	15.03	15	2013—2022	2.46	70.15%	25.37
22	迈阿密大学	美国	74	13.18	15	2007—2022	6.72	45.45%	74.24
23	香港中文大学	中国	74	34.34	20	2017—2022	2.43	34.85%	56.72
24	华盛顿大学	美国	72	18	14	2015—2022	2.83	55.07%	43.48

（续表）

序号	机构名称	国家	发文数量（篇）	篇均被引频次（次）	h 指数	发文年份（年）	学科规范化影响力	一作发文数量占比（2008—2022 年）	国际合作论文数量占比（%）
25	悉尼大学	澳大利亚	65	22.43	19	2008—2022	4.19	18.33%	85
26	宾夕法尼亚州立大学	美国	63	12.22	13	2005—2022	2.42	46.30%	47.27
27	印度国立技术研究院	印度	62	5.47	9	2016—2022	1.58	79.63%	14.81
28	美国退伍军人事务部	美国	62	33.56	21	2005—2022	2.43	26.32%	20.97
29	南洋理工大学	新加坡	59	28.05	18	2011—2022	3.63	41.51%	86.79
30	墨尔本大学	澳大利亚	58	15.72	13	2002—2022	2.99	41.07%	59.65

从发文数量来看，发文数量超过 150 篇的机构分别来自美国、英国和新加坡，其中加利福尼亚大学系统、伦敦大学和新加坡国立大学在该领域的发文数量均超过了 200 篇，排名前 3 位；中国科学院和中山大学分别排名第 7 位和第 8 位。

从发文质量来看，哈佛医学院的篇均被引频次最高，超过了 48 次；篇均被引频次超过 30 次的机构还有哈佛大学、香港中文大学、美国退伍军人事务部、加利福尼亚大学系统和约翰斯·霍普金斯大学。

从机构的 h 指数来看，伦敦大学的 h 指数最高，达到 35，其次是新加坡国立大学，为 33。另外，加利福尼亚大学系统、新加坡国立眼科中心、穆尔菲尔德眼科医院的 h 指数均为 31，说明这些机构在数字眼科及全身疾病认知领域发表的高质量论文较多。

全球数字眼科及全身疾病认知领域发文数量排名前 30 位的机构中，加利福尼亚大学系统和伦敦大学进入该领域研究较早，在 20 世纪 90 年代就已经有相关论文研究。穆尔菲尔德眼科医院、哈佛大学、俄勒冈健康与科学大学和墨尔本大学也都较早地在该领域产出了相关研究论文。

从发文主导率来看，排名前 30 位的机构的平均第一作者（以下简称"一作"）发文数量占比为 51.23%。一作发表论文数量最多的机构是印度国立技术研究院和维也纳医科大学，一作发文数量占比均超过 70%；其次是哥伦比亚大学和俄勒冈健康与科学大学，一作发文数量占比也都在 60% 以上。悉尼大学的一作发文数量占比最低，为 18.33%。

从国际合作来看，南洋理工大学、悉尼大学、穆尔菲尔德眼科医院和伦敦大学的国际合作论文数量占比较高，均大于等于 80%。印度国立技术研究院的国际合作论文数量占比最低，为 14.81%。

全球数字眼科及全身疾病认知领域排名前 30 位的发文机构之间的合作较为频繁，整体可以分为五大合作网络（见图 3-5）。一是以伦敦大学和穆尔菲尔德眼科医院为主构建的合作网络，主要合作机构有悉尼大学、华盛顿大学。二是以伊利诺伊大学和俄勒冈健康与科学大学为主构建的合作网络，主要合作机构有美国国立卫生研究院、东北大学（美国）、哈佛大学和约翰斯·霍普金斯大学。三是以新加坡国立大学和新加坡国家眼科中心为主构建的合作网络，主要合作机构有维也纳医科大学、南洋理工大学、香港中文大学、悉尼大学。四是以中山大学和中国科学院为主构建的合作网络，主要合作机构有上海交通大学、迈阿密大学和墨尔本大学。五是加利福尼亚大学系统和哥伦比亚大学合作网络。

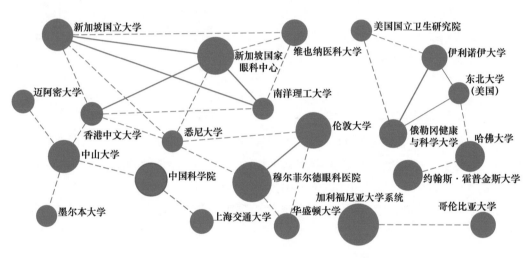

图 3-5　全球数字眼科及全身疾病认知领域排名前 30 位的发文机构合作关系

3.3.5　资助机构

全球数字眼科及全身疾病认知领域的论文获得了来自美国、中国、欧盟、英国、日本、德国、加拿大和西班牙等多个国家和地区的基金资助（见表 3-6）。其中，资助发文数量较多的基金机构分别是美国卫生及公众服务部和中国国家自然科学基金委员会，资助发文数量均超过 650 篇。美国预防失明研究所、欧盟委员会和美国国家科学基金会资助论文量位列第 3 ～ 5 名。

表 3-6　全球数字眼科及全身疾病认知领域发文主要资助机构

序号	资助基金机构	发文数量（篇）	国家和地区	主要发文机构及发文数量（篇）
1	美国卫生及公众服务部	682	美国	加利福尼亚大学系统（97） 俄勒冈健康与科学大学（91） 哈佛大学（72）

（续表）

序号	资助基金机构	发文数量（篇）	国家和地区	主要发文机构及发文数量（篇）
2	国家自然科学基金委员会	677	中国	中山大学（71） 中国科学院（71） 上海交通大学（57）
3	预防失明研究所	328	美国	俄勒冈健康与科学大学（75） 加利福尼亚大学系统（59） 伊利诺伊大学（46）
4	欧盟委员会	148	欧盟	伦敦大学（18） 拉科鲁尼亚大学（16） 穆尔菲尔德眼科医院（13）
5	美国国家科学基金会	120	美国	俄勒冈健康与科学大学（41） 伊利诺伊大学（33） 哈佛大学（25）
6	国家重点研发计划	97	中国	中山大学（28） 复旦大学（13） 上海交通大学（10）
7	英国研究与创新局	96	英国	伦敦大学（38） 穆尔菲尔德眼科医院（35） 利物浦大学（5）
8	中央高校基本科研业务费专项资金	69	中国	中国科学院（9） 中山大学（9） 西安电子科技大学（8）
9	日本文部科学省	63	日本	东京大学（19） 鹿儿岛大学（8） 北里大学（8）
10	德国研究联合会	40	德国	波恩大学（10） 美茵茨大学（7） 亥姆霍兹协会（6）
11	中国博士后科学基金会	39	中国	中国科学院（6） 南京航空航天大学（5） 南京医科大学（5）
12	加拿大自然科学与工程研究委员会	39	加拿大	滑铁卢大学（15） 西蒙弗雷泽大学（11） 不列颠哥伦比亚大学（9）
13	诺华集团	39	美国	加利福尼亚大学系统（11） 阿拉巴马大学（5） 杜克大学（4）
14	马德里卡洛斯三世大学	38	西班牙	科鲁尼亚大学（18） 科鲁尼亚大学生物医学研究所（8） 萨拉戈萨大学（8）

（续表）

序号	资助基金机构	发文数量（篇）	国家和地区	主要发文机构及发文数量（篇）
15	罗氏控股公司	38	美国	美国基因工程技术公司（18） 罗氏控股公司（18） 加利福尼亚大学系统（6）

获得美国卫生及公众服务部基金资助最多的机构分别是加利福尼亚大学系统、俄勒冈健康与科学大学和哈佛大学，平均资助发文数量为 86.6 篇。我国获得国家自然科学基金委员会资助最多的机构分别是中山大学、中国科学院和上海交通大学，平均资助发文数量为 66.3 篇。获得美国预防失明研究所资助最多的机构分别是俄勒冈健康与科学大学、加利福尼亚大学系统和伊利诺伊大学，平均资助发文数量为 60 篇。

3.3.6　研究热点

全球数字眼科及全身疾病认知领域高被引论文共计 65 篇，主要由来自美国、中国、英国、新加坡和印度等国家的机构发表。对这些高被引论文的研究主题进行聚类分析，发现该领域的主要研究方向聚焦在以下 5 个方面（见图 3-6）。

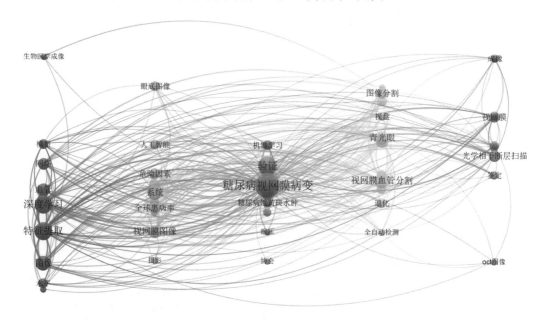

图 3-6　全球数字眼科及全身疾病认知领域高被引论文研究热点

（1）基于数字技术的图像处理技术：关键主题词包括功能学习、匹配过滤器、医学图像处理、生物医学成像、深度学习、特征提取、神经网络等。

（2）基于数字技术的远程医疗：关键主题词包括人工智能、危险因素、眼底图像、眼底检查、全球患病率、远程医疗等。

（3）基于数字技术的视网膜病变研究：关键主题词包括糖尿病性视网膜病变、分类、黄斑变性、机器学习、糖尿病性黄斑水肿、主成分分析（PCA）降维、眼压、机器学习等。

（4）基于数字技术的眼底病变研究：关键主题词包括视网膜血管分割、青光眼、图像分割、视神经头、视网膜病变、开角型青光眼、视盘、视杯分割等。

（5）光学相干断层扫描技术：关键主题词包括光学相干层析（OCT）成像、视网膜、光学相干断层扫描、鉴定等。

3.3.7　发文期刊

全球数字眼科及全身疾病认知领域发文数量排名前 30 的期刊大部分位于 Q1 和 Q2 分区（见表 3-7）。其中，发文数量最多的期刊为 *Investigative Ophthalmology & Visual Science*，发文数量达到 538 篇，篇均被引频次达 4.61 次；发文数量排名前 5 位的期刊还有 *Translational Vision Science & Technology*、*Scientific Reports*、*IEEE Access* 和 *JAMA Ophthalmology*。发文篇均被引频次最多的期刊是 *Medical Image Analysis*，篇均被引频次达 115.47 次；影响因子最高的期刊是 *Ophthalmology*，影响因子是 14.277。

表 3-7　全球数字眼科及全身疾病认知领域主要发文期刊

排名	期刊名称	发文数量（篇）	篇均被引频次（次）	期刊分区	影响因子
1	*Investigative Ophthalmology & Visual Science*	538	4.61	Q1	4.925
2	*Translational Vision Science & Technology*	133	5.84	Q2	3.048
3	*Scientific Reports*	127	9.62	Q2	4.996
4	*IEEE Access*	122	10.02	Q2	3.476
5	*JAMA Ophthalmology*	77	20.29	Q1	8.253
6	*Biomedical Optics Express*	76	32.13	Q2	3.562
7	*PLoS One*	73	14.66	Q2	3.752
7	*Ophthalmology*	73	40.40	Q1	14.277
9	*British Journal of Ophthalmology*	72	11.76	Q1	5.908
10	*Indian Journal of Ophthalmology*	68	5.81	Q3	2.969
11	*Eye*	65	9.43	Q1	4.456
11	*Journal of Telemedicine and Telecare*	65	12.40	Q1	6.344
13	*American Journal of Ophthalmology*	58	16.93	Q1	5.488
14	*Computers in Biology and Medicine*	55	14.44	Q1	6.698
15	*Computer Methods and Programs in Biomedicine*	54	18.52	Q1	7.027

（续表）

排名	期刊名称	发文数量（篇）	篇均被引频次（次）	期刊分区	影响因子
16	*Clinical and Experimental Ophthalmology*	50	6.40	Q1	4.383
16	*Asia-Pacific Journal of Ophthalmology*	50	5.80	Q2	4.206
18	*Sensors*	48	3.90	Q2	3.847
18	*Telemedicine and e-Health*	48	10.77	Q1	5.033
20	*Multimedia Tools and Applications*	45	3.91	Q2	2.577
20	*Biomedical Signal Processing and Control*	45	7.82	Q2	5.076
22	*Current Opinion in Ophthalmology*	43	8.88	Q1	4.299
22	*Medical Image Analysis*	43	115.47	Q1	13.828
24	*IEEE Journal of Biomedical and Health Informatics*	42	15.57	Q1	7.021
24	*IEEE Transactions on Medical Imaging*	42	61.40	Q1	11.037
24	*Graefe's Archive for Clinical and Experimental Ophthalmology*	42	12.64	Q2	3.535
27	*Journal of Clinical Medicine*	38	4.03	Q2	4.964
28	*Applied Sciences-Basel*	37	3.41	Q2	2.838
29	*Frontiers in Medicine*	30	0.43	Q2	5.058
29	*Acta Ophthalmologica*	30	7.53	Q2	3.988

3.3.8 中国研究现状

中国有多家机构在数字眼科及全身疾病认知领域进行相关研究并发表了相关论文。从发文机构类别来看，以大学为主，另外还有中国科学院和北京协和医院等机构（见表3-8）。

表 3-8 中国数字眼科及全身疾病认知领域发文主要机构

序号	机构名称	发文数量（篇）	篇均被引频次（次）	h指数	发文年份（年）	学科规范化影响力	一作发文数量占比（2008—2022 年）	国际合作论文数量占比（%）
1	中国科学院	144	15.12	22	2004—2022	2.96	48.53%	36.23
2	中山大学	137	18.48	21	2010—2022	3.07	53.49%	62.02
3	首都医科大学	85	25.18	17	2012—2022	3.01	26.58%	46.84
4	上海交通大学	83	12.27	55	2004—2022	2.36	59.74%	32.91
5	香港中文大学	74	34.66	20	2017—2022	6.72	45.45%	74.24

（续表）

序号	机构名称	发文数量（篇）	篇均被引频次（次）	h指数	发文年份（年）	学科规范化影响力	一作发文数量占比（2008—2022年）	国际合作论文数量占比（%）
6	清华大学	49	16.69	14	2009—2022	2.49	58.14%	23.26
7	复旦大学	44	6.61	8	2016—2022	1.57	28.57%	35.71
8	浙江大学	43	18.86	12	2017—2022	4.29	75.61%	41.46
9	深圳大学	41	15.05	9	2017—2022	1.51	67.50%	32.50
10	苏州大学	40	8.10	10	2018—2022	1.24	71.05%	10.53
11	北京航空航天大学	39	11.03	11	2017—2022	2.95	58.82%	55.88
12	北京大学	38	12.31	10	2018—2022	2.93	55.56%	58.33
13	南方科技大学	36	22.22	11	2019—2022	4.31	21.21%	45.45
14	中南大学	35	6.54	8	2014—2022	1.42	59.38%	28.12
15	北京协和医院	32	5.69	7	2019—2022	2.19	56.67%	33.33
16	南京医科大学	32	3.75	6	2019—2022	1.26	7.69%	19.23
17	电子科技大学	31	5.44	8	2017—2022	1.51	72.41%	44.83
18	东北大学	31	10.94	8	2017—2022	1.30	80.00%	23.33
19	中国科学技术大学	31	5.00	8	2017—2022	1.77	50.00%	28.57
20	暨南大学	29	6.38	7	2019—2022	1.35	27.59%	41.38
21	温州医科大学	29	6.48	7	2018—2022	2.20	57.14%	35.71
22	山东大学	28	12.32	7	2017—2022	1.06	38.46%	30.77
23	华南理工大学	28	7.96	7	2018—2022	1.64	55.56%	33.33
24	华中科技大学	27	18.15	8	2010—2022	2.18	40.00%	44.00
25	北京工业大学	26	8.73	7	2017—2022	1.60	89.47%	15.79
26	四川大学	24	61.42	5	2018—2022	3.91	86.36%	22.73
27	南京理工大学	23	5.17	5	2017—2022	1.46	64.71%	41.18
28	汕头大学	22	5.00	6	2015—2022	1.59	36.84%	26.32
29	西安电子科技大学	22	10.95	10	2017—2021	1.98	31.82%	54.55
30	北京理工大学	21	8.86	5	2017—2022	0.88	55.00%	35.00

　　中国在数字眼科及全身疾病认知领域发文数量较多的5个机构分别是中国科学院、中山大学、首都医科大学、上海交通大学和香港中文大学。其中，中国科学院、上海交通大学早在2004年就发表了相关研究成果；其他机构均在2009年之后才开始有相关成果发表。

　　四川大学和香港中文大学在该领域的论文整体质量较高，篇均被引频次分别为

61.42 次和 34.66 次。上海交通大学在该领域的高质量发文数量最多,机构的 h 指数达到 55。从学科归一化角度来看,香港中文大学的学科规范化影响力较高,达到 6.72。

从论文主导率来看,东北大学、北京工业大学、四川大学、浙江大学、苏州大学和电子科技大学的论文主导率较高,在该领域一作发文数量占比均超过 70%。

在国际合作方面,香港中文大学和中山大学的国际合作占比较高,分别为 74.24%和 62.02%。其次是北京航空航天大学、北京大学和西安电子科技大学,国际合作占比都超过了 50%。

中国数字眼科及全身疾病认知领域发文数量排名前 30 位机构的合作关系较为紧密,整体可以分为六大合作网络(见图 3-7)。

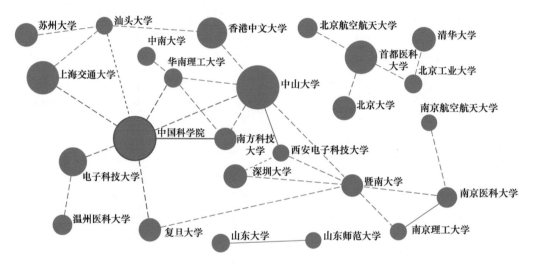

图 3-7　中国数字眼科及全身疾病认知领域发文数量排名前 30 位机构的合作关系

一是以中国科学院为中心构建的合作网络,合作机构包括华南理工大学、南方科技大学、电子科技大学、复旦大学、上海交通大学。

二是以中山大学为中心构建的合作网络,主要合作机构有香港中文大学、西安电子科技大学、华南理工大学和南方科技大学。

三是以汕头大学构建的合作网络,合作机构为苏州大学、上海交通大学和香港中文大学。

四是以首都医科大学和北京工业大学为主构建的合作网络,主要合作机构有北京航空航天大学、北京大学和清华大学。

五是以暨南大学、南京医科大学和南京理工大学为主构建的合作网络,主要合作机构还有南京航空航天大学。

六是山东大学和山东师范大学构建的合作网络。

对中国数字眼科及全身疾病认知领域发表论文的研究内容进行聚类分析,可以发现该领域的研究主要内容分为以下 6 个方面(见图 3-8)。

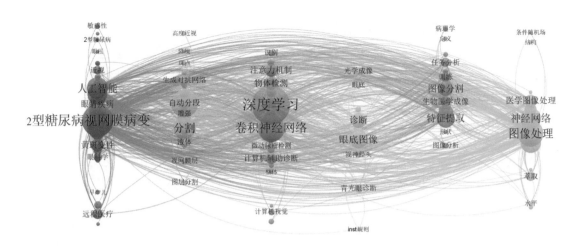

图 3-8 中国数字眼科及全身疾病认知领域论文研究热点

（1）基于视网膜图像的相关疾病研究：关键主题词包括 2 型糖尿病性视网膜病变、人工智能、2 型糖尿病、黄斑变性、早产儿和远程眼科等。

（2）光学相干断层扫描应用研究：关键主题词包括视网膜病变、算法、自动分割、黄斑水肿、成像、视网膜层、血管造影、脉络膜视网膜病变、图像重建等。

（3）人工智能技术研究：关键主题词包括卷积神经网络、迁移学习、计算机辅助诊断、注意力机制、集成学习、深度学习、物体检测等。

（4）眼底图像检测研究：关键主题词包括特征提取、图像分割、图像处理、光学成像、医学诊断、计算机视觉、眼底图像、自动诊断等。

（5）图像处理研究：关键主题词包括眼底图像、视盘分割、眼底照片、生物医学成像、计算机辅助诊疗、任务分析、图像分割、特征提取、图像分析等。

（6）基于卷积神经网络的视网膜血管分割研究：关键主题词包括医学图像处理、神经网络、图像处理、条件随机场等。

3.3.9 远程眼科领域研究态势

眼科远程医疗主要用于某些眼科疾病的筛查和诊断、慢性眼病的监测及眼科疾病的远程会诊等。人工智能技术的发展、5G 通信网络覆盖范围的扩大及新冠疫情全球大流行推动了眼科医疗服务的快速发展和眼科疾病的诊疗模式的转变。

依托互联网的技术优势，远程眼科领域早在 20 世纪 90 年代就产出了相关研究成果。近些年，随着数字技术的飞速发展，远程眼科领域的发文数量呈现快速上升趋势。从远程眼科在数字眼科领域的发文占比情况来看，19 世纪末 20 世纪初，远程眼科的发文占比均保持在 50% 以上，甚至在 1996 年、1999 年和 2000 年的发文占比均超过了 90%。而随着医疗影像、人工智能等技术在眼科疾病领域的应用，远程医疗领域的发文占比却逐年下降（见图 3-9）。

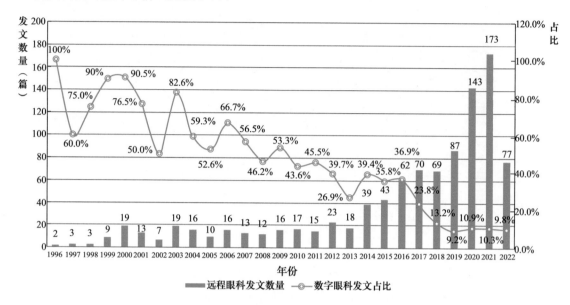

图 3-9　全球远程眼科领域发文趋势

从远程眼科领域的发文区域来看，美国在该领域的发文数量为 434 篇，位居第 1；第 2 位是印度，在该领域的发文数量为 128 篇；发文数量排名前 5 位的国家还有加拿大、英国和澳大利亚。中国在该领域的发文数量为 45 篇，居第 6 位（见图 3-10）。

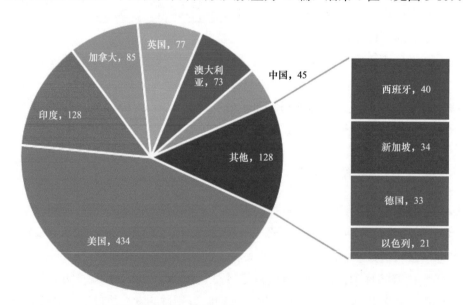

图 3-10　全球远程眼科领域发文区域分布（单位：篇）

远程眼科领域的发文数量排名前 15 位的机构主要来自美国、英国、新加坡、澳大利亚和加拿大。其中，哈佛大学和伦敦大学在该领域的发文数量分别列第 1 位和第 2 位；其次是穆尔菲尔德眼科医院、宾夕法尼亚大学和加利福尼亚大学系统（见图 3-11）。

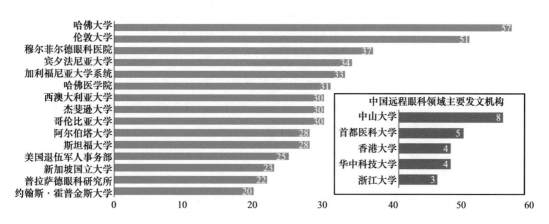

图 3-11　全球远程眼科领域主要机构及发文数量（单位：篇）

我国在远程眼科领域发文数量较多的 5 个机构分别是中山大学、首都医科大学、香港大学、华中科技大学和浙江大学。

通过主题聚类对远程眼科领域的研究热点进行分析，该领域的发文主题热点聚焦在以下 4 个方面（见图 3-12）。

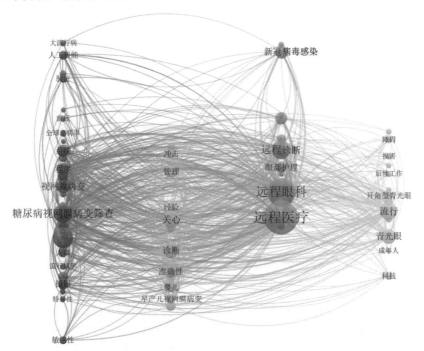

图 3-12　全球远程眼科领域研究热点

（1）基于远程眼科进行视网膜病变筛查：关键主题词包括糖尿病性视网膜病变筛

查、成本效益、摄影、危险因素、大流行病、黄斑水肿、眼底镜检查、人工智能、敏
感性等。

（2）基于远程眼科的视网膜病变诊断：关键主题词包括诊断、准确性、管理、失
明、图像、风险、可靠性、早产儿视网膜病变、急性视网膜病变等。

（3）远程眼科技术：关键主题词包括远程医疗、远程眼科、眼部护理、咨询、新
冠疫情、眼科学、智能手机、远程医疗、患者满意度等。

（4）基于远程眼科的青光眼诊断：关键主题词包括青光眼、视力障碍、开角型青
光眼、白内障、电子卫生、障碍、成年人等。

3.3.10 全身疾病认知领域研究态势

自 2000 年起就有机构开始在数字眼科治疗全身疾病领域发表相关研究论文，随后
经历了一段迟滞期；从 2014 年开始，数字眼科治疗全身疾病领域的研究论文开始逐步
增多（见图 3-13）。

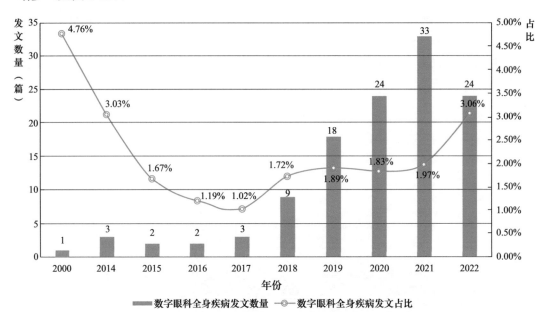

图 3-13　2000—2022 年全球数字眼科治疗全身疾病领域发文趋势

全球在数字眼科治疗全身疾病研究方面发文数量排名前 10 位的国家分别是中国、
美国、印度、德国、新加坡、韩国、英国、澳大利亚、波兰和巴基斯坦。其中，中国
在该领域发文数量为 32 篇，居首位；美国和印度分别列第 2 位和第 3 位；德国、新加
坡、韩国并列第 4 位（见图 3-14）。

全球在数字眼科治疗全身疾病领域发文数量排名前 14 位的机构主要来自新加坡、
中国、美国、英国和波兰。其中，新加坡国家眼科中心和香港中文大学在该领域均发
文 9 篇，位列第 1；新加坡国立大学在该领域发文 8 篇，排在第 3 位（见图 3-15）。

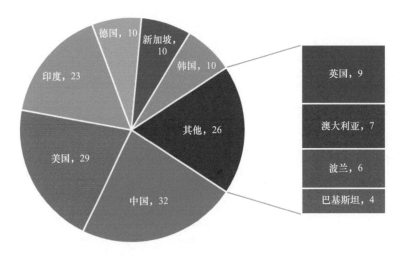

图 3-14　全球数字眼科治疗全身疾病领域发文国家（单位：篇）

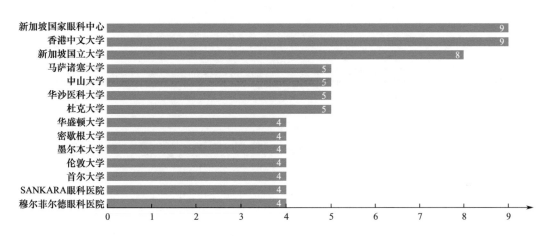

图 3-15　全球数字眼科治疗全身疾病领域发文主要机构（单位：篇）

通过主题聚类可发现，数字眼科治疗全身疾病领域发文热点主题方向主要聚焦在心血管疾病、神经疾病、糖尿病、眼底图像及肾脏疾病相关研究方面（见图 3-16）。

（1）基于数字眼科的心血管疾病研究：关键主题词包括视网膜血管分割、冠心病、血压、心血管疾病、心血管危险因素、中风、视网膜微血管异常、心脏病等。

（2）基于数字眼科的神经疾病研究：关键主题词包括痴呆、阿尔茨海默病、帕金森病、轻度认知障碍、流行病学、神经网络、预测、眼动追踪等。

（3）基于数字眼科的糖尿病研究：关键主题词包括糖尿病性视网膜病变、深度学习、危险因素、糖尿病、视网膜病变、卷积神经网络、风险、黄斑水肿、黄斑变性、1 型糖尿病、神经退性疾病等。

（4）基于数字眼科的眼底图像研究：关键主题词包括人工智能、联合视神经盘、基于空间的椭圆拟合曲线、视杯、图像、青光眼、图像分割、算法、深度神经网络等。

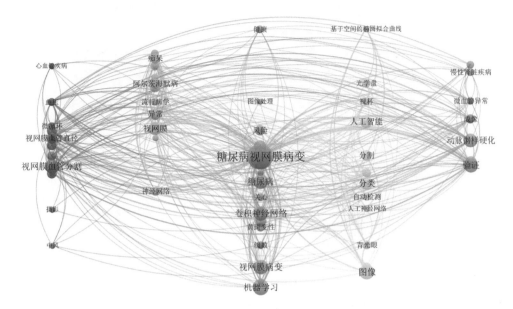

图 3-16　全球数字眼科治疗全身疾病领域发文热点主题

（5）基于数字眼科的肾脏疾病研究：关键主题词包括动脉粥样硬化、微血管异常、眼部疾病、慢性肾脏疾病、成像、降压治疗等。

3.4　全球数字眼科与全身疾病认知方法及关键技术专利态势

数字眼科与全身疾病认知领域技术产业应用市场非常广泛，科研机构纷纷在该领域进行了专利技术申请，以保护本机构的知识产权。本节以科睿唯安旗下的 Incopat 专利数据库作为专利数据源，利用人工智能、机器学习、深度学习、虚拟现实、青光眼、白内障、视网膜病变、黄斑性病变、远程眼科等关键词构建数字眼科及全身疾病认知领域检索策略，并进行数据检索，检索时间为 2022 年 6 月 30 日。检索数据经人工判读，去除噪声文献后，获得该领域专利 2970 条，经申请号同族合并后获得专利 2341 项。

3.4.1　专利申请趋势

整体来看，全球数字眼科与全身疾病认知领域专利呈现前期缓慢发展、中期稳步增长和后期快速上升 3 个阶段（见图 3-17）。

（1）自 1996 年起，就有相关机构申请了数字眼科与全身疾病认知领域的专利保护，该专利主要是关于远程眼科诊疗相关研究，专利成果主要来自美国和韩国。

（2）2006—2014 年，互联网及数字技术不断发展，美国、中国、日本、印度等国家积极推行数字医疗战略，数字眼科与全身疾病认知领域的科研成果得到了提升，领域相关专利呈现逐年增长趋势，这段时期内，美国是该领域主要的成果产出国家，日本紧随其后，中国开始有零星的专利申请。

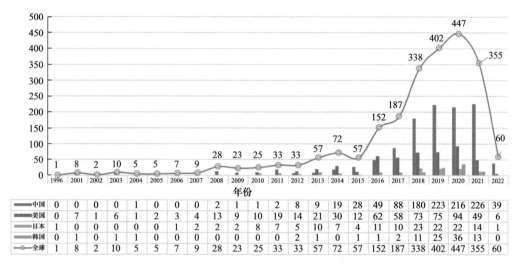

	1996	2001	2002	2003	2004	2005	2006	2007	2008	2009	2010	2011	2012	2013	2014	2015	2016	2017	2018	2019	2020	2021	2022
中国	0	0	0	0	1	0	0	0	2	1	1	2	8	9	19	28	49	88	180	223	216	226	39
美国	0	7	1	6	1	2	3	4	13	9	10	19	14	21	30	12	62	58	73	75	94	49	6
日本	1	0	0	0	0	0	1	2	2	2	8	7	5	10	7	4	11	10	23	22	22	14	1
韩国	0	1	0	1	1	0	0	0	0	0	0	0	2	1	0	1	1	2	11	25	36	13	0
全球	1	8	2	10	5	5	7	9	28	23	25	33	33	57	72	57	152	187	338	402	447	355	60

图 3-17 全球数字眼科与全身疾病认知领域专利申请趋势（单位：项）

（3）2015 年以后，随着数字技术的不断迭代升级，数字技术与医疗领域的融合更趋完善，数字眼科受到了广泛的重视，数字眼科与全身疾病认知领域的专利数量增速显著。在此期间，中国凭借广阔的应用市场和领先的数字技术，在该领域的专利数量超过了美国，位居全球第 1。

3.4.2 主要国家 / 地区

1. 专利申请国家

中国在数字眼科与全身疾病认知领域共申请专利数量 1092 项，占全球该领域专利总量的 48.6%，居第 1 位（见图 3-18）。美国紧随其后，专利全球占比为 24.9%。专利申请数量排名前 10 位的国家还有日本、韩国、印度、德国、英国、新加坡、澳大利亚和瑞士。

2. 专利布局市场

从数字眼科与全身疾病认知领域的技术市场来看，中国、美国和印度既是数字眼科领域的技术来源国，也是技术的主要应用市场（见图 3-19）。除此之外，全球主要国家还在世界知识产权组织、欧洲专利局申请了专利保护，在这两个组织中申请专利的数量占全球专利总量的 18.5%。

3. 专利技术流向

通过专利的全球布局可以看出全球数字眼科与全身疾病认知领域的技术流向。这里遴选了专利申请数量较多的 5 个国家，分别是中国、美国、日本、韩国和英国，分析这 5 个国家之间的专利技术流向关系。图 3-20 中球的大小代表作为专利申请国家的专利数量，同色系的射线表示本国专利对外申请数量。

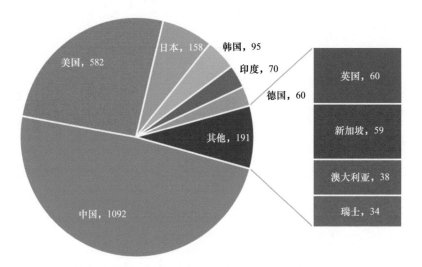

图 3-18　全球数字眼科与全身疾病认知领域专利申请国家（单位：项）

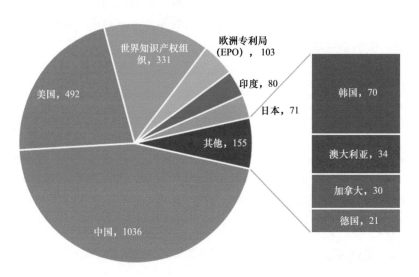

图 3-19　全球数字眼科与全身疾病认知领域专利技术市场分布（单位：项）

中国作为专利申请数量最多的国家，在美国、日本、韩国和英国均有专利申请，其中以美国申请为主，远超过美国在中国的专利申请数量，说明美国是中国的关键技术市场国家。

美国在日本、韩国、英国和中国 4 个国家均进行了专利布局，其中向日本申请的专利数量最多，其次是中国，说明日本和中国是美国的关键技术市场国家。

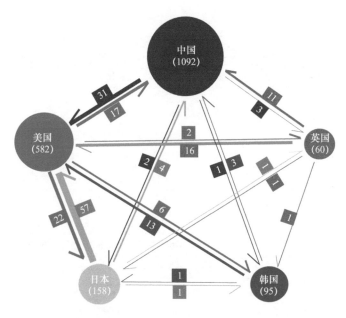

图 3-20　全球数字眼科与全身疾病认知领域专利技术流向（单位：项）

　　日本虽然也向中国、韩国和英国申请了专利保护，但是数量极少。日本更加看重美国的技术市场，在美国申请了 57 项专利，超过了美国在日本申请专利数量的 2 倍。

　　韩国和英国的重要技术市场也是美国，两国在美国申请专利数量均在 15 项以上。同时，英国也较为重视中国的技术市场，在中国有一定的专利布局。

3.4.3　技术分类

　　利用全球国际专利分类号（IPC）统计全球数字眼科与全身疾病认知领域的技术方向，按照专利数量进行排名，该领域排名前 10 位的关键技术聚焦在图像处理、眼睛诊疗装置和计算机系统等领域（见表 3-9）。

表 3-9　全球数字眼科与全身疾病认知领域主要技术方向

序号	IPC 主分类号（大组）		IPC 主分类号（小组）	
	分类定义	专利数量（项）	分类定义	专利数量（项）
1	G06T7 图像检测与分析	768	G06T7/00（图像分析）	510
			G06T7/11（图像区域分割）	100
			G06T7/10（图像边缘检测）	32
			G06T7/12（图像边缘分割）	27
			G06T7/60（图形属性分析）	13
			其他	86

序号	IPC 主分类号（大组）		IPC 主分类号（小组）	
	分类定义	专利数量（项）	分类定义	专利数量（项）
2	A61B3 眼睛检查仪器	643	A61B3/10（眼睛检验器械）	203
			A61B3/12（眼底检查设备）	132
			A61B3/00（眼睛检查仪器）	113
			A61B3/14（眼睛摄影装置）	92
			A61B3/113（眼球运动记录装置）	15
			其他	88
3	G06K9 图像特征识别及预处理	371	G06K9/00（图形识别方法及装置）	182
			G06K9/62（应用电子设备识别图像）	109
			G06K9/46（图像特征提取）	28
			G06K9/20（图像捕获）	8
			G06K9/36（图像预处理）	7
			其他	37
4	G16H50 医疗数据分析的数字信息系统	121	G16H50/20（计算机辅助医疗专家系统）	78
			G16H50/30（健康指数评估）	18
			G16H50/70（医疗数据挖掘）	8
			G16H50/50（医疗模拟）	7
			G16H50/00（用于医疗诊断或医疗数据挖掘的 ICT）	3
			其他	7
5	A61B5 眼科特征诊断	60	A61B5/00（诊断测量）	39
			A61B5/02（血压／血流测量）	3
			A61B5/0496（眼电图）	2
			A61B5/1455（光学传感器）	2
			A61B5/398（眼电图术）	2
			其他	12
6	G06T5 图像增强处理	38	G06T5/00（图像增强或复原）	30
			G06T5/50（多图分析）	7
			其他	1
7	G16H30 用于医学图像加工的数字技术	28	G16H30/20（医学图像处理）	11
			G16H30/40（医学图像编辑）	11
			G16H30/00（用于处理或加工医学图像的 ICT）	5
			其他	1

（续表）

序号	IPC 主分类号（大组）		IPC 主分类号（小组）	
	分类定义	专利数量（项）	分类定义	专利数量（项）
8	A61F9 眼睛治疗方法或设备	25	A61F9/008（应用激光治疗）	12
			A61F9/00（眼睛治疗设备）	8
			A61F9/007（眼外科装置）	4
			其他	1
9	G06N3 基于生物学模型的计算机系统	20	G06N3/04（拓扑体系结构）	12
			G06N3/02（神经网络模型）	6
			其他	2
10	G06T3 图形图像转换	16	G06T3/40（图像缩放）	11
			G06T3/00（图形转换）	5

在图像处理方面主要有图像检测与分析（图像边缘检测、图像分析、图像属性分析、图像边缘分割、图像区域分割），图像特征识别及预处理（图形识别方法及装置、图像捕获、应用电子设备识别图像、图像预处理和图像特征提取），图像增强处理（图像增强或复原、多图分析），用于医学图像加工的数字技术（医学图像处理、医学图像编辑、用于处理或加工医学图像的 ICT）和图形图像转换（图像缩放、图形转换）。

在眼睛诊疗装置方面主要有眼睛检查仪器（眼睛检验器械、眼底检查设备、眼睛检查仪器、眼球摄影装置、眼球运动记录装置），眼科特征诊断（诊断测量、血压/血流测量、眼电图、光学传感器、眼电图术），眼睛治疗方法或设备（应用激光治疗、眼睛治疗设备、眼外科装置），医疗数据分析的数字信息系统（计算机辅助医疗系统、健康指数评估、医疗数据挖掘、医疗模拟、用于医疗诊断或医疗数据挖掘的 ICT）。

3.4.4 技术热点

利用摘要和权利要求内容对全球数字眼科与全身疾病认知领域专利进行主题词聚类。该领域的热点研究方向主要聚焦在以下方向（见图 3-21）。

（1）基于数字技术的白内障治疗：主要关键词包括白内障治疗、图像处理程序、数学模型、白内障手术、光学成像技术、角膜地形图仪等。

（2）基于数字技术的视网膜病变研究：主要关键词包括糖尿病性视网膜病变、视网膜病变、神经网络、视网膜疾病、数据收集、测量机、视网膜成像、成像系统、视网膜血管、视网膜图像等。

（3）光学相干断层成像技术在数字眼科领域应用：主要关键词包括光学相干层析成像、图像数据、断层图、光学相干断层成像、光学相干断层扫描等。

（4）基于数字技术的视盘分割研究等：主要关键词包括视盘、分割等。

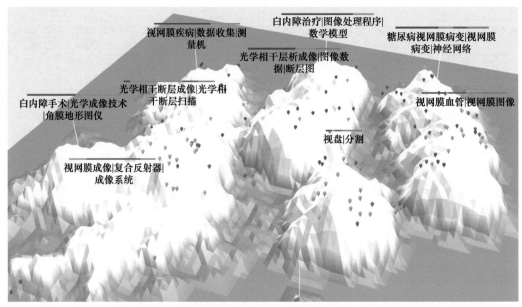

蓝色：中山大学　黄色：北京鹰瞳科技发展股份有限公司　红色：苏州比格威医疗科技有限公司　绿色：苏州大学

图 3-21　全球数字眼科与全身疾病认知领域热门主题

3.4.5　主要专利申请人

1. 专利申请排名

全球有多个机构在数字眼科与全身疾病认知领域进行了专利布局，按照专利数量进行排序，可筛选出该领域排名前30位的机构。全球数字眼科与全身疾病认知领域专利申请数量排名前30位的机构主要来自中国、美国、日本、新加坡、德国和瑞士。其中，中国机构数量最多，占比超过了50%；其次是美国，占比达16.7%。

在该领域专利申请数量排名前5位的机构分别是中山大学、平安科技（深圳）有限公司、卡尔蔡司医疗技术股份公司、尼德克株式会社、苏州大学、北京鹰瞳科技发展股份有限公司（其中，苏州大学和北京鹰瞳科技发展股份有限公司并列第5位）。

有效专利数量较多的机构分别是苏州大学、深圳硅基仿生科技有限公司、北京鹰瞳科技发展股份有限公司、拓普康株式会社、佳能株式会社和卡尔蔡司医疗技术股份公司，有效专利量均超过13项，这些机构的专利总量也非常高。

有效专利占比较高的机构分别是深圳硅基仿生科技有限公司、眼泪科学公司、苏州比格威医疗科技有限公司、苏州大学、佳能株式会社、谷歌公司和山东师范大学，有效专利占比均超过了65%，其中深圳硅基仿生科技有限公司的有效专利占比达86.4%。

专利申请数量排名前30位的机构中，高价值专利数量较多的机构分别是拓普康株式会社、深圳硅基仿生科技有限公司、卡尔蔡司医疗技术股份公司、苏州大学和佳能株式会社，高价值专利均超过 16 项。

高价值专利占比较高的机构分别是眼泪科学公司、深圳硅基仿生科技有限公司、佳能株式会社、谷歌公司、苏州比格威医疗科技有限公司、苏州大学、新加坡国立大学和浙江大学，高价值专利占比均超过 50%，其中眼泪科学公司的高价值专利占比达100%（见表 3-10）。

表 3-10　全球数字眼科与全身疾病认知领域主要专利申请人

排名	申请人	国家	专利数量（项）	有效专利数量（项）	有效专利占比（%）	高价值专利数量（项）	高价值专利占比（%）
1	中山大学	中国	50	10	20.0	8	16.0
2	平安科技（深圳）有限公司	中国	49	3	6.1	8	16.3
3	卡尔蔡司医疗技术股份公司	德国	40	14	35.0	18	45.0
4	尼德克株式会社	日本	36	7	19.4	6	16.7
5	苏州大学	中国	31	21	67.7	17	54.8
5	北京鹰瞳科技发展股份有限公司	中国	31	17	54.8	11	35.5
7	拓普康株式会社	日本	48	17	35.4	21	43.8
8	电子科技大学	中国	26	10	38.5	11	42.3
9	佳能株式会社	日本	24	16	66.7	17	70.8
10	中南大学	中国	23	12	52.2	9	39.1
11	深圳硅基仿生科技有限公司	中国	22	19	86.4	20	90.9
12	谷歌公司	美国	21	14	66.7	14	66.7
13	日本光学影像公司	日本	19	8	42.1	7	36.8
13	福州依影健康科技有限公司	中国	19	4	21.0	9	36.0
15	加利福尼亚大学系统	美国	18	1	5.6	6	33.3
16	新加坡保健服务公司	新加坡	17	3	17.6	8	47.1
16	浙江大学	中国	17	11	64.7	9	52.9
16	苏州比格威医疗科技有限公司	中国	17	13	76.5	11	64.7
19	新加坡科技研究局	新加坡	15	4	26.7	7	46.7
19	爱尔康公司	瑞士	15	3	20.0	3	20.0
19	新加坡国立大学	新加坡	15	3	20.0	8	53.3
22	俄勒冈健康与科学大学	美国	14	5	35.7	7	50.0
22	眼泪科学公司	美国	14	12	85.7	14	100.0
22	东北大学	中国	14	6	42.9	6	42.9
25	路易斯维尔大学研究基金会	美国	13	3	23.1	5	38.5

（续表）

排名	申请人	国家	专利数量（项）	有效专利数量（项）	有效专利占比（%）	高价值专利数量（项）	高价值专利占比（%）
25	北京致远慧图科技有限公司	中国	13	7	53.8	4	47.3
26	北京理工大学	中国	12	6	50.0	4	33.3
26	南京理工大学	中国	12	3	25.0	4	33.3
26	哈尔滨理工大学	中国	12	0	0.0	0	0.0
26	山东师范大学	中国	12	8	66.7	5	41.7

2. 专利申请趋势

分析该领域重要机构的专利申请趋势，从整体上看，2015 年之前，主要机构的专利申请数量基本呈现缓慢变化趋势，专利申请数量相差不多；2016 年之后，各个机构的专利申请开始出现明显波动，各机构分别在不同的年份达到申请高峰。

其中，佳能株式会社相较于其他机构而言，其前期专利申请互动非常频繁，但是在近几年年度专利申请数量逐步下降。平安科技（深圳）有限公司在 2018 年之前，年均专利申请数量均落后其他机构，自 2019 年起，其专利申请活动异常活跃，一度超越其他机构。苏州大学在该领域的专利申请活动相对较为平稳。中山大学、电子科技大学和北京鹰瞳科技发展股份有限公司的专利申请活跃度一直呈现上升趋势，并在2019 年达到高峰。尼德克株式会社和中南大学的发展趋势与中山大学相似，其申请高峰在 2018 年出现，其中尼德克株式会社的申请高峰持续时间较长，从 2018 年持续到了 2020 年（见图 3-22）。

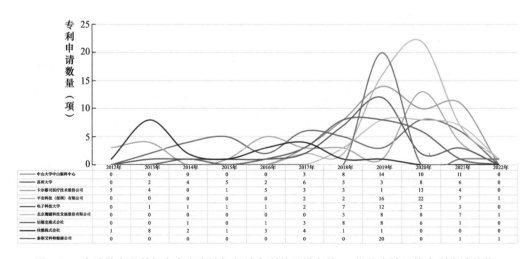

图 3-22　全球数字眼科与全身疾病认知领域专利数量排名前 10 位的申请机构专利申请趋势

3. 技术构成布局

全球数字眼科与全身疾病认知领域主要机构在图像分析（G06T7/00）技术方向均申请了大量专利；卡尔蔡司医疗技术股份公司和尼德克株式会社在眼睛检查器械（A61B3/10）方向的专利申请数量较多；平安科技（深圳）有限公司还在应用电子设备识别（G06K9/62）方向申请了一定量专利保护，苏州大学在图像区域分割（G06T7/11）方向申请了相关专利保护（见表3-11）。

表3-11　全球数字眼科与全身疾病认知领域专利申请人技术方向

机构	G06T 7/00	A61B 3/10	G06K 9/00	A61B 3/12	A61B 3/00	G06K 9/62	G06T 7/11	A61B 3/14	G16H 50/20	G06T 5/00
中山大学	14	2	8	4	0	1	2	0	3	0
平安科技（深圳）有限公司	25	1	4	1	0	7	0	0	0	1
苏州大学	15	1	2	1	0	5	6	0	0	2
北京鹰瞳科技发展股份有限公司	12	1	2	4	0	2	1	0	1	1
卡尔蔡司医疗技术股份公司	7	8	5	3	3	1	1	1	0	2
尼德克株式会社	4	22	2	1	2	0	0	2	0	0
电子科技大学	8	0	3	1	0	0	0	0	0	0
中南大学	11	0	0	0	0	2	5	0	0	0
佳能株式会社	7	5	4	1	4	0	0	6	0	0
日本光学影像公司	4	3	2	1	2	0	0	0	1	1

4. 技术市场布局

从全球数字眼科与全身疾病认知领域专利申请机构的市场布局情况来看，日本的机构除在本土有专利申请外，还分别在美国、世界产权组织、欧洲专利局、韩国、印度、澳大利亚、德国进行了专利申请。其中，佳能株式会社的专利技术市场布局较为广泛。

与日本的机构相比较，大部分中国的机构只在本土进行了专利保护，只有平安科技（深圳）有限公司分别在美国和世界产权组织有专利申请（见图 3-23）。我国在该领域申请专利数量较多的机构特点是：高校申请专利数量较多，表明在该领域我国的主要研发主体以高校为主，但是该领域的应用需求较强，因此需要加强高校与企业的合作。另外，我国企业的专利技术在海外市场的布局较弱，需要加强全球市场保护意识。

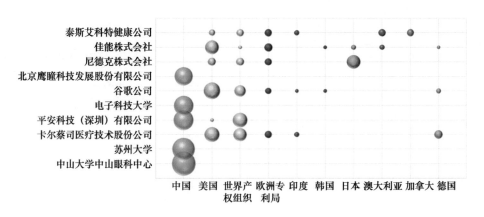

图 3-23　全球数字眼科与全身疾病认知领域专利申请人市场布局

3.4.6　中国专利态势

利用专利法律状态和申请类型进行筛选，遴选中国数字眼科与全身疾病认知领域的授权发明和实用新型专利，形成分析数据集，该数据集共有专利 280 项。

中国数字眼科与全身疾病认知领域授权专利数量超过 10 项的机构分别是苏州大学、北京鹰瞳科技发展股份有限公司、苏州比格威医疗科技有限公司和浙江大学；授权专利数量超过 5 项的机构还有深圳硅基仿生科技有限公司、中南大学、中山大学、电子科技大学、山东师范大学、北京致远慧图科技有限公司、北京理工大学和东北大学；排名前 14 位的机构中还有四川和生视界医药技术开发有限公司和北京至真互联网技术有限公司（见图 3-24）。

对中国数字眼科与全身疾病认知领域授权专利进行主题聚类，该领域的主要研究热点聚焦在以下方面（见图 3-25）。

（1）远程眼科研究：关键主题词包括智能眼镜、远程采集、远程诊断等。

（2）基于数字技术的视网膜病变研究：关键主题词包括视网膜图像、视网膜血管、深度学习、非经典感受野、脉络膜新生血管、反应扩散方程、代价敏感学习、视网膜神经纤维层、流形正则化等。

（3）图像处理技术：关键主题词包括成像系统、虚拟现实、图像采集、自动分割、区域图像等。

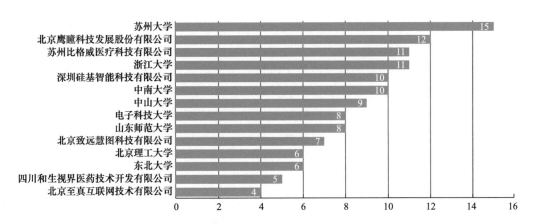

图 3-24　中国数字眼科与全身疾病认知领域授权专利数量排名前 14 位的机构（单位：项）

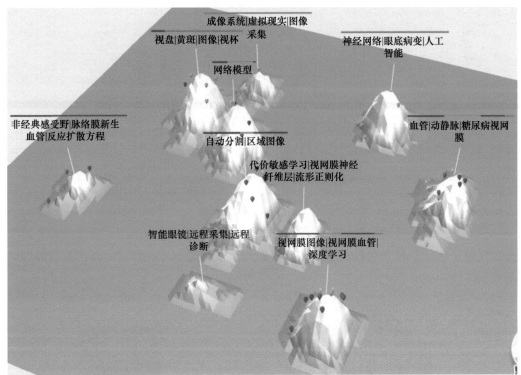

蓝色：苏州大学；黄色：浙江大学；红色：苏州比格威医疗科技公司；绿色：北京鹰瞳科技发展股份有限公司

图 3-25　中国数字眼科与全身疾病认知领域授权专利主题聚类

（4）基于数字技术的眼底病变研究：关键主题词包括神经网络、眼底病变、人工智能、网络模型、视盘、黄斑、图像、视杯等。

3.4.7　远程眼科领域专利

全球在远程眼科领域申请专利共计 100 项（经申请号合并），该领域专利申请较早，早些年一直有零星专利申请；自 2015 年之后，远程眼科领域的专利数量出现显著增长，并一直保持平稳趋势。

从远程眼科领域专利申请数量占数字眼科与全身疾病认知领域专利总量的比重来看，由于远程眼科发展较早，故早些年远程眼科专利所占比重较高；随着数字技术和眼科治疗的不断融合发展，近些年在应用数字技术治疗眼科疾病和全身疾病方面申请专利的数量飞速发展，使得远程眼科在数字眼科领域的专利占比显著下降，近些年保持在 3.5% 左右（见图 3-26）。

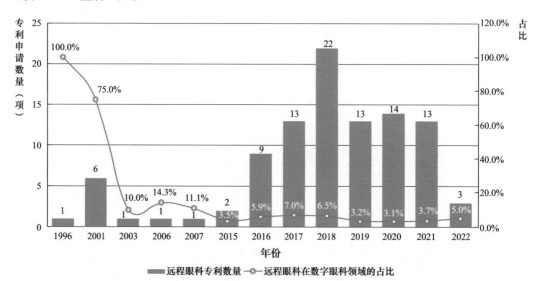

图 3-26　全球远程眼科领域专利申请趋势

全球远程眼科领域专利申请数量最多的两个国家分别是美国和中国，这两个国家在该领域申请的专利之和占到全球总量的 87%；其次是日本和韩国，在该领域分别申请专利 6 项和 2 项（见图 3-27）。

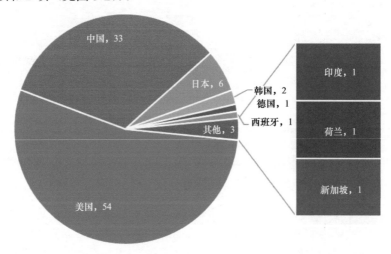

图 3-27　全球远程眼科领域专利申请国家（单位：项）

全球远程眼科领域的专利技术主要布局在眼睛检测装置（眼睛检查仪器、眼底检查设备、眼睛检验器械、裂隙灯显微镜），眼睛参数测量（视敏度测试、多个眼测试装置、眼内压测量），眼睛成像装置（眼睛摄影装置、确定物体或摄像机的姿态／方向），远程医疗控制系统（远程操作医疗设备、计算机辅助医疗专家系统、协同诊断／治疗或健康监测的 ICT 技术、语音识别程序、患者电子病历）等方面（见图 3-28）。

图 3-28　全球远程眼科领域专利技术及数量（单位：项）

对全球远程眼科领域的专利进行主题聚类，该领域主要研究热点聚焦在以下方面（见图 3-29）。

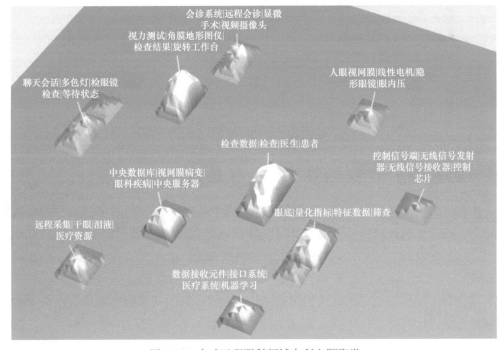

图 3-29　全球远程眼科领域专利主题聚类

（1）远程医疗系统：关键主题词包括会诊系统、远程会诊、显微手术、视频摄像头等。

（2）眼睛测量：关键主题词包括视力测试、角膜地形图仪、检查结果、旋转工作台、聊天会话、多色灯、检眼镜检查、等待状态、人眼视网膜、线性电机、隐形眼镜、眼内压、远程采集、干眼、泪液、医疗资源等。

（3）控制系统：关键主题词包括控制信号端、无线信号发射器、无线信号接收器、控制芯片等。

（4）医疗数据处理：关键主题词包括中央数据库、视网膜病变、眼科疾病、中央服务器、眼底、量化指标、特征数据、数据接收元件、接口系统、医疗系统、机器学习、筛查、检查数据、检查、医生、患者等。

全球远程眼科领域专利申请数量超过 1 项的机构有 11 家，其中，数字光学公司和 GLOBECHEK 公司在该领域申请专利均超过 10 项；专利数量排名前 5 位的机构还有福州亿盈健康科技有限公司、加利福尼亚大学系统和费城眼科成像公司（见图 3-30）。

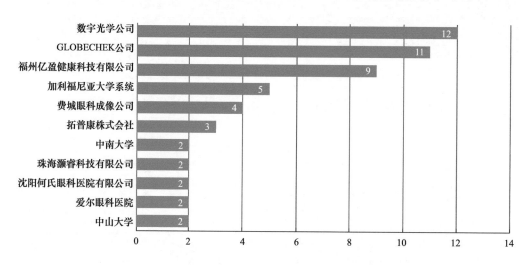

图 3-30　全球远程眼科领域主要专利申请机构（单位：项）

3.4.8　全身疾病认知领域专利

全球在数字眼科治疗全身疾病领域申请专利 164 项，早在 2003 年就有机构在该领域申请了相关专利，随后经历了一段沉寂期；直到 2009 年，才开始有相关专利申请，并且持续稳定发展；近些年，该领域的专利发展较为快速，2021 年专利申请数量超过了 40 项。

从占数字眼科与全身疾病认知领域的比重来看，最初几年数字眼科治疗全身疾病领域的专利占比达到 10% 左右；随着数字技术在眼科疾病方面的应用不断推广，数字眼科治疗全身疾病方面的专利占比出现下降，基本保持在 6.5% 左右；近两年，该值有所提升，2021 年达到了 11.8%，说明近些年利用数字眼科技术进行全身疾病治疗的研究和产出逐步增多（见图 3-31）。

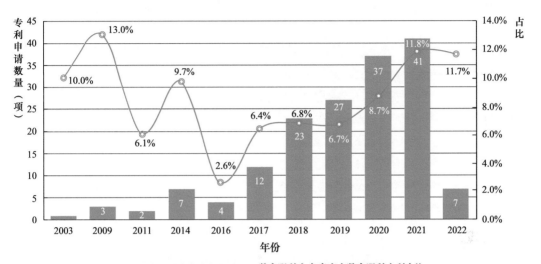

图 3-31 全球数字眼科治疗全身疾病领域专利申请趋势（单位：项）

中国在全球数字眼科治疗全身疾病领域申请专利数量最多，占比超过 48%。美国在该领域申请专利 24 项，位列第 2。韩国、印度和澳大利亚在该领域申请专利均在 5 项以上，排在前 5 名内（见图 3-32）。

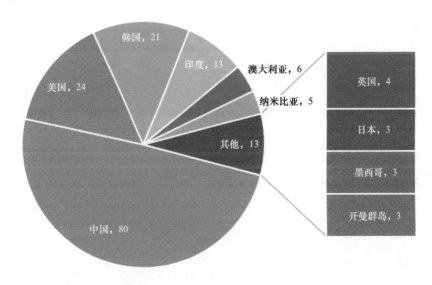

图 3-32 全球数字眼科治疗全身疾病领域专利国家布局（单位：项）

全球在数字眼科治疗全身疾病领域专利申请数量超过 2 项的机构有 8 家，其中深圳硅基仿生科技有限公司在该领域申请专利 11 项，位列第 1；其次是神经视觉成像有限责任公司，申请专利 6 项；哈尔滨理工大学和北京鹰瞳科技发展股份有限公司在该领域申请专利 4 项，并列第 3；中山大学、泓博智源（开原）药业有限公司、视网膜医学中心和苏州博众精工科技有限公司在该领域均申请专利 3 项（见图 3-33）。

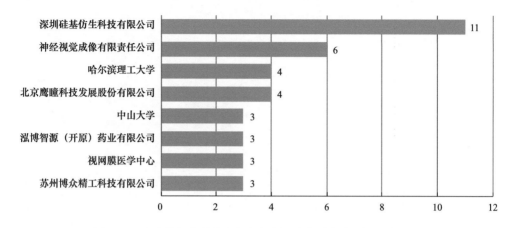

图 3-33　全球数字眼科治疗全身疾病领域专利申请机构（单位：项）

　　全球数字眼科治疗全身疾病领域专利技术主要布局在眼睛检查装置（眼底检查设备、眼睛检查仪器、眼睛检验器械）、图像识别（眼睛摄影装置、图形识别方法及装置、应用电子设备识别图像）、图像处理（图像分析、区域分割、医学图像编辑、图像特征提取）、数字技术（神经网络学习方法、机器学习）、计算机辅助系统（计算机辅助医疗专家系统、拓扑体系结构）、眼部参数测量（诊断测量）等方面（见图 3-34）。

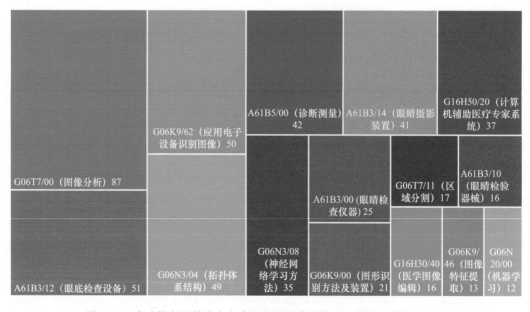

图 3-34　全球数字眼科治疗全身疾病领域专利技术及数量（单位：项）

对全球数字眼科治疗全身疾病领域的专利摘要和权利要求进行主题聚类，该领域的研究热点主要分布在以下方面（见图 3-35）。

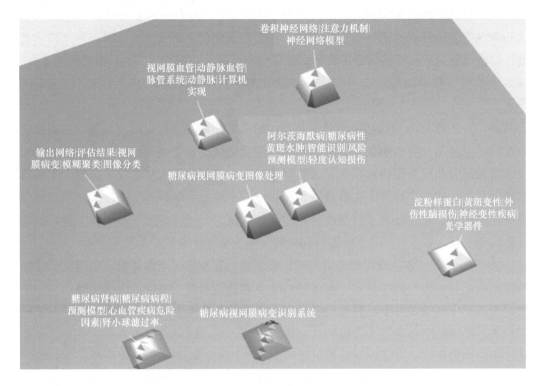

图 3-35　全球数字眼科治疗全身疾病领域专利主题聚类

（1）基于数字眼科的肾病治疗：主要关键词包括糖尿病肾病、糖尿病病程、预测模型、心血管疾病危险因素、肾小球滤过率等。

（2）基于数字眼科的神经疾病治疗：主要关键词包括淀粉样蛋白、黄斑变性、外伤性脑损伤、神经变性疾病、光学器件、阿尔茨海默病、糖尿病性黄斑水肿、智能识别、风险预测模型、轻度认知损伤、卷积神经网络、注意力机制、神经网络模型等。

（3）基于数字眼科的心血管疾病治疗：主要关键词包括视网膜血管、动静脉血管、脉管系统、动静脉、计算机实现等。

（4）基于数字眼科的糖尿病治疗：主要关键词包括输出网络、评估结果、视网膜病变、模糊聚类、图像分类、糖尿病性视网膜病变图像处理、糖尿病性视网膜病变识别系统等。

3.5　小结

在数字经济不断推进的大背景下，以人工智能为代表的数字技术与医疗健康行业融合程度越发紧密，美国、英国、日本、欧盟、中国等主要国家和地区纷纷推出了支持人工智能的相关政策。眼科以其丰富的临床影像数据及庞大的患者群体需求，成为医学人工智能领域的重要创新方向。美国、英国、日本等国家在数字眼科与全身疾病认知领域都纷纷开展科研基金资助项目，我国的国家重点研发计划、国家自然科学基金，以及地方自然科学基金也在数字眼科与全身疾病认知领域提供了相应的经费支撑，极大地推动了数字眼科与全身疾病认知领域的科研发展，促成了一大批科研成果的产生。

2018—2022 年，全球数字眼科与全身疾病认知领域发文数量增速显著，美国和中国在数字眼科与全身疾病认知领域的发文数量领先全球。在该领域，美国和全球主要国家的科研合作较为密切，合作发文数量较高。加利福尼亚大学系统、伦敦大学和新加坡国立大学在该领域的发文数量排名前 3 位。全球数字眼科与全身疾病认知领域发文主题方向主要聚焦在基于数字技术的图像处理技术、远程医疗、基于数字技术的视网膜病变研究、基于数字技术的眼底病变研究和光学相干断层扫描技术方面。

2016 年以后，数字眼科与全身疾病认知领域的专利数量增速显著，中国凭借广阔的应用市场和领先的数字技术，在该领域的专利数量超过了美国，位居全球第一。中国、美国和印度既是数字眼科与全身疾病认知领域的技术来源国，也是技术的主要应用市场。全球数字眼科与全身疾病认知领域专利的热点研究方向主要聚焦在基于数字技术的白内障治疗、基于数字技术的视网膜病变研究、光学相干断层成像技术在数字眼科领域的应用、基于数字技术的视盘分割研究等方面。该领域专利申请数量排名前 5 位的机构分别是中山大学、平安科技（深圳）有限公司、卡尔蔡司医疗技术股份公司、尼德克株式会社、苏州大学、北京鹰瞳科技发展股份有限公司（其中，苏州大学和北京鹰瞳科技发展股份有限公司并列第 5 位）。

致谢：中国科学院计算技术研究所孙凝晖院士、陈益强研究员和谷洋副研究员对本章内容提出了宝贵意见和建议，谨致谢忱。

执笔人：中国科学院文献情报中心、中国科学院大学经济与管理学院信息资源管理系闫亚飞、吴鸣。

第 4 章

营养素摄入与慢性病防控领域发展态势分析

4.1 营养素摄入与慢性病防控研究概况

人体的营养状态与其身体健康、生长发育状况息息相关。营养素是人体生长所需要摄取的各种成分，主要包括水、脂质、维生素、蛋白质、矿物质、膳食纤维和碳水化合物七大类，能起到维持机体生存，促进生长发育的重大作用，并且每种营养元素都具有其独特的功能特点。营养素主要来源于各类食物，人类可以通过日常饮食来补充身体所需的各种营养元素以维系身体健康。只有合理搭配与控制膳食营养，才有利于体内的营养吸收与运用，增强身体素质。营养素摄入是指人类从外界物质中摄取所需营养素以维持身体生长发育的行为，也是人类吸收与运用身体必需物质能量的一种生物学过程。营养素摄入不当，会引发许多健康问题。大量的临床研究、流行病学调查、动物试验都证明，膳食中的钠、钾、维生素、蛋白质、酒精及蔬菜、水果等与高血压、糖尿病等慢性病存在密切的关系[1-3]。营养素摄入量，特别是膳食营养素摄入量是研究居民营养与健康状况的重要指标。膳食营养素参考摄入量（Dietary Reference Intakes，DRIs）是为了指导人们从膳食中合理摄入营养素，避免营养缺乏和过量，降低某些慢性病的发生风险，由营养学术团体提出的健康人每日营养素摄入量的一组数值[4]。DRIs 可用于衡量群体及个体的营养素摄入水平是否适宜，制定 DRIs 的核心依据就是人体对不同营养素的需要量及相应的吸收利用情况，因此非常强调使用本国人

[1] 张林峰，赵连成，周北凡，等 . 我国中年人群的营养素摄入状况与高血压发病关系的前瞻性研究 [J]. 中华心血管病杂志，2005，33(9):77-81.

[2] APPEL L J, MOORE T J, OBARZANEK E, et al. A clinical trial of the effects of dietary patterns on blood pressure[J]. New England Journal of Medicine, 1997,336(16):1117-1124.

[3] HERTOG M G L, FESKENS E J M, KROMHOUT D, et al. Dietary antioxidant flavonoids and risk of coronary heart disease: the Zutphen Elderly Study[J]. The Lancet, 1993,342(8878):1007-1011.

[4] 程义勇 .《中国居民膳食营养素参考摄入量》的历史与发展 [J]. 营养学报，2021，43(2):105-110.

群研究数据。从 20 世纪开始，中国就开展了中国居民膳食营养素摄入与慢性病影响的研究。本章将通过分析营养素摄入与慢性病防控领域研究态势，了解该领域国内外研究趋势与前沿热点，为相关科技决策提供参考依据。

4.1.1　居民营养素摄入研究

开展居民营养素摄入量的研究有助于国家制定营养政策及食物发展计划，是指导食品加工、编制膳食指南的重要科学依据。1941 年，美国国家研究委员会首次制定了蛋白质、能量、维生素和矿物质的推荐每日营养素供给量（Recommended Daily Allowances，RDAs），后也被加拿大和英国等国家采用[1]。由于越来越多的证据表明特定营养素在营养缺乏性疾病中有重要作用，许多国家对 RDAs 所覆盖的营养物质种类进行了多次修订和补充。膳食营养素参考摄入量（DRIs）的概念由美国国家医学院（Institute of Medicine，IOM）的食物与营养委员会（Food and Nutrition Board，FNB）于 20 世纪 90 年代提出。2012 年，世界卫生组织（World Health Organization，WHO）与联合国粮食及农业组织（Food and Agriculture Organization of the United Nations，FAO）共同发布了钠和钾两种矿物质推荐摄入量的指南。2013 年，美国和加拿大的 DRIs 委员会开始筛选需要重新修订的营养素的提名，DRIs 委员会在对各种营养素修订的必要性及新的证据进行评估之后，决定选择钠、镁、维生素 E、omega-3 脂肪酸这 4 项营养素作为优先修订内容。2016 年 11 月 21 日，澳大利亚国立健康与医学研究理事会（National Health and Medical Research Council of Australia，NHMRC）批准了婴儿和幼儿对氟化物的适宜摄入量和可耐受最高摄入量的评估。2017 年 7 月，NHMRC 批准了成年人对钠的可耐受最高摄入量和建议膳食目标的评估，并于 2017 年 9 月发布[2]。2016 年，英国卫生部根据食物和营养政策医学委员会（Committee on the Medical Aspects of Food and Nutrition Policy）、英国营养科学咨询委员会（Scientific Advisory Committee on Nutrition，SACN）的建议发表了对 1～18 岁和 19 岁及以上居民的能量和营养素的政府膳食摄入推荐量（Government Dietary Recommendation，GDR）。与上一版相比，2016 年版的 GDR 增加了对游离糖、膳食纤维、盐及成年人维生素 D 膳食摄入推荐量的规定，并且对婴幼儿阶段的年龄进行了合并简化，分为 1 岁、2～3 岁和 4～6 岁；对老年阶段增加了年龄分层，分为 65～74 岁和 75 岁以上。

我国居民膳食营养素需要量研究工作始于 20 世纪 30 年代。1936 年，中华医学会公共卫生委员会与营养委员会共同研究提出了《中国民众最低限度之营养需要》，其中提出了成年人每日需要能量为 2400kcal，每千克体重需要的蛋白质为 1.5g，并强调

[1] PALMER S, BAKSHI K. Public health considerations in reducing cancer risk: interim dietary guidelines[J] . Seminars in oncology, 1983,10(3):342-347.

[2] GRIEGER J A, MCLEOD C, CHAN L, et al. Theoretical dietary modelling of Australian seafood species to meet long-chain omega 3 fatty acid dietary recommendations[J]. Food & nutrition research, 2013, 29:57.

注意钙、磷、铁、碘及维生素 A、维生素 B、维生素 D 的摄取以预防缺乏。这个文件奠定了我国营养素需要量研究的基础。1952 年，中央卫生研究院营养学系（中国疾病控制中心营养所前身）编发了《食物成分表》，其中附有我国第一个"营养素需要量表"。在这个量表中提出了能量和蛋白质、钙、铁、维生素 A、硫胺素、核黄素、烟酸和抗坏血酸 8 种营养素的需要量建议值；设置了成年男子、成年女子、少年男子、少年女子和儿童 5 个人群；成年人活动强度分为安静、活动和激烈生活 3 个档次。1955 年，中央卫生研究院营养学系对上述营养素需要量表进行了修订，并更名为"每日膳食中营养素供给量"（Recommended Dietary Allowance，RDA）。该版对人群年龄进行了调整，成年人活动强度改为轻、中、重和极重劳动 4 个档次，营养素种类未变，但对营养素的数值进行了修订。1962 年，中国医学科学院卫生研究所营养与食品卫生研究室（中国疾病控制中心营养所前身）对 RDA 进行了再次修订，调整了人群年龄，成年人活动强度增加了极轻体力活动，由 4 档改为 5 档，营养素种类未变，修订了营养素数值。1988 年，中国营养学会组织了对 RDA 的最后一次修订，其成果于 1990 年在《营养学报》上发布。该版的人群划分为婴儿、儿童、少年、成年、老年前期、老年期、孕妇和乳母 8 个人群，营养素种类增加到 14 种。2000 年，参考国际营养界的最新进展，中国营养学会在原有 RDA 概念的基础上提出了《中国居民膳食营养素参考摄入量》，包含平均需要量（Estimated Average Requirement，EAR）、推荐摄入量（Recommended Nutrient Intakes，RNI）、适宜摄入量（Adequate Intakes，AI）和可耐受最高摄入量（Tolerable Upper Intake Level，UL）4 项内容，于 2001 年在《营养学报》发布。2013 年，中国营养学会组织邀请全国大专院校、科研院所等单位的 90 多位专家参与完成了 DRIs 的首次修订，修订后的名称为《中国居民膳食营养素参考摄入量（2013版）》，内容包括更多地采用中国居民营养研究成果，以及重视慢性病预防，并提出了宏量营养素可接受范围（Acceptable Macronutrient Distribution Ranges，AMDR）和预防非传染性慢性病的建议摄入量（Proposed Intakes for Preventing Non-Communicable Chronic Diseases，PI-NCD），提出植物化合物特定建议值（Specific Proposed Levels，SPL）和 UL，改进了 DRIs 的计算方法，并补充了 DRIs 应用范围及场景的说明[1]。20 世纪 90 年代，中国预防医学科学院营养与食品卫生研究所与美国北卡罗来纳大学合作开展了大型开放式队列研究项目"中国健康与营养调查"，针对同一人群从 1989 年开始进行追访调查，形成了对社会经济状况、卫生服务、居民膳食结构和营养状况等内容进行重复观测的优质数据库，为政府政策制定提供了科学依据。"中国健康与营养调查"结果显示，中国 15 个省（自治区、直辖市）的 25400 名 18 ～ 35 岁成年人的膳食能量摄入量总体呈下降趋势，其中膳食脂肪摄入量呈上升趋势，蛋白质和碳

[1] 毛德倩，杨丽琛，朴建华，等．中国居民膳食营养素参考摄入量研究之历史与发展 [J]．卫生研究，2021，50(5): 705-707.

水化合物摄入量均呈下降趋势。从宏量营养素供能比来看，碳水化合物供能比逐渐下降，蛋白质和脂肪供能比升高，膳食蛋白质摄入量低于平均需要量的人群比例逐渐增加，脂肪供能比高于 30% 的人群比例逐渐上升，碳水化合物供能比小于 50% 的人群比例逐年上升 [1]。《中国居民膳食指南》是健康教育和公共政策的基础性文件，是国家实施《健康中国行动（2019—2030 年）》和《国民营养计划（2017—2030 年）》的一个重要技术支撑。自 1989 年首次发布《中国居民膳食指南》以来，我国已先后于 1997年、2007 年、2016 年对其进行了 3 次修订并发布，在不同时期对指导居民通过平衡膳食改变营养健康状况、预防慢性病、增强健康素质发挥了重要作用。2022 年 4 月 26日，中国营养学会正式发布《中国居民膳食指南（2022）》，在分析我国应用问题和挑战，系统综述和荟萃分析科学证据的基础上，提炼出了 8 条平衡膳食准则。

4.1.2　营养素与慢性病防控研究

营养素摄入量与慢性病的发生、发展之间关系密切。尤其是随着社会经济的发展，疾病模式和膳食模式的转变，慢性病呈现高发态势，膳食营养对慢性病控制的影响更加凸显，平衡、合理的营养膳食是预防与膳食相关慢性病的基本保证。居民营养与慢性病状况是反映国家经济社会发展、卫生保健水平和人口健康素质的重要指标，也是制定国家公共卫生及疾病预防控制策略的重要参考依据。世界上许多国家，尤其是发达国家，定期开展国民营养与健康状况调查与监测，及时颁布国民健康状况年度报告，并据此制定和评价相应的社会发展政策，以改善国民营养和健康状况，促进社会经济的协调发展。许多国家与国际组织高度重视膳食营养在慢性病预防控制中的作用。WHO 与 FAO 联合组织了膳食、营养与慢性病预防专家小组，对大量公开发表的文献及背景资料数据进行分析和考证，评估了膳食因素与慢性病发展间关系的证据强度，并于 2003 年发布了《关于膳食营养与慢性病预防的报告》。2010 年成立的 WHO 营养指南专家咨询小组（Nutrition Guidance Expert Advisory Group，NUGAG），致力于更新营养与肥胖及膳食相关慢性病方面的研究报告，其中包括糖摄入量对增重和龋齿的影响、饱和脂肪酸和反式脂肪酸摄入量对心血管疾病的影响、人体营养中的碳水化合物等 [2]。2014 年，美国和加拿大的 DRIs 委员会组织了一个多学科联合工作组，以确定建立预防慢性病的营养素摄入量的指导原则可能遇到的挑战及可能的解决方法，该工作组在 2017 年发布了基于慢性病膳食营养素参考摄入量的联合工作组报告。基于这个报告，DRIs 委员会发表了基于慢性病制定膳食营养素参考摄入量的指导原则，为如何

[1] 白晶，王柳森，王惠君，等 . 1989—2018 年中国十五省（自治区、直辖市）18 ～ 35 岁成年人膳食能量及宏量营养素摄入状况 [J]. 卫生研究，2022, 51(3):361-366,707.

[2] STAGE (Strategic Technical Advisory Group of Experts),et al. World Health Organization and knowledge translation in maternal, newborn, child and adolescent health and nutrition[J]. Archives of disease in childhood, 2022,107(7):644-649.

建立预防慢性病的 DRIs 提供了指导和建议 [1]。

随着社会和经济的快速发展，我国慢性病发病率和死亡率均呈现快速上升趋势。根据《2021 中国卫生健康统计年鉴》，2020 年我国居民死亡率排名前 3 位的疾病分别为恶性肿瘤、心脏病和脑血管疾病。慢性病发病的危险因素很多，其中不合理的营养膳食，特别是营养过剩或营养不均衡，是其重要的危险因素。2015 年 6 月 30 日，卫生部疾控局汇总 2012 年中国居民营养与健康监测和慢性病危险因素监测的数据，并由卫生部发布了《中国居民营养与慢性病状况报告（2015 年）》。其中，我国居民蔬菜、水果摄入量不足，钙、铁、维生素 A、维生素 D 等营养素摄入缺乏，全国成年人和儿童的超重率和肥胖率都呈现上升趋势；吸烟、饮酒、少运动和高盐、高脂等不健康饮食是慢性病发生、发展的主要危险因素。以营养早餐为例，世界卫生组织倡导每天吃早餐。随着社会经济的发展、生活节奏的加快，很多居民没有足够的时间准备一份营养充足的早餐，随便应付或不吃早餐，易引起能量及营养素的摄入不足，使大脑的兴奋度降低，反应迟钝，降低工作或学习效率，增加患血脂异常、心脑血管疾病的风险 [2]。《中国居民营养与慢性病状况报告（2020 年）》显示，近年来，随着健康中国建设和健康扶贫等民生工程的深入推进，我国营养改善和慢性病防控工作取得积极进展和明显成效。但是不健康的生活方式仍然普遍存在。膳食脂肪供能比持续上升，农村首次突破 30% 的推荐上限，家庭人均每日烹调用盐和用油量仍远高于推荐值，而蔬菜、水果、豆及豆制品、奶类消费量不足。同时，居民在外就餐比例不断上升，食堂、餐馆、加工食品中的油、盐品质应引起关注。儿童、青少年经常饮用含糖饮料问题已经凸显，15 岁以上人群吸烟率、成年人 30 天内饮酒率超过四分之一，身体活动不足问题普遍存在。城乡各年龄组居民超重肥胖率继续上升，有超过一半的成年居民超重或肥胖，6～17 岁、6 岁以下人群超重肥胖率分别达到 19% 和 10.4%。高血压、糖尿病、高胆固醇血症、慢性阻塞性肺疾病患病率和癌症发病率与 2015 年相比均有所上升。部分重点地区、重点人群，如婴幼儿、育龄妇女和高龄老年人面临重要微量营养素缺乏等问题，需要引起关注。面对当前仍然严峻的慢性病防控形势，党中央、国务院高度重视，将实施慢性病综合防控战略纳入《"健康中国 2030"规划纲要》，将合理膳食和重大慢性病防治纳入健康中国行动，进一步聚焦当前国民面临的主要营养和慢性病问题，从政府、社会、个人（家庭）3 个层面协同推进，通过普及健康知识、参与健康行动、提供健康服务等措施，积极、有效地应对当前挑战，推进实现全民健康 [3]。由于我国各地区经济发展、居民行为习惯等差别较大，居民营养与慢性病状况存在差异性。需要根据不同地区、不同人群、不同年龄阶段的营养改善和慢性病防控需求，制

[1] EYLES H, NI MHURCHU C, NGHIEM N,et al. Food pricing strategies,population diets, and non-communicable disease: a systematic review of simulation studies[J]. PLoS medicine, 2012, 9(12):e1001353.

[2] 顾景范 .《中国居民营养与慢性病状况报告（2015）》解读 [J]. 营养学报，2016，38(6):525-529.

[3] 中国居民营养与慢性病状况报告（2020 年）[J]. 营养学报，2020，42(6):521.

定具有针对性和可行性的营养改善与慢性病防控目标；进一步构建防治措施、中西医并重的营养改善与慢性病防治体系，完善国家级营养改善与慢性病防治技术指导平台，充分发挥中国疾病预防控制中心、国家心血管病中心、国家癌症中心的技术支撑作用。同时，组织制订膳食干预和慢性病诊疗指南、技术操作规范等，不断完善营养状况与慢性病监测网络，扩展监测内容和覆盖范围，提升慢性病与营养监测等工作的质量，为掌握我国居民营养状况与慢性病变化趋势、评价防治效果、制定政策提供科学依据。

4.2 营养素摄入与慢性病防控领域研究态势

近年来，慢性病患者营养素摄入成为慢性病防控研究新的关注点。本节拟通过研究国内外慢性病患者营养素摄入的研究态势，发现前沿热点，为深入研究营养素摄入与慢性病防控之间的关系提供借鉴和参考，并从全方位的视角对营养素摄入与慢性病防控研究领域前沿进行分析和识别，包括对科研项目、科研产出、科研团队进行综合汇总分析，以美国国立卫生研究院（National Institutes of Health，NIH）的基金在线查询网站（Research Portfolio Online Reporting Tools，RePORT）数据库、Deminsion 全球基金项目数据库、Web of Science 核心合集数据库中的 SCIE 子库、Incopat 全球专利数据库、美国国立医学图书馆的北美临床试验注册数据库（Clinicaltrails）为数据源，通过科学计量学、内容分析法等方法，有效揭示营养素摄入与慢性病防控研究领域前沿在研究布局、发展趋势、研究热点等方面的重要动态信息，深入反映领域内的前沿科技创新态势，为科研人员和决策制定者提供重要的决策支持。

4.2.1 研究资助态势

4.2.1.1 NIH 资助项目

在 NIH 的 RePORT 数据库中检索到 2000—2021 年营养素摄入与慢性病防控相关研究共资助研究项目 6 万余项，总资助金额约为 2284012 万美元。从图 4-1 中可以看出，2000—2006 年，营养素摄入与慢性病防控相关研究获得基金资助的项目数量和金额比较少，从 2007 年开始，美国加大了对该领域的资助力度，在 2009 年和 2010 年分别达到资助项目数量和资助金额的高峰。此后，资助力度虽然有所回落，但是总体仍处于缓慢上升的态势。

4.2.1.2 NIH 资助机构

获得 NIH 资助金额最多的前 3 名机构是布莱根妇女医院、匹兹堡大学匹兹堡分校和密歇根大学安娜堡分校。这 3 家机构在 2000—2022 财年分别获得 NIH 资助金额 50098.69 万美元、43317.59 万美元和 39018.31 万美元（见表 4-1）。

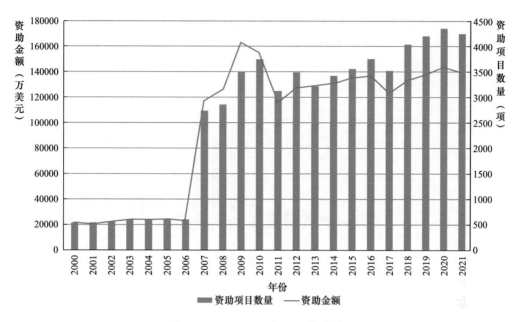

图 4-1　2000—2021 年 NIH 资助情况

表 4-1　2000—2022 财年 NIH 资助机构情况

项目资助机构	项目数量（项）	资助金额（万美元）
布莱根妇女医院	937	50098.69
匹兹堡大学匹兹堡分校	954	43317.59
密歇根大学安娜堡分校	1141	39018.31
哈佛大学公共卫生学院	584	36679.34
约翰斯·霍普金斯大学	885	36360.78
国家环境卫生科学研究所	295	36255.39
北卡罗来纳大学教堂山分校	844	35804.95
国家癌症研究所	348	35627.59
明尼苏达大学	778	35098.92
科罗拉多大学丹佛分校	862	33426.05

4.2.1.3　NSFC 资助项目

在 Deminsion 全球基金项目数据库中检索到中国国家自然科学基金（National Nature Science Foundation of China，NSFC）2000 年以来共资助约 48798 万元用于营养素摄入与慢性病防控研究。2000—2018 年，NSFC 资助呈现先缓慢上升，后迅速增加的趋势。但是 NSFC 资助该领域的金额和资助项目数量从 2020 年开始出现迅速下降趋势（见图 4-2），这可能与 NSFC 国家资助项目信息公开减少有关。

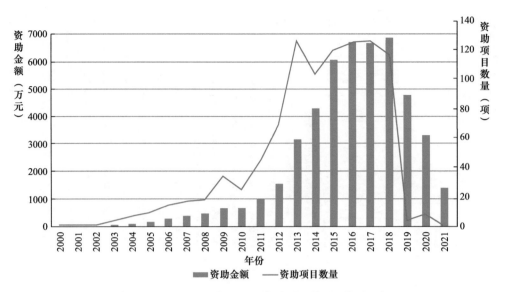

图 4-2　2000—2021 年 NSFC 资助项目数量及资助金额

4.2.1.4　NSFC 资助机构

NSFC 资助的 206 个机构中，上海交通大学、华中科技大学、中山大学、北京大学获得该领域的资助金额超过了 2000 万元（见表 4-2）。

表 4-2　2000—2021 年 NSFC 资助机构（资助金额排名前 10 位）

项目资助机构	资助项目数量（项）	资助金额（万元）
上海交通大学	42	3790
华中科技大学	46	2270
中山大学	30	2050
北京大学	37	2040
中国人民解放军陆军军医大学	28	1880
哈尔滨医科大学	30	1630
复旦大学	24	1450
山东大学	23	1350
南京医科大学	21	1260
西安交通大学	34	1240

4.2.2　研究论文态势

4.2.2.1　发文趋势与主要国家

从 Web of Science 核心合集数据库检索到 2000 年以来全球营养素摄入与慢性病防

控研究领域 SCI 论文数量处于增长趋势，如图 4-3 所示。美国发表的论文数量一直处于领先地位。中国发表的论文数量迅速增长，于 2015 年超过了日本、澳大利亚、英国和意大利等国家，升至全球第 2 位。2021 年中国发表了 478 篇论文，数量上正在慢慢接近美国。

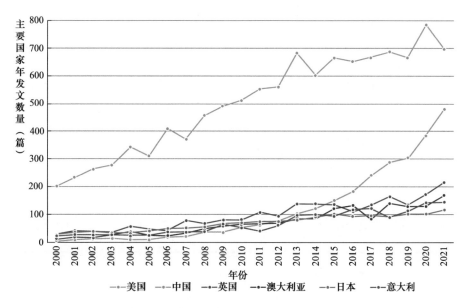

图 4-3　2000—2021 年主要国家在营养素摄入与慢性病研究领域发表 SCI 论文情况

4.2.2.2　主要机构

中国发表的营养素摄入与慢性病防控研究相关论文共 2864 篇，其中 2264 篇论文被 Web of Science 核心合集数据库收录的论文引用 54670 次，篇均被引频次为 19.09 次。上海交通大学在发表论文数量和篇均被引频次两个方面都位居中国第 1 名（见表 4-3）。

表 4-3　2000—2022 年中国机构发表论文及引用情况（发表论文数量排名前 10 位）

排名	机构	发表论文数量（篇）	篇均被引频次（次）
1	上海交通大学	162	41.8
2	中山大学	147	17.5
3	浙江大学	145	22.92
4	中国科学院	111	23.44
5	中国医学科学院	106	18.64
6	复旦大学	105	24.76
7	北京大学	103	16.07

排名	机构	发表论文数量（篇）	篇均被引频次（次）
8	华中科技大学	98	24.17
9	香港中文大学	86	26.33
10	四川大学	82	10.78

4.2.2.3　高被引论文

在 Web of Science 核心合集数据库中共检索到 200 篇 2012—2021 年发表的营养素摄入与慢性病防控研究相关的高被引论文。其中，美国（98 篇）、英国（31 篇）、意大利（25 篇）、西班牙（25 篇）、中国（22 篇）、德国（20 篇）是发表高被引论文数量最多的 6 个国家。美国发表的高被引论文数量接近高被引论文总数量的一半。

4.2.2.4　研究热点

图 4-4 是利用 VOSviewer 软件制作的 2000—2021 年营养素摄入与慢性病防控领域论文的研究热点聚类图。从图 4-4 中可以看出，在营养素摄入与慢性病防控领域，研究热点主要集中在营养学在改善肥胖、糖尿病、高血压、癌症和炎症等慢性病方面

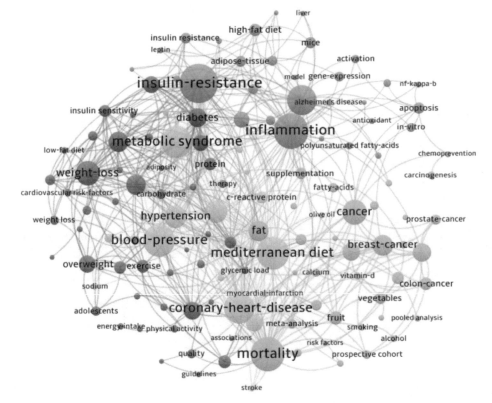

图 4-4　2000—2021 年营养素摄入与慢性病防控领域论文的研究热点聚类图

的研究。在肥胖领域，主要研究膳食营养对胰岛素抵抗、肠道微生物、脂代谢等方面的影响；在糖尿病领域，主要研究膳食营养对糖代谢、心血管疾病方面的影响；在肿瘤领域，主要涉及营养学与乳腺癌、宫颈癌、结直肠癌等癌症类型的研究，分析采用的方法有因子分析法、荟萃分析等方法；在炎症领域，研究热点主要集中在膳食营养与氧化应激、阿尔茨海默病、细胞凋亡、衰老等方面。此外，营养素摄入与慢性病防控领域还关注膳食营养对高血压的影响。

4.2.3　技术专利态势

4.2.3.1　专利申请趋势

在 Incopat 全球专利数据库检索到 2000—2022 年 5 月全球营养素摄入与慢性病防控领域共有 1618 项授权专利。图 4-5 为 2000—2021 年全球和中国发明专利授权趋势。20 年来，除 2011 年外，全球年均授权专利数量均超过 100 项，2012—2016 年中国的年均授权专利数量在 30 ～ 40 项，2017 年后又有所回落。2011 年全球授权专利数量突然达到 500 多项，其原因是俄罗斯企业 Kvasenkov Oleg Ivanovich 在当年获得 482 项"糖尿病饼干的生产方法"的专利，这些专利的不同点在于从不同食物中提取物质制备混合油，这些食物包括辣椒和中国五味子等 400 多种。

图 4-5　2000—2021 年全球和中国发明专利授权趋势

4.2.3.2　主要国家

授权专利数量最多的前 10 位国家如表 4-4 所示。俄罗斯以 699 项专利排在第 1 位，但其中 619 项为"糖尿病饼干的生产方法"，中国以 285 项授权专利排在第 2 位，其次是美国，获得 211 项授权专利。

表 4-4　授权专利数量最多的前 10 位国家

申请人国别	授权专利数量（项）
俄罗斯	699
中国	285
美国	211
韩国	77
意大利	54
瑞士	42
日本	38
法国	42
荷兰	22
德国	20

4.2.3.3　主要专利申请人

表 4-5 为营养素摄入与慢性病防控领域授权专利主要研发机构（获授权数量≥ 3 项）。排名第 1 的依然是俄罗斯的企业 Kvasenkov Oleg Ivanovich，该企业的 621 项专利中有 619 项专利保护内容为"糖尿病饼干的生产方法"。在 27 家研发机构中，美国占据 7 席，中国占据 10 席，俄罗斯占据 5 席，荷兰、瑞士、意大利、西班牙各 1 席。中国的山西振东五和健康食品股份有限公司以获授权数量 7 项并列排在第 2 位，该公司主要的专利研发内容是适用于肿瘤患者、糖尿病患者的营养粥，该营养粥由莲子、核桃仁、枸杞子、山药、桑椹、黄精、山楂和芡实等食物组成。

表 4-5　营养素摄入与慢性病防控领域授权专利主要研发机构（获授权数量≥ 3 项）

序号	申请人	所属国家	专利数量（项）
1	Kvasenkov Oleg Ivanovich	俄罗斯	621
2	Hinz Martin C	美国	7
3	Podlesnyj Anatolij Ivanovich	俄罗斯	7
4	山西振东五和健康食品股份有限公司	中国	7
5	Houn Simon Hsia	美国	6
6	福建农林大学	中国	5
7	纽迪希亚公司	荷兰	4
8	雀巢公司	瑞士	4
9	西格玛健康医学	意大利	4
10	中国科学院新疆理化技术研究所	中国	4
11	天津科技大学	中国	4

（续表）

序号	申请人	所属国家	专利数量（项）
12	完美（中国）有限公司	中国	4
13	雅培实验室	美国	3
14	Afanasev Aleksandr Mikhajlovich	俄罗斯	3
15	David Michael Ott	美国	3
16	俄罗斯联邦美国卫生和社会发展部	俄罗斯	3
17	Mark S. Bezzek	美国	3
18	bshchestvo S Ogranichennoj Otvetstvennost'ju velnes	俄罗斯	3
19	SNU 研发与数据库基金会	韩国	3
20	特尔苏斯生命科学有限公司	美国	3
21	Timothy Romero	美国	3
22	塞维利亚大学	西班牙	3
23	中国食品发酵工业研究院	中国	3
24	安徽金禾粮油集团有限公司	中国	3
25	广州施健生物科技有限公司	中国	3
26	江南大学	中国	3
27	青岛海百合生物技术有限公司	中国	3

4.2.3.4 技术热点

专利价值是 IncoPat 专利评价指标，通过该指标可以快速、有效地寻找到技术价值较高的专利。通过专利价值的限定，选择专利价值为 9 ～ 10 分的 328 条高价值专利分析该领域的技术热点。

在 328 项高价值专利中，中国、美国两国占据大部分份额。中国以 134 项占据45%，美国以 105 项占据 35%，其次是韩国、瑞士、意大利和日本，具体数据如表 4-6和图 4-6 所示。

表 4-6　高价值专利主要申请国家

申请人国别	发明授权数量（项）
中国	134
美国	105
韩国	28
瑞士	11
意大利	10
日本	10

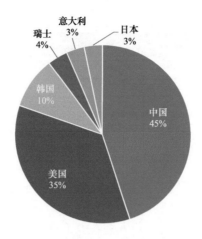

图 4-6　高价值专利主要申请国家占比

　　图 4-7 和图 4-8 分别是美国高价值专利研究热点和中国高价值专利研究热点。美国主要研究的慢性病有糖尿病、癌症、高血压和心血管疾病，主要的营养素有维生素矿物质、半乳甘露聚糖、羟基丁酸酯、可溶性纤维、酮体、多不饱和脂肪酸、羟基色氨酸、儿茶素等，比较侧重营养素或食品提取物作用于慢性病的研究；中国主要研究的慢性病是糖尿病，研究的食物制品有玉米籽粒、鹰嘴豆粉、针叶樱桃、龙须菜、紫苏籽油、山药泥，提取的营养素包括高膳食纤维、单不饱和脂肪酸、大豆分离蛋白粉、复合微生物菌粉等，中国的专利侧重食品对慢性病作用的研究。

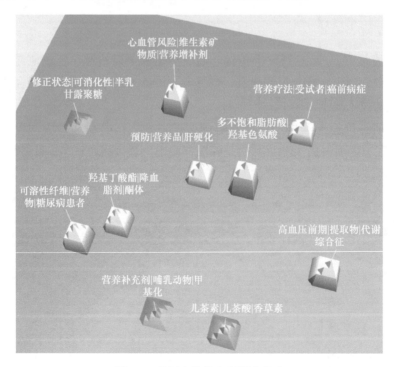

图 4-7　美国高价值专利研究热点

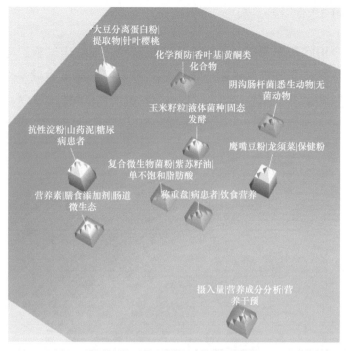

图 4-8   中国高价值专利研究热点

4.2.4   临床试验项目

4.2.4.1   全球疾病领域临床试验项目

图 4-9 为 2000 年之后全球在营养素摄入与慢性病防控领域开展临床试验的趋势图。从 2004 年开始每年开展临床试验数量升至 100 个以上，此后呈快速增长趋势，2019 年达到截至目前最多的 729 个，2020 年和 2021 年都有小幅回落。

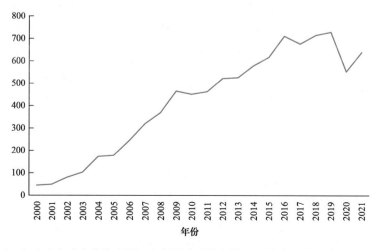

图 4-9   2000 年之后全球在营养素摄入与慢性病防控领域开展临床试验的趋势图（单位：个）

4.2.4.2　中国临床试验项目

图 4-10 是中国在营养素摄入与慢性病防控领域开展临床试验的趋势图。中国自
2006 年开始在该领域开展临床试验，2012 年之前每年临床试验量一直在 10 个以下，
2012 年开始增长速度有所加快，2021 年临床试验量达到截至目前最多的 48 个。

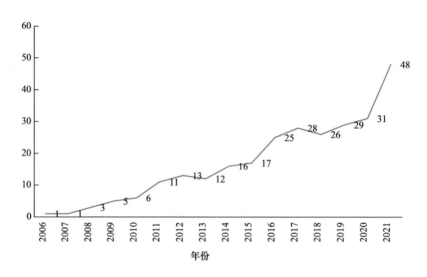

图 4-10　中国在营养素摄入与慢性病防控领域开展临床试验的趋势图（单位：个）

4.2.4.3　全球临床试验项目

表 4-7 是全球发起营养素摄入与慢性病防控领域临床试验较多的 20 个机构。20
个机构中有 10 个均为美国国立卫生研究院（NIH）所属研究所，包括美国国家癌症研
究所，美国国家心肺和血液研究所，美国国家糖尿病、消化和肾脏疾病研究所，美国
国家老龄研究所等，其次以高校为主，包括哥本哈根大学、多伦多大学、杜克大学、
阿拉巴马大学马伯明翰分校、维克森林大学、加利福尼亚大学旧金山分校等。

表 4-7　全球发起营养素摄入与慢性病防控领域临床试验较多的 20 个机构

序号	机构	数量（项）
1	美国国家癌症研究所	874
2	美国国家心肺和血液研究所	404
3	美国国家糖尿病、消化和肾脏疾病研究所	385
4	美国国立卫生研究院	180
5	哥本哈根大学	164
6	加拿大卫生研究院	147

（续表）

序号	机构	数量（项）
7	美国国家卫生研究院临床中心	115
8	马斯特里赫特大学医学中心	104
9	多伦多大学	103
10	美国国家老龄研究所	99
11	美国国家补充和综合健康中心	94
12	杜克大学	85
13	阿拉巴马大学伯明翰分校	85
14	维克森林大学	81
15	加利福尼亚大学旧金山分校	77
16	奥胡斯大学	75
17	布里格姆妇女医院	71
18	匹兹堡大学	71
19	密歇根大学	67
20	美国退伍军人事务部研发办公室	67

4.2.4.4 中国临床试验项目

表 4-8 是中国在营养素摄入与慢性病防控领域发起临床试验较多的 10 个机构，有 6 所高校 / 研究院所和 4 所医院。其中，中山大学发起的临床试验数量排在第 1 位，达到 17 项，内容涉及各种营养元素对慢性病的影响；北京协和医院发起 13 项临床试验，排在第 2 位，其次是首都医科大学、浙江大学、华中科技大学、北京大学等。

表 4-8 中国在营养素摄入与慢性病防控领域发起临床试验较多的 10 个机构

序号	机构	数量（项）	项目内容
1	中山大学	17	益生菌、花青素、白藜芦醇、视黄酸、大豆异黄酮等对心脑血管疾病、脂代谢、糖代谢等的影响
2	北京协和医院	13	黑小麦、绿豆、红小豆、生玉米淀粉、营养品、肠道菌群、膳食纤维、低蛋白饮食等对慢性肾病、糖尿病、肥胖等的影响
3	首都医科大学	6	膳食硝酸盐、肠道微生物群对癌症、糖代谢等的影响
4	浙江大学	8	大豆纤维、茶香型白酒、ω-3 脂肪酸、饮食方式等对血脂代谢、心血管疾病、癌症等的影响
5	华中科技大学	7	青稞饮食、马甲柚、全脂牛奶、不溶性酵母 β- 葡聚糖、青钱柳提取物对糖尿病、代谢、心脏病等的影响

（续表）

序号	机构	数量（项）	项目内容
6	北京大学	7	L- 精氨酸、叶黄素、低盐等对心血管疾病、糖尿病等的影响
7	浙江大学医学院第二附属医院	7	莱菔硫烷、麦苗补充剂、膳食纤维、生酮饮食等对肿瘤、阿尔茨海默病、糖尿病等的影响
8	上海市第十人民医院	6	益生菌、褪黑素、胰酶等对脂代谢、肠道菌群、认知障碍等的影响
9	上海交通大学医学院	6	等热量饮食限制、强化饮食、低蛋白饮食、叶酸、钙和维生素 D 对肥胖、糖尿病、癌症等的影响
10	中国科学院	4	低脂高碳水化合物饮食、高脂肪、低碳水化合物饮食、高蛋白低脂饮食对肥胖的影响；糙米 / 白米对代谢的影响；植物发酵提取物对肥胖的影响

4.3 膳食营养与重要慢性病研究态势

4.3.1 膳食营养与肥胖

在 Web of Science 核心合集数据库中检索到 2000—2021 年发表的膳食营养与肥胖领域的相关论文共计 6664 篇。2000—2021 年，发文数量呈现逐步上升的趋势，研究热度不断提高（见图 4-11）。以下分别对这些论文的主要研究国家、主要研究机构和研究热点与焦点进行统计分析。

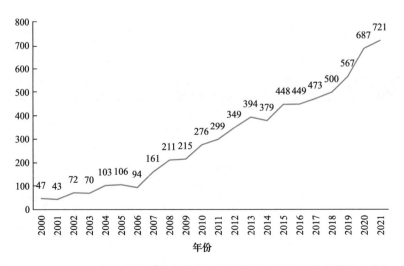

图 4-11 2000—2021 年全球发表膳食营养与肥胖领域相关论文分布情况（单位：篇）

4.3.1.1　主要国家

2000—2021 年，发表膳食营养与肥胖领域研究论文较多的国家有美国、中国、韩国、日本和西班牙等。美国发文数量高达 2285 篇，占比超过 36%。中国发文数量为 977 篇，位列第 2，但还未达到美国发文数量的一半，差距较大。2000—2021 年发文数量排名前 10 位的国家位于全球各大洲，亚洲的中国、韩国、日本，欧洲的西班牙、英国和德国，北美洲的美国和加拿大，南美洲的巴西，大洋洲的澳大利亚，如图 4-12 所示。可见肥胖已成为全球日益严重的公共卫生挑战，引发了全球范围的广泛关注和重视。

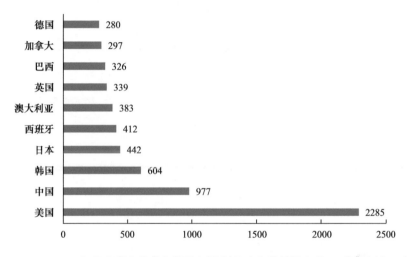

图 4-12　2000—2021 年发表膳食营养与肥胖领域研究论文数量排名前 10 位的国家（单位：篇）

4.3.1.2　主要机构

如图 4-13 所示，2000—2021 年发表膳食营养与肥胖领域研究论文较多的机构是哈佛大学（197 篇）、加利福尼亚大学系统（181 篇）、UDICE 法国研究型大学（139 篇）、法国国家健康与医学研究院（Institut national de la santé et de la recherche médicale，INSERM）（137 篇）和哥本哈根大学（117 篇）等。CIBER 网络生物医学研究中心（Centro de Investigación Biomédica en Red）是美国加利福尼亚大学伯克利分校的跨学科生物教育与研究中心，是世界一流大学高水平创新机构。该机构发表膳食营养与肥胖相关研究论文 149 篇。其营养科学与毒理学中心通过基础和综合研究来了解代谢和营养的关系，在代谢调节、营养功能与代谢紊乱领域开展了多项开创性研究和跨学科培训计划。

4.3.1.3　研究热点

通过对 6664 篇研究论文提取的关键词进行共现分析，发现相关研究文献关注的热点内容主要包括 3 个方面。使用 VOSviewer 软件进行聚类和可视化展现，如图 4-14 所示。

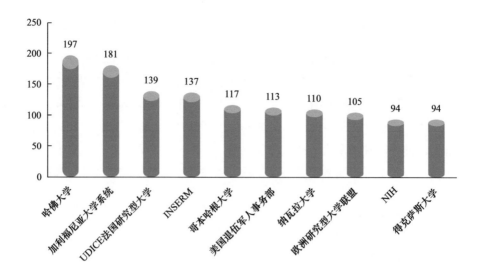

图 4-13 2000—2021 年发表膳食营养与肥胖领域研究论文数量排名前 10 位的机构（单位：篇）

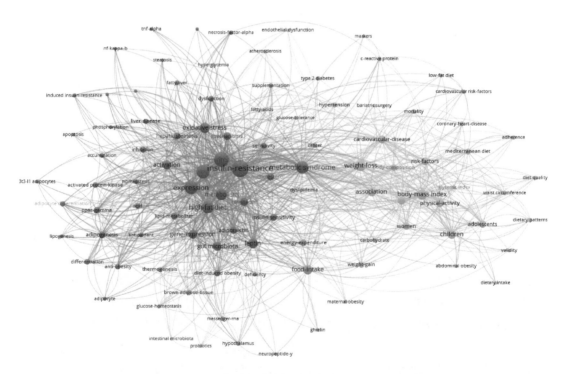

图 4-14 2000—2021 年膳食营养与肥胖领域研究论文关键词聚类图

红色部分：高脂饮食、氧化应激与胰岛素抵抗之间的关系和作用机制；肥胖相关基因位点研究；肠道微生物群及其代谢产物在膳食营养与肥胖相关疾病之间的桥梁作用机制；瘦素、脂联素参与糖脂代谢和炎症反应等病理生理过程的角色和机制；过氧化物酶体增殖激活性受体和应激激活蛋白激酶的脂肪形成和代谢通路研究。

绿色部分：儿童、青少年和女性等重点人群的肥胖研究；地中海饮食等膳食模式、饮食质量和体力活动对减重、腹型肥胖、体成分改变等的作用；肥胖与心血管疾病及其风险因素的关系和流行病学研究。

蓝色部分：棕色脂肪组织的生热作用和在维持葡萄糖稳态等代谢过程中的作用研究；胃肠道激素－胃饥饿素作用于下丘脑调控饥饿感和能量代谢作用研究。

检索该领域的研究论文，发现共有 47 篇高被引论文，其中 2015 年以来共有 26 篇（见表 4-9）。这些论文涉及白藜芦醇、槲皮素、膳食菊粉、苦丁茶、福川砖茶、谷维素、葡萄籽原花青素和蔓越莓提取物等多种物质的改善肥胖作用。

表 4-9　2015 年以来发表的膳食营养与肥胖领域的高被引论文

序号	论文中文标题	发表期刊	被引频次（次）
1	肥胖症饮食干预过程中嗜黏蛋白阿克曼氏菌与代谢健康的改善：肠道微生物群丰富度和生态的关系	*Gut*	875
2	富含多酚的蔓越莓提取物可防止饮食诱导的肥胖、胰岛素抵抗和肠道炎症，并可增加小鼠肠道微生物群中阿克曼菌的数量	*Gut*	652
3	短链脂肪酸通过 PPAR 依赖的脂肪生成到脂肪氧化转换保护高脂饮食诱导的肥胖	*Diabetes*	436
4	瘦素抵抗与饮食诱导肥胖：瘦素的中枢和外周作用	*Metabolism-Clinical and Experimental*	257
5	低脂与低碳水化合物饮食对超重成年人 12 个月体重减轻的影响及其与基因型或胰岛素分泌的关系的随机临床试验	*JAMA-Journal of The American Medical Association*	253
6	槲皮素和白藜芦醇通过调节肠道微生物群减少高脂饮食喂养大鼠的肥胖	*Food & Function*	252
7	高脂饮食大鼠肠道微生物群的变化与肥胖相关代谢参数相关	*PLoS One*	247
8	纤维介导的肠道微生物群营养通过恢复 IL-22 介导的结肠健康来预防饮食诱导的肥胖	*Cell Host & Microbe*	227
9	肠道微生物群的饮食调节有助于减轻儿童的遗传性肥胖和单纯性肥胖	*Ebiomedicine*	194
10	一项针对超重和肥胖受试者的随机对照试验中多酚与谷物膳食纤维结合的作用	*American Journal of Clinical Nutrition*	184
11	为什么针对饮食和肥胖的人口干预措施比其他干预措施更公平和有效	*PLoS Medicine*	171
12	辣椒素对高脂饮食喂养的小鼠的减肥作用与肠道细菌克曼菌的数量增加有关	*Frontiers in Microbiology*	170
13	肥胖能量学：体重调节和饮食成分的影响	*Gastroenterology*	150

（续表）

序号	论文中文标题	发表期刊	被引频次（次）
14	营养与营养学学会的立场：成年人超重和肥胖治疗的干预措施	*Journal of The Aacdemy of Nutrition and Dietetics*	147
15	PREDIMED 试验中心血管高危人群的饮食炎症指数和肥胖人体测量	*British Journal of Nutrition*	147
16	西方饮食和生活方式如何推动肥胖的流行	*Diabetes Metabolic Syndrome and Obesity-Targets and Therapy*	142
17	谷维素改善高脂饮食诱导的小鼠肥胖、肝脏基因表达谱和炎症反应	*Journal of Agricultural and Food Chemistry*	130
18	膳食中添加菊粉丙酸酯或菊粉可改善超重和肥胖成年人的胰岛素敏感性，对肠道微生物群、血浆代谢组和全身炎症反应有明显影响：一项随机交叉试验	*Gut*	127
19	用 myrciariadubia 治疗通过改变肠道微生物群和增加饮食诱导肥胖小鼠的能量消耗来预防肥胖	*Gut*	120
20	白藜芦醇诱导的肠道微生物群降低高脂饮食喂养小鼠的肥胖	*International Journal of Obesity*	109
21	肠道微生物群通过代谢饮食中的多不饱和脂肪酸赋予宿主对肥胖的抵抗力	*Nature Communications*	106
22	英国国家饮食和营养调查的横断面分析（2008-12）	*International Journal of Behavioral Nutrition and Physical Activity*	105
23	苦丁茶和福川砖茶预防高脂饮食喂养小鼠肥胖和调节肠道微生物群	*Molecular Nutrition & Food Research*	103
24	葡萄籽原花青素提取物通过调节高脂饮食小鼠肠道微生物群改善炎症和肥胖	*Molecular Nutrition & Food Research*	100
25	一项改善超重／肥胖男性血糖控制和饮食依从性的早晚限制喂养方案：一项随机对照试验	*Nutrients*	47
26	极低热量生酮饮食：肥胖和轻度肾衰竭患者安全有效的减肥工具	*Nutrients*	45

1．白藜芦醇诱导的肠道微生物群可降低高脂饮食喂养小鼠的肥胖

肥胖及其相关代谢疾病已经在全球范围内蔓延，遗传背景、生理特征、生活环境和生活方式均可引起肥胖。白藜芦醇（RSV）是一种抗肥胖的天然多酚，但其抗肥胖的机制并不清楚。肠道菌群和肥胖等代谢疾病有着密切联系。中国农业大学王盼博士在 *Free Radical Biology and Medicine* 上发表了题为 *Resveratrol reduces obesity in high-fat diet-fed mice via modulatingthe composition and metabolic function of the gut microbiota* 的研究成果 [1]，其通过基因组与代谢组学技术，对 RSV 处理后高脂喂养（High-Fat Diet，HFD）小鼠与正常喂养小鼠之间的肠道菌群与代谢差异探究 RSV 的减肥机制，为 RSV 与肠道菌群的相互作用在宿主健康中的作用提供了明确证据，并为肥胖及其相关疾病的治疗提供了理论依据。研究结果发现，RSV 可降低高脂喂养小鼠的体重、脂肪积累和肠道氧化应激，还改变了 HFD 组小鼠肠道菌群的组成和肠道菌群的功能。此外，肠道菌群介导 RSV 具有抗肥胖作用，且 RSV 降解在促进肠道代谢产物的产生中起重要作用。

2. 极低热量生酮饮食是肥胖和轻度肾衰竭患者安全有效的减肥工具

极低热量生酮饮食模式（VLCKD）是一种有效的减肥工具，且得到越来越广泛的应用。意大利罗马大学的研究者通过开展为期 3 个月的前瞻性观察研究，评估了 VLCKD 对肥胖和轻度肾功能衰竭患者的疗效和安全性 [2]。研究结果证实，试验组患者平均体重减轻接近初始体重的 20%，脂肪含量明显减少。在医疗人员的监督下进行的 VLCKD 治疗是一种行之有效的减肥治疗方法。

3. 脂肪与低碳水化合物饮食对体重减轻的影响

在肥胖的饮食治疗策略上，低碳水化合物和低脂饮食颇受关注。美国斯坦福大学医学院的研究人员发现 [3]，低脂饮食与低碳水化合物饮食的个体间体重变化没有显著差异，饮食方式对体重的影响与基因型和基线胰岛素分泌相关。但是进一步分析没有发现个体的基因特征、胰岛素水平与哪种减肥方式效果更好有直接联系。该研究结果以 *Effect of Low-Fat vs Low-Carbohydrate Diet on 12-Month Weight Loss in Overweight Adults and the Association With Genotype Pattern or Insulin Secretion* 为题发表在 2018 年 2 月 20 日的《美国医学会杂志》上。这项为期 12 个月的减肥饮食研究结果有利于找到更个性化的健康饮食和减肥方式。另外，当同时强调通过低脂和低碳水化合物来提高膳食质量时，必须将高胰岛素分泌状态的个体进行特殊考虑，因为这些个体首要遵循的是低碳水化合物饮食计划。

[1] WANG P, LI D, KE W , et al. Resveratrol-induced gut microbiota reduces obesity in high-fat diet-fed mice[J]. International Journal of Obesity,2020,44(1):213-225.

[2] BRUCI, TUCCINARDI, TOZZI, et al. Very Low-Calorie Ketogenic Diet: A Safe and Effective Tool for Weight Loss in Patients With Obesity and Mild Kidney Failure[J]. Nutrients, 2020, 12(2):333.

[3] GARDNER C D, TREPANOWSKI J F, DEL GOBBO L C, et al. Effect of Low-Fat vs Low-Carbohydrate Diet on 12-Month Weight Loss in Overweight Adults and the Association With Genotype Pattern or Insulin Secretion: The DIETFITS Randomized Clinical Trial[J]. JAMA,2018, 319(7):667-679.

4.3.2 膳食营养与糖尿病

在 Web of Science 核心合集数据库里检索到 2000—2021 年发表的膳食营养与糖尿病的相关论文共 2700 篇。发文数量在 20 年间逐渐升高，在 2007—2009 年、2012—2014 年和 2020—2021 年 3 个时间段增幅较大（见图 4-15）。以下分别对这些论文的主要研究国家、主要研究机构和研究热点与焦点进行统计分析。

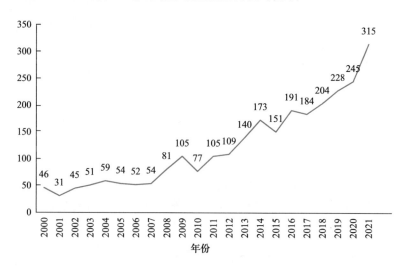

图 4-15　2000—2021 年全球发表膳食营养与糖尿病论文情况（单位：篇）

4.3.2.1　主要国家

2000—2021 年，在膳食营养与糖尿病领域发文数量最多的国家有美国、中国和澳大利亚，分别为 863 篇（占比为 34.2%）、347 篇（占比为 13.8%）和 252 篇（占比为 10.0%），如图 4-16 所示。澳大利亚糖尿病疾病负担沉重，据统计，其每年有超过 10 万人罹患糖尿病，糖尿病已成为澳大利亚患病人数增长速度最快的慢性病，也是肾病、心血管疾病、中风等疾病的首要致病原因。澳大利亚十分重视糖尿病与营养研究，于 2021 年年底发布了新的预防和控制糖尿病 10 年行动计划——《2021—2030 年澳洲防治糖尿病国家策略》，以应对目前卫生系统面临的重大挑战。

4.3.2.2　主要机构

在膳食营养与糖尿病领域发文数量排名前 10 位的机构有哈佛大学（170 篇）、欧洲研究型大学联盟（76 篇）、加利福尼亚大学系统（70 篇）、美国国立卫生研究院（66 篇）和隆德大学（55 篇）等，如图 4-17 所示。美国哈佛大学的发文数量远远领先其他机构，科研实力强大。瑞典的隆德大学是瑞典最具科研实力的大学，是世界百强大学之一，而公共卫生则是隆德大学的优势学科。隆德大学的糖尿病中心在多方面开展研究，2 型糖尿病的遗传学、代谢组学和胰岛生物学等是其优先发展领域。

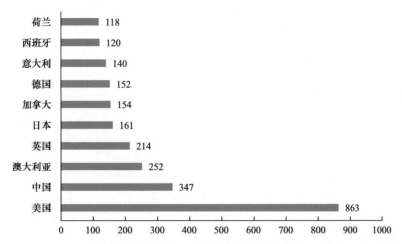

图 4-16 2000—2021 年膳食营养与糖尿病领域发文数量排名前 10 位的国家（单位：篇）

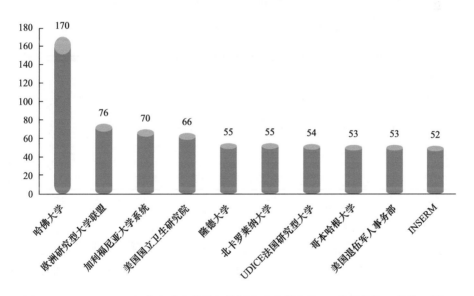

图 4-17 2000—2021 年发表膳食营养与糖尿病论文排名前 10 位的机构（单位：篇）

4.3.2.3 研究热点

《中国居民营养与慢性病状况报告（2020 年）》显示，与膳食营养相关的慢性病对居民健康的影响日益凸显。其中，糖尿病作为与膳食营养关系最为密切的慢性病之一，一直是领域内的研究热点与焦点。通过对 2829 篇研究论文提取的关键词进行共现分析，发现相关研究文献关注的热点内容主要包括 3 个方面。使用 VOSviewer 软件进行论文关键词聚类和可视化展现，如图 4-18 所示。

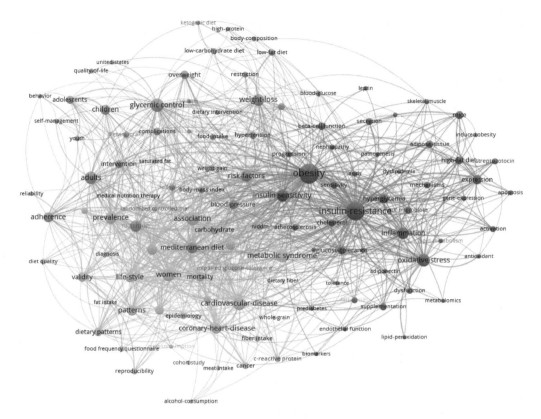

图 4-18　2000—2021年膳食营养与糖尿病领域研究论文关键词聚类图

红色部分：肥胖与胰岛素抵抗/胰岛素敏感性之间的关系，以及相关的氧化应激反应和炎性生物标志研究；膳食营养对胰岛β细胞功能障碍的干预机制研究；糖尿病前期和糖耐量受损机制研究；2型糖尿病与遗传易感性、膳食模式和营养素、基因相互作用等因素的关系研究。

蓝色部分：儿童、青少年、减重/过重人群的膳食干预和自我管理，以及低脂饮食、低碳水化合物饮食、高蛋白饮食、生酮饮食和地中海饮食等膳食疗法对血糖控制的作用研究。

绿色部分：糖尿病与代谢综合征、心血管疾病、肿瘤等的复杂关系和机制研究，以及患病率、死亡率等流行病学研究。

检索该领域研究论文中共有23篇高被引论文，如表4-10所示。

表 4-10　膳食营养与糖尿病研究领域高被引论文

序号	论文中文标题	发表期刊	被引频次（次）
1	膳食纤维选择性促进肠道细菌缓解2型糖尿病	*Science*	838
2	2型糖尿病的预防和管理：饮食成分和营养策略	*Lancet*	584

（续表）

序号	论文中文标题	发表期刊	被引频次（次）
3	美国饮食因素与心脏病、中风和 2 型糖尿病死亡率之间的关联	*JAMA-Journal of the American Medical Association*	479
4	卡格列净单药治疗对饮食和运动控制不足的 2 型糖尿病患者的疗效和安全性	*Diabetes Obesity & Metabolism*	436
5	地中海饮食预防糖尿病——一项随机试验的亚组分析	*Annals of Internal Medicine*	346
6	美国男性和女性的膳食类黄酮摄入量和 2 型糖尿病风险	*American Journal of Clinical Nutrition*	333
7	膳食糖和体重：我们是否已在肥胖和糖尿病的流行中陷入危机？	*Diabetes Care*	250
8	美国男性和女性的植物性饮食模式和 2 型糖尿发病率：三项前瞻性队列研究的结果	*PLoS Medicine*	249
9	膳食多酚与 2 型糖尿病：当前见解和未来展望	*Current Medicinal Chemistry*	215
10	模拟禁食的饮食和衰老、糖尿病、癌症和心血管疾病的标志物 / 危险因素	*Science Translational Medicine*	210
11	饮食模式和 2 型糖尿病：系统文献回顾和前瞻性研究的荟萃分析	*Journal of Nutrition*	194
12	2 型糖尿病患者的极低热量饮食和 6 个月的体重稳定：有反应者和无反应者的病理生理变化	*Diabetes Care*	184
13	膳食纤维摄入对胰岛素抵抗和 2 型糖尿病预防的影响	*Journal of Nutrition*	179
14	2 型糖尿病中的糖尿病自我管理教育和支持——美国糖尿病协会、美国糖尿病教育者协会和营养与饮食学会的联合立场声明	*Diabetes Educator*	172
15	大鼠高果糖和高脂饮食诱发的疾病：对糖尿病风险、肝脏和血管并发症的影响	*Nutrition & Metabolism*	160
16	膳食纤维摄入量和 2 型糖尿病风险：前瞻性研究的剂量反应分析	*European Journal of Epidemiology*	134
17	美国男性和女性的膳食蛋白质摄入量和 2 型糖尿病风险	*American Journal of Epidemiology*	109
18	不同饮食方式对 2 型糖尿病患者血糖控制比较疗效的网络荟萃分析	*European Journal of Epidemiology*	91
19	一组 2 型糖尿病患者的 COVID-19 锁定和饮食模式和身体活动习惯的变化	*Nutrients*	90
20	糖尿病管理中的膳食纤维和全谷物：系统评价和荟萃分析	*PLoS Medicine*	87
21	饮食与胃旁路对糖尿病代谢功能的影响	*New England Journal of Medicine*	80

（续表）

序号	论文中文标题	发表期刊	被引频次（次）
22	膳食菊粉通过抗炎和调节 db/db 小鼠肠道菌群来缓解不同阶段的 2 型糖尿病	*Food & Function*	72
23	饮食质量、饮食质量的变化以及心血管疾病和糖尿病的风险	*Public Health Nutrition*	43

1. 高膳食纤维可改善 2 型糖尿病

上海交通大学赵立平团队的研究发现，高复合膳食纤维选择性富集出的肠道菌群可改善 2 型糖尿病，相关论文于 2018 年 3 月 9 日发表在《科学》（*Science*）期刊[1]。该研究为非盲平行对照临床试验。研究结果揭示，以活跃的短链脂肪酸产生菌为靶点进行个性化营养干预，可能是通过调控肠道菌群防治 2 型糖尿病的生态学新手段。

2. 高比例的糖尿病死亡与饮食因素相关

2017 年 3 月 7 日发表在《美国医学会杂志》（*JAMA*）上的研究结果表明[2]，饮食习惯对包括 2 型糖尿病、中风和心脏病等多种疾病在内的风险因子都有影响。仅 2012 年，美国因心脏病、中风和 2 型糖尿病死亡者中近半数与摄取某些饮食成分不合理相关。该研究结果的出现，为后续开展的大量探讨膳食营养素 / 饮食模式对糖尿病等重大疾病的影响和作用机制的研究提供了依据，也为美国防控疾病规划确定优先事项、指导公共卫生计划，从而改变饮食习惯和改善健康策略提供了参考。

3. 饮食与胃旁路对糖尿病代谢功能的影响

2020 年 8 月 20 日，美国华盛顿大学医学院的研究团队在《新英格兰杂志》（*The New England Journal of Medicine*）上发表了饮食与胃旁路手术减重对糖尿病代谢功能的成果[3]。研究证实，肝脏 / 肌肉胰岛素敏感性、β 细胞功能、24 小时血糖和胰岛素谱的变化在胃旁路手术组和单纯饮食组间差异不大。换言之，对于 2 型糖尿病和肥胖患者来说，胃旁路手术和饮食减重的代谢益处相差不大。

以上高被引论文部分的主题特点比较鲜明，重点关注膳食纤维、膳食菊粉、膳食蛋白质、膳食多酚和膳食类黄酮等营养素摄入对糖尿病进程的作用机制和对缓解糖尿病效果的研究，以及不同饮食方式 / 模式预防和管理糖尿病的效果研究。总的来说，

[1] ZHAO L, ZHANG F, DING X, et al. Gut bacteria selectively promoted by dietary fibers alleviate type 2 diabetes[J]. Science, 2018,359(6380):1151-1156.

[2] MICHA R, PEÑALVO J L, CUDHEA F, et al. Association Between Dietary Factors and Mortality From Heart Disease, Stroke, and Type 2 Diabetes in the United States[J]. JAMA, 2017,317(9):912-924.

[3] YOSHINO M, KAYSER B D, YOSHINO J, et al. Effects of Diet versus Gastric Bypass on Metabolic Function in Diabetes[J]. New England Journal of Medicine, 2020,383(8):721-732.

多酚类化合物主要通过减少葡萄糖摄取、促进胰岛素分泌和提高胰腺细胞功能等方式发挥降血糖作用[1-3]；膳食脂肪的多不饱和脂肪酸能够显著降低血糖和空腹血浆胰岛素水平，并具有抗炎作用[4]；膳食纤维也是具有抗糖尿病特性的重要营养素，如维生素 D 主要通过调控免疫反应、趋化性、细胞死亡和胰腺 β 细胞活性等发挥作用[5]；而氨基酸则是能够直接调节胰岛素分泌，维持 β 细胞功能的营养素[6]。

2022 年 5 月 17 日，《临床内分泌学与代谢杂志》（*Journal of Clinical Endocrinology & Metabolism*）在线发表了中国科学院上海营养与健康研究所林旭研究组与上海交通大学医学院附属瑞金医院宁光院士和王计秋研究员团队合作的研究论文 *Socaloric-restricted Mediterranean Diet and Chinese Diets High or Low in Plants in Adults with Prediabetes*。该研究首次通过临床干预比较了源于国内外不同地区的高植物性膳食模式——"传统江南膳食"和"地中海膳食"在减重及糖代谢稳态调控方面的效能[7]。该研究发现，我国传统江南膳食在减重与血糖稳态控制方面均表现出与地中海膳食类似的效果。"传统江南膳食"的相关研究刚刚起步，其食物组分及比例仍存在较大的提升空间，未来应开展更多的研究，以进一步优化我国本土膳食模式的最佳方案。

4.3.3 膳食营养与心脑血管疾病

在 Web of Science 核心合集数据库中检索到 2000—2021 年发表的膳食营养与心脑血管疾病的相关 SCI 论文共 2568 篇（见图 4-19）。20 年来，发文数量呈现缓慢上升的趋势，研究热度不断提高。以下分别对这些论文的主要研究国家、主要研究机构和研究热点与焦点进行统计分析。

[1] YELUMALAI S, GIRIBABU N, KARIM K, et al. In vivo administration of quercetin ameliorates sperm oxidative stress, inflammation, preserves sperm morphology and functions in streptozotocin-nicotinamide induced adult male diabetic rats [J] . Archives of Medical Science, 2019, 15(1):240-249.

[2] MZHELSKAYA K V, SHIPELIN V A, SHUMAKOVA A A, et al. Effects of quercetin on the neuromotor function and behavioral responses of Wistar and Zucker rats fed a high-fat and high-carbohydrate diet[J] . Behavioural Brain Research, 2019, 378:112270.

[3] CASANOVA E, SALVADO J, CRESCENTI A, et al. Epigallocatechin gallate modulates muscle homeostasis in type 2 diabetes and obesity by targeting energetic and redox pathways: a narrative review [J] . International Journal of Molecular Sciences, 2019, 20(3) :532-550.

[4] PLOTZ T, VON HANSTEIN A S, KRUMMEL B, et al. Structure-toxicity relationships of saturated and unsaturated free fatty acids for elucidating the lipotoxic effects in human EndoC-betaH1 beta-cells[J] . Biochimica et Biophysica Acta Molecular Basis of Disease, 2019, 1865(11) :165525.

[5] ADVANI K, BATRA M, TAJPURIYA S, et al. Efficacy of combination therapy of inositols, antioxidants and vitamins in obese and non-obese women with polycystic ovary syndrome: an observational study[J] . Journal of Obstetrics and Gynaecology, 2020, 40(1) : 96-101.

[6] ABDEL-AZIZ A K, PALLAVICINI I, CECCACCI E, et al. Tuning mTORC1 activity dictates the response of acute myeloid leukemia to LSD1 inhibition[J] . Haematologica, 2019, 253(5) :129-134.

[7] LUO Y G, WANG J Q, SUN L, et al. Isocaloric-restricted Mediterranean Diet and Chinese Diets High or Low in Plants in Adults With Prediabetes[J]. The Journal of Clinical Endocrinology & Metabolism, 2022,107(8):2216-2227.

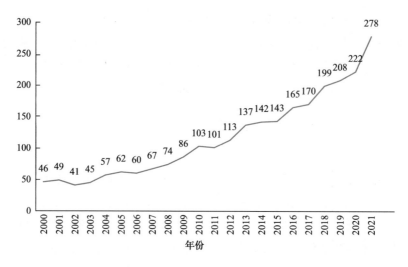

图 4-19 2000—2021 年全球发表膳食营养与心脑血管疾病论文情况（单位：篇）

4.3.3.1 主要国家

2000—2021 年，在膳食营养与心脑血管疾病领域发文数量最多的国家有美国、中国和西班牙，分别为 842 篇（占比为 34.3%）、362 篇（占比为 14.7%）和 213 篇（占比为 8.7%），如图 4-20 所示。西班牙的发文数量虽排在中国之后，但高被引论文数量等论文影响力指标均高于中国，其有重要的学科带头人和强大的研究团队，实力较强。另一个国家伊朗，在 20 世纪 60 年代人口数量和预期寿命明显增长的情况下，积极开展心血管疾病等非传染性疾病的研究工作，在第六次国家发展计划中宣布连续 5 年平均每年增加 4.5 亿欧元防治非传染性疾病的活动预算，并通过切实有效的贯彻实施，在减少疾病影响和减轻疾病负担等方面取得了重大进展。

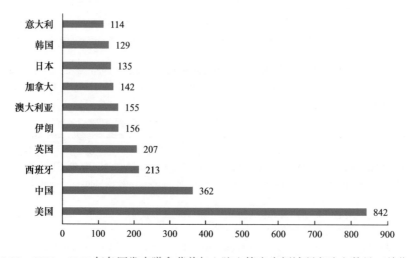

图 4-20 2000—2021 年各国发表膳食营养与心脑血管疾病领域研究论文数量（单位：篇）

4.3.3.2 主要机构

在膳食营养与糖尿病领域发文数量排名前 10 位的机构是美国哈佛大学、西班牙纳瓦拉大学、美国加利福尼亚大学系统、西班牙巴塞罗那大学、西班牙马德里卡洛斯三世大学和西班牙罗维拉－威尔吉利大学等（见图 4-21）。西班牙多所大学开展或参与了膳食营养与心脑血管疾病关系研究，在该研究领域表现突出。

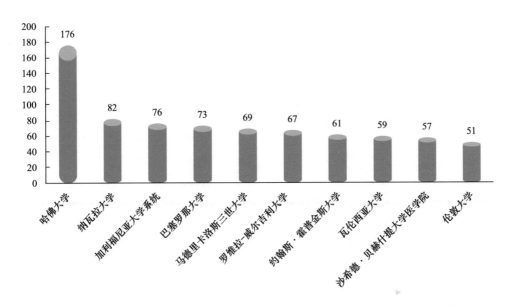

图 4-21 2000—2021 年发表膳食营养与心脑血管疾病论文量排名前 10 位的机构（单位：个）

4.3.3.3 研究热点

通过对 2568 篇研究论文提取的关键词进行共现分析，发现相关研究文献关注的热点内容主要包括 4 个方面。使用 VOSviewer 软件进行论文关键词聚类和可视化展现，如图 4-22 所示。

红色部分：饮食质量、健康饮食指数、体力活动，以及能量摄取方式和地中海饮食等膳食模式与心血管疾病发生风险和死亡率的流行病学研究。

绿色部分：肥胖、胰岛素抵抗、血脂异常、炎症、氧化应激、脂质过氧化等多种危险因素聚集存在的状态，引发的心血管代谢综合征研究。

蓝色部分：橄榄油、鱼油、α亚麻酸等多不饱和脂肪酸对绝经后妇女糖尿病等心血管疾病的影响；饱和脂肪和反式脂肪酸对心血管疾病的影响研究。

黄色部分：膳食营养与交感神经系统、肾素血管紧张素系统等血压调节生理病理机制的关系研究。

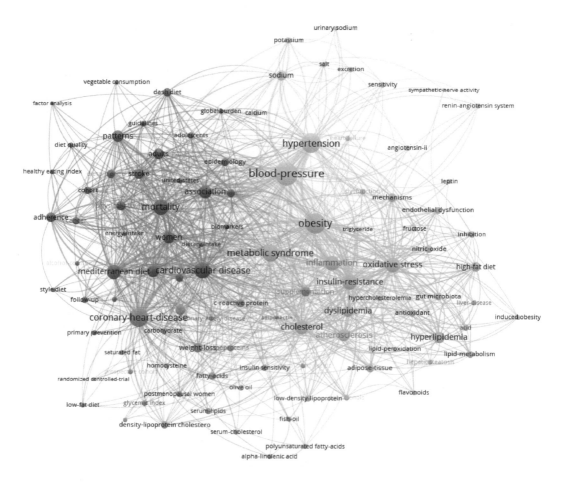

图 4-22　2000—2021 年膳食营养与心脑血管疾病研究论文关键词聚类图

检索该领域的研究论文，发现共有 27 篇高被引论文（见表 4-11），其中 5 篇论文都是 PREDIMED（Prevencióncon Dieta Mediterránea）临床试验的系列研究成果。PREDIMED 是一项多中心、随机、单盲临床试验，旨在评估地中海饮食对心血管疾病预防的效果。其受试者男性为 55 ～ 80 岁，女性为 60 ～ 80 岁，明确合并 3 项以上心血管疾病危险因素，但尚未发病的一级预防患者。PREDIMED 试验的主要研究者（PI）是西班牙巴塞罗那生物医学研究所营养、心血管风险因素与衰老研究组的带头人 Ramon Estruch 教授。他是心血管疾病预防领域的领头人，其研究内容涵盖地中海饮食对心血管的作用，初榨橄榄油对心血管风险因素和与动脉粥样硬化相关的氧化应激和炎性生物标志物的作用等多个方面。PREDIMED 试验评估了地中海饮食与心血管疾病风险的相关性，Estruch 教授认为，"PREDIMED 试验最大的成就是用最高水平的证据证实传统地中海饮食将心血管事件风险降低了 30%，其效果堪比服用药物（如他汀类），且无副作用"。

表 4-11　膳食营养与心脑血管疾病领域的高被引论文

序号	论文中文标题	发表期刊	被引频次（次）
1	地中海饮食补充特级初榨橄榄油或坚果对心血管疾病的一级预防	*New England Journal of Medicine*	1010
2	饮食脂肪与心血管疾病	*Circulation*	560
3	植物油的脂肪酸组成及其对膳食能量摄入的贡献和心血管死亡率对膳食脂肪酸摄入的依赖性	*International Journal of Molecular Sciences*	454
4	高纤维饮食和补充醋酸盐改变肠道微生物群，预防高血压小鼠高血压和心力衰竭的发生	*Circulation*	387
5	较高的饮食质量与老年人全因、心血管疾病和癌症死亡率的降低相关	*Journal of Nutrition*	371
6	膳食纤维摄入与心血管疾病风险：系统回顾和荟萃分析	*BMJ-British Medical Journal*	349
7	PREDIMED 试验中地中海饮食与高心血管风险女性侵袭性乳腺癌风险的随机临床试验	*JAMA Internal Medicine*	245
8	饮食性肥胖患者动脉硬化先于收缩期高血压	*Hypertension*	213
9	空腹模拟饮食和衰老、糖尿病、癌症和心血管疾病的标志物 / 风险因素	*Science Translational Medicine*	210
10	低碳水化合物饮食与低脂饮食对体重和心血管危险因素的影响：一项随机对照试验的荟萃分析	*British Journal of Nutrition*	179
11	槲皮素改善饮食诱导代谢综合征大鼠的心血管、肝脏和代谢变化	*Journal of Nutrition*	173
12	PREDIMED 试验中血浆神经酰胺、地中海饮食和偶发心血管疾病	*Circulation*	164
13	PREDIMED 试验中心血管高危人群的饮食炎症指数和肥胖人体测量	*British Journal of Nutrition*	147
14	膳食胆固醇或鸡蛋摄入与心血管疾病和死亡率的关系	*JAMA-Journal of the American Medical Association*	146
15	PREDIMED 研究中的饮食炎症指数和心血管疾病发病率	*Nutrients*	135
16	地中海饮食和运动的生活方式干预计划对体重减轻和心血管危险因素的影响：PREDIMED Plus 试验一年的结果	*Diabetes Care*	123
17	一般中年人群中，植物性饮食与较低的心血管疾病发病风险、心血管疾病死亡率和全因死亡率相关	*Journal of the American Heart Association*	121
18	膳食 Omega-6 脂肪酸的生物标志物与心血管疾病和死亡率：30 项队列研究的个体水平汇总分析	*Circulation*	116
19	膳食纤维、动脉粥样硬化和心血管疾病	*Nutrients*	110

（续表）

序号	论文中文标题	发表期刊	被引频次（次）
20	地中海饮食中功能性食品的相关性：橄榄油、浆果和蜂蜜在预防癌症和心血管疾病中的作用	*Critical Reviews in Food Science and Nutrition*	80
21	1990—2016 年世界卫生组织欧洲区域 51 个国家饮食风险因素导致的心血管死亡率：全球疾病负担研究的系统分析	*European Journal of Epidemiology*	80
22	饮食胆固醇与心血管风险：美国心脏协会的科学咨询	*Circulation*	74
23	泰国成年人中与高血压风险相关的饮食模式：泰国队列研究的 8 年研究结果	*Public Health Nutrition*	69
24	褐藻糖胶和低聚半乳糖通过调节肠道菌群和胆汁酸代谢改善高脂饮食诱导的大鼠血脂异常	*Nutrition*	56
25	遵守 2015 年健康饮食指数和其他饮食模式可降低心血管疾病风险、心血管死亡率和全因死亡率	*Journal of Nutrition*	44
26	膳食黄酮与心血管疾病：全面剂量反应荟萃分析	*Molecular Nutrition & Food Research*	26
27	食用素食、纯素或杂食饮食的 5 至 10 岁儿童的生长、身体成分、心血管和营养风险	*American Journal of Clinical Nutrition*	20

1. 地中海饮食补充特级初榨橄榄油或坚果对心血管疾病的一级预防

多项观察性队列和二级预防试验研究表明，坚持地中海饮食可降低心血管疾病风险。西班牙开展的多中心研究中[1]，7447 名 55 ～ 80 岁的参与者接受了饮食习惯与心血管风险关系考察。参与者基线是无心血管疾病，但发病风险较高，随机接受地中海饮食联合特级纯橄榄油、地中海饮食联合坚果及减少膳食脂肪的对照饮食。观察主要终点是 4.8 年随访过程中主要心血管事件的发生率，包括心肌梗死、中风或心血管疾病死亡。288 名参与者报告终点事件，其中地中海饮食联合特级纯橄榄油组 96 起（3.8%）、地中海饮食联合坚果组 83 起（3.4%）、对照组 109 起（4.4%）。意向分析显示，以对照组为参考，地中海饮食联合特级纯橄榄油组和地中海饮食联合坚果组的心血管事件风险分别为 0.69 和 0.72。研究认为，对于心血管疾病风险较高的人群，坚持地中海饮食的同时服用额外的坚果或橄榄油对降低心血管疾病风险的效果优于单纯减少油脂摄入。相关研究结果发表在 2018 年的《新英格兰杂志》（*New England Journal of Medicine*）上。

---

[1] ESTRUCH R, ROS E, SALAS-SALVADÓ J, et al. Primary Prevention of Cardiovascular Disease with a Mediterranean Diet Supplemented with Extra-Virgin Olive Oil or Nuts[J]. The New England Journal of Medicine, 2018,378(25):e34.

2. 膳食胆固醇或鸡蛋摄入与心血管疾病和死亡率的关系

2019 年 3 月 15 日，美国西北大学费恩伯格医学院预防医学系副教授 Norrina Bai Allen 和她的团队在《美国医学会杂志》（*JAMA*）上发表了膳食胆固醇或蛋类摄入与患心血管疾病和早死的关系研究 [1]。该研究表明，在美国成年人中，摄入更多的膳食胆固醇或蛋类与心血管疾病和早死的风险增加呈显著正相关关系，并且存在剂量反应关系。蛋类摄入增加疾病风险的主要原因是蛋黄中含有丰富的胆固醇。哈佛大学公共卫生学院营养系主任 Dr. Frank Hu 认为，"这些新发现会重新引发关于膳食胆固醇和鸡蛋摄入量在心血管疾病中的作用的辩论，但不会改变现行的健康饮食指南，该指南强调增加水果、蔬菜、全谷物、坚果和豆类的摄入量，降低红肉和加工肉类与糖的摄入量。对于一般健康人来说，少量或适量的鸡蛋摄入可以作为健康饮食模式的一部分，但它们不是必不可少的"。

3. 膳食类黄酮与心血管疾病：综合剂量反应荟萃分析

膳食类黄酮在预防非传染性疾病方面显示出巨大的潜力。来自意大利和波兰的流行病学研究者对总膳食和个体黄酮单个亚类的摄入量与心血管疾病风险的剂量反应关系进行了系统评价和荟萃分析 [2]。该研究共纳入 39 项前瞻队列研究，共计 33637 例心血管疾病（CVD）、23664 例冠心病和 11860 例中风患者。研究发现，增加总黄酮类化合物的膳食摄入量与降低 CVD 风险呈线性相关关系。在主要的黄酮类化合物中，花青素和黄烷 -3- 醇的摄入量增加与心血管疾病的风险呈负相关关系，而黄酮醇和黄酮与冠心病的风险呈负相关关系。儿茶素对所有心血管疾病均显示出有利影响。在个别化合物中，槲皮素和山奈酚的摄入量分别与 CHD 和 CVD 风险降低呈线性相关关系。以上研究结果提供了富含类黄酮饮食的潜在心血管益处证据。

4. 遵守 2015 年健康饮食指数和其他饮食模式可降低心血管疾病风险、心血管死亡率和全因死亡率

美国健康饮食指数 -2015（HEI-2015）评分是衡量对 2015—2020 年美国人饮食指南建议的遵守情况的指标。HEI-2015 与 HEI-2010 相比有所不同，它重新分类了膳食蛋白质的来源，并用两种新成分取代了空热量成分：饱和脂肪和添加糖。美国约翰斯·霍普金斯大学流行病学与临床研究中心的研究者们开展研究评估了遵守该指标与

---

[1] ZHONG V W，HORN L V，CORNELIS M C，et al. Associations of Dietary Cholesterol or Egg Consumption With Incident Cardiovascular Disease and Mortality[J]. The Journal of the American Medical Association, 2019, 321(11): 1081-1095.

[2] MICEK A，GODOS J，RIO D D，et al. Dietary Flavonoids and Cardiovascular Disease: A Comprehensive Dose-Response Meta-Analysis[J]. Molecular Nutrition & Food Research, 2021,65(6):e2001019.

偶发心血管疾病率、死亡率和全因死亡率是否相关[1]。研究结果揭示，AHEI-2010、aMed 和 DASH 评分存在类似的保护性关联。美国成年人对 2015—2020 年饮食指南的遵守程度越高，其 CVD、CVD 死亡率和全因死亡率的风险越低。

4.3.4 膳食营养与癌症

在 Web of Science 核心合集数据库里检索 2000—2021 年发表的膳食营养与癌症的相关 SCI 论文共 4920 篇（见图 4-23），发文数量呈现波动上升的趋势，其中 2020—2021 年增长量较大。对这些论文的主要研究国家、主要研究机构和研究热点与焦点进行统计分析如下。

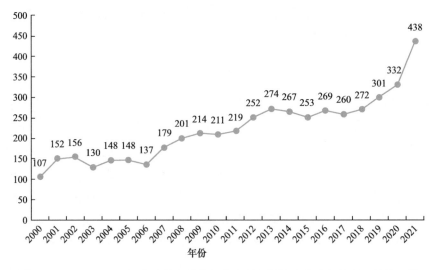

图 4-23　2000—2021 年全球膳食营养与癌症研究领域发表论文情况（单位：篇）

4.3.4.1　主要国家

对论文发表的国家进行统计分析，发现发文数量最多的国家是美国，其发文数量远高于其他国家，其次是中国。此外，发文数量排名前 10 位的国家还包括日本和一些欧洲国家，这些国家的发文数量差异不大，如图 4-24 所示。

4.3.4.2　主要机构

对相关论文的发表机构进行统计，发现发文数量较多的 10 个机构中隶属美国的有 4 个，分别是美国国立卫生研究院、哈佛大学、加利福尼亚大学系统和得克萨斯大

---

[1] HU E A，STEFFEN L M，JOSEF C，et al. Adherence to the Healthy Eating Index–2015 and Other Dietary Patterns May Reduce Risk of Cardiovascular Disease, Cardiovascular Mortality, and All-Cause Mortality[J]. The Journal of Nutrition, 2019(2):2.

学系，其中美国国立卫生研究院的相关研究主力是美国国立卫生研究院国家癌症研究所，哈佛大学则主要是公共卫生学院。此外，世界卫生组织的国际癌症研究机构在相关研究领域的发文数量也较多，剩下的发文数量排名前 10 位的机构均隶属于欧洲国家，我国相关研究机构的发文数量尚未跻身前 10 位（见图 4-25）。

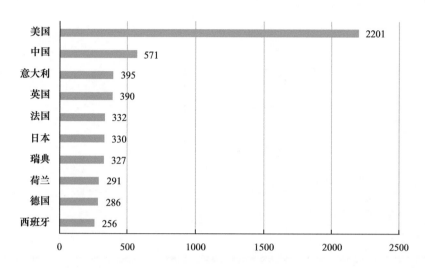

图 4-24 2000—2021 年全球膳食营养与癌症研究领域发文数量排名前 10 位的国家分布（单位：篇）

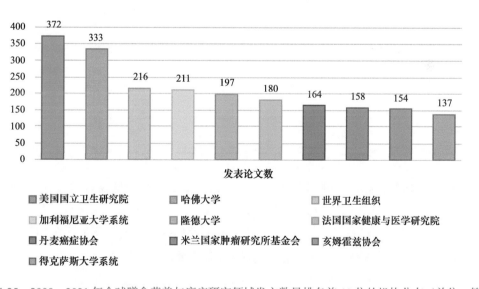

图 4-25 2000—2021 年全球膳食营养与癌症研究领域发文数量排名前 10 位的机构分布（单位：篇）

4.3.4.3 研究热点

用 VOSviewer 软件对 4920 篇相关研究论文的关键词进行共现分析，结果显示，这些论文的研究内容主要集中在 5 个方面。①红色部分：肺癌相关的流行病学研究，主要包括病例对照研究和队列研究；②蓝色部分：乳腺癌、食管癌相关研究，包括营养的饮食摄入和身体锻炼；③绿色部分：前列腺癌、肝癌、结肠癌等相关的致癌机制，如生酮饮食、氧化应激；④黄色部分：结直肠癌、胰腺癌的队列研究，主要涉及蔬菜、水果和肉的摄入等；⑤紫色部分：卵巢癌患者的幸存及相关影响因素分析，如饮食模式（见图 4-26）。

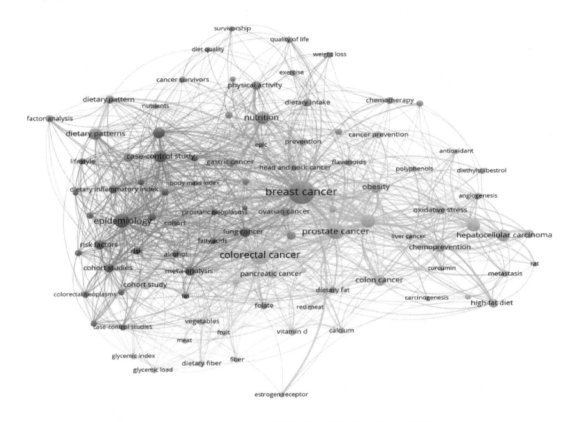

图 4-26　2000—2021 年膳食营养与癌症研究热点聚类图

检索获得膳食营养与癌症相关领域的 24 篇高被引论文（见表 4-12），这些研究主要集中在饮食模式（如高脂肪饮食、高质量饮食等）、饮食摄入（如膳食纤维、B 族维生素、黄酮类化合物等）与患癌风险和预防的相关性研究方面。例如，美国国立卫生研究院 2016 年 3 月 3 日发表在 *Nature* 上的研究发现，高脂肪饮食（HFD）引发的肥胖增加了哺乳动物肠道中 Lgr5（＋）肠干细胞的数量及其功能，并可能通过影响过氧化物酶体增殖物激活受体 δ（PPAR-delta）而影响肠干细胞和足细胞的功能及其癌变；丹麦癌症协会通过队列研究发现，适量习惯性摄入类黄酮与心血管、癌症等疾病相关死亡率呈负相关关系，且在吸烟者中的线性关系较强，并建议增加富含类黄酮的食物摄入来降低相关死亡率。

表 4-12　2000—2021 年全球膳食营养与癌症研究领域高被引论文

序号	论文标题	发表期刊	被引频次（次）
1	The Automated Self-Administered 24-Hour Dietary Recall (ASA24): A Resource for Researchers, Clinicians, and Educators from the National Cancer Institute	*Journal of the Academy of Nutrition and Dietetics*	407
2	Higher Diet Quality Is Associated with Decreased Risk of All-Cause, Cardiovascular Disease, and Cancer Mortality among Older Adults	*Journal of Nutrition*	371
3	High-fat diet enhances stemness and tumorigenicity of intestinal progenitors	*Nature*	363
4	Diet, microbiota, and microbial metabolites in colon cancer risk in rural Africans and African Americans	*American Journal of Clinical Nutrition*	361
5	Physical activity, sedentary behaviour, diet, and cancer: an update and emerging new evidence	*Lancet Oncology*	261
6	Mediterranean Diet and Invasive Breast Cancer Risk Among Women at High Cardiovascular Risk in the PREDIMED Trial A Randomized Clinical Trial	*JAMA Internal Edicine*	245
7	A Gnotobiotic Mouse Model Demonstrates That Dietary Fiber Protects against Colorectal Tumorigenesis in a Microbiota-and Butyrate-Dependent Manner	*Cancer Discovery*	231
8	A diet-induced animal model of non-alcoholic fatty liver disease and hepatocellular cancer	*Journal of Epatology*	223
9	Dietary Intake of Folate, B-Vitamins and Methionine and Breast Cancer Risk among Hispanic and Non-Hispanic White Women	*PLoS One*	218
10	Dietary methionine influences therapy in mouse cancer models and alters human metabolism	*Nature*	214
11	Fasting-mimicking diet and markers/risk factors for aging, diabetes, cancer, and cardiovascular disease	*Science Ranslational Medicine*	210
12	Dietary polyphenol intake in Europe: the European Prospective Investigation into Cancer and Nutrition (EPIC) study	*European Journal of Nutrition*	198
13	A simple diet- and chemical-induced murine NASH model with rapid progression of steatohepatitis, fibrosis and liver cancer	*Journal of Epatology*	150
14	Association of Dietary Patterns With Risk of Colorectal Cancer Subtypes Classified by Fusobacterium nucleatum in Tumor Tissue	*JAMA Oncology*	150
15	The National Cancer Institute's Dietary Assessment Primer: A Resource for Diet Research	*Journal of the Academy of Nutrition and Dietetics*	149

（续表）

序号	论文标题	发表期刊	被引频次（次）
16	A comprehensive meta-analysis on dietary flavonoid and lignan intake and cancer risk: Level of evidence and limitations	*Molecular Nutrition & Food Research*	144
17	Dietary Inflammatory Index and Risk of Colorectal Cancer in the Iowa Women's Health Study	*Cancer Epidemiology Biomarkers & Prevention*	126
18	American Cancer Society Guideline for Diet and Physical Activity for cancer prevention	*Ca-A Cancer Journal for Clinicians*	111
19	Flavonoid intake is associated with lower mortality in the Danish Diet Cancer and Health Cohort	*Nature Communications*	95
20	Fasting-mimicking diet and hormone therapy induce breast cancer regression	*Nature*	83
21	Dietary cholesterol drives fatty liver-associated liver cancer by modulating gut microbiota and metabolites	*Gut*	82
22	Relevance of functional foods in the Mediterranean diet: the role of olive oil, berries and honey in the prevention of cancer and cardiovascular diseases	*Critical Reviews in Food Science and Nutrition*	80
23	Diet and colorectal cancer in UK BioBank: a prospective study	*International Journal of Epidemiology*	55
24	Post-discharge oral nutritional supplements with dietary advice in patients at nutritional risk after surgery for gastric cancer: A randomized clinical trial	*Clinical Nutrition*	21

4.3.5　膳食营养与认知障碍

在 Web of Science 核心合集数据库中检索 2000—2021 年发表的膳食营养与认知障碍的相关论文，发现自 2002 年以来发表的 SCI 文献共 325 篇，总体而言，发文数量不是很多，发文数量呈现波动上升的趋势（见图 4-27）。对这些论文的主要研究国家、主要研究机构和研究热点与焦点进行统计分析如下。

4.3.5.1　主要国家

对论文发表的国家进行统计分析，发现美国在膳食营养与认知障碍方面的研究独占鳌头，发文数量远高于其他国家，中国的发文数量排名第 2 位。同时，中国和日本是跻身前 10 位的亚洲国家，剩余均是欧美国家（见图 4-28）。

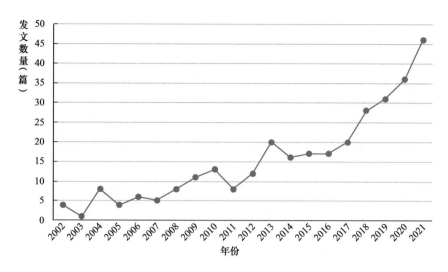

图 4-27　2000—2021 年全球膳食营养与认知障碍研究领域发表论文情况

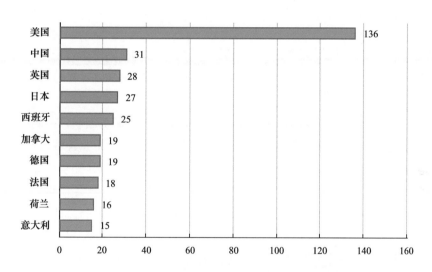

图 4-28　2000—2021 年全球膳食营养与认知障碍研究领域发文数量排名前 10 位的
国家分布（单位：篇）

4.3.5.2　主要机构

对膳食营养与认知障碍领域相关论文的发表机构进行统计，发现发文数量排名前
10 位的机构完全被欧美国家所垄断，其中美国相关研究机构占据了一多半，主要是
美国国立卫生研究院和哈佛大学等研究型大学，其中美国国立卫生研究院的相关研究
主要由其下属的国家酒精滥用与酗酒研究所（NIAAA）承担。其他还包括法国国家健
康与医学研究院、英国伦敦大学，以及西班牙巴塞罗那大学和罗维拉－威尔吉利大学
（见图 4-29）。

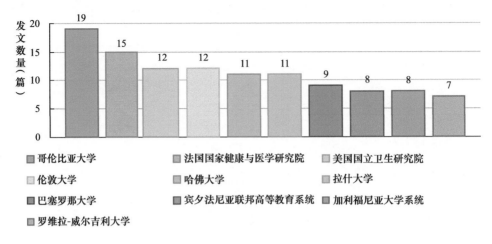

图 4-29　2000—2021 年全球膳食营养与认知障碍研究领域发文数量排名前 10 位的机构分布

4.3.5.3　研究热点

《"健康中国 2030"规划纲要》中明确提出：努力实现"以健康为中心"的战略转变和主动应对"健康老龄化"的战略需求 [1]。目前，"预防脑衰老，保持脑健康"已成为健康老龄化的重要目标。

膳食摄入与认知功能障碍的发生关系密切。认知功能的影响因素包括病理、遗传、环境和生活习惯等，而生活习惯中的膳食摄入是近年来的热点研究领域之一，众多流行病学证据表明，膳食与认知功能相关，膳食营养生物摄入影响认知功能障碍的发生，健康的膳食行为是认知功能的保护性因素，因此饮食模式作为"以多种形式结合的、人们在实际生活中所食用的食物成分的组合"，可以对认知障碍进行预防性和治疗性干预 [2]。

其中，与阿尔茨海默病（AD）相关认知障碍有关的膳食模式主要有 MeDi、阻止高血压饮食（Dietary Approach to Stop Hypertension，DASH）和 MeDi-DASH 饮食延缓神经退行性变（Mediterranean-DASH diet In tervention for Neurodegenerative Delay，MIND）3 种 [3]。

2000—2021 年全球膳食营养与认知障碍研究领域研究热点如图 4-30 所示。

[1] 中共中央 国务院印发《"健康中国 2030"规划纲要》[EB/OL]. [2016-10-25]. http://www.gov.cn/xinwen/ 2016-10/ 25/content_5124174.htm.

[2] 张瑜，胡慧 . 老年人饮食摄入对认知功能障碍影响的研究进展 [J]. 中国食物与营养，2019, 25(12):5-9.

[3] 中华医学会肠外肠内营养学分会，脑健康营养协作组，阿尔茨海默病脑健康营养干预专家共识撰写组 . 阿尔茨海默病脑健康营养干预专家共识 [J]. 中国科学：生命科学，2021，51(12):1762-1788.

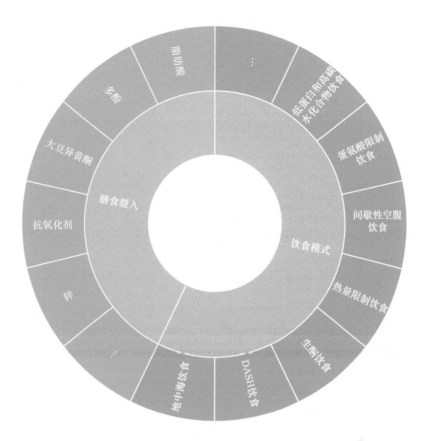

图 4-30　2000—2021 年全球膳食营养与认知障碍研究领域研究热点

4.3.6　膳食营养与慢性肾病

在 Web of Science 核心合集数据库中检索 2000—2021 年发表的膳食营养与慢性肾病的相关论文 367 篇，总体而言发文数量较少，发文数量呈现波动上升的趋势，其中 2013 年和 2018 年是两个较明显的发文小高峰（见图 4-31）。对这些论文的主要研究国家、主要研究机构和研究热点与焦点进行统计分析如下。

4.3.6.1　主要国家

对膳食营养与慢性肾病相关领域发文数量排名前 10 位的国家进行统计分析（见图 4-32），发现美国的发文数量鹤立鸡群，其他国家的发文数量则差距不大，且国家所在的区域分布也比较分散，北美洲、南美洲、欧洲、大洋洲、亚洲地区均有分布，相较于其他领域基本上被欧美国家垄断而言，膳食营养与慢性肾病相关领域的研究属于百家争鸣类型。

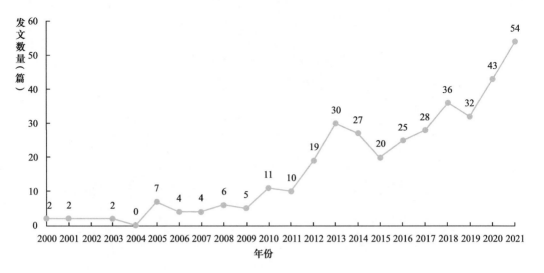

图 4-31　2000—2021 年全球膳食营养与慢性肾病研究领域发文情况

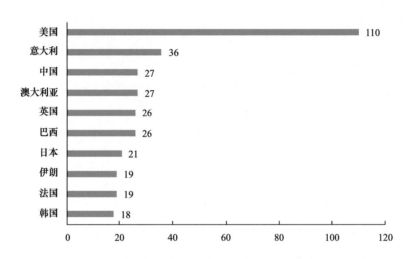

图 4-32　2000—2021 年全球膳食营养与慢性肾病研究领域发文数量排名前 10 位的国家（单位：篇）

4.3.6.2　主要机构

对膳食营养与慢性肾病领域相关论文发表的机构进行统计（见图 4-33），发现在发文数量排名前 10 位的机构中，美国的研究机构占比接近一半，主要包括加利福尼亚大学系统、约翰斯·霍普金斯大学、美国退伍军人事务部和哈佛大学。其他机构则基本上属于发文数量排名前 10 位的国家，如伊朗沙希德·贝赫什提大学、巴西圣保罗大学、韩国首尔大学、澳大利亚悉尼大学、瑞典卡罗林斯卡学院及英国伦敦大学。但中国的研究机构在相关研究领域的研究发文数量未能跻身前 10 位，比较分散。

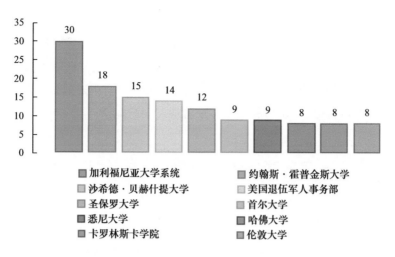

图 4-33　2000—2021 年全球膳食营养与慢性肾病研究领域发文数量排名前 10 位的机构（单位：篇）

4.3.6.3　研究热点

据调查，我国慢性肾病的患病率为 10.8%。由此推算，我国约有 1.32 亿名慢性肾病患者。而饮食管理是慢性肾病自我管理最基本、最重要的措施，慢性肾病患者的饮食将直接影响疾病的进展和并发症的发生。因此，膳食营养的摄入与慢性肾病的关系是慢性肾病研究领域的一个重要方面。

通过对在 Web of Science 核心合集数据库中检索到的 367 篇 SCI 文献进行分析发现，在膳食营养与慢性肾病这一研究领域，相关研究主要集中在营养物质的摄入（如蛋白质、膳食纤维、磷、钾、钠等）及饮食模式（如 DASH 饮食、地中海饮食、素食饮食、低蛋白饮食、植物性饮食等）对慢性肾病的影响等方面（见图 4-34）。

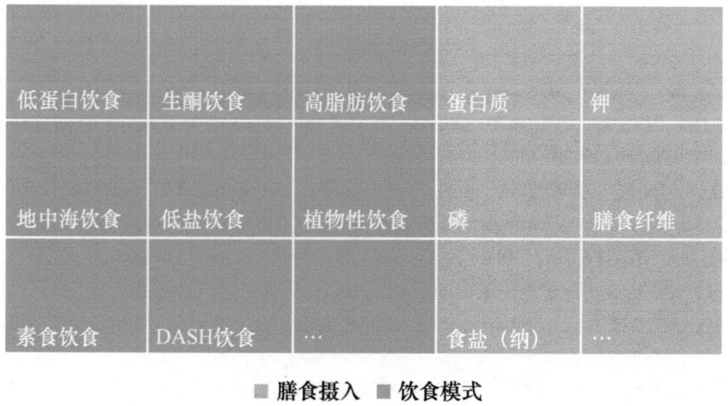

低蛋白饮食	生酮饮食	高脂肪饮食	蛋白质	钾
地中海饮食	低盐饮食	植物性饮食	磷	膳食纤维
素食饮食	DASH饮食	…	食盐（钠）	…

■ 膳食摄入　■ 饮食模式

图 4-34　2000—2021 年全球膳食营养摄入与慢性肾病研究领域研究热点

其中，膳食纤维的摄入量与慢性肾病发病风险呈现负相关关系 [1]；减少动物蛋白和蛋黄的摄入可以预防或延缓终末期的慢性肾病 [2]；素食与慢性肾病患者的全因死亡风险降低有关 [3]；生酮饮食通过抑制 ROS（活性氧）、NF-kB（核因子激活的 B 细胞的 κ - 轻链增强）和 p62（分子量位 62 的蛋白质）信号传导，可以减缓肾脏异常的发展速度 [4]；植物性饮食可以用来预防和管理慢性肾病 [5]。

4.4 精准营养研究与产业转化趋势

4.4.1 精准营养研究现状

2015 年，美国提出"精准医学计划"。根据精准医学计划的定义，精准医学是"一种基于个体化基因、环境、生活方式等因素，以提供疾病治疗方案和预防策略的新兴方法" [6]。在公共卫生领域，精准营养（Precision Nutrition）作为精准医学的重要分支也应运而生，也有研究称其为个性化营养，目前，精准营养和个性化营养仍无统一定义 [7]。2016 年，根据国际营养基因学 / 基因组学学会（ISNN）的定义，精准营养被分为 3 个层面：①基于特定人群的诊断与治疗指南的传统营养。②基于个体营养相关表现型特点的个体化营养。③基于罕见或常见基因变异的基因导向型营养 [8]。2020 年，美国国立卫生研究院发布《2020—2030 年营养研究战略计划》，将"精准营养"定义为"综合考虑遗传因素、饮食习惯和膳食模式、昼夜节律、健康状况、社会经济和社会心理特征、饮食环境、体力活动和微生物组等因素，制定与个体和群体健康相关的全面、动态营养建议的整体方法"。该计划提出了"精准营养"的 4 个战略目标：①通过基础研究促进发现和创新——我们吃什么，食物是如何影响我们的？②调查饮食模

[1] MIRMIRAN P , YUZBASHIAN E , ASGHARI G , et al. Dietary fibre intake in relation to the risk of incident chronic kidney disease.[J]. British Journal of Nutrition, 2018,119(5):479-485.

[2] HOLLY K . Diet , Chronic Kidney Disease[J]. Advances in Nutrition, 2019(Supplement_4):S367-S379.

[3] CHAUVEAU, PHILIPPE, KOPPE, et al. Vegetarian diets and chronic kidney disease[J]: Nephrology Dialysis Transplantation, 2019,34(2):199-207.

[4] KUNDU S, HOSSAIN K S, MONI A. et al. Potentials of ketogenic diet against chronic kidney diseases: pharmacological insights and therapeutic prospects[J]. Molecular Biology Reports, 2022,49(10):9749-9758.

[5] JOSHI S , HASHMI S, SHAH S , et al. Plant-based diets for prevention and management of chronic kidney disease[J]. Current Opinion in Nephrology and Hypertension, 2019, 29(1): 16-21.

[6] COLLINS F S, VARMUS H. A new initiative on precision medicine[J]. The New England Journal of Medicine, 2015, 372(9): 793-795.

[7] 汤臣倍健营养健康研究院，中国科学院上海营养与健康研究所，IFF（原杜邦营养与生物科技）等 . 精准营养白皮书 [EB/OL].[2022-05-19]. http://www.sinh.cas.cn/xwgg/hzjl/202105/t20210506_6008965.htm.

[8] FERGUSON L R, DE CATERINA R, GÖRMAN U, et al. Guide and position of the international society of nutrigenetics/nutrigenomics on personalised nutrition: part 1 - fields of precision nutrition[J]. Journal of Nutrigenetics and Nutrigenomics,2016,9(1):12-27.

式和行为的作用——我们应该吃什么并且什么时候吃？③营养在整个生命周期中的作用——吃什么能够促进健康？④减轻临床中疾病的负担——如何提高食物作为药物的利用率[1]？精准营养是一个根据个体特点调整营养建议和干预措施，进而预防和控制慢性病的领域，其目的是实现对个体营养状态、生命全周期健康生活方式、表观型和基因型等多个维度的综合干预[2]。

　　在 Web of Science 核心合集数据库中以 precision nutrition/ personalized nutrition 进行主题检索，时间范围限定在 2000 年 1 月—2022 年 6 月，共检索到精准营养领域文献（Article、Review）2800 篇。图 4-35 展示了全球 2000—2021 年精准营养领域发表论文情况，2000—2015 年，精准营养领域发文数量变化较为平缓，自 2016 年起，发文数量开始增加，2017 年开始，发文数量显著增加。

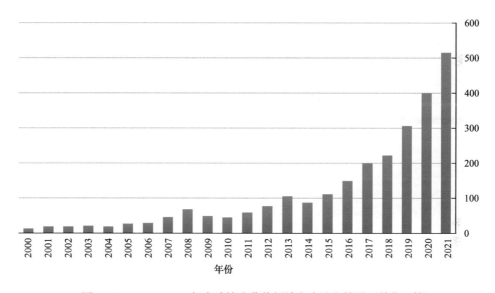

图 4-35　2000—2021 年全球精准营养领域发表论文情况（单位：篇）

　　2000 年以来，精准营养领域发文数量排名前 10 位的国家如表 4-13 所示，其中，美国发文数量为 882 篇，远高于其他国家，位列第 1，我国发文数量为 252 篇，居第 5 位。采用 VOSviewer 软件对发文数量排名前 10 位的国家进行可视化分析，计数方法选择分数式计量（Fractional Counting），以发表文章的平均年份计分，获得如图 4-36 所示的标签视图。不同的颜色对应着国家发表文章的平均年份，颜色越接近蓝色表示该国家发文越早，越接近黄色说明该国家发文越晚。图 4-36 表明，美国、英国、澳大利亚发文较早，中国、意大利发文较晚。

[1] National Institute of Health.2020—2030 Strategic Plan for NIH Nutrition Research[EB/OL]. [2022-05-19].https://dpcpsi. nih. gov/onr/strategic-plan.Washington, 2020.

[2] RODGERS G P, COLLINS F S. Precision Nutrition-the Answer to "What to Eat to Stay Healthy"[J]. JAMA, 2020, 324(8): 735-736.

表 4-13　精准营养领域发文数量排名前 10 位的国家

序号	国家	发文数量（篇）	序号	国家	发文数量（篇）
1	美国	882	6	加拿大	216
2	英国	299	7	荷兰	195
3	西班牙	287	8	德国	191
4	意大利	265	9	澳大利亚	162
5	中国	252	10	法国	157

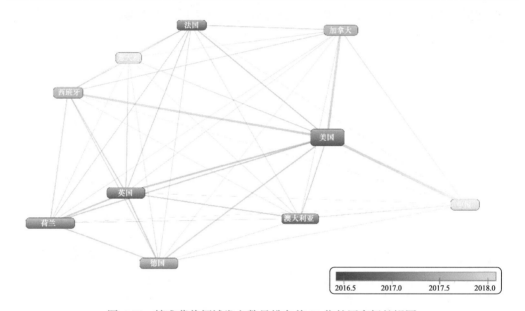

图 4-36　精准营养领域发文数量排名前 10 位的国家标签视图

采用 VOSviewer 软件对 2548 篇国外发表的文献进行关键词聚类分析，计数方法选择分数式计量，关键词最低出现频次设置为 10 次，经合并同义词并去除无意义词后，共计 94 个关键词纳入聚类分析，如图 4-37 所示。国外精准营养领域关键词共形成 3 个聚类。

4.4.1.1　组学技术

该聚类为营养基因学、代谢组学、肠道菌群等基础研究相关内容，关键词包括营养遗传学、代谢组学、微生物组学、肠道微生物组学、遗传学、组学等。

随着基因组学研究的开展，营养科学也逐渐过渡到研究营养相关的基因及其表达产物在营养代谢中作用的方向，营养组学迅速成为营养学研究的新前沿。以宏基因组学（人和肠道微生物 DNA 水平）、转录组学（RNA 水平）、蛋白组学（蛋白质表达与修饰调控）和营养代谢组学技术为基础的营养组学技术及其应用研究成为国际营养学

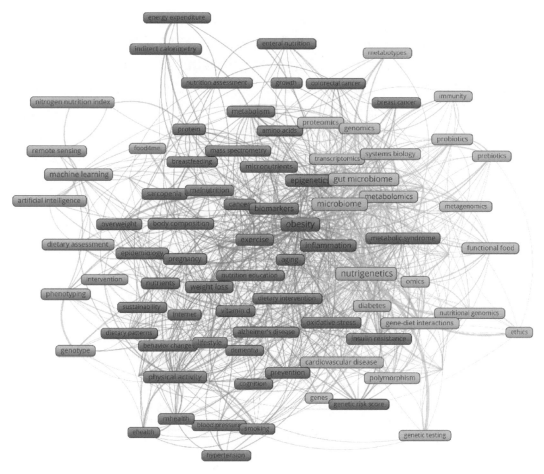

图 4-37　国外文献关键词聚类图

领域的新热点[1]。单核苷酸多态性是迄今为止在精确营养领域研究最广泛的遗传变异。一些 SNP 通过与常量和微量营养素的摄入，或与特定食物的消耗和饮食模式之间相互作用，进而与常见慢性病相关联。例如，味觉感知相关基因，包括甜味受体（TAS1R2）[2]和分化簇 36（CD36）[3]，它们分别与墨西哥受试者摄入大量碳水化合物和脂肪时的血脂异常相关。研究显示，营养因子与 DNA 甲基化、组蛋白修饰和非编码 RNA 之间的复杂相互作用与肥胖、血脂异常、2 型糖尿病、非酒精性脂肪肝、癌症

[1] MEAD M N. Nutrigenomics: the genome-food interface[J]. Environmental Health Perspectives, 2007,115(12):A582-A589.

[2] RAMOS-LOPEZ O, PANDURO A, MARTINEZ-LOPEZ E, et al. Sweet Taste Receptor TAS1R2 Polymorphism (Val191Val) Is Associated with a Higher Carbohydrate Intake and Hypertriglyceridemia among the Population of West Mexico[J]. Nutrients, 2016,8(2):101.

[3] RAMOS-LOPEZ O, PANDURO A, MARTINEZ-LOPEZ E, et al.Genetic variant in the CD36 gene (rs1761667) is associated with higher fat intake and high serum cholesterol mong the population of West Mexico[J]. Journal of Food Science and Nutrition, 2015, 5: 353.

和心血管疾病有关[1]。营养代谢组学是指在不同健康状态与疾病状态下，系统性地研究膳食与机体代谢之间的相互作用及其对健康的影响。研究人员对具有代谢疾病受试者进行饮食方式的干预，利用宏基因组学、非靶代谢组学及靶向代谢组学方法，深度探讨地中海饮食（MD）干预对具有代谢疾病受试者的代谢健康、肠道微生物群和全身代谢组的影响[2]。人类消化道中存在大量的微生物，被统称为肠道微生物组，通常称为肠道菌群。肠道菌群能显著影响宿主表型和疾病的进展及治疗手段的疗效。目前，在精准营养领域中，个体的肠道菌群组成是一个常用的评价指标，同时利用膳食补充剂和菌群移植等方式改善个体的肠道菌群组成也是精准营养常用的干预手段[3]。研究人员针对孟加拉国营养不良儿童的肠道菌群，配制了一种新型治疗性食品，它被称为"靶向微生物群的补充食品"（Microbiota-Directed Complementary Foods，MDCF），由易于获得、价格负担得起、孟加拉国文化上可接受的成分组成。结果显示，这类食品原型不仅可以修复营养不良儿童的肠道菌群，而且改善了儿童其他一些生理指标[4]。

4.4.1.2　大数据、机器学习

该聚类为数据收集与整合等相关内容，关键词包括机器学习、人工智能等。

组学技术由于涉及某一领域的全面分析，研究产生的庞大数据集需要通过人工智能和机器学习算法进行处理。Lee 等人报道了一种使用组学、饮食信息和机器学习（ML）来预测肥胖状况的综合方法。研究人员比较了几种 ML 算法，发现随机梯度 boosting 模型对肥胖的预测准确率最高，总体准确率为 70%，测试集样本的曲线下面积为 0.72[5]。Ma 等人系统评估了 5 种常见的机器学习模型，用于从无含量的食品配料表定量预测营养成分。该研究基于美国农业部全球包装食品数据库，建立了两个向量化的机器可读数据集：分别包含 23 万余条食品配料及其对应的营养成分信息。基于这些数据集，采用 5 种经典的机器学习模型，包括自适应提升算法（AdaBoost）、贝叶斯（Bayesians）、线性支持向量机（SVM）、多层感知器（MLP）和一个基于该数据库定制改进型的 MLPcr 模型，以预测全球包装食品数据库中的 13 种包装上标注

[1] RAMOS-LOPEZ O, MILAGRO F I, ALLAYEE H, et al. Guide for Current Nutrigenetic, Nutrigenomic, and Nutriepigenetic Approaches for Precision Nutrition Involving the Prevention and Management of Chronic Diseases Associated with Obesity[J]. Journal of Nutrigenetics and Nutrigenomics, 2017,10(1-2):43-62.

[2] MESLIER V, LAIOLA M, ROAGER H M, et al. Mediterranean diet intervention in overweight and obese subjects lowers plasma cholesterol and causes changes in the gut microbiome and metabolome independently of energy intake[J]. Gut, 2020,69(7):1258-1268.

[3] 郭英男, 郭倩颖, 柳鹏, 等 . 精准营养的实践与挑战 [J]. 中国慢性病预防与控制，2021，29(11):874-878.

[4] RAMAN A S, GEHRIG J L, VENKATESH S, et al. A sparse covarying unit that describes healthy and impaired human gut microbiota development[J]. Science,2019,365(6449):eaau4735.

[5] LEE Y C, CHRISTENSEN J J, PARNELL L D, et al. Using Machine Learning to Predict Obesity Based on Genome-Wide and Epigenome-Wide Gene-Gene and Gene-Diet Interactions[J]. Frontiers in Genetics,2022,12:783845.

的营养物质。该研究为进一步改善基于食品成分的营养素预测提供了可能的方向[1]。Morgenstern 等人回顾了大数据集和机器学习在营养流行病学的应用，结果表明，总体上更多地使用大数据和机器学习有助于提高营养流行病学调查结果的可靠性和有效性。具体而言，将大数据和机器学习纳入流行病学分析可以减少测量误差，更好地表示饮食及其混杂因素的复杂性。随着大数据和机器学习的应用不断深入，营养流行病学面临的挑战或将得到解决[2]。

4.4.1.3 健康与营养的评估、监测及干预

该聚类涉及个体健康和营养的监测与干预，以及生物标志物等相关内容，关键词包括肥胖、癌症、2 型糖尿病、生活方式、锻炼、营养、身体活动、维生素 D、饮食干预、预防、生物标记等。

近年来，慢性病发病率迅猛攀升，由于个体间的营养素需求和摄入量存在差别，结合个体遗传背景，以及生活习惯、生理状态等个性特质给予安全、高效的营养干预，可以达到有效预防和控制疾病的目的。流行病学研究一致表明，特定的饮食和生活方式加重了成年人的肥胖风险。例如，含糖饮料[3]、油炸食品消费[4]、体育活动缺乏和久坐不动[5]的生活方式与肥胖关联的基因变异相互作用。Zeevi 等人对 800 人进行了一项研究，发现传统饮食建议的效用有限，而基于血液参数、饮食习惯、人体测量学、体力活动和肠道微生物群的精准营养干预在改善餐后血糖升高方面效果显著[6]。来自意大利的研究人员 Di Renzo 等人开展了一项关于肥胖基因 FTO rs9939609 和地中海饮食对身体成分和体重影响的临床试验，该研究分析了 188 名意大利受试者的 FTO rs9939609 等位基因，以及 4 周营养干预之后的身体成分差异，结果发现，地中海饮食与总体脂（δTBFat）（$p = 0.00$）变化有显著关系，FTO 与总身体水分的变化有关（$p = 0.02$）[7]。

采用 VOSviewer 软件对 252 篇中国发表的文献进行关键词聚类分析，计数方法选

[1] MA P, ZHANG Z, LI Y, et al. Deep learning accurately predicts food categories and nutrients based on ingredient statements[J]. Food Chemistry, 2022,391:133243.

[2] MORGENSTERN J D, ROSELLA L C, COSTA A P, et al. Perspective: Big Data and Machine Learning Could Help Advance Nutritional Epidemiology[J]. Advances in Nutrition, 2021,12(3):621-631.

[3] BRUNKWALL L, CHEN Y, HINDY G, et al. Sugar-sweetened beverage consumption and genetic predisposition to obesity in 2 swedish cohorts[J]. The American Journal of Clinical Nutrition, 2016, 104:809-815.

[4] QI Q1, CHU A Y, KANG J H, et al. Fried food consumption, genetic risk, and body mass index: Gene-Diet interaction analysis in three us cohort studies[J]. BMJ, 2014,348:g1610.

[5] AHMAD S, RUKH G, VARGA T V, et al. Gene × physical activity interactions in obesity: Combined analysis of 111,421 individuals of european ancestry[J]. PLoS Genetics, 2013,9:e1003607.

[6] ZEEVI D, KOREM T, ZMORA N, et al. Personalized Nutrition by Prediction of Glycemic Responses[J]. CELL, 2015,163(5):1079-1094.

[7] DI RENZO L, CIOCCOLONI G, FALCO S, et al. Influence of FTO rs9939609 and Mediterranean diet on body composition and weight loss: a randomized clinical trial[J]. Journal of Translational Medicine, 2018,16(1):308.

择分数式计量，关键词最低出现频次设置为 3 次，经合并同义词并去除无意义词及去除单独未聚类关键词后，共计 26 个关键词纳入聚类分析，如图 4-38 所示。我国精准营养领域发文分为两个独立的领域：农业领域和医学领域。农业领域涉及氮平衡指数、氮素诊断、临界氮浓度稀释曲线、冬小麦等关键词；医学领域涉及肠道微生物、肥胖、代谢综合征、代谢组学、身体质量指数（BMI）、遗传学等关键词。《中国居民营养与慢性病状况报告（2020 年）》显示 [1]，肥胖、高血压、糖尿病、高胆固醇血症、慢性阻塞性肺疾病等营养相关慢性病的患病率仍持续攀升，部分重点地区、重点人群（如婴幼儿、育龄妇女和高龄老年人）的微量营养素缺乏问题依然十分严峻。2016 年至今，我国先后出台了《"健康中国 2030" 规划纲要》[2]《国民营养计划（2017—2030 年）》[3]《健康中国行动（2019—2030 年）》[4] 等众多纲领性文件，均对提升国民营养做出了要求，凸显了营养健康的关键地位。我国居民营养与慢性病防治面临的挑战，为营养的研究与实施带来了巨大的机遇。随着"精准营养"相关技术的不断深入，用于精准监测营养摄入及进食行为和精确检测生物标志物的新技术、新设备的不断研发，以及复杂有效的大数据分析、个体化管理方法的不断建立，将有机会实现对个体营养状态的最优化营养推荐和干预，为健康中国目标的实现提供更完善的措施和方案 [5]。

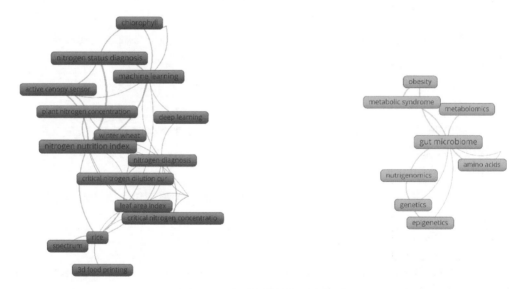

图 4-38　中国文献关键词聚类图

[1] 中国居民营养与慢性病状况报告（2020 年）[J]. 营养学报，2020，42(6):521.

[2] 中共中央 国务院 .《"健康中国 2030" 规划纲要》[EB/OL].[2022-05-19].http://www.gov.cn/zhengce/2016-10/25/content_5124174.htm.

[3] 国务院 . 国民营养计划（2017—2030 年）[EB/OL].[2022-05-19].http://www.gov.cn/zhengce/content/2017-07/13/content_5210134.htm.

[4] 国务院 . 健康中国行动（2019—2030 年）[EB/OL][2022-05-19].http://www.gov.cn/xinwen/2019-07/15/content_5409694.htm.

[5] 刘琰，陈伟 . 精准营养新定义：理念与落实 [J]. 中华预防医学杂志，2022，56(2):151-153.

4.4.2 精准营养产业服务趋势

在成为营养领域研究热点的同时，精准营养的相关研究和转化也逐渐开展。近些年，精准营养或个性化营养的概念逐渐在膳食营养补充剂、健康管理、记忆检测等领域中开展了应用。然而，由于涉及的复杂性、分析的难度和较高技术成本等因素的制约，目前精准营养研究及转化尚在探索阶段，相关产业也刚刚起步。目前，营养领域公司的个性化营养服务的基本流程为：收集个体信息、个体营养评估、提供营养建议 / 营养产品。各个公司在这个基本流程上有着不同的侧重点，这些公司让消费者对健康的追求变得更容易、更便利、更加拥有自主权 [1]。

4.4.2.1　问卷调查型

问卷调查型公司通过收集用户个人资料，为用户提供个性化的定制产品，产品差异之处在于补充剂的种类，如维生素、蛋白粉，以及剂型、服务方式和产品功能。

例如，Persona 公司根据客户填写的调查问卷表提供的个人信息，结合科学的药物配方建议为客户提供定制的每日所需营养补剂。该公司在搭配定制营养补剂建议方案前参考了超过 650 种处方药物，帮助客户将药物副作用的风险降到最低。

LemonBox 公司开发了消费者完成个人问卷的微信小程序，问卷内容包含年龄、身高、体重等身体基本信息，以及营养目标、生活方式和习惯等，LemonBox 公司基于人工智能技术和数据工具匹配到合适的营养补剂方案。

4.4.2.2　样本检测型

样本检测型公司通过收集用户的唾液、血液、尿液、粪便等样本，采用不同的检测分析技术，为用户提供健康的个性化定制方案。

DayTwo 公司创立于 2015 年，拥有可实际运用产品的人类微生物组发现平台，通过检测个体肠道菌群和相关临床指标预测其对食物的血糖应答，从而提供个性化膳食以帮助控制血糖。用户只需要购买测试盒，将自己的粪便样品寄给该公司，该公司进行肠道微生物组测序并解读后，用户就能收到一份个人定制的食谱，使用户能够吃得更健康，帮助控制血糖平稳。

InsideTracker 是美国领先的个性化营养平台，该平台通过使用专利算法跟踪、分析血液及遗传生物标志物，生成定制化干预方案，优化个人健康。其科研团队根据血液数据、DNA 数据和客户的身体管理偏好和目标，给出基于科学的私人化方案。用户只需在家进行简单的血样采集再邮寄给该平台，便会获得精准的身体分析报告。Inside

---

[1] 汤臣倍健营养健康研究院，中国科学院上海营养与健康研究所，IFF（原杜邦营养与生物科技）等 . 精准营养白皮书 [EB/OL].[2022-05-19].www.sinh.cas.cn/xwgg/hzjl/202105/W020210506589462196047.pdf.

Tracker 致力于达到的目标是帮助客户达到最佳心情、激发活力、提高睡眠质量、减少疼痛、提高代谢速度及增强运动能力。

Vitagene 于 2014 年在美国成立，其通过采集唾液进行 DNA 检测，帮助用户更多地了解自己的种族构成和祖先起源。结合个人生活习惯、家族史和健康目标，Vitagene 还为用户个性化定制饮食、健康和营养补充剂建议。

Personl ONE 是日本知名护肤及健康食品品牌 Fancl 推出的定制营养品牌，该品牌通过饮食生活习惯的调查问卷和尿检数据，为消费者定制维生素和矿物质等补充剂。

华大基因自身有着大数据、大平台的优势，以及先进成熟的基因测序技术，这也为其个性化营养服务提供了坚实的基础。其业务范围涵盖肤质基因组检测分析、护肤品开发、美容与营养食品、肠道微生物检测、个性化营养健康管理服务等。

汤臣倍健成立于 1995 年，是膳食营养补充剂领域的领先企业。2021 年，汤臣倍健发布个性化定制维生素概念产品，每颗胶囊里含有 50 余粒 2mm 大小的维生素微片，可实现营养素组合超过 5000 万种。

4.4.2.3　终端型

终端型公司通过可穿戴设备收集基本数据，如身体活动率或身高、体重，为定制营养提供更为客观、准确的数据，从而提供健康的个性化指导建议。

STYR Labs 成立于 2014 年，该公司推出了一整套为定制营养服务的智能设备，包括运动手环、智能电子秤、智能水杯等。这些智能设备能够实时收集人体数据，并且上传至手机 App 进行分析，从而实现个人定制的营养素包、蛋白质包等。

Nutromics 位于澳大利亚墨尔本，该公司推出一种可穿戴的智能贴片，可无痛测量用户的关键饮食生物标志物，并将信息发送到一个应用程序，让用户能够精确跟踪自己的身体对不同食物的反应。通过监测精确的数据，帮助人们个性化制定自己的饮食，并降低他们患上与生活方式相关的慢性病（如 2 型糖尿病）的风险。

精准营养以营养基因组学和营养遗传学为根基，正在加快完成从实验室到临床的转化[1]。精准营养市场具有巨大的发展潜力，但仍有一些问题需要解决，如个人信息的安全性，个性化营养干预后效果的反馈和持续改进，营养指导人员的专业性，以及与人工智能更好地结合等。

4.5　膳食营养与健康管理研究态势

4.5.1　膳食营养与健康管理研究现状

2014 年，《营养问题罗马宣言》提出，人人享有获得安全、充足和营养食物的权

---

[1] 韦军民，许静涌. 精准营养的临床应用现状与展望 [J]. 中华消化外科杂志，2021，20(11):1153-1157.

利，并促使各国政府做出承诺，防止饥饿、微量营养素缺乏和肥胖等各种形式的营养不良。2016 年，联合国大会决定将 2016—2025 年定为"营养问题行动十年"，旨在 2025 年前实现全球营养目标和膳食相关非传染性疾病目标，以促进在全球范围内消除饥饿和营养不良、减少肥胖症等。近几年，我国也出台多项政策促进居民营养健康发展。2016 年，《"健康中国 2030"规划纲要》提出全面普及膳食营养知识，发布适合不同人群特点的膳食指南，引导居民形成科学的膳食习惯，推进健康饮食文化建设 [1]。2017 年，《国民营养计划（2017—2030 年）》提出，坚持以人民健康为中心，以普及营养健康知识、优化营养健康服务、完善营养健康制度、建设营养健康环境、发展营养健康产业为重点，关注国民生命全周期、健康全过程的营养健康，为建设健康中国奠定坚实基础 [2]。2019 年，《健康中国行动（2019—2030 年）》围绕疾病预防和健康促进提出，将开展 15 个重大专项行动，其中"合理膳食行动"旨在对一般人群、超重和肥胖人群、贫血与消瘦等营养不良人群、孕妇和婴幼儿等特定人群，分别给出膳食指导建议，并提出政府和社会应采取的主要举措 [3]。

4.5.1.1 膳食指南研究现状

膳食指南是根据食物生产供应及各国居民实际生活情况，将现有膳食营养与健康的证据转化为以食物为基础的平衡膳食的指导性文件，旨在为食物和营养、健康及农业领域的公共政策提供依据，并为营养教育计划提供基本内容，从而推广健康的饮食习惯和生活方式。全球约有 100 个国家根据本国的营养状况、粮食供应、烹饪文化和饮食习惯制定了食源性膳食指南（FBDG），并汇总在联合国粮食及农业组织（FAO）中。各国对膳食营养都逐渐开始重视，对食物的种类和质量也都给出了指导性的建议。其中，以欧洲、亚洲和美洲国家居多，具体的国家如表 4-14 所示 [4]。

表 4-14 食源性膳食指南的所在国家

地区	国家数量（个）	国家名称
亚洲	20	印度、印度尼西亚、韩国、孟加拉国、尼泊尔、中国、菲律宾、马来西亚、越南、阿富汗、蒙古国、柬埔寨、泰国、日本、斯里兰卡、卡塔尔、伊朗、黎巴嫩、阿曼、阿拉伯联合酋长国

[1] 中共中央 国务院印发《"健康中国 2030"规划纲要》[EB/OL]. [2016-10-25]. http://www.gov.cn/zhengce/2016-10/25/content_5124174.htm.

[2] 国务院办公厅 . 国民营养计划（2017—2030 年）[EB/OL]. [2017-06-30]. http://www.gov.cn/zhengce/content/2017-07/13/content_5210134.htm.

[3] 健康中国行动推进委员会 . 健康中国行动（2019—2030 年）[EB/OL]. [2019-07-09]. http://www.gov.cn/xinwen/2019-07/15/content_5409694.htm.

[4] HERFORTH A, ARIMOND M, ÁLVAREZ-SÁNCHEZ C, et al. A Global Review of Food-Based Dietary Guidelines[J]. Advances in nutrition, 2019,10(4):590-605.

（续表）

地区	国家数量（个）	国家名称
欧洲	34	塞浦路斯、奥地利、丹麦、希腊、以色列、德国、保加利亚、土耳其、匈牙利、冰岛、克罗地亚、马其顿社会主义共和国、罗马尼亚、爱尔兰、爱沙尼亚、瑞士、瑞典、芬兰、英国、荷兰、西班牙、马耳他、阿尔巴尼亚、葡萄牙、格鲁吉亚、比利时、波兰、波斯尼亚－黑塞哥维那、法国、挪威、斯洛文尼亚、摩尔多瓦共和国、意大利、拉脱维亚
非洲	9	加蓬、埃塞俄比亚、南非、塞舌尔、塞拉利昂、尼日利亚、纳米比亚、贝宁、肯尼亚
北美洲	19	加拿大、美国、危地马拉、古巴、墨西哥、多米尼加共和国、多米尼克、安提瓜和巴布达、巴巴多斯、巴哈马、巴拿马、伯利兹、圣基茨和尼维斯、圣卢西亚、圣文森特和格林纳丁斯、哥斯达黎加、牙买加、萨尔瓦多、格林纳达
南美洲	12	厄瓜多尔、委内瑞拉、巴西、巴拉圭、乌拉圭、圭亚那、哥伦比亚、玻利维亚、秘鲁、阿根廷、洪都拉斯、智利
大洋洲	3	澳大利亚、斐济、新西兰

谷物、水果或蔬菜、鱼肉蛋、大豆或坚果、乳制品是在各国膳食指南（FBDG）中推荐最多的 5 种食物，脂肪和油脂、盐、糖、红肉或腌制肉是限制类最多的食物，如表 4-15 所示。其中，有 93% 的指南推荐水果或蔬菜，90% 的指南限制盐的消耗，54% 的指南建议人们适度饮酒，51% 的指南对食品安全发表意见，45% 的指南提到了烹饪或准备技术。我国在《中国居民膳食指南（2022）》中提出了"多吃蔬果、奶类、全谷、大豆"等平衡膳食八准则[1]。加勒比地区鼓励多吃水果和蔬菜、鼓励低脂肪消费[2]；欧洲鼓励摄入足量的谷物、蔬菜和水果，并适度摄入脂肪、糖、肉类、高热量饮料和盐[3]；北美洲和南美洲提倡食用大量水果、蔬菜和谷物，并限制脂肪、单糖和盐的摄入量[4]。

表 4-15 膳食指南中推荐和限制类食物占比

	食物	占比（%）		食物	占比（%）
推荐类食物	谷物	66	限制类食物	脂肪和油脂	89
	水果或蔬菜	93		盐	90
	鱼肉蛋	74		糖	84
	大豆或坚果	58		红肉或腌制肉	11
	乳制品	59			

[1] 中国营养协会 . 中国居民膳食指南（2022）[M]. 北京：人民卫生出版社，2022.

[2] FUSTER M. Comparative analysis of dietary guidelines in the Spanish-Speaking Caribbean[J]. Public health nutrition, 2016,19(4):607-615.

[3] MONTAGNESE C, SANTARPIA L, BUONIFACIO M, et al.European food-based dietary guidelines: a comparison and update[J]. Nutrition, 2015,31(7-8):908-915.

[4] MONTAGNESE C, SANTARPIA L, IAVARONE F, et al. North and South American countries food-based dietary guidelines: A comparison[J]. Nutrition, 2017,42:51-63.

除食物外，不同的国家在膳食指南中还针对行为提出了一些指导性建议。巴西的指导方针强调社会和经济方面的可持续性，建议人们警惕广告，避免过度加工食品，它不仅有害健康，还会破坏传统的饮食文化。德国提出最好用少量的水和脂肪，尽可能新鲜的原料，小火短时间烹调食物。卡塔尔建议保证规律的用餐时间，每个家庭每天至少在一起吃一顿饭，并强调健康饮食和体育活动。此外，有些国家的膳食指南中还指出，食物与温室气体排放、土地利用和生物多样性、清洁饮水，以及化肥中氮和磷的含量等环境资源需求相关[1]。

4.5.1.2 膳食营养对居民健康的影响

1. 膳食营养改善人体机能，降低患病风险

Hosomi 等人[2]从营养、微生物和宿主免疫的角度描述了免疫代谢的复杂网络，以促进疾病控制。Hijová 等人[3]提出，膳食纤维作为益生元具有不同的营养功能，可调节肠道微生物群，对维持所有年龄段的人的健康生物体具有重要作用。Ma 等人[4]发现热量限制、禁食、脂肪、葡萄糖和微量元素等能够调节肠道干细胞（ISCs）的再生能力，影响肠道稳态，可能是预防癌症的潜在目标。Liu 等人指出，膳食营养与人体免疫功能的流行病学研究方法不断完善和发展，对充分阐明营养与人体免疫功能的关系具有重要作用[5]。

2. 膳食营养满足不同年龄阶段人群健康的需求

苏靖涵[6]、何娟[7]、谢志清[8]、韩慧[9]等人对幼儿食品膳食营养健康进行了研究，为提出有效的营养干预模式提供了依据。裴正存等人[10]对北京市小学生膳食营养健康

[1] SPRINGMANN M, SPAJIC L, CLARK M A, et al.The healthiness and sustainability of national and global food based dietary guidelines: modelling study[J]. BMJ, 2020,370:m2322.

[2] HOSOMI K, KUNISAWA J. Diversity of energy metabolism in immune responses regulated by micro-organisms and dietary nutrition[J]. International immunology, 2020,32(7):447-454.

[3] HIJOVÁ E, BERTKOVÁ I, ŠTOFILOVÁ J. Dietary fibre as prebiotics in nutrition[J]. Central European journal of public health, 2019,27(3):251-255.

[4] MA N, CHEN X, LIU C, et al. Dietary nutrition regulates intestinal stem cell homeostasis[J]. Critical reviews in food science and nutrition, 2022,13:1-12.

[5] LIU K Q, DING X Y, ZHAO W H. Research methods to influence of nutrition on human immunity[J]. Zhonghua Yi Xue Za Zhi, 2020,100(46):3712-3719.

[6] 苏靖涵. 幼儿食品膳食营养健康研究——评《幼儿营养与膳食管理》[J]. 粮食与油脂，2021，34(9):163.

[7] 何娟. 幼儿园膳食营养健康教育的认识与实践探究 [J]. 甘肃教育，2020，23:142-143.

[8] 谢志清，刘燕艳. 幼儿膳食营养健康教育的认识与实践研究 [J]. 考试周刊，2020，61:159-160.

[9] 韩慧，董素华，汤建军，等. 蚌埠市学龄前儿童膳食营养健康教育效果评价 [J]. 蚌埠医学院学报，2013，38(7):879-883.

[10]裴正存，王海俊，李百惠，等. 北京市小学生膳食营养健康教育效果评价 [J]. 中国学校卫生，2011，32(7):779-780,785.

教育效果进行评价，得出以学校为基础的膳食营养健康教育效果明显。孙蓉娟[1]对大学生膳食营养与健康现状进行分析，及时提出干预策略，奠定了大学生综合素质发展的坚实基础。杨坤玲等人[2]对南宁市某大学 1078 名大学生的研究发现，亚健康状况和膳食营养存在一定的联系，应采取有效措施改善膳食营养，预防大学生亚健康状况的发生。范利国等人[3]以山西大同大学医学院 189 名贫困大学生作为研究对象，提出加强贫困大学生营养知识的宣传教育，改善贫困大学生膳食营养。李丛勇等人[4]通过了解健康百岁老人的膳食营养情况，分析特殊人群的膳食模式特征。汪元元[5]分析了 60 岁以上老年人群的健康状况、主要慢性病的患病情况及变化趋势，并探讨了不同的膳食模式与慢性病的关系。Clegg 等人[6]提出通过增加老年人的食欲来增加食物摄入量，在不影响整体能量摄入的情况下增加蛋白质摄入量。

3. 膳食营养辅助治疗、控制各类慢性病

Tang 等人[7]基于膳食营养信息系统探讨蛋白质摄入对重症肺炎（SP）患者营养状况的影响，得出 SP 患者不仅需要高蛋白营养补充，还需要多种蛋白质供给。Zhao 等人[8]论述了膳食营养对睡眠和睡眠障碍的影响，总结了碳水化合物、脂类、氨基酸和维生素对睡眠和睡眠障碍的作用，并讨论了潜在的机制。世界癌症研究基金会（WCRF）和美国癌症研究所（AICR）出版了关于饮食、营养、身体活动和癌症的第 3 份专家报告，为各国政府和其他组织在全球范围内的公共卫生工作提供了一个框架，以显著减轻癌症负担，增进健康，提高癌症幸存者的生活质量[9]。美国心脏协会（AHA）发表了一项荟萃分析，根据 4 项核心试验的结果，证实了他们 60 年来提出的用不饱和脂肪酸替代饱和脂肪酸以降低心脏病风险的设想[10]。赵锦明等人[11]对肺结核

[1] 孙蓉娟. 大学生膳食营养与健康现状的分析 [J]. 智库时代，2018，24: 231-232.
[2] 杨坤玲，刘仲汉，朱时敏，等. 南宁市某大学 1078 名大学生亚健康状况与膳食营养的关系 [J]. 现代医药卫生，2016，32(21):3261-3262,3266.
[3] 范利国，刘斌焰，刘斌钰，等. 某医学院贫困大学生健康状况及营养膳食分析 [J]. 中国预防医学杂志，2014，15(7):629-632.
[4] 李丛勇，陈俊，朱金花，等. 海南健康百岁老人膳食营养调查分析 [J]. 中国食物与营养，2022，28(2):84-88.
[5] 汪元元. 江苏省老年人群膳食营养健康状况及其膳食模式与慢性病关系的研究 [D]. 南京：东南大学，2020.
[6] CLEGG M E, WILLIAMS E A. Optimizing nutrition in older people[J]. Maturitas, 2018,12:34-38.
[7] TANG W, SHAO X, CHEN Q, et al. Nutritional status of protein intake in severe pneumonia patients based on dietary nutrition information system[J]. Journal of infection and public health, 2021,14(1):66-70.
[8] ZHAO M X, TUO, H WANG S H, et al. The Effects of Dietary Nutrition on Sleep and Sleep Disorders[J]. Mediators of Inflammation, 2020:3142874.
[9] CLINTON S K, GIOVANNUCCI E L, HURSTING S D. The World Cancer Research Fund/American Institute for Cancer Research Third Expert Report on Diet, Nutrition, Physical Activity, and Cancer: Impact and Future Directions[J]. Ontario health technology assessment series, 2020,150(4):663-671.
[10] HEILESON J L. Dietary saturated fat and heart disease: a narrative review[J]. Nutrition reviews, 2020,78(6):474-485.
[11] 赵锦明，周为文，梁大斌，等. 广西两县肺结核患者膳食营养及健康状况调查分析 [J]. 应用预防医学，2021，27(5):413-416.

患者的膳食营养和健康状况进行研究，努尔妮赛姆·塔什[1] 对乌鲁木齐市 7～12 岁艾滋病致孤儿童心理健康与膳食营养状况进行研究，发现存在营养素摄入不足的现象，营养状况有待进一步改善。Liu 等人[2] 提出孕产妇可通过补充营养素和钙摄入量而减少中国妇女及婴儿的不良状况。侯爱军[3]、宋莉[4]、常亮[5][6]、张玉梅[7] 等人对孕产妇的膳食营养进行指导，使母婴健康水平提高，从而改善妊娠结局。

4. 膳食营养满足特殊职业健康需要

崔译丹对空军飞行员的膳食营养结构进行了研究，提出根据空军飞行员的营养元素补给需要制定科学营养的食谱[8]。武彩莲等人[9] 研究了核潜艇人员膳食营养及健康现状，为指导核潜艇人员营养健康管理提供了依据。李树田等人[10] 对南、北方通信部队膳食营养状况进行了调查，为修订我军通信部队现行食物定量标准提供了科学依据。沈嘉敏等人[11] 研究了海军某部航空兵的膳食营养及健康状况，为指导部队合理膳食提供了依据。Feng 等人[12] 对青少年蹦床运动员的营养知识、态度和行为进行了研究，建议提供相关的营养课程，提高运动员对膳食营养重要性的认识。康姐等人[13] 以甘肃医学院大运会训练队成员的膳食营养作为研究对象，提出加强业余体育训练队队员的膳食教育，提高教练员对运动营养的关注，并提升合理膳食健康训练的意识。庞羽等人[14] 认为，通过开展营养知识健康教育，提供健康的膳食食谱等一系列措施，可以引导职工培养合理的膳

[1] 努尔妮赛姆·塔什. 乌鲁木齐市 7～12 岁艾滋病致孤儿童身心健康与膳食营养状况研究 [D]. 新疆：新疆医科大学，2020.

[2] LIU, X H, WANG X J, TIAN Y, et al. Reduced maternal calcium intake through nutrition and supplementation is associated with adverse conditions for both the women and their infants in a Chinese population[J]. Medicine, 2017,96(18):e6609.

[3] 侯爱军，王丽萍，赵艳敏，等. 孕期膳食营养指导对母婴健康及妊娠结局的影响分析 [J]. 中国妇产科临床杂志，2016，17(3):254-256.

[4] 宋莉，杨春霞，朱东. 妊娠期妇女膳食营养与妊娠结局的相关性分析 [J]. 深圳中西医结合杂志，2017，27(7): 146-147.

[5] 常亮，王萌. 孕妇营养知识及饮食习惯调查分析 [J]. 中国卫生产业，2019，16(6):174-175.

[6] 常亮，李嫄. 依托高校营养专业开展孕产妇营养健康教育效果分析 [J]. 中国社区医师，2022，38(2):142-144.

[7] 张玉梅，赵艾，杨晨璐，等. 中国 10 城市乳母膳食摄入与营养健康状况研究 [J]. 中国食品学报，2022，22(3): 1-7.

[8] 崔译丹. 空军飞行员膳食营养结构与健康研究 [J]. 食品安全导刊，2021，23:108-109.

[9] 武彩莲，蔡缨，曾海娟. 核潜艇人员膳食营养及健康状况的调查与评价 [J]. 营养学报，2017，39(6):570-573.

[10]李树田，陈伟强，洪燕，等. 我军步兵与通信兵部队营养健康现状调查——2. 通信部队膳食调查 [J]. 解放军预防医学杂志，2009，27(1):40-41.

[11]沈嘉敏，李红霞，沈志雷，等. 海军某部航空兵膳食营养及健康状况的调查与分析 [J]. 军事医学，2019，43(8):582-585.

[12]FENG B Y, YUAN Y. Investigation and Strategy Research on Dietary Nutrition Knowledge, Attitude, and Behavior of Athletes[J]. Journal of Food Quality, 2022:7323680.

[13]康姐，高泽谨，张亚兰，等. 健康中国背景下医学本科院校业余体育训练队膳食营养状况研究 [J]. 医学食疗与健康，2021，19(8):12-13.

[14]庞羽，伍朝春，黄国秀. 我国职工食堂的膳食营养健康管理现状 [J]. 当代医学，2020，26(30): 192-194.

食习惯，防治慢性病，提高职工的健康素养。王兴稳等人 [1] 分析了中国西南贫困山区农民膳食营养与健康指标之间的关系，指出需要不断改善农民的膳食结构，使其根据自身生理特点合理膳食。郭立群等人 [2] 对河北省 251 位农村妇女进行的调查问卷分析表明，农村妇女的膳食营养、生活方式和饮食习惯正向影响其营养健康水平。

5. 膳食营养在其他方面的影响

唐兴萍等人 [3] 对国内大数据与膳食营养健康领域进行研究，总结分析了大数据技术在膳食营养健康领域中的应用及其所面临的挑战。Lei 等人 [4] 开发了一种新的大数据处理和模糊聚类方法，并对膳食营养进行了有效分析。杨慧霞等人 [5] 构建了膳食营养健康风险评估指标体系。原晨晨等人 [6] 研究了居住模式对老年人心理健康及膳食营养状况的影响，认为与子女居住有利于改善老年人的心理健康及膳食营养状况。

4.5.1.3 营养素、膳食模式与健康证据研究

营养素对寿命和相关疾病的作用已被广泛接受，对健康的影响是人们目前研究的重点，主要营养素及其功能如表 4-16 所示。卡路里摄入量超过能量消耗所需的水平会增加脂肪生成、储存和肥胖，导致与年龄相关的主要疾病 [7]。在肥胖人群中，生酮 /低碳水化合物摄入并不比均衡饮食更有效 [8]。与适度摄入碳水化合物相比，低碳水化合物摄入（<40% 的能量）和高碳水化合物摄入（>70% 的能量）都会增加死亡风险 [9]。基于动物来源的低碳水化合物饮食与较高的全因死亡率相关，而以蔬菜为基础的低碳水化合物饮食与较低的全因和心血管疾病死亡率相关 [10]。蛋白质摄入过高或过

[1] 王兴稳，樊胜根，陈志钢 . 中国西南贫困山区农民膳食营养与其健康人力资本——基于贵州住户调查数据的分析 [J]. 南京农业大学学报（社会科学版），2011，11(4):38-45.

[2] 郭立群，彭波 . 农村妇女营养健康水平形成机理实证研究——以河北涉县为例 [J]. 中国农业大学学报，2018，23(2): 192-203.

[3] 唐兴萍，周兵，杨文庆，等 . 国内大数据与膳食营养健康的研究及应用进展 [J/OL]. 食品工业科技，2023. DOI:10.13386/j.issn1002-0306.2002030212.

[4] LEI L H, CAI Y. A Dietary Nutrition Analysis Method Leveraging Big Data Processing and Fuzzy Clustering[J]. Health Information Science, HIS 2016,10038:129-135.

[5] 杨慧霞 . 膳食营养健康风险评估指标体系构建 [D]. 天津：天津科技大学，2020.

[6] 原晨晨，郭红卫，薛琨 . 居住模式对老年人心理健康及膳食营养状况的影响 [J]. 营养学报，2022，44(1): 25-29.

[7] JANSSEN J A M J L. Hyperinsulinemia and Its Pivotal Role in Aging, Obesity, Type 2 Diabetes, Cardiovascular Disease and Cancer[J]. International journal of molecular sciences, 2021,22(15):7797.

[8] LÓPEZ-ESPINOZA M Á, BARRIENTOS-BRAVO T. Effect of a Ketogenic Diet on the Nutritional Parameters of Obese Patients: A Systematic Review and Meta-Analysis[J]. Nutrients, 2021,13(9):2946.

[9] SEIDELMANN S B, CLAGGETT B, CHENG S, et al. Dietary carbohydrate intake and mortality: a prospective cohort study and meta-analysis[J]. Lancet Public Health, 2018,3(9):e419-e428.

[10] FUNG T T, VAN DAM R M, HANKINSON S E, et al. Low-carbohydrate diets and all-cause and cause-specific mortality: two cohort studies[J]. Annals of internal medicine, 2010,153(5):289-298.

低都会增加肿瘤发生的风险，低蛋白和高碳水化合物饮食是最有益的[1]。维生素缺乏和过量均会导致生理功能紊乱，增加肿瘤发生的风险。维生素 A、类胡萝卜素、维生素 E 和维生素 C 可增强机体免疫力，预防癌症发生。无论是老年人还是年轻人，维生素 D 低与虚弱水平和不同虚弱水平的死亡风险相关联[2]。维生素 B_{12}、B_6 可降低同型半胱氨酸，防止心血管疾病[3]。矿物质是构成人体组织所必需的，钙可预防结直肠癌，硒能清除自由基而增加免疫功能，锌的缺乏导致机体免疫功能减退，铁摄入过量增加肠癌和肝癌风险，钠过量会损伤胃黏膜导致糜烂和充血[4]。2021 年年底，国家市场监督管理总局组织修订了《保健食品原料目录营养素补充剂（2022 年版）（征求意见稿）》，拟纳入大豆分离蛋白、乳清蛋白为功能性保健食品的原料，DHA、酪蛋白磷酸肽＋钙、四氢叶酸钙和四氢叶酸、氨基葡萄糖盐为营养素补充剂的原料[5]。

表 4-16　主要营养素及其功能

营养素	功能
能量	卡路里摄入量超过能量消耗所需水平会增加脂肪生成、脂肪储存和肥胖，从而导致与年龄相关的主要疾病
碳水化合物	在肥胖人群中，生酮／低碳水化合物摄入并不比均衡饮食更有效。与适度摄入碳水化合物相比，低碳水化合物摄入和高碳水化合物摄入都会增加死亡风险
蛋白质	蛋白质摄入过高或过低都会增加肿瘤发生的风险。生存和健康结果的量化表明，低蛋白和高碳水化合物饮食是最有益的
脂肪	动物脂肪和动物蛋白含量高的饮食会增加死亡率
维生素	维生素缺乏和过量均会导致生理功能紊乱，增加肿瘤发生的风险。维生素 A、类胡萝卜素、维生素 E 和维生素 C 可增强机体免疫力预防癌症发生，维生素 D 低与虚弱水平和不同虚弱水平的死亡风险相关联，维生素 B_{12}、B_6 可降低同型半胱氨酸防止心血管疾病
矿物质	矿物质是构成人体组织所必需的，钙可预防结直肠癌，硒能清除自由基以增加免疫功能，锌的缺乏导致机体免疫功能减退，铁摄入过量增加肠癌和肝癌风险，钠过量会损伤胃黏膜导致糜烂和充血

由于东西方的饮食习惯差异，各地食物资源、饮食文化和信仰等不同，形成了不同的膳食模式，主要分为东方膳食模式、西方膳食模式、地中海膳食模式、日本传统膳食模式和素食模式。东方膳食模式是以植物性食物为主的膳食模式，其特点是"三

[1] WAHL D, SOLON-BIET S M, WANG Q P, et al. Comparing the Effects of Low-Protein and High-Carbohydrate Diets and Caloric Restriction on Brain Aging in Mice[J]. Cell reports, 2018,25(8):2234-2243.e6.

[2] JAYANAMA K, THEOU O, BLODGETT J M, et al. Frailty, nutrition-related parameters, and mortality across the adult age spectrum[J]. BMC medicine, 2018,16(1):188.

[3] BRUINS M J, VAN DAEL P, EGGERSDORFER M. The Role of Nutrients in Reducing the Risk for Noncommunicable Diseases during Aging[J]. Nutrients, 2019,11(1):85.

[4] 中国营养学会. 中国肿瘤患者膳食营养白皮书 2020-2021[EB/OL].[2020-11-20]. https://www.cnsoc.org/bookpublica/files/@CmsXh_ead535c4-8436-4c14-8a84-c3f6f94e59a6.pdf.

[5] 国家市场监管总局. 保健食品原料目录营养素补充剂（2022 年版）（征求意见稿）[EB/OL].[2021-12-13]. https://www.samr.gov.cn/hd/zjdc/202112/t20211220_338240.html.

低一高"：低热能、低蛋白、低脂肪、高碳水化合物。谷类、蔬果、大豆等植物性食物比较高，富含维生素和膳食纤维，有利于预防心血管疾病和结直肠癌。西方膳食模式是以动物性食物为主的膳食模式，优质蛋白质的占比高、能量高，含有大量的糖分、肉类和脂肪，易引起超重和肥胖，会导致胰岛素、高血糖及高胆固醇和甘油三酯水平升高，因而增加相关癌症的患病风险 [1]。地中海膳食模式富含水果和蔬菜，适量的肉类和奶制品，一些鱼和少量低度酒，单不饱和脂肪酸和膳食纤维的摄入量很高，能有效控制体重，进而预防相关癌症的发生。日本传统膳食模式中动植物食物的消费量较平衡，以少油、少盐、高海产品摄入为主，能量、蛋白质和脂肪的摄入基本符合营养要求，是公认的健康膳食模式之一，对结直肠癌具有一定的预防作用。素食模式指不包括动物性食物的膳食模式，含丰富的膳食纤维和植物化学物，可将冠心病风险降低40%，是唯一显示可以逆转冠心病的饮食模式 [2]。素食模式可减少血小板聚集，有利于体重管理，降低患代谢综合征和 2 型糖尿病的风险 [3,4]。

4.5.2　膳食营养健康管理行业发展态势

以 Web of Science 核心合集数据库和 CNKI 作为文献来源数据库，以"营养""膳食""健康管理"等主题词检索 2012—2022 年的文献，筛选文献类型为 Article 和 Review，分别检索出 18023 篇 SCI 文献和 2547 篇 CNKI 文献，现对这些数据进行分析。

4.5.2.1　发文趋势

对膳食营养健康管理的数据按时间呈现，如图 4-39 所示。从图 4-39 中可以看出，SCI 发文数量呈上升趋势，CNKI 发文数量保持稳定，说明国际上近几年对膳食营养健康管理的研究越来越重视，而国内对该研究的重视程度不变。

4.5.2.2　主要国家

从 Web of Science 核心合集数据库中检索到的数据来看，全球排名前 10 位的国家占全球发表 SCI 论文国家的 60%，如图 4-40 所示。其中，美国关于膳食营养健康管理的研究最多，占全球的 22%；澳大利亚占 7%，居第 2 位；英国占 6%，居第 3 位；中国占 5%，居第 4 位；加拿大、意大利、西班牙、德国、荷兰、法国紧随其后。

[1] LONGO V D, ANDERSON R M. Nutrition, longevity and disease: From molecular mechanisms to interventions[J]. CELL, 2022,185(9):1455-1470.
[2] KAHLEOVA H, LEVIN S, BARNARD N D. Vegetarian Dietary Patterns and Cardiovascular Disease[J]. Progress in cardiovascular diseases, 2018,61(1):54-61.
[3] SATIJA A, HU F B. Plant-based diets and cardiovascular health[J]. Trends in cardiovascular medicine, 2018,28(7): 437-441.
[4] KAHLEOVA H, LEVIN S, BARNARD N. Cardio-Metabolic Benefits of Plant-Based Diets[J]. Nutrients, 2017,9(8): 848.

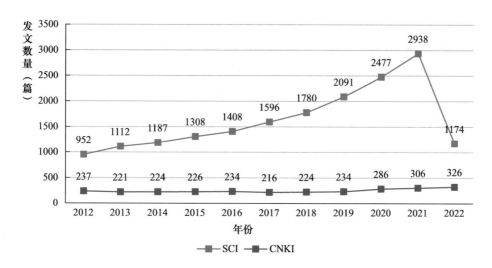

图 4-39 2012—2022 年在 Web of Science 核心合集数据库和 CNKI 发文趋势

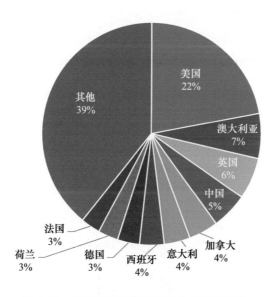

图 4-40 SCI 发文数量排名前 10 的国家占比

4.5.2.3 主要机构

从 Web of Science 核心合集数据库的检索结果来看，SCI 发文数量排名前 10 位的机构中，哈佛大学发文数量为 686 篇，位列第 1，加利福尼亚大学系统发文数量为 571 篇，位列第 2；法国研究型大学联盟协会发文数量为 411 篇，位列第 3。在发文数量排名前 10 位的机构中，美国的机构最多，共有 5 个，占一半；法国有 2 个机构，英国、西班牙和澳大利亚各有 1 个机构，没有中国机构进入前 10 位，如表 4-17 所示。

表 4-17　SCI 发文数量排名前 10 位的机构

序号	研究机构	国家	发文数量（篇）
1	哈佛大学	美国	686
2	加利福尼亚大学系统	美国	571
3	法国研究型大学联盟协会	法国	411
4	伦敦大学	英国	395
5	美国农业部	美国	389
6	网络生物医学研究中心	西班牙	382
7	悉尼大学	澳大利亚	365
8	法国国家健康与医学研究院	法国	363
9	北卡罗来纳大学	美国	354
10	塔夫茨大学	美国	342

从 CNKI 发文机构来看，中国疾病预防控制中心的发文数量为 240 篇，位列第 1；北京大学的发文数量为 53 篇，位列第 2；中国营养学会的发文数量为 41 篇，位列第 3，如表 4-18 所示。

表 4-18　CNKI 发文数量排名前 10 位的机构

排名	研究机构	发文数量（篇）
1	中国疾病预防控制中心	240
2	北京大学	53
3	中国营养学会	41
4	农业农村部食物与营养发展研究所	33
5	中国农业大学	20
6	四川大学	15
7	上海市疾病预防控制中心	15
8	中粮营养健康研究院	14
9	南京医科大学	14
10	东南大学	12
10	新疆医科大学	12

4.5.2.4　研究热点

词频分析方法是在文献信息中提取能够表达文献核心内容的关键词或主题词频次的高低分布，来研究该领域发展动向和研究热点的方法。对 SCI 数据进行分析，将关键词出现阈值设置为 50，共有 210 个关键词，并把每个类下方包含的词汇阈值设置为

30，根据关键词之间的区别和联系得出 4 个聚类，如图 4-41 所示。红色部分代表不同
年龄阶段人群的健康需求，尤其是儿童和孕妇需要注意的饮食习惯，并且需要保证相
应的体育锻炼，从而抑制肥胖发生；蓝色部分代表辅助治疗控制各种慢性病，如癌症、
高血压、心血管等慢性病患者需要注意的生活方式和饮食习惯；绿色部分代表益生菌、
微生物群、碳水化合物、膳食纤维、蛋白质等物质，可提高新陈代谢，促进身体健康；
黄色部分代表维生素、矿物质等微量营养素作为膳食补充剂，达到合理膳食、营养均
衡的目的。

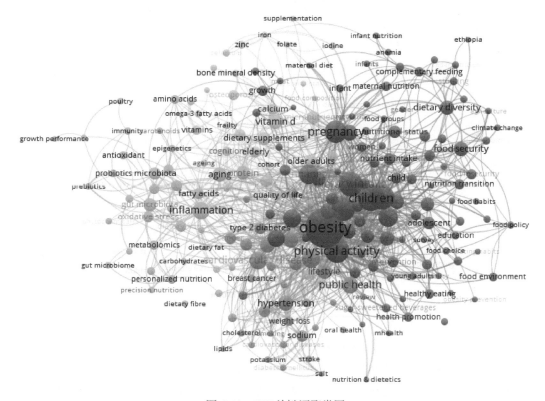

图 4-41　SCI 关键词聚类图

对 CNKI 数据进行分析，将关键词出现阈值设置为 20，共有 56 个关键词，根据
关键词之间的区别和联系得出 4 个聚类，如图 4-42 所示。绿色部分代表不同年龄阶段
人群的健康需求，如大学生和孕妇等需要注意的饮食习惯和营养状况；红色部分代表
辅助治疗控制各种慢性病，如糖尿病、高血压、心血管等慢性病患者需要注意的生活
方式和膳食结构；蓝色部分代表维生素、碳水化合物等的摄入量，达到合理膳食、营
养均衡的目的；绿色部分代表对膳食营养健康的教育和态度。对比 SCI 数据与 CNKI
数据，4 个聚类中有 3 个类基本重合，不同之处是 SCI 更重视益生菌、微生物群等的
研究，从而提高新陈代谢速度，促进身体健康，而 CNKI 更重视对膳食营养健康教育
的培养。

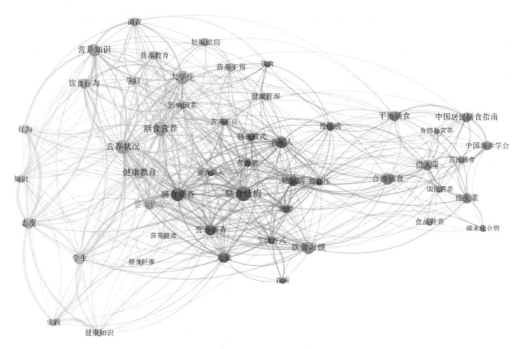

图 4-42　CNKI 关键词聚类图

4.5.2.5　行业发展

1. 建设新陈代谢－表观遗传－免疫循环的健康网络

饮食控制可以塑造新陈代谢－表观遗传－免疫循环网络，从而改善人体健康。相对于传统的膳食营养方法，营养遗传学倾向于关注来自食物特定营养素的利用，膳食营养与基因的交互作用对人类健康产生影响；代谢重编程和表观遗传修饰以代谢分子和表观遗传修饰酶为靶点进行膳食干预治疗肿瘤。越来越多的研究发现，饮食中甲硫氨酸、丝氨酸和甘氨酸、酮体、胆碱、精氨酸、谷氨酰胺、果糖、半胱氨酸等营养物质的改变通过影响表观遗传修饰水平参与不同类型肿瘤的发生。健康网络主要建立在分子水平上，致力于建立基于个体基因组结构特征的膳食干预方法和营养保健手段，提出更具个性化的营养政策，从而使得营养学研究的成果能够更有效地应用于疾病的预防，达到促进人类健康的目的。

2. 扩大以营养师为代表的从业人员队伍建设

为落实健康中国计划，需加强营养人才队伍建设。通过互联网、大数据、人工智能等数字科技，提供在线私人营养师服务，为用户提供远程营养咨询、营养管理方案和营养建议。除此之外，借助机器学习等相关技术，开发虚拟营养师应用，通过对数据的解读来提供更适合的医学营养治疗方案，可能比真实营养师提供的建议效果更好。

3. 构建营养健康的食物生产加工消费模式

我国一直非常重视营养工作，从 20 世纪 90 年代至今发布了《20 世纪 90 年代中国食物结构改革与发展纲要》《中国居民膳食指南》《国民营养计划（2017—2030 年）》等一系列营养政策，国家《食品工业"十一五"发展纲要》明确提出，"注重以营养科学为指导，注重保存食物原料固有的营养成分，优化食品中营养素配比，维护和提升加工食品的营养成分，满足人民生活水平的提高对营养健康的要求"。《中国食物与营养发展纲要（2014—2020 年）》提出，"以现代营养理念引导食物合理消费，逐步形成以营养需求为导向的现代食物产业体系，促进生产、消费、营养、健康协调发展"。《"十四五"国民健康规划》提出，"推进食品营养标准体系建设，健全居民营养监测制度，强化重点区域、重点人群营养干预"。

全球约有 100 个国家根据本国的营养状况、粮食供应、烹饪文化和饮食习惯制定了食源性膳食指南，其中以欧洲、亚洲和美洲国家居多。谷物、水果或蔬菜、鱼肉蛋、大豆或坚果、乳制品是在各国膳食指南中推荐最多的 5 种食物，脂肪和油脂、盐、糖、红肉或腌制肉是限制类最多的食物。除食物外，不同的国家在膳食指南中还针对行为方面提出了一些指导性建议，有些国家指出食物与温室气体排放、土地利用和生物多样性、清洁饮水，以及化肥中氮和磷的含量等环境资源需求相关。

在人体的生命周期里，膳食是人体生长发育和健康最关键的因素。长期合理、规律的膳食对居民健康产生的影响如下：可改善人体机能，降低患病风险，满足不同年龄阶段人群健康的需求，辅助治疗控制各类慢性病，满足特殊职业健康需要等。营养素对寿命和相关疾病的作用已被广泛接受，对健康的影响是人们目前研究的重点，不同营养素对健康产生不同的功能，合理补充各种营养素能提高身体的免疫力，减少疾病的发生。

4.6 小结

本章通过科学计量学、内容分析法等方法对营养素摄入与慢性病防控研究领域在项目资助、研究论文、技术专利、临床试验等方面的信息进行研究发现，2000 年以来，营养素摄入与慢性病防控研究呈现以下发展态势：

中国和美国对营养素摄入与慢性病防控研究都非常重视，2000 年以来基金资助金额逐年上升，主要资助科研机构或大学开展研究。但是中国对该领域的基金资助金额远低于美国。

2000 年以来，全球营养素摄入与慢性病防控研究领域 SCI 论文数量处于增长趋势。美国发表的 SCI 论文数量和高被引论文数量一直处于领先地位。中国发表的 SCI 论文数量从 2005 年开始超过英国、澳大利亚、日本、意大利，现居全球第 2 位，但是中国的高被引论文数量不及英国、意大利、西班牙。

发表营养和慢性病防控领域 SCI 论文较多的国家分布于全球各大洲，总体上由欧美国家引领，其中在膳食营养与慢性肾病相关领域的研究发文数量较多的国家则分布相对比较广泛。从事膳食营养与慢性病研究的主要机构包括哈佛大学、加利福尼亚大学系统、美国 NIH、法国 INSERM 和哥本哈根大学等。西班牙多所大学院校开展或参与了营养与心脑血管疾病关系研究，比较具有代表性的是 PREDIMED 临床试验的系列研究成果。

营养和慢性病防控研究 SCI 论文主要集中在营养在改善肥胖、糖尿病、高血压、癌症和炎症、高血压等方面的研究。肥胖和糖尿病作为与膳食营养关系最为密切的慢性病，一直是领域内的研究热点和焦点，其他还包括不同膳食营养素摄入对慢性病进程的作用和作用机制；低脂饮食、低碳水化合物饮食、生酮饮食和地中海饮食等不同饮食方式 / 膳食模式对预防和管理慢性病的效果研究；肥胖、胰岛素抵抗、血脂异常、炎症和氧化应激之间的关系和作用机制；儿童、青少年、女性、减重 / 过重人群等重点人群的膳食干预研究；膳食营养摄入对认知功能障碍的发生发展的影响，以及健康膳食行为对认知功能的保护作用研究等。

2000—2021 年，营养素摄入与慢性病防控专利获授权量不论全球还是中国都是稳中稍微有降。中国以 285 项排名第 2，获授权高峰在 2012—2016 年，中国有 134 项高价值专利，主要侧重于食品成品对慢性病作用的研究。而美国的高价值专利比较侧重营养素或食品提取物作用于慢性病的研究。

近年来，精准营养成为研究热点和方向，国外精准营养起步较早，研究方向以组学技术等基础研究为主，中国起步相对较晚，研究领域涉及农业和医学，医学领域中的研究多以慢性病患者的个性化营养干预和管理为主，更偏向临床应用。精准营养的产业转化也逐步开展起来。目前该领域公司的个性化精准营养服务基本流程主要包括：收集个体信息；个体营养评估；提供营养建议 / 营养产品。

中国的膳食和疾病模式正在发生转折，健康管理中需要越来越多的营养师指导居民合理膳食，给出饮食建议，对人体营养状况进行评价管理，对营养知识进行咨询与宣教等。健康生活方式的倡导与落实离不开健康的食物消费环境，以营养导向为指征，将营养与健康理念贯穿食物生产、加工、烹调、选购、进餐的各个环节中，营造健康的食物消费环境。

致谢：中国营养学会杨月欣教授、王瑛瑶教授对本章内容提出了宝贵意见和建议，谨致谢忱。

执笔人：中国医学科学院医学信息研究所张玢、刘晓婷、肖宇锋、门佩璇、黄雅兰、杜慧、蒋君。

第 5 章

中国西南山地生物多样性与生态安全领域
发展态势分析

　　生物多样性科学是研究生物多样性的生态系统功能，起源、维持和丧失，编目和分类，监测和评价，保护、重建和可持续利用，以及生物多样性与人类活动和社会发展的相互关系等问题的科学。它涉及生物学、生态学、人文科学及技术科学，是上述学科的交叉学科。1995 年，国际生物多样性合作研究计划"DIVERSITAS"[1] 提出的计划新方案中，首次提出了"生物多样性科学"（Biodiversity Science）一词，标志着其开始成为一门独立的学科。

　　生态安全是指生态系统的健康和完整情况。生态安全是人类在生产、生活和健康等方面不受生态破坏与环境污染等影响的保障程度，包括饮用水与食物安全、空气质量与绿色环境等基本要素。2014 年 4 月 15 日，习近平总书记首次提出总体国家安全观，并明确将生态安全纳入国家安全体系之中。对于经济快速稳步发展的我国来讲，人口、资源、环境问题日益突出，高度重视国家生态安全势在必行。而生物多样性是人类赖以生存的条件，是经济社会可持续发展的基础，更是生态安全的重要保障。

　　"中国西南山地"是国际环保组织"保护国际"公布的全球 36 个生物多样性热点地区之一，中国西南山地热点地区西起东喜马拉雅山地、雅鲁藏布峡谷一直延伸至整个横断山区和川西高原。主要包括藏东南、滇西北、中缅边境、川西，以及青海东南部和甘肃南部地区，是全球生物多样性最丰富但受威胁严重的野生动植物宝库之一，也是全球生物多样性最丰富的温带森林生态系统。该地区占中国陆地面积的 10%，拥有全中国近一半的鸟类和哺乳动物及 30% 以上的高等植物；全球 12000 多种高等植物中，近 30% 为这个地区所特有。因此，该地区生物多样性与生态安全研究已经成为我国研究的重要方向。

---

[1] 李延梅，张志强 . 保护和持续利用生物多样性——国际生物多样性科学计划第 II 阶段核心研究计划简介 [J]. 科学新闻，2007(8):3.

本章通过信息调研结合文献计量学、替代计量学等分析方法，对国际上"中国西南山地生物多样性与生态安全"的研究态势进行概括分析，总结本领域的重大研究计划与行动，阐述已有研究的起源与发展、研究热点主题、领先研究国家、机构合作及竞争力情况等；并进一步聚焦中国西南山地的生物多样性与生态安全研究，分析其研究的发文时间趋势、研究热点、竞争与合作、智力聚集等方面的情况，以为本领域的科学家提供参考。

5.1 中国西南山地生物多样性与生态安全领域规划布局

5.1.1 战略规划

5.1.1.1 生物多样性领域

根据联合国《生物多样性公约》的解释，生物多样性是指"所有来源的活的生物体中的变异性，这些来源包括陆地、海洋和其他水生生态系统及其所构成的生态综合体；这包括物种内、物种之间和生态系统的多样性"。生物多样性既是一种生态要素，也是一种自然资源。一般认为，生物多样性包括遗传多样性、物种多样性、生态系统多样性 3 个层次。近几十年来，生物多样性的丧失和破坏在全球范围内呈现日益严峻的趋势。中国是世界上生物多样性丰富的国家之一，但生物多样性也面临着巨大的压力。生态环境退化、物种减少、遗传多样性遭到破坏、外来物种入侵及生物安全问题，是最主要的表现。政策和立法不健全和实施不力，是导致生物多样性破坏与退化的主要原因之一。为此，探究中国生物多样性保护政策和立法的现状及其存在的问题，并在此基础上提出应对措施，对于生物多样性保护尤为重要。

1. 中国生物多样性保护的政策与立法情况

在中国，政策往往是生物多样性立法程序的先导和启动因素。中国生物多样性政策由综合性政策和专项政策构成 [1]。

1）综合性生物多样性政策

综合性生物多样性政策是指，国务院或其相关职能部门着眼于长远和全局考虑而颁布的针对生物多样性在较长时间内的全方位管理和保护工作做出的部署。21 世纪以来，我国出台的相关政策主要包括 2000 年的《全国生态环境保护纲要》、2001 年的《全国野生动植物保护及自然保护区建设工程总体规划》、2005 年的《国务院关于落实

---

[1] 于文轩，生物多样性保护的政策与法制路径 [EB/OL]．(2019-08-10) [2022-12-01]. https://www.spp.gov.cn/spp/llyj/201908/t20190810_428027.shtml.

科学发展观加强环境保护的决定》、2007 年的《国家重点生态功能保护区规划纲要》、2007 年的《全国生物物种资源保护与利用规划纲要》、2008 年的《全国生态功能区划》、2008 年的《全国生态脆弱区保护规划纲要》、2010 年的《中国生物多样性保护战略与行动计划》（2011—2030 年）、2016 年的《中华人民共和国国民经济和社会发展第十三个五年规划纲要》、2016 年的《全国生态保护"十三五"规划纲要》等。

2）专项生物多样性政策

专项生物多样性政策是指国务院或其相关职能部门颁布的针对生物多样性保护的某一具体内容所制定的政策。按照其内容，专项生物多样性政策可以分为遗传资源政策、生物物种政策和生态系统政策。现行政策存在的问题主要体现在：政策体系内洽性不足，生物多样性资源保护与利用两个方面有时未能有机协调；政策体系不健全，缺少一些关键领域的专门政策；政策内容不完备，重要内容缺失，这在遗传资源、生态系统的保护与可持续利用、生物安全管理等方面体现得较为明显；相关政策对生物多样性考虑不足，引起政策掣肘；实施不力，影响政策目标的有效实现。

3）生物多样性法规体系

中国尚未制定综合性的生物多样性法律，生物多样性法规体系主要由宪法中的相关规定、与生物多样性保护和可持续利用相关的法律、专门法规和相关法规、专门行政规章和规范性文件组成。这些立法涵盖生态系统保护、自然保护地管理、野生动植物管理、家养动物种质资源管理、农作物种质资源管理、中药品种管理、动植物检验检疫管理等方面的内容。从中央到地方，多层次、多部门法律法规的颁布和实施，对我国生物多样性的保护和管理具有重要的监督和规范作用。

据不完全统计，目前中国已颁布实施的涉及生物多样性保护的法律共 20 多部、行政法规 40 多部、部门规章 50 多部。同时，地方各省（区、市）也根据国家法规，结合当地实际，颁布了若干地方性法规。特别是云南省于 2018 年发布了《云南省生物多样性保护条例》，这是第一个省级层面的生物多样性保护专门法规，不仅规定了生物多样性保护和可持续利用措施，还第一次涉及了生物遗传资源获取与惠益分享的内容。

2．中国生物多样性的计划与措施

1）就地保护

自 1956 年建立广东省肇庆市鼎湖山自然保护区以来，中国已经建成以自然保护区及国家公园为主体，以风景名胜区、森林公园、湿地公园、地质公园、海洋特别保护区、农业野生植物原生境保护点（区）、水产种质资源保护区（点）、自然保护小区等类型为补充的生物多样性保护体系，保护地总面积已达 180 多万平方千米，约占陆地国土面积的 19%，超额完成《联合国生物多样性公约》设定的"爱知目标"（到 2020

年保护 17% 的土地面积）。就地保护网络体系的建立有效地保护了中国 90% 的陆地生态系统类型、85% 的野生动物种群类型和 65% 的高等植物群落类型，以及全国 20% 的天然林、50.3% 的天然湿地和 30% 的典型荒漠区。

2）迁地保护

中国已建立 200 多个植物园，收集保存了 2 万多种植物；建立了 230 多个动物园和 250 处野生动物拯救繁育基地；建立了以保护原种场为主、人工保存基因库为辅的畜禽遗传资源保种体系，对 138 个珍稀、濒危的畜禽品种实施了重点保护；加强了农作物种质资源收集保存库的设施建设，收集的农作物品种资源不断增加，总数已近 50 万份；还在中国科学院昆明植物研究所建成了中国西南野生生物种质资源库，收集和保存了 1 万多种野生生物种质资源。

3）重大生态工程

中国重大生态工程主要包括：①林业生态工程，包括"天然林资源保护工程""三北"及长江中下游地区等重点防护林体系建设工程、京津风沙源治理工程、退耕还林还草工程、野生动植物保护及自然保护区建设工程、速生丰产用材林基地建设工程、退牧还草工程、草原沙化防治工程、石漠化治理工程、水土流失治理工程等；②生态建设和环境保护示范工程，包括生态示范区建设工程、污染物控制与环境治理工程；③生物资源可持续利用工程，包括野生动植物的人工繁（培）育工程、生态农业工程、生态旅游工程、生物产业工程等。

4）保护区划与规划

在国家规划方面，中国继 1994 年发布《中国生物多样性保护行动计划》后，2010 年又发布了《中国生物多样性保护战略与行动计划》（2011—2030 年）（以下简称"CNBSAP"），为中国生物多样性保护设计了蓝图。CNBSAP 提出 3 个阶段的战略目标。近期目标:到 2015 年，力争使重点区域生物多样性下降的趋势得到有效遏制；中期目标:到 2020 年，努力使生物多样性的丧失与流失得到基本控制；远景目标:到 2030 年，使生物多样性得到切实保护。CNBSAP 还提出了 8 个方面的战略任务，并在空缺分析的基础上，利用系统规划方法，提出建设 32 个陆域生物多样性保护优先区域和 3 个海洋及海岸生物多样性保护优先区域。其中，32 个陆域生物多样性保护优先区域共涉及 27 个省（区、市）的 885 个县，总面积为 232.15 万平方千米，约占国土面积的 24%。

5）国际合作

在生物多样性国际合作方面，中国先后缔结或签署了《生物多样性公约》（包括《卡塔赫纳生物安全议定书》和《遗传资源获取与惠益分享的名古屋议定书》）和《联合国气候变化框架公约》《联合国防治沙漠化公约》《濒危野生动植物种国际贸易公约》

《湿地公约》等 50 多项涉及生物多样性和环境保护的国际公约和协定，并积极履行国际义务。在双边合作方面，过去几十年，中国积极推动与欧盟、意大利、日本、德国、加拿大、美国等发达国家和地区的生物多样性合作，还通过"一带一路"等机制与中国周边国家及广大发展中国家开展生物多样性保护协作，并进一步加强与联合国机构、国际组织及非政府组织在生物多样性保护方面的合作。通过多边和双边合作项目，我国有效地推动了国际交流与合作，2013 年被联合国授予"南南合作奖"。

5.1.1.2 生态安全领域

生态安全是指生态系统的健康和完整情况。生态安全是指人类在生产、生活和健康等方面不受生态破坏与环境污染等影响的保障程度，包括饮用水与食物安全、空气质量与绿色环境等基本要素。

2014 年 4 月 15 日，习近平总书记首次提出总体国家安全观，并明确将生态安全纳入国家安全体系之中。国家生态安全是指一国生存和发展所处生态环境不受或少受破坏和威胁的状态。实现生态安全，主要是保障土地、水源、天然林、地下矿产、动植物种质资源、大气等生态资源的保值增值、永续利用，使之适应国民教育水平、健康状况所体现的"人力资本"，以及机器、工厂、建筑、水利系统、公路、铁路等所体现的"创造资本"持续增长的配比要求，避免因自然资源衰竭、资源生产率下降、环境污染和退化给社会生活和生产造成短期灾害或长期不利影响，实现经济社会的可持续发展。对于经济快速稳步发展的我国来讲，人口、资源、环境问题日益突出，高度重视国家生态安全势在必行。

1. 中国生态安全的政策与立法情况

生态安全政策体系既包括改善生态系统功能和环境质量状况，提高其对经济社会可持续发展支撑性的生态空间管控政策、环境污染防治政策，也包括降低安全隐患的风险防控政策，还包括为鼓励维护生态安全行为的经济激励政策和绩效考核政策。

1）中国生态安全政策体系基本现状

2015 年 9 月，中共中央、国务院印发《生态文明体制改革总体方案》，要求构建以空间规划为基础、以用途管制为主要手段的国土空间开发保护制度，将用途管制扩大到所有自然生态空间。为落实中共中央、国务院要求，2017 年年初，由国土资源部牵头，会同国家发展和改革委员会等 9 个部门研究制定了《自然生态空间用途管制办法（试行）》，明确了农业、城镇、生态主导功能空间的用途与转用管理，提出了生态保护红线的用途管控要求，构建了覆盖全部自然生态空间开发保护制度框架。其中，生态保护红线作为实施国土空间用途管制的重大支撑，于 2011 年正式被提出，2013 年被列入生态文明建设的重要内容。2017 年 2 月，中共中央办公厅、国务院办公厅印发《关于划定并严守生态保护红线的若干意见》，生态保护红线的划定工作在全国范围内全面推开。2019年1月，中央全面深化改革委员会第六次会议审议通过了《关于建立国土空间规划体系并监督实施的若干意见》，提出将主体功能区规划、土地利用规划、城乡规划等空间规划融合为统一的国土空间规划，实现"多规合一"。

2）"四梁八柱"性质的环境管控政策体系基本建立

党的十八大以来，在生态文明体制改革框架下，中国环境管控政策体系进入全面升级的新阶段，《生态文明建设目标评价考核办法》《党政领导干部生态环境损害责任追究办法（试行）》相继出台，中央持续推进环保督察、划定并严守生态保护红线、禁止"洋垃圾"入境和生态环境监测网络建设方案等改革举措，顶层设计和"四梁八柱"性质的制度体系基本形成。一是在法治方面，坚持法治思维，完善生态环境保护法律法规体系，健全生态环境保护行政执法和刑事司法衔接机制，依法严惩重罚生态环境违法犯罪行为。二是在行政手段方面，以中央环保督察、环保专项督察、污染物总量控制、区域与规划环评、约谈、限批为核心的行政手段也开始发挥巨大的作用。三是在环境经济政策方面，绿色信贷、环境责任保险、生态保护补偿、排污权有偿使用与交易、排污费改税等全面推进。四是在社会治理方面，以社会多元共治为路径，大力推进生产和生活方式绿色化等。

3）生态环境风险防范体系不断完善

自2005年松花江水污染事件以来，中国开始逐步探索构建"事前严防、事中严管、事后处置"的全过程、多层级的环境风险防范体系，强化环境风险全过程管理。一是相关法律法规明确规定对风险管理的相关内容。1989年出台、2014年修订的《环境保护法》提出了以预防为主的原则，对突发环境事件预警、应急和处置做出了规定，并提出了建立、健全环境与健康监测、调查和风险评估制度；《水污染防治法》《固体废物污染环境防治法》《大气污染防治法》《土壤污染防治法》等均被纳入了风险管理的内容。二是针对重点领域、行业、企业，制定《危险化学品环境管理登记办法（试行）》等一系列风险评估技术指导性文件。三是出台《突发环境事件应急预案管理暂行办法》《行政区域突发环境事件风险评估推荐方法》《企业突发环境事件隐患排查和治理工作指南（试行）》《突发环境事件信息报告办法》《突发环境事件应急监测技术规范》等文件，初步建成了由国家、部门、地方、企事业单位组成的环境应急预案管理体系。四是制定《生态环境损害赔偿制度改革试点方案》《生态环境损害鉴定评估技术指南损害调查》《工业企业场地环境调查评估与修复工作指南（试行）》等事后管理政策。

4）生态文明监督考核与问责机制进一步完善

以生态文明建设目标评价考核、中央环保督察、"绿盾"行动等为标志，我国的生态文明监督考核与问责体系建设进入新阶段。一是中共中央办公厅、国务院办公厅印发《生态文明建设目标评价考核办法》，国家发展和改革委员会等多部门发布《绿色发展指标体系》和《生态文明建设考核目标体系》，作为生态文明建设目标评价考核的依据。二是 2015 年发布的《环境保护督察方案（试行）》，将解决突出环境问题及处理情况、落实环境保护主体责任情况作为督察重点，把环境问题突出、重大环境事件频发、环境保护责任落实不力的地方作为先期督察对象，通过约谈、限期治理、区域限批、挂牌督办等，建立"党政同责"和"一岗双责"的督政问责体系。在河北省试点的基础上，连续实施 4 批督察，首次实现督察 31 个省（区、市）全覆盖，并分 2 批对河北等 20 个省（区）开展生态环境保护督察"回头看"。三是开展"绿盾"自然保护区监督检查专项行动，对国家级和部分省级自然保护区的违法违规问题进行排查整顿。

2. 中国生态安全的计划与措施

1）森林资源保护措施

中国通过"三北"、长江等重点防护林体系建设、天然林资源保护、退耕还林等重大生态工程建设，深入开展全民义务植树活动，森林资源总量实现快速增长。截至 2021 年，我国森林面积为 34.6 亿亩，森林覆盖率为 24.02%，森林蓄积量为 194.93 亿立方米 [1]，连续 30 年保持森林面积和森林蓄积量双增长，成为全球森林面积和蓄积量增长最多的国家。

2）草原生态系统保护措施

通过实施退牧还草、退耕还草、草原生态保护和修复等工程，以及草原生态保护补助奖励等政策，我国的草原生态系统质量有所改善，草原生态功能逐步恢复。截至 2021 年，我国草地面积为 39.68 亿亩，草原综合植被盖度为 50.32%，鲜草年总产量为 5.95 亿吨。

3）土地资源保护措施

积极实施京津风沙源治理、石漠化综合治理等防沙治沙工程和国家水土保持重点工程，启动了沙化土地封禁保护区等试点工作，全国荒漠化、沙化面积和石漠化面积持续减少，区域水土资源条件得到明显改善。2021 年，全国水土流失面积 267.42 万平方千米，比 2011 年下降 27.49 万平方千米，"强烈及以上"等级占比下降到 18.93%，水土保持率达到 72.04%[2]。2012—2022 年，累计完成防沙治沙任务 2.82 亿亩，封禁保护沙化土地 2658 万亩，全国沙化土地面积减少 6490 多万亩 [3]。

---

[1] 国家林业和草原局 . 2021 中国林草资源及生态状况 [M]. 北京：中国林业出版社，2022.

[2] 央视网 . 中国这十年 | 共治理水土流失面积 58 万平方公里 全国水土流失面积和强度"双下降"[EB/OL]. (2022-09-13) [2022-12-08]. http://news.cctv.com/2022/09/13/ARTIKonXxnVlyyxRcaMXVWur220913.shtml.

[3] 光明日报 . 我国近十年累计完成防沙治沙任务 2.82 亿亩 [EB/OL]. (2022-07-01) [2022-12-08]. https://www.ndrc. gov.cn/fggz/dqjj/qt/202207/t20220701_1329876.html?code=&state=123.

4）河湖、湿地保护措施

中国大力推行河长制/湖长制、湿地保护修复制度，着力实施湿地保护、退耕还湿、退田（圩）还湖、生态补水等保护和修复工程，积极保障河湖生态流量，初步形成了湿地自然保护区、湿地公园等多种形式的保护体系，改善了河湖、湿地生态状况。截至 2022 年，我国拥有国际重要湿地 64 处、国家湿地公园 901 处，总面积达 360 万公顷 [1]，计划到 2025 年，全国湿地保护率达到 55%[2]。

5）海洋生态保护措施

中国陆续开展了沿海防护林、滨海湿地修复、红树林保护、岸线整治修复、海岛保护、海湾综合整治等工作，局部海域生态环境得到改善，红树林、珊瑚礁、海草床、盐沼等典型生态环境退化趋势初步遏制，近岸海域生态状况总体呈现趋稳向好态势。截至 2022 年，11 个沿海省（区、市）海洋生态保护红线已全部划定，全国共设立海洋自然保护地 145 个，总面积约为 791 万公顷。"十三五"期间，我国累计整治修复岸线约 1200 千米、滨海湿地约 2.3 万公顷；2021 年，纳入监测的 24 个典型海洋生态系统已基本消除"不健康"状态 [3]。

6）生物多样性保护措施

中国通过稳步推进国家公园体制试点，持续实施自然保护区建设、濒危野生动植物抢救性保护等工程，生物多样性保护取得积极成效。截至 2019 年年底，我国各类自然保护地已达 1.18 万个，总面积超过 1.7 亿公顷，占国土陆域面积的 18%，提前实现联合国《生物多样性公约》"爱知目标"提出的到 2020 年达到 17% 的目标要求 [4]。我国已建立了较为完备的自然保护地体系，大面积自然生态系统得到系统、完整的保护，野生生物生态环境得到有效改善，大熊猫、朱鹮、东北虎、东北豹、藏羚羊、苏铁等濒危野生动植物种群数量呈稳中有升的态势。

7）未来保护修复规划

2020 年 6 月 11 日，《全国重要生态系统保护和修复重大工程总体规划（2021—2035 年）》对外公布。这是党的十九大以来，国家层面推出的首个生态保护与修复领域综合性规划。该规划将重大工程重点布局为青藏高原生态屏障区、黄河重点生态区、

[1] 新华社.我国已设立 901 处国家湿地公园 总面积达 360 万公顷 [EB/OL]. (2022-11-12) [2022-12-08]. http://www.forestry.gov.cn/main/586/20221112/094509176614904.html.

[2] 人民日报.《全国湿地保护规划（2022—2030 年）》印发，2025 年湿地保护率将达 55% [EB/OL]. (2022-10-22) [2022-12-08]. http://www.gov.cn/xinwen/2022-10/22/content_5720803.htm.

[3] 新华社.图表："中国这十年"系列主题新闻发布会聚焦新时代自然资源事业的发展与成就 [EB/OL]. (2022-09-20) [2022-12-08]. http://www.gov.cn.qingcdn.com/xinwen/2022/09/20/content_5710772.htm.

[4] 新华网.珍禽异兽正在"归来" [EB/OL]. (2021-07-07) [2022-12-08]. http://www.xinhuanet.com/2021/07/07/c_1127632350.htm.

长江重点生态区、东北森林带、北方防沙带、南方丘陵山地带、海岸带等"三区四带";将工程建设的着力点集中到构筑和优化国家生态安全屏障体系上,部署了 9 项重大工程、47 项重点任务,基本涵盖了全国 25 个重点生态功能区,以及京津冀、黄河下游、贺兰山、河西走廊、洞庭湖、鄱阳湖及海岸带等重点治理区域。

5.1.2　项目资助

除通过政策法规引导和重点行动计划支持外,国家自然科学基金(NSFC)每年投入大量科研经费用于支持生物多样性及生态安全领域的科学研究。本节对 NSFC 的项目支持数量、投入金额、项目类别、主要支持方向等展开分析。

5.1.2.1　生物多样性领域

2017—2021 年,NSFC 共资助"生物多样性"[1]主题项目 992 项,总计资助金额 5.8 亿元(见表 5-1 和图 5-1)。年资助项目均在 200 项左右,年资助金额在 0.88 亿~ 1.45 亿元之间,平均每个项目的资助金额为 45 万~ 72 万元。

表 5-1　2017—2021 年 NSFC "生物多样性" 主题支持数量及金额

年份	项目数量(项)	资助金额(万元)	平均资助金额(万元)
2017	183	9260.3	50.60
2018	204	14488.51	71.02
2019	213	11681.8	54.84
2020	197	13714	69.61
2021	195	8863	45.45
总计	992	58007.61	—

在项目类别方面,受支持最多的为面上项目,占比为 45.26%,其次为青年科学基金项目,占比为 34.68%,地区科学基金项目和国际(地区)合作与交流项目各占 10.89% 和 4.03%(见表 5-2 和图 5-2)。

经词频统计,关键词中出现频率最高的词汇为:微生物、机制、土壤、响应、生态系统、功能、关系、保护、生态、维持、环境、变化、机理、景观、森林、生态环境、过程、植物、纤毛虫、格局等,具体排序如表 5-3 所示。

---

[1] LetPub 平台检索,检索关键词"生物 + 多样性"。

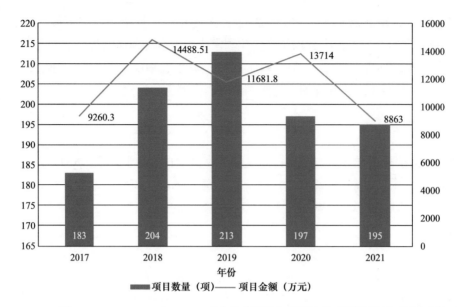

图 5-1　2017—2021 年 NSFC "生物多样性" 主题支持项目数量及项目金额

表 5-2　2017—2021 年 NSFC "生物多样性" 主题支持项目类别

类别	项目数量（项）
面上项目	449
青年科学基金项目	344
地区科学基金项目	108
国际（地区）合作与交流项目	40
其他	51

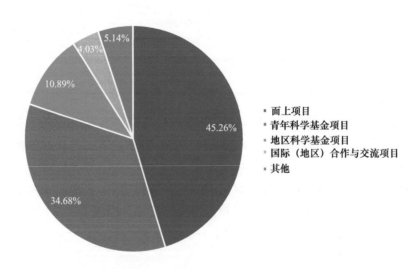

图 5-2　2017—2021 年国家自然科学基金 "生物多样性" 主题支持项目类别

表 5-3　2017—2021 年 NSFC "生物多样性" 主题支持项目关键词词频排序

排序	关键词	排序	关键词
1	微生物	11	环境
2	机制	12	变化
3	土壤	13	机理
4	响应	14	景观
5	生态系统	15	森林
6	功能	16	生态环境
7	关系	17	过程
8	保护	18	植物
9	生态	19	纤毛虫
10	维持	20	格局

5.1.2.2　生态安全领域

2017—2021 年，NSFC 共资助 "生态安全" 主题项目 45 项[1]，总计资助金额 5227.85 万元（见表 5-4 和图 5-3）。年资助项目在 6 ～ 14 项之间。2017—2021 年项目平均资助金额波动较大，在 39 万～ 262 万元 / 项之间。

表 5-4　2017—2021 年 NSFC "生态安全" 主题支持项目数量及金额

年份	项目数量（项）	资助金额（万元）	平均资助金额（万元）
2017	7	534	76.29
2018	10	2619.35	261.94
2019	6	616.5	102.75
2020	14	1145	81.79
2021	8	313	39.13
总计	45	5227.85	—

在项目类别方面，受支持最多的为面上项目，占比为 35.56%，其次为青年科学基金项目、地区科学基金项目和联合基金项目，占比分别为 17.78%、13.33% 和 6.67%（见表 5-5 和图 5-4）。

经词频统计，关键词中出现频率最高的词汇为：格局、流域、评价、生态系统、景观、服务、地区、机制、机理、空间、旅游、方法、土地、绿洲、协同、植物、调控、预警、演化、入侵等，具体排序如表 5-6 所示。

---

[1]　LetPub 平台检索，检索关键词 "生态 + 安全"。

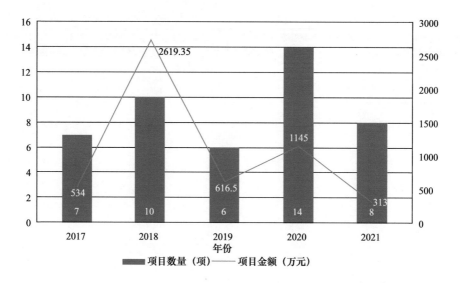

图 5-3　2017—2021 年 NSFC "生态安全" 主题支持项目数量及金额

表 5-5　2017—2021 年 NSFC "生态安全" 主题支持项目类别

类别	项目数量（项）
面上项目	16
青年科学基金项目	8
地区科学基金项目	6
联合基金项目	3
其他	12

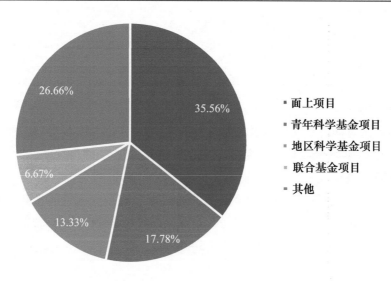

图 5-4　2017—2021 年 NSFC "生态安全" 主题支持项目类别

表 5-6　2017—2021 年 NSFC "生态安全" 主题支持项目关键词词频排序

排序	关键词	排序	关键词
1	格局	11	旅游
2	流域	12	方法
3	评价	13	土地
4	生态系统	14	绿洲
5	景观	15	协同
6	服务	16	植物
7	地区	17	调控
8	机制	18	预警
9	机理	19	演化
10	空间	20	入侵

5.2　中国西南山地生物多样性形成、演化研究态势

检索数据库：Web of Science 核心合集数据库中的 SCIE 和 CPCI-S 子库。

时间段：1991—2022 年。

检索时间：2022 年 7 月。

检索结果：863 条。

5.2.1　发文趋势

关于中国西南山地生物多样性形成、演化研究领域相关论文共检索到 863 篇，发文数量整体呈上升趋势（见图 5-5）。具体来说，第一，该领域最早于 1991 年开始有相关论文发表，截至 2022 年，共有 30 个发文年，部分年份无相关论文发表。第二，1991—2004 年是研究的起步阶段，年发文数量有所增长但数量较少，均小于 10 篇，其中有 9 个年份的发文数量在 5 篇以内，部分年份无相关文章发表。第三，2005—2013 年是发文数量总体持续增长的阶段，每年的发文数量在 10 篇以上、40 篇以下，但也存在部分年份发文数量降低的情况。第四，2014—2021 年是发文数量增长较为快速的阶段，每年发文数量在 45 篇以上，2020 年达到 116 篇的峰值，2020 年较 2014 年增长近 2 倍。

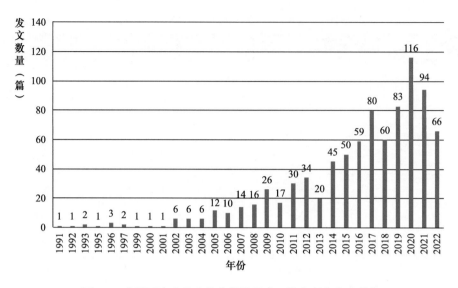

图 5-5　中国西南山地生物多样性形成、演化研究发文趋势

5.2.2　研究热点

5.2.2.1　研究领域

从研究方向看，中国西南山地生物多样性形成、演化领域研究方向呈现"大集中、小分散"的特点。首先，全部 863 篇论文分布在 45 个研究方向，其中 260 篇论文（占比为 30.13%）涉及植物科学，217 篇论文（占比为 25.14%）涉及环境科学与生态学，179 篇论文（占比为 20.74%）涉及进化生物学。另外，遗传学、动物学所涉论文量分列第 4 位、第 5 位。中国西南山地生物多样性形成、演化领域排名前 30 位的研究方向如表 5-7 所示。

表 5-7　中国西南山地生物多样性形成、演化领域排名前 30 位的研究方向

序号	发文数量（篇）	研究方向
1	260	植物科学
2	217	环境科学与生态学
3	179	进化生物学
4	120	遗传学
5	108	动物学
6	90	生物化学与分子生物学
7	63	科技 - 其他主题
8	53	自然地理

（续表）

序号	发文数量（篇）	研究方向
9	53	生物多样性与保护
10	36	地质
11	25	昆虫学
12	22	林业
13	18	古生物学
14	18	农业
15	14	生命科学和生物医学－其他主题
16	11	微生物学
17	8	真菌学
18	8	水资源
19	7	海洋和淡水生物
20	6	气象学和大气科学
21	4	寄生虫学
22	4	生物技术和应用微生物学
23	4	细胞生物学
24	3	工程
25	3	地球化学和地球物理学
26	3	药理学和药店
27	3	热带医学
28	3	化学
29	3	影像科学与摄影技术
30	2	遥感

5.2.2.2　关键词分析

1. 高频关键词

从关键词看，通过清洗关键词并去除无实际意义的关键词（如"Diversity""Evolution"等），最后获得频次大于等于26次的关键词30个（见表5-8），按出现频次由高到低依次为：青藏高原、横断山脉、谱系地理学、生物地理学、系统发育、分子系统发育、分化、喜马拉雅－横断山脉、气候变化、保护、气候、抬升、线粒体DNA、喜马拉雅地区、物种形成、进化史、序列、叶绿体DNA、DNA、物种丰富度、线粒体、分类学、遗传多样性、遗传结构、亲缘关系、种群结构、种群增长、起源、扩散、第四纪气候。

关键词出现频次在一定程度上反映出中国西南山地生物多样性形成、演化领域研究方向主要集中在演化、DNA 序列、生物地理学、系统发育、气候变化等方面，研究地区主要集中在青藏高原、横断山脉、喜马拉雅地区等。

表 5-8　中国西南山地生物多样性形成、演化领域出现频次排名前 30 位的关键词

序号	关键词	发文数量（篇）
1	青藏高原	194
2	横断山脉	123
3	谱系地理学	117
4	生物地理学	101
5	系统发育	94
6	分子系统发育	76
7	分化	57
8	喜马拉雅 - 横断山脉	56
9	气候变化	55
10	保护	53
11	气候	51
12	抬升	51
13	线粒体 DNA	50
14	喜马拉雅地区	49
15	物种形成	49
16	进化史	47
17	序列	47
18	叶绿体 DNA	45
19	DNA	44
20	物种丰富度	42
21	线粒体	41
22	分类学	41
23	遗传多样性	39
24	遗传结构	35
25	亲缘关系	34

（续表）

序号	关键词	发文数量（篇）
26	种群结构	31
27	种群增长	30
28	起源	29
29	扩散	26
30	第四纪气候	26

2. 关键词的时间演变

中国西南山地生物多样性形成、演化领域出现频次排名前 30 位的关键词出现时间轴如图 5-6 所示。从图 5-6 中可以看出，1995 年前出现的关键词主要有起源、气候变化、生物地理学，且直到 2022 年，这 3 个关键词每年均出现，表明其所代表的研究方向一直是中国西南山地生物多样性形成、演化研究所关注的方向。2005 年以后出现的关键词主要有：气候、抬升、进化史、叶绿体 DNA、线粒体、遗传结构、种群增长、扩散、第四纪气候等，反映出这些关键词所涉及方向是研究中期才出现的（见图 5-6）。

5.2.2.3　高被引论文

表 5-9 列出了中国西南山地生物多样性形成、演化领域 9 篇 ESI 高被引论文的情况（按 WOS 核心合集总被引频次降序排列）。这 8 篇论文中，有 4 篇是关于生物多样性起源和演化的，且均涉及造山运动。有 3 篇是关于植物区系起源和演化的，1 篇是关于空气污染成因的，还有 1 篇是关于山系起源的。

总被引频次最高的论文的通讯作者为 Muellner-Riehl Alexandra N，来自莱比锡大学，论文题目为 *The role of the uplift of the Qinghai-Tibetan Plateau for the evolution of Tibetan biotas*，其主要研究内容为青藏高原的隆升在西藏生物进化中的作用。总被引频次排名第 2 位的论文题目为 *Uplift-driven diversification in the Hengduan Mountains, a temperate biodiversity hotspot*，通讯作者为 Ree Richard H，来自美国菲尔德博物馆，主要研究内容为横断山脉的抬升驱动的多样性－温带生物多样性热点。总被引频次排在第 3 位的论文题目为 *Long-term real-time measurements of aerosol particle composition in Beijing, China: seasonal variations, meteorological effects, and source analysis*，通讯作者为 Sun Yele，来自中国科学院大气物理研究所，主要研究内容为中国北京气溶胶粒子组成的长期实时测量：季节变化、气象效应和来源分析。

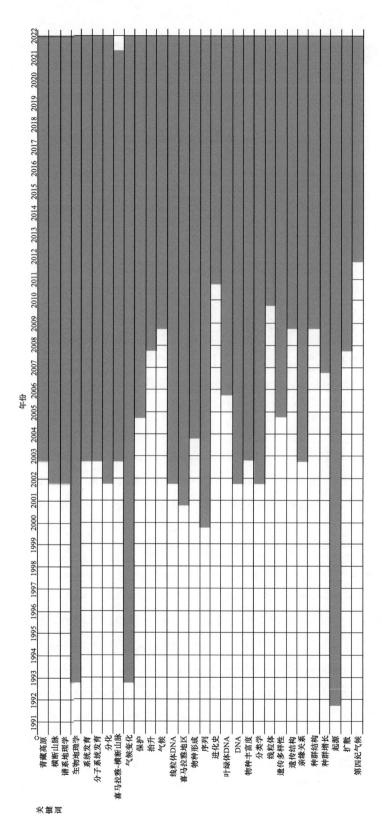

图 5-6 中国西南山地生物多样性形成、演化领域出现频次排名前 30 位的关键词时间演变

表 5-9 中国西南山地生物多样性形成、演化领域 ESI 高被引论文情况

序号	总被引频次（次）	标题	发表时间（年）	通讯作者	通讯作者所在机构	主要研究内容	研究方向
1	389	The role of the uplift of the Qinghai-Tibetan Plateau for the evolution of Tibetan biotas	2015	Muellner-Riehl A N	德国莱比锡大学	青藏高原的隆升在西藏生物进化中的作用	生物多样性起源和演化
2	271	Uplift-driven diversification in the Hengduan Mountains, a temperate biodiversity hotspot	2017	Ree Richard H	美国菲尔德博物馆	横断山脉的抬升驱动的多样性温带生物多样性热点	生物多样性起源和演化
3	249	Long-term real-time measurements of aerosol particle composition in Beijing, China: seasonal variations, meteorological effects, and source analysis	2015	Sun Yele	中国科学院大气物理研究所	中国北京气溶胶粒子组成的长期实时测量：季节变化、气象效应和来源分析	空气污染成因
4	190	The ubiquity of alpine plant radiations: from the Andes to the Hengduan Mountains	2015	Hughes Colin E	瑞士苏黎世大学	高山植物辐射扩散：从安第斯山脉到横断山脉	生物多样性起源和演化
5	117	No high Tibetan Plateau until the Neogene	2019	Su Tao; Zhou Zhekun	Su Tao: 中国科学院西双版纳热带植物园；Zhou Zhekun: 中国科学院昆明植物研究所	青藏高原的起源	山系的起源

（续表）

序号	总被引频次（次）	标题	发表时间（年）	通讯作者	通讯作者所在机构	主要研究内容	研究方向
6	92	Ancient orogenic and monsoon-driven assembly of the world's richest temperate alpine flora	2020	Xing Yaowu; Ree Richard H;	Xing Yaowu：中国科学院西双版纳热带植物园；Ree Richard H：美国菲尔德博物馆	古代造山运动和季风驱动温带高山植物群演化	植物区系起源和演化
7	79	Is the East Asian flora ancient or not?	2018	Sun Hang	中国科学院昆明植物研究所	东亚植物区系起源和演化	植物区系起源和演化
8	56	Mountains as Evolutionary Arenas: Patterns, Emerging Approaches, Paradigm Shifts, and Their Implications for Plant Phylogeographic Research in the Tibeto-Himalayan Region	2019	Muellner-Riehl AN	德国莱比锡大学	喜马拉雅地区植物系统地理学研究	植物区系起源和演化
9	15	Spatial phylogenetics of two topographic extremes of the Hengduan Mountains in southwestern China and its implications for biodiversity conservation	2021	Chen Jianguo; Sun Hang	中国科学院昆明植物研究所	中国西南横断山两极端地形的空间系统发育及其对生物多样性保护的启示	生物多样性起源和演化

5.2.3 主要国家与机构

5.2.3.1 主要国家

在发文国家方面，中国西南山地生物多样性形成、演化领域发文数量 5 篇及以上的国家共 22 个。中国、美国、英国是在该领域发文排名前 3 的国家，其中，中国发文数量占 22 个国家总发文数量的 71.61%，是美国（占比为 12.20%）的 5 倍多，是英国（占比为 5.62%）的 12 倍多。发文数量排在前 10 位的其他国家还有德国、加拿大、日本、印度、瑞士、澳大利亚、俄罗斯，如表 5-10 所示。由此可见，中国在中国西南山地生物多样性形成、演化领域进行了大量的研究。

表 5-10 中国西南山地生物多样性形成、演化领域发文数量 5 篇及以上的国家

序号	发文数量（篇）	国家	序号	发文数量（篇）	国家
1	618	中国	12	13	奥地利
2	141	美国	13	13	法国
3	65	英国	14	13	西班牙
4	62	德国	15	10	捷克共和国
5	31	加拿大	16	10	尼泊尔
6	31	日本	17	9	挪威
7	30	印度	18	7	丹麦
8	26	瑞士	19	6	缅甸
9	21	澳大利亚	20	5	芬兰
10	21	俄罗斯	21	5	新西兰
11	14	瑞典	22	5	韩国

5.2.3.2 主要机构

在中国西南山地生物多样性形成、演化领域发文数量 10 篇以上的机构共 24 个，其中中国相关发文机构有 20 个，约占 24 个机构的 83.33%，其次为德国，有 2 个机构，美国和苏格兰分别有 1 个机构（见表 5-11）。发文数量排名前 3 位的机构均来自中国科学院，分别是中国科学院大学（可能包括中国科学院各研究所的发文）、中国科学院昆明植物研究所、中国科学院植物研究所，其发文占比分别为 18.84%、16.13% 和 6.77%。进入发文数量排名前 10 位的机构还有四川大学、中国科学院动物研究所、中国科学院西双版纳热带植物园、云南大学、中国科学院成都生物研究所、兰州大学、中国科学院昆明动物研究所等。

表 5-11　中国西南山地生物多样性形成、演化领域发文数量 10 篇及以上的主要机构

序号	发文机构	发文数量（篇）	发文占比（%）
1	中国科学院大学	153	18.84
2	中国科学院昆明植物研究所	131	16.13
3	中国科学院植物研究所	55	6.77
4	四川大学	52	6.40
5	中国科学院动物研究所	47	5.79
6	中国科学院西双版纳热带植物园	46	5.67
7	云南大学	35	4.31
8	中国科学院成都生物研究所	30	3.69
9	兰州大学	30	3.69
10	中国科学院昆明动物研究所	29	3.57
11	西南林业大学	25	3.08
12	云南师范大学	22	2.71
13	中国科学院西北高原生物研究所	20	2.46
14	中国科学院华南植物园	15	1.85
15	西北大学	14	1.72
16	中山大学	14	1.72
17	北京大学	13	1.60
18	苏格兰皇家爱丁堡植物园	13	1.60
19	德国综合生物多样性研究中心	12	1.48
20	四川林业科学研究院	12	1.48
21	美国哈佛大学	12	1.48
22	西南大学	11	1.35
23	德国莱比锡大学	11	1.35
24	中国科学院水生生物研究所	10	1.23

　　中国西南山地生物多样性形成、演化领域发文数量 10 篇及以上机构相互合作关系图如图 5-7 所示。从图 5-7 中可以看出，发文数量 10 篇及以上的 24 个机构相互间保持着一定的合作关系。发文数量最多的中国科学院大学的主要合作对象是中国科学院各研究所（需要考虑的一点是，若中国科学院各研究所的研究生是作者之一，他们在发文时，都会写中国科学院大学，那么中国科学院大学就与各研究所有共同的文章）。发文数量排名第 2 位的中国科学院昆明植物研究所与中国科学院西双版纳热带植物园、云南师范大学合作较多。另外，中国科学院昆明动物研究所、中国科学院成都生物研

究所、四川大学、四川林业科学研究院等形成了较为紧密的闭环合作关系网。而德国综合生物多样性研究中心则和德国莱比锡大学保持了非常紧密的合作关系。

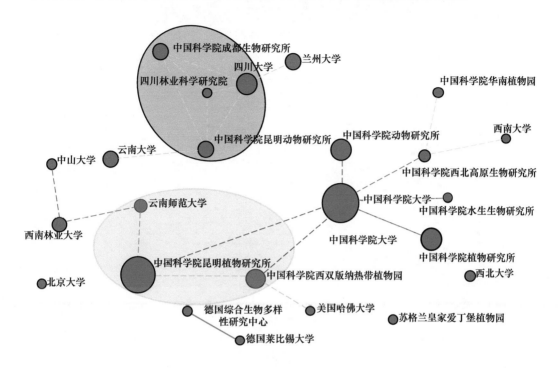

图 5-7　中国西南山地生物多样性形成、演化领域发文数量 10 篇及以上机构相互合作关系

5.2.4　主要发文作者

5.2.4.1　主要作者

整体来看，中国西南山地生物多样性形成、演化领域发文数量 8 篇及以上的作者共有 30 位（见表 5-12）。其中，仅有 3 位作者来自国外（德国和美国）相关机构，其发文数量仅占发文数量排名前 30 位作者发文总量的 7.89%，其余 92.11% 的作者均来自中国相关机构；而来自中国科学院相关机构的作者有 19 位，其发文数量占发文数量排名前 30 位作者发文总量的 67.11%，这些作者主要来自生物学研究相关的研究所，由此可见，参与中国西南山地生物多样性形成、演化领域研究的主要是中国作者，而且以中国科学院的作者为主。

从发文的个人来看，发文数量最多的是中国科学院昆明植物研究所的 Sun Hang（发文 64 篇），占发文数量排名前 30 位作者发文总量的 16.84%；发文数量排名第 2 位和第 3 位的分别是四川大学的 He Xingjin 和中国科学院动物研究所的 Lei Fumin，分别发文 18 篇（占比为 4.74%）和 16 篇（占比为 4.21%）。

表 5-12　中国西南山地生物多样性形成、演化领域发文数量排名前 30 位的作者

序号	作者	作者机构	发文数量（篇）	发文占比（%）
1	Sun Hang	中国科学院昆明植物研究所	64	16.84
2	He Xingjin	四川大学	18	4.74
3	Lei Fumin	中国科学院动物研究所	16	4.21
4	Li Dezhu	中国科学院昆明植物研究所	16	4.21
5	Nie Zelong	中国科学院昆明植物研究所	15	3.95
6	Li Zhimin	云南师范大学	14	3.68
7	Liu Jianquan	兰州大学	13	3.42
8	Qu Yanhua	中国科学院动物研究所	13	3.42
9	Chen Shilong	中国科学院西北高原生物研究所	12	3.16
10	Adrien Favre	德国森肯贝格研究所和自然博物馆	12	3.16
11	Gong Xun	中国科学院昆明植物研究所	12	3.16
12	Liu Yang	四川大学	11	2.89
13	Wang Hong	中国科学院昆明植物研究所	11	2.89
14	Gao Qingbo	中国科学院西北高原生物研究所	10	2.63
15	Liu Naifa	兰州大学	10	2.63
16	Liu Shaoying	四川林业科学研究院	10	2.63
17	Muellner-Riehl Alexandra N	德国综合生物多样性研究中心 德国莱比锡大学	10	2.63
18	Yang Yongping	中国科学院昆明植物研究所	10	2.63
19	Zhou Songdong	四川大学	10	2.63
20	Gao Yundong	中国科学院成都生物研究所	9	2.37
21	Luo Dong	中国科学院昆明植物研究所	9	2.37
22	Song Gang	中国科学院动物研究所	9	2.37
23	Yang Yang	中国科学院昆明植物研究所	9	2.37
24	Yue Bisong	四川大学	9	2.37
25	Ge Deyan	中国科学院动物研究所	8	2.11
26	Niu Yang	中国科学院昆明植物研究所	8	2.11
27	Ree Richard H	美国菲尔德自然史博物馆	8	2.11
28	Wen Zhixin	中国科学院动物研究所	8	2.11
29	Xia Lin	中国科学院动物研究所	8	2.11
30	Yang Qisen	中国科学院动物研究所	8	2.11

5.2.4.2 作者合作

从整体上看，发文数量排名前 30 位的主要作者相互间形成了闭环或线性开放的合作关系（见图 5-8）。

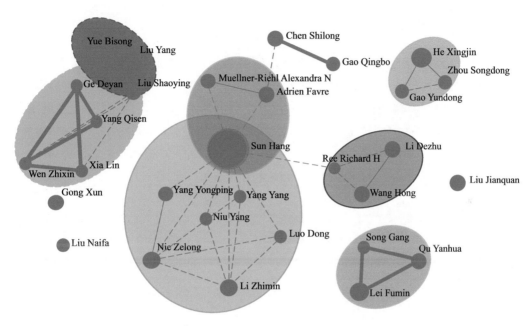

图 5-8 中国西南山地生物多样性形成、演化领域发文数量排名前 30 位的作者间合作关系

发文数量最多的中国科学院昆明植物研究所的 Sun Hang 与同机构的 Yang Yongping、Niu Yang、Nie Zelong、Luo Dong、Yang Yang 等人及云南师范大学的 Li Zhimin 等人形成了闭环合作网；同时，Sun Hang 与德国森肯贝格研究所和自然博物馆的 Adrien Favre、德国综合生物多样性研究中心、德国莱比锡大学的 Muellner-Riehl Alexandra N 等人形成了闭环合作网。

发文数量排名第 2 位的四川大学的 He Xingjin 主要与同机构的 Zhou Songdong 及中国科学院成都生物研究所的 Gao Yundong 形成了闭环合作网。

发文数量排名第 3 位的中国科学院动物研究所的 Lei Fumin 与同机构的 Song Gang、Qu Yanhua 形成了较强的闭环合作网，而与其他发文数量排名前 30 位的作者合作较少。

发文数量排名第 4 位的中国科学院昆明植物研究所的 Li Dezhu 与同机构的 Wang Hong 及来自菲尔德自然史博物馆的 Ree Richard H 形成了闭环合作网。

另外，四川林业科学研究院的 Liu Shaoying 与中国科学院动物研究所的 Ge Deyan、Yang Qisen、Xia Lin、Wen Zhixin 形成了闭环合作网络，同时，Liu Shaoying 还与四川大学的 Yue Bisong 和 Liu Yang 形成了闭环合作网络。

此外，中国科学院西北高原生物研究所的 Chen Shilong 与中国科学院西北高原生物研究所的 Gao Qingbo 建立了较密切的合作关系。

由此可见，发文数量排名前 30 位的作者之间形成了较为紧密的合作关系，机构内部的合作比较多，同时也与其他机构相关作者保持了一定的合作关系。

5.2.4.3　研究者演变

1991—2006 年，该领域全球每年新增研究人员最多不超过 50 人，部分年份没有新增研究人员，在一定程度上表明该领域在该时间段新生研究力量加入较为缓慢。2007—2010 年，每年新加入的研究人员在 50 个以上，100 个以下，较上一阶段增幅有所加大，表明越来越多的新生力量开始关注该领域。从 2011 年开始，除个别年份外，每年新增研究人员数量均在 100 人以上，2020 年新增研究人员数达到最多，为 444 人，表明更多的研究人员开始关注并加入该领域的相关研究（见图 5-9）。

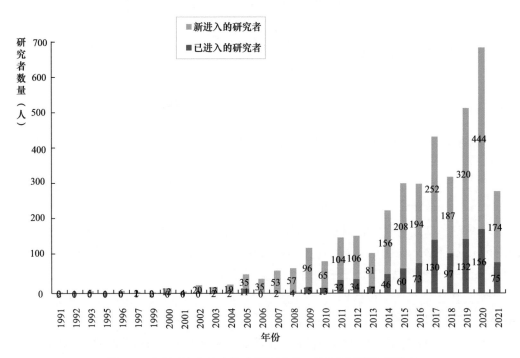

图 5-9　中国西南山地生物多样性形成、演化领域研究者演变

研究者演变情况在一定程度上说明该领域受到越来越多科研人员的关注。

5.3　中国西南山地生态系统功能与服务研究态势

检索范围：Web of Science 核心合集数据库中的 SCIE 和 CPCI-S 子库。

时间段：1965—2022 年。

检索时间：2022 年 7 月。

检索结果：56639 条。

5.3.1　发文趋势

生态系统功能与服务领域共检索到相关论文 56639 篇，发文数量整体呈明显增长趋势（见图 5-10）。具体而言：第一，该领域最早于 1965 年开始有相关论文发表，截至 2021 年共有 51 个发表年份，部分年份无相关论文发表。第二，1965—1997 年是研究的起步阶段，发文数量有所增长但数量较少，每年均在 100 篇以内，其中有 19 个年份的发文数量在 10 篇以内，部分年份无相关论文发表。第三，1998—2008 年是发文数量持续稳定较快增长的阶段，每年的发文数量在 100 篇以上、1000 篇以下，2008 年较 1998 年增长了将近 4 倍。第四，2009—2021 年是发文数量持续爆发式增长的阶段，每年的发文数量在 1000 篇以上，2021 年达到了 7951 篇的峰值，2021 年较 2009 年增长超过了 7 倍。

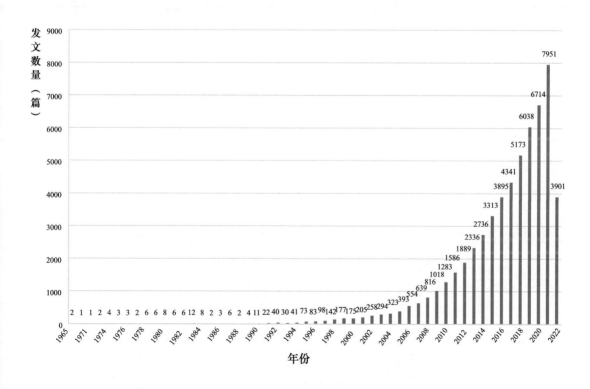

图 5-10　生态系统功能与服务领域的发文趋势

5.3.2 研究热点

5.3.2.1 研究领域

从研究领域看，生态系统功能与服务领域的研究方向呈现"大集中、小分散"的特点。首先，全部 56639 篇论文分布在 120 个研究领域，其中 35616 篇（占比为 62.88%）分布在环境科学与生态学，其他 21023 篇（占比为 37.12%）分布在科学与技术－其他主题、生物多样性与保护、农学等 119 个研究领域。生态系统功能与服务领域排名前 30 位的研究领域如表 5-13 所示。

表 5-13　生态系统功能与服务领域排名前 30 位的研究领域

序号	发文数量（篇）	研究领域
1	35616	环境科学与生态学
2	6443	科学与技术－其他主题
3	5967	生物多样性与保护
4	5358	农学
5	4455	海洋与淡水生物学
6	4011	林学
7	3121	植物科学
8	3004	水资源
9	2840	工程
10	2784	地质学
11	1801	自然地理学
12	1760	海洋学
13	1312	商业与经济
14	1300	生命科学与生物医学－其他主题
15	1241	进化生物学
16	1030	城市研究
17	954	遥感
18	906	气象与大气科学
19	891	微生物学
20	834	昆虫学
21	646	影像科学与摄影技术
22	623	动物学
23	620	渔业

序号	发文数量（篇）	研究领域
24	597	地理
25	590	计算机科学
26	473	公共管理
27	466	生物技术与应用微生物学
28	448	能源与燃料
29	345	毒理学
30	342	生物化学与分子生物学

5.3.2.2 关键词分析

1. 高频关键词

从关键词看，通过清洗关键词并去除无实际意义的关键词（如"results""study"等），最后得到频次大于等于 1000 次的关键词有 41 个（见表 5-14）。

表 5-14 生态系统功能与服务领域出现频次 1000 次及以上的关键词

序号	关键词（英文）	关键词（中文）	频次（次）
1	Biodiversity	生物多样性	11248
2	Climate-Change	气候变化	6436
3	Conservation	保护	5680
4	Communities	社群	3386
5	Land-use	土地利用	3420
6	Dynamics	动力学	2906
7	Forest	森林	2756
8	Vegetation	植被	2436
9	Landscape	景观	2263
10	Productivity	生产率	2284
11	Carbon	碳	2158
12	Species Richness	物种丰富度	2211
13	Restoration	恢复	2061
14	Nitrogen	氮	1964
15	Sustainability	可持续性	1794
16	Soil	土壤	1722

（续表）

序号	关键词（英文）	关键词（中文）	频次（次）
17	Water	水	1607
18	Land-use Change	土地利用变化	1634
19	Biomass	生物质	1512
20	Resilience	韧性	1581
21	Valuation	估值	1462
22	Urbanization	城市化	1557
23	Climate	气候	1393
24	Indicators	指标	1363
25	Plant	植物	1284
26	Habitat	栖息地	1260
27	Agriculture	农业	1273
28	Grassland	草原	1256
29	Biodiversity Conservation	生物多样性保护	1224
30	Functional Diversity	功能多样性	1256
31	Abundance	丰富	1146
32	Plant Diversity	植物多样性	1135
33	Species-diversity	物种多样性	1128
34	Disturbance	干扰	1187
35	Trade-offs	权衡	1189
36	Organic-matter	有机物质	1107
37	Temperature	温度	1132
38	Community Structure	群落结构	1087
39	Consequences	后果	1070
40	Wetlands	湿地	1103
41	Populations	人口	1000

其中，生物多样性以 11248 次的超高频次居于首位，气候变化以 6436 次紧随其后；频次超过 2000 次的高频热点关键词还包括保护、社群、土地利用、动力学、森林、植被、景观、生产率、碳、物种丰富度、恢复等；其他频率较高的关键词还包括氮、可持续性、土壤、土地利用变化、水、韧性、城市化、生物质、估值、气候、指标、植物、农业、栖息地、草原、功能多样性、生物多样性保护、植物多样性、物种多样性、湿地、人口等。

由此可见，土壤、森林、植被、草原、水、气候等是生态系统功能与服务的重要元素；动物、植物及其他各类物种的多样性是生态系统功能与服务的关键问题之一，并且生态系统功能与服务和城市化、土地利用等人类活动密切相关；为了更好地衡量生态系统的功能与服务，人们需要借助指标体系等进行其中的价值评估。

2. 关键词的时间演变

此处以词频较高的 10 个热点关键词在 2009—2021 年（发文数量持续爆发式增长的阶段）的演变为例。因 2009—2020 年发文数量逐年持续快速增长，故"biodiversity""climate-change"等关键词出现的频次也随之持续快速增加。可以看出，在 2009—2010 年、2011—2013 年、2014—2017 年、2018—2020 年，排名前 10 位的关键词的频率都在持续、稳定地增长（见图 5-11）。

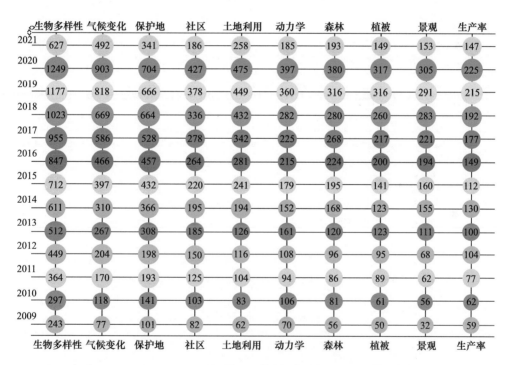

图 5-11　生态系统功能与服务领域排名前 10 位的关键词的时间演变
（圈内数字代表某一关键词在该年度的出现次数）

5.3.2.3　高被引论文

被引情况是评价论文重要性和影响力的重要参考指标之一，生态系统功能与服务领域共有 1049 篇论文（占比为 1.8%）入选 ESI 高被引论文，其中被引频次排名前 10 位的高被引论文信息如表 5-15 所示。

表 5-15　生态系统功能与服务领域被引频次排名前 10 位的 ESI 高被引论文信息

序号	高被引论文信息
1	Hansen, M C; Potapov, P V; Moore, R; et al. (2013). High-Resolution Global Maps of 21st-Century Forest Cover Change. Science, 342(6160) 被引频次：5776 次
2	Cardinale, B J; Duffy, J E; Gonzalez, A; et al. (2012). Biodiversity loss and its impact on humanity. Nature, 486(7401) 被引频次：3468 次
3	Costanza, R; de Groot, R; Sutton, P; et al. (2014). Changes in the global value of ecosystem services. Global Environmental Change-Human And Policy Dimensions, 26 被引频次：2522 次
4	Perez-Harguindeguy, N; Diaz, S; Garnier, E; et al.(2013). New handbook for standardised measurement of plant functional traits worldwide. Australian Journal of Botany, 61(3) 被引频次：2114 次
5	Dirzo, R; Young, H S; Galetti, M; et al. (2014). Defaunation in the Anthropocene. Science, 345(6195) 被引频次：1838 次
6	Newbold, T; Hudson, L N; Purvis, A; et al. (2015).Global effects of land use on local terrestrial biodiversity. Nature, 520 (7545) 被引频次：1673 次
7	Haddad, N M; Brudvig, L A; Townshend, J R; et al. (2015). Habitat fragmentation and its lasting impact on Earth's ecosystems. Science Advances, 1 (2) 被引频次：1670 次
8	Ceballos, G; Ehrlich, P R; Palmer, T M; et al. (2015). Accelerated modern human-induced species losses: Entering the sixth mass extinction. Science Advances，1 (5) 被引频次：1582 次
9	Wolch, J R; Byrne, J and Newell, J P.(2014). Urban green space, public health, and environmental justice: The challenge of making cities"just green enough". Landscape and Urban Planning，125 被引频次：1562 次
10	Doney, S C; Ruckelshaus, M; Duffy, J E; et al.(2012). Climate Change Impacts on Marine Ecosystems. Annual Review of Marine Science, 4 被引频次：1553 次

从被引频次排名前 10 位的 ESI 高被引论文信息可知：

（1）从发文国家和机构看，这 10 篇 ESI 高被引论文有 6 篇通讯作者机构为美国高校和科研院所，其中被引频次最高的为 5776 次；其他 4 篇通讯作者机构分别为澳大利亚国立大学、阿根廷国立科尔多瓦大学、英国世界保护监测中心、墨西哥国立自治大学。

（2）从研究方向看，这 10 篇 ESI 高被引论文的研究方向较为多元化，主要包括 3 类：一是森林生态系统、河口和沿海生态系统、海洋生态系统等生态子系统；二是生态系统功能与服务受到的影响，包括生物多样性丧失、栖息地破碎化、气候变化、植物入侵、动物区系灭绝等对生态系统功能与服务的影响；三是生态系统功能与服务的量化，包括生态系统服务的经济价值估算，植物性能标准化测量、生态子系统变化对生态系统价值的影响等。

（3）从文献类型看，这 10 篇论文有 3 篇为综述论文（Review）、7 篇为研究论文（Article）；其中题为 *High-Resolution Global Maps of 21st-Century Forest Cover Change* 的论文以地图数据为主要呈现形式，题为 *New handbook for standardised measurement of plant functional traits worldwide* 的论文内容是标准化测量的操作方法，这 2 篇论文与传统的综述论文和研究论文有所不同，具有较强的数据特点。

综合以上有关生态系统功能与服务的研究领域、关键词、高被引论文，总结生态系统功能与服务的主要研究方向如下。①生物多样性：包括生物多样性丧失及生物多样性保护，动物、植物及其他各类物种的多样性。②生态系统的子系统：包括土壤、森林、植被、草原、水、气候等生态子系统。③生态系统功能与服务的影响因素：主要包括气候变化、人类活动（土地利用、城市化等）对生态系统功能与服务的影响。④生态系统功能与服务的经济价值估算：采用经济学方法，考虑时间、空间等因素，制定评价指标，估算生态系统功能与服务的经济价值。

5.3.3　主要国家与机构

5.3.3.1　主要国家

1. 主要研究国家发文

在发文国家方面，美国、中国、英国是在该领域发文排名前 3 位的国家，发文数量排名前 10 位的其他国家还有德国、澳大利亚、法国、加拿大、西班牙、意大利、荷兰等。发文数量 500 篇以上的国家有 28 个，其中，发文数量 1000 篇以上的国家有 24 个（见表 5-16）。

表 5-16　发文数量 1000 篇以上的 24 个国家

序号	国家	发文数量（篇）
1	美国	17959
2	中国	8588
3	英国	8152
4	德国	6564
5	澳大利亚	4982
6	法国	4369

序号	国家	发文数量（篇）
7	加拿大	3924
8	西班牙	3716
9	意大利	3259
10	荷兰	3078
11	巴西	2618
12	瑞典	2600
13	瑞士	2430
14	南非	1656
15	比利时	1395
16	葡萄牙	1378
17	芬兰	1343
18	丹麦	1314
19	新西兰	1237
20	日本	1199
21	印度	1119
22	奥地利	1096
23	挪威	1050
24	墨西哥	1010

2. 主要研究国家合作

以发文数量 500 篇以上的 28 个国家为例，进行主要研究国家相互间的合作情况分析（见图 5-12）。第一，美国作为发文数量排名第 1 位的国家，与同处北美洲的加拿大建立了较强的合作关系。第二，以德国、荷兰为中心节点，德国、荷兰、英国、挪威、瑞典、芬兰、丹麦、波兰、比利时、奥地利、意大利、法国、瑞士 13 个欧洲国家之间建立了错综复杂的相互合作关系；其中，德国与波兰、丹麦、瑞典、荷兰、瑞士、奥地利 6 个国家形成了合作关系，荷兰与英国、瑞典、丹麦、德国、比利时、奥地利、瑞士 7 个国家建立了合作关系，发文数量排名第 3 位的英国与挪威、丹麦、荷兰、瑞士 4 个国家建立了合作关系，挪威、瑞典、芬兰、丹麦、瑞士等也与其他欧洲国家建立了多方合作关系。第三，同处伊比利亚半岛的葡萄牙与西班牙建立了较强的"点对点"合作关系。由此可见，35 个主要发文国家之间产生合作，与相近的地缘特点有关。

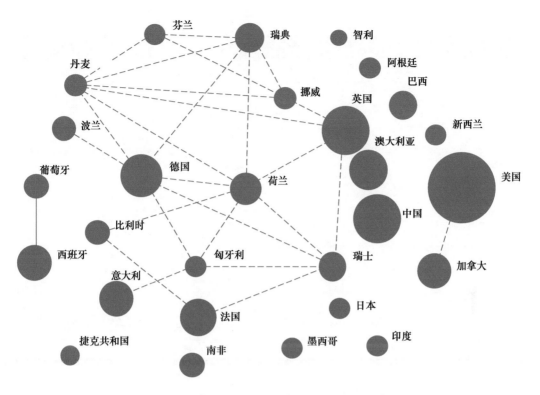

图 5-12　发文数量 500 篇以上的 28 个主要国家合作关系

5.3.3.2　主要机构

1. 主要研究机构发文

生态系统功能与服务领域检索到的 56639 篇论文共涉及 43187 家研究机构。其中，发文数量最多且唯一一家超过 1000 篇的研究机构是荷兰瓦格宁根大学（1199 篇），发文数量 500 篇以上的有 18 家机构，发文数量 300 篇以上的有 31 家机构（见表 5-17）。此外，发文数量 100 ～ 300 篇的有 57 家机构；发文数量 50 ～ 100 篇的有 281 家机构。

表 5-17　发文数量 300 篇以上的 31 家研究机构

序号	发文数量（篇）	发文机构
1	1199	荷兰瓦格宁根大学
2	823	中国科学院大学
3	820	德国亥姆霍兹环境研究中心
4	710	美国明尼苏达大学
5	657	澳大利亚昆士兰大学
6	651	北京师范大学

（续表）

序号	发文数量（篇）	发文机构
7	644	加拿大不列颠哥伦比亚大学
8	641	瑞典斯德哥尔摩大学
9	631	美国威斯康星大学
10	593	美国密歇根州立大学
11	568	德国生物多样性综合研究中心
12	568	美国加利福尼亚大学戴维斯分校
13	559	美国斯坦福大学
14	557	中国科学院地理科学与资源研究所
15	552	美国加利福尼亚大学伯克利分校
16	528	美国科罗拉多州立大学
17	526	美国马里兰大学
18	515	澳大利亚詹姆斯库克大学
19	486	美国华盛顿大学
20	481	瑞士苏黎世大学
21	469	中国科学院生态环境研究中心
22	405	英国利兹大学
23	401	英国帝国理工学院
24	399	英国兰卡斯特大学
25	398	瑞士联邦森林、雪与景观研究所
26	392	美国亚利桑那州立大学
27	382	美国加利福尼亚大学圣巴巴拉分校
28	362	美国杜克大学
29	350	美国康奈尔大学
30	315	英国谢菲尔德大学
31	303	苏格兰爱丁堡大学

2. 主要研究机构合作

在合作方面，同样选择发文数量 300 篇以上的 31 家主要研究机构进行合作分析（见图 5-13）。第一，荷兰瓦格宁根大学、德国亥姆霍兹环境研究中心、德国生物多样性综合研究中心、瑞士苏黎世大学建立了两两之间的相互合作关系。第二，瑞士联邦森林、雪与景观研究所、德国亥姆霍兹环境研究中心、德国生物多样性综合研究中心、瑞士苏黎世大学建立了两两之间的相互合作。第三，以美国明尼苏达大学为中心节点，美国明尼苏达大学与美国威斯康星大学、德国亥姆霍兹环境研究中心、德国生物多样性综合研究中心、美国斯坦福大学、美国加利福尼亚大学圣巴巴拉分校 5 家机构建立了合作网。第四，威斯康星大学与美国密歇根州立大学、明尼苏达大学建立了合作关系。第五，以美国斯坦福大学为中心节点，斯坦福大学与明尼苏达大学、加利福尼亚大学圣巴巴拉分校、加利福尼亚大学伯克利分校、华盛顿大学、加拿大不列颠哥伦比亚大学 5 家机构建立了合作关系。第六，以加利福尼亚大学圣巴巴拉分校、加利福尼亚大学戴维斯分校为双节点，两者与明尼苏达大学、斯坦福大学、加利福尼亚大学伯克利分校建立了"闭环式"的合作网络。第七，中国科学院大学、中国科学院生态环境研究中心、中国科学院地理科学与资源研究所、北京师范大学建立了两两相互合作的"闭环式"合作关系，其中，中国科学院大学与中国科学院地理科学与资源研究所的合作强度加深。第八，英国利兹大学与英国谢菲尔德大学、苏格兰爱丁堡大学建立了"开放式"的合作网络。第九，澳大利亚昆士兰大学与澳大利亚詹姆斯库克大学建立了"点对点"的合作关系。

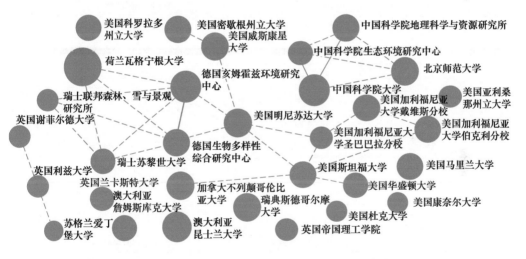

图 5-13　发文数量 300 篇以上的 31 家研究机构的合作关系

5.3.4　主要发文作者

5.3.4.1　主要作者

生态系统功能与服务领域的 56639 篇论文共有 122851 位作者。其中，发文数量最多的是 154 篇，发文数量 100 篇及以上的有 6 位作者，发文数量 70 篇及以上的有 28 位作者，发文数量 30 ～ 70 篇的共有 242 位作者。

其中，发文数量排名第 1 位的作者 Tscharntke Teja 来自德国哥廷根大学，发文数量排名第 2 位的作者 Eisenhauer Nico 来自德国生物多样性综合研究中心，发文数量排名第 3 位的作者 Schmid Bernhard 来自瑞士苏黎世大学；排名前 28 中有两位中国作者，分别是来自中国科学院生态环境研究中心的学者 Fu Bojie 和 Ouyang Zhiyun（见表5-18）。

表 5-18　生态系统功能与服务领域发文数量大于等于 70 篇的 28 位主要作者

序号	发文数量（篇）	作者	作者所在机构
1	154	Tscharntke Teja	德国哥廷根大学
2	145	Eisenhauer Nico	德国生物多样性综合研究中心
3	132	Schmid Bernhard	瑞士苏黎世大学
4	105	Fu Bojie	中国科学院生态环境研究中心
5	105	Lavorel Sandra	法国格勒诺布尔第一大学
6	100	Loreau Michel	法国国家科学研究中心
7	98	Reich Peter B	美国明尼苏达大学
8	97	Verburg Peter H	荷兰阿姆斯特丹自由大学
9	95	Maestre Fernando T	西班牙胡安卡洛斯国王大学
10	94	Bruelheide Helge	德国马丁路德·哈勒维腾贝格大学
11	93	Scherer-Lorenzen Michael	德国弗莱堡大学
12	91	Martin-Lopez Berta	西班牙马德里自治大学
13	85	Bardgett Richard D	英国兰卡斯特大学
14	85	Weisser Wolfgang W	德国亥姆霍兹环境研究中心
15	84	Costanza Robert	澳大利亚国立大学
16	82	Klein Alexandra Maria	美国加利福尼亚大学伯克利分校
17	82	Steffan-Dewenter Ingolf	德国维尔茨堡大学
18	80	Kris Verheyen	比利时根特大学
19	80	Potts Simon G	英国雷丁大学
20	80	Scheu Stefan	德国哥廷根大学
21	78	Kremen Claire	美国加利福尼亚大学伯克利分校
22	78	Ouyang Zhiyun	中国科学院生态环境研究中心
23	76	Gaston Kevin J	英国谢菲尔德大学
24	74	Polasky Stephen	美国明尼苏达大学
25	74	Tilman David	美国明尼苏达大学
26	73	Delgado-Baquerizo Manuel	澳大利亚新南威尔士大学
27	71	Liu Jianguo	美国密歇根州立大学
28	70	Eldridge David J	澳大利亚新南威尔士大学

5.3.4.2　作者合作

28 位发文数量 70 篇及以上的主要作者形成了闭环或线性开放的合作关系，如图 5-14 所示。第一，Tscharntke Teja 等 14 位作者形成了错综复杂的合作网络，是这 28 位作者中主要产生合作关系的作者。第二，德国哥廷根大学 Tscharntke Teja、德国维尔茨堡大学 Steffan-Dewenter Ingolf、英国雷丁大学 Potts Simon G、美国加利福尼亚大学伯克利分校 Klein Alexandra Maria 和 Kremen Claire、德国亥姆霍兹环境研究中心 Weisser Wolfgang W 等 6 位作者之间形成了合作关系。第三，德国亥姆霍兹环境研究中心 Weisser Wolfgang W、德国哥廷根大学 Scheu Stefan、瑞士苏黎世大学 Schmid Bernhard、德国生物多样性综合研究中心 Eisenhauer Nico 等 4 位作者形成了两两之间相互合作的"闭环式"合作网络。第四，瑞士苏黎世大学 Schmid Bernhard、德国生物多样性综合研究中心 Eisenhauer Nico、德国马丁路德·哈勒维腾贝格大学 Bruelheide Helge、比利时根特大学 Kris Verheyen 等 5 位作者形成了"闭环式"的合作网络。第五，德国生物多样性综合研究中心 Eisenhauer Nico、美国明尼苏达大学 Reich Peter B 和 Tilman David 形成了"开放式"合作网络。第六，澳大利亚新南威尔士大学 Eldridge David J 和 Delgado-Baquerizo Manuel、西班牙胡安卡洛斯国王大学 Maestre Fernando T 等 3 位作者形成了两两合作的"闭环式"合作网络。第七，中国科学院生态环境研究中心 Ouyang Zhiyun 和美国密歇根大学 Liu Jianguo 建立了"点对点"的合作关系。

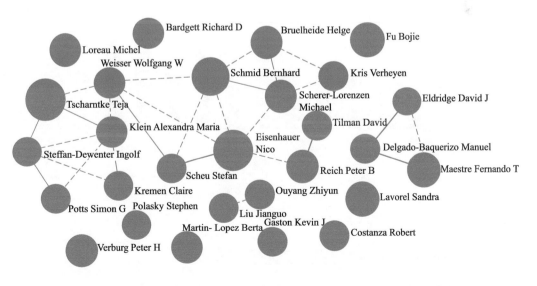

图 5-14　生态系统功能与服务领域发文数量 70 篇及以上的 28 位主要作者合作关系

5.3.4.3 研究者演变

由于检索到的生态系统功能与服务领域的论文最早出现于 1965 年,从 1965 年至今时间跨度较长,且 2009—2021 年为发文数量爆发式增长的阶段,因此选择 2009—2021 年为时间段进行研究人才时间演变分析。

2009—2020 年,生态系统功能与服务领域的研究人才数量逐年快速增长,无论是已经进入该领域的研究者,还是新进入该领域的研究者,数量都是逐年快速增长且在 2020 年达到最大值,新进入该领域的研究者数量多于已经进入该领域的研究者,说明该领域在 2009—2020 年处于研究的活跃期。

2009—2010 年,新进入的研究者数量远多于已经进入的研究者数量(3 倍以上的差距);2011—2012 年,新进入的研究者数量仍然多于已经进入的研究者数量,但两者的差距逐渐缩小(2 ～ 2.5 倍的差距);2013—2020 年,新进入的研究者数量略多于已经进入的研究者数量,但两者的数量越来越接近、差距越来越小(见图 5-15)。

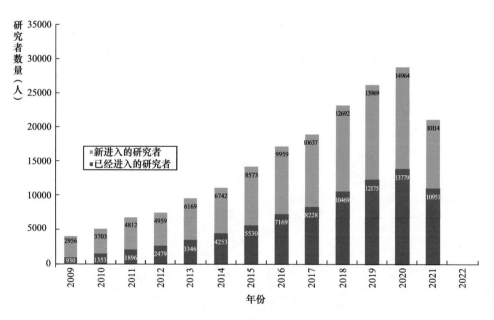

图 5-15　生态系统功能与服务领域研究者演变

5.4　中国西南山地区域生态安全研究态势

检索数据库:Web of Science 核心合集数据库中的 SCIE 和 CPCI-S 子库。

时间段:1999—2022 年。

检索时间：2022 年 7 月。

检索结果：463 条。

5.4.1 发文趋势

中国西南山地区域生态安全研究领域共检索到相关论文 463 篇，发文数量整体呈上升趋势（见图 5-16）。具体来说，第一，该领域最早于 1999 年开始有相关论文发表，截至 2021 年，共有 21 个发文年份，部分年份无相关论文发表。第二，1999—2010 年是研究的起步阶段，年发文数量有所增长但数量较少，均小于 10 篇，其中有 6 个年份的发文数量在 5 篇以内，部分年份无相关论文发表。第三，2011—2016 年是发文数量总体持续增长的阶段，每年发文数量在 10 ~ 30 篇，但也存在发文数量偶尔降低的年度。第四，2017—2021 年是发文数量增长较为快速的阶段，每年的发文数量在 30 篇以上，2021 年达到 80 篇的峰值，2021 年的发文数量是 2017 年的 2 倍多。

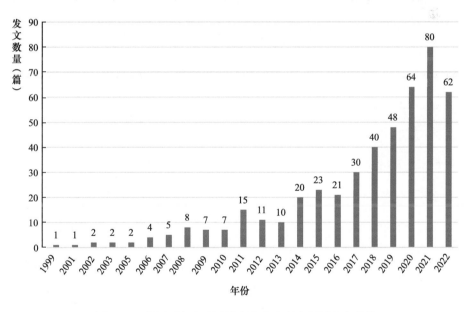

图 5-16　中国西南山地区域生态安全研究领域发文趋势

5.4.2 研究热点

5.4.2.1 研究领域

中国西南山地区域生态安全研究领域研究方向呈现"大集中、小分散"的特点。首先，全部 463 篇论文分布在 44 个研究方向，其中 205 篇论文（占比为 44.28%）涉及环境科学与生态学，45 篇论文涉及生物多样性与保护（占比为 9.72%），44 篇论文（占比为 9.50%）涉及科技﹣其他主题。另外，自然地理和植物科学所涉论文量分列第 4 位、第 5 位。中国西南山地区域生态安全研究领域涉及发文数量 2 篇及以上的研究方向如表 5-19 所示。

表 5-19 中国西南山地区域生态安全研究领域涉及发文数量 2 篇及以上的研究方向

序号	发文数量（篇）	研究方向
1	205	环境科学与生态学
2	45	生物多样性与保护
3	44	科技 - 其他主题
4	36	自然地理
5	36	植物科学
6	29	地质学
7	25	动物学
8	21	进化生物学
9	19	农学
10	19	林学
11	18	水资源
12	16	工程学
13	15	遥感
14	9	影像科学与摄影技术
15	7	生物化学与分子生物学
16	6	遗传学和遗传
17	6	气象学和大气科学
18	4	生命科学和生物医学 - 其他主题
19	4	公共卫生、环境和职业健康
20	3	能源和燃料
21	3	寄生虫学
22	2	昆虫学
23	2	食品科学与技术
24	2	海洋和淡水生物学
25	2	材料科学
26	2	真菌学
27	2	光学
28	2	古生物学
29	2	药理学及药剂学
30	2	毒理学
31	2	热带医学
32	2	城市研究

5.4.2.2　关键词

从关键词看，通过清洗关键词并去除无实际意义的关键词（如"Sino""AREAS"等），最后获得中国西南山地区域生态安全研究领域出现频次大于等于 10 次的关键词有 40 个（见表 5-20），按出现频次由高到低依次为：保护、气候变化、生物多样性、青藏高原、多样性、云南、横断山脉、生态系统服务、物种丰富度、生态群落、土地使用、森林、植被、模型、生物多样性热点地区、气候、土地利用变化、谱系地理学、动力学、地理信息系统、进化、生物多样性保护、生物地理学、喜马拉雅山脉、水、遗传多样性、温度、碳、生态系统、净初级生产力、降水、西双版纳、恢复、分布、景观、生态位保护、水土流失、多样性、植物、可变性。

表 5-20　中国西南山地区域生态安全研究领域出现频次 10 次及以上的关键词

序号	关键词（英文）	关键词（中文）	发文数量（篇）
1	Conservation	保护	78
2	Climate-Change	气候变化	68
3	Biodiversity	生物多样性	55
4	Qinghai-Tibetan Plateau	青藏高原	44
5	Diversity	多样性	42
6	Yunnan	云南	42
7	Hengduan Mountains	横断山脉	39
8	Ecosystem Services	生态系统服务	30
9	Species Richness	物种丰富度	27
10	Ecological Communities	生态群落	23
11	Land-use	土地利用	22
12	Forest	森林	22
13	Vegetation	植被	22
14	Model	模型	20
15	Biodiversity Hotsports	生物多样性热点地区	18
16	Climate	气候	18
17	Land Use Change	土地利用变化	18
18	Phylogeography	谱系地理学	18
19	Dynamics	动力学	17
20	GIS	地理信息系统	17
21	Evolution	进化	16
22	Biodiversity Conservation	生物多样性保护	14
23	Biogeography	生物地理学	14
24	Himalaya	喜马拉雅山脉	14

序号	关键词（英文）	关键词（中文）	发文数量（篇）
25	Water	水	14
26	Genetic Diversity	遗传多样性	13
27	Temperature	温度	13
28	Carbon	碳	12
29	Ecosystem	生态系统	12
30	Net Primary Productivity	净初级生产力	12
31	Precipitation	降水	12
32	Xishuangbanna	西双版纳	12
33	Restotation	恢复	11
34	Distribution	分布	10
35	Landscape	景观	10
36	Niche Conservatism	生态位保护	10
37	Soil Erosion	水土流失	10
38	Diversification	多样性	10
39	Plant	植物	10
40	Variability	可变性	10

关键词出现频次在一定程度上反映出中国西南山地区域生态安全研究领域的研究方向，主要集中在保护、气候变化、生物多样性、生态系统服务、物种丰富度、生态群落、土地使用、森林、植被、模型、谱系地理学等方面，研究的区域主要集中在青藏高原、云南、横断山脉、喜马拉雅山脉及云南西双版纳地区等。

出现频次排名前 15 位的热点关键词在 2003—2021 年的时间演变如图 5-17 所示。可以看出，2006 年前出现的关键词主要有保护、气候变化、生物多样性、青藏高原、多样性、云南、物种丰富度、模型、地理信息系统，直到 2020 年这些关键词每年均出现，表明其所代表的研究方向一直是中国西南山地生物多样性形成、演化研究所关注的方向。2006 年以后、2010 年以前出现的关键词主要有横断山脉、生态群落、森林、土地利用、生物多样性热点地区、气候、动力学、进化、生物多样性保护、生物地理学、喜马拉雅山脉等，反映这些关键词所涉方向是研究中期才出现的。而 2010 年及以后出现的关键词主要有生态系统服务、植被、土地利用变化、谱系地理学、水等，在一定程度上反映出 2010—2020 年来该领域新兴研究方向所涉及的关键词。

5.4.2.3　高被引论文

表 5-21 列出了中国西南山地区域生态安全研究领域 ESI 高被引论文情况。这 4 篇论文中，有 3 篇论文是关于生物群落演化的，1 篇论文是关于谱系地理学的。

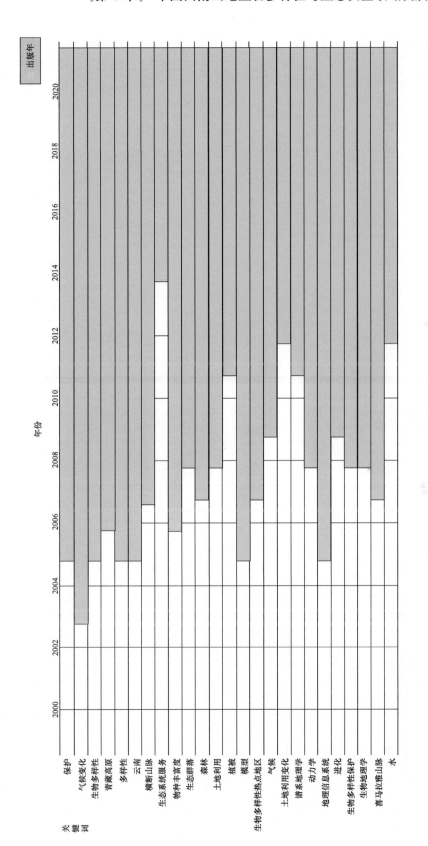

图 5-17 中国西南山地区域生态安全研究领域出现频次排名前 15 位的关键词的时间演变

表 5-21　中国西南山地区域生态安全研究领域 ESI 高被引论文

序号	总被引频次（次）	标题	发表时间（年）	通讯作者	通讯作者所在机构	主要研究内容	研究方向
1	389	The role of the uplift of the Qinghai-Tibetan Plateau for the evolution of Tibetan biotas	2015	Muellner-Riehl, A N	莱比锡大学，德国	青藏高原的隆升在西藏生物进化中的作用	生物群落演化
2	56	Mountains as Evolutionary Arenas: Patterns, Emerging Approaches, Paradigm Shifts, and Their Implications for Plant Phylogeographic Research in the Tibeto-Himalayan Region	2019	Muellner-Riehl, A N	莱比锡大学，德国	喜马拉雅地区植物系统地理学研究	生物群落演化
3	15	Spatial phylogenetics of two topographic extremes of the Hengduan Mountains in southwestern China and its implications for biodiversity conservation	2021	Chen, J G; Sun, H	中国科学院昆明植物研究所，中国	中国西南横断山脉两极端地形的空间系统发育及其对生物多样性保护的启示	谱系地理学
4	38	Spatio-temporal changes of ecological vulnerability across the Qinghai-Tibetan Plateau	2021	Jia, Kun	北京师范大学地理科学学部、遥感科学国家重点实验室，中国	青藏高原生态脆弱性的时空变化	生物群落演化

5.4.3 主要国家与机构

5.4.3.1 主要国家

在发文国家方面，中国、美国、英国是在该领域发文数量排名前 3 位的国家，其中中国发文数量占全部国家总发文数量的 64.01%，是美国（占比为 12.06%）的 5 倍多，是英国（占比为 3.71%）的近 20 倍。发文数量排名前 10 位的其他国家还有德国、澳大利亚、加拿大、尼泊尔、瑞士、印度、日本。由此可见，中国在该领域进行了大量的研究（见表 5-22）。

表 5-22 中国西南山地区域生态安全研究领域发文国家

序号	发文数量（篇）	国家	序号	发文数量（篇）	国家
1	345	中国	18	2	埃及
2	65	美国	19	2	芬兰
3	20	英国	20	2	法国
4	18	德国	21	2	意大利
5	13	澳大利亚	22	2	蒙古国
6	9	加拿大	23	2	挪威
7	7	尼泊尔	24	2	越南
8	7	瑞士	25	1	孟加拉国
9	5	印度	26	1	比利时
10	4	日本	27	1	丹麦
11	4	新西兰	28	1	伊朗
12	4	瑞典	29	1	老挝
13	3	肯尼亚	30	1	马来西亚
14	3	缅甸	31	1	荷兰
15	3	俄罗斯	32	1	巴基斯坦
16	3	新加坡	33	1	韩国
17	2	奥地利	34	1	西班牙

5.4.3.2 主要机构

在中国西南山地区域生态安全研究领域发文数量 6 篇以上的机构共 30 个，其中中国相关发文机构有 29 个，占 30 个机构的约 96.67%，而外国机构仅 1 个，为美国威斯康星大学（见表 5-23）。发文数量排名前 3 位的机构均来自中国科学院，分别是中国科学院大学（可能包含中国科学院各研究所研究生发文后署名中国科学院大学的论文）、中国科学院昆明植物研究所、中国科学院地理科学与资源研究所，其发文占比分别为19.74%、9.87% 和7.51%。进入发文数量排名前 10 的机构还有云南大学、中国科学院动物研究所、西南林业大学、北京师范大学、中国科学院西双版纳热带植物园、北京大学、中国科学院水利部成都山地灾害与环境研究所、四川大学等。

表 5-23　中国西南山地区域生态安全研究领域发文数量 6 篇及以上的 30 个机构

排名	发文机构	发文数量（篇）	发文占比（%）
1	中国科学院大学	92	19.74
2	中国科学院昆明植物研究所	46	9.87
3	中国科学院地理科学与资源研究所	35	7.51
4	云南大学	25	5.36
5	中国科学院动物研究所	21	4.51
6	西南林业大学	20	4.29
7	北京师范大学	18	3.86
8	中国科学院西双版纳热带植物园	18	3.86
9	北京大学	17	3.65
10	中国科学院水利部成都山地灾害与环境研究所	15	3.22
10	四川大学	15	3.22
12	中国科学院植物研究所	14	3.00
13	中国科学院成都生物研究所	11	2.36
14	北京林业大学	10	2.15
15	中国科学院遥感与数字地球研究所	8	1.72
15	中国科学院生态环境研究中心	8	1.72
15	中国农业大学	8	1.72
15	兰州大学	8	1.72
19	大理大学	7	1.50
19	华东师范大学	7	1.50
19	贵州师范大学	7	1.50
19	四川农业大学	7	1.50
19	云南师范大学	7	1.50
24	中国科学院水生生物研究所	6	1.29
24	成都理工大学	6	1.29
24	西华师范大学	6	1.29
24	中国林业科学研究院	6	1.29
24	中央民族大学	6	1.29
24	中山大学	6	1.29
24	美国威斯康星大学	6	1.29

从图 5-18 中可以看出，发文数量 6 篇及以上的 30 个机构相互间保持着一定的合作关系。发文数量最多的中国科学院大学的主要合作对象是中国科学院各研究所（需要考虑的一点是，若中国科学院各研究所的研究生是作者之一，那么他们在发文时，都会署名中国科学院大学，那么中国科学院大学就与各研究所有共同的文章），如中国科学院水生生物研究所、中国科学院地理科学与资源研究所、中国科学院昆明植物研究所、中国科学院成都生物研究所、中国科学院西双版纳热带植物园、中国科学院动物研究所。同时，中国科学院大学、中国科学院水生生物研究所、美国威斯康星大学、西南林业大学、云南师范大学、中国科学院昆明植物研究所形成了一个闭环的合作网。中国科学院大学还与中国科学院动物研究所、西华师范大学、中国科学院成都生物研究所形成了一个闭环合作网。

发文数量排名第 3 位的中国科学院地理科学与资源研究所和北京师范大学、中国农业大学形成了另一个闭环合作网。中国林业科学研究院、中山大学、成都理工大学也形成了闭环合作网。

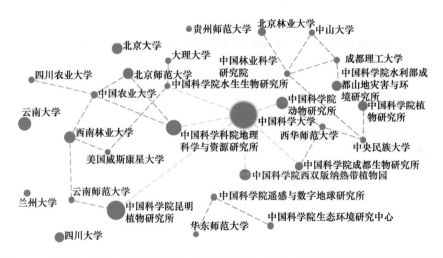

图 5-18　中国西南山地区域生态安全研究领域发文数量 6 篇及以上机构相互合作关系图

5.4.4　主要发文作者

5.4.4.1　主要作者

整体来看，中国西南山地区域生态安全研究领域发文数量 4 篇及以上的作者共有 30 位（见表 5-24），均来自中国相关机构，其中又以中国科学院相关机构作者最多，有 22 位，发文数量占排名前 30 位作者发文总量的 75.32%，这些作者主要来自与生物学研究相关的研究所（中国科学院动物研究所、中国科学院地理科学与资源研究所、中国科学院西双版纳热带植物园、中国科学院植物研究所），由此可见，参与中国西南山地生物多样性形成、演化领域研究的主要是中国作者，而且以中国科学院的作者为主。

从发文的个人来看，发文数量最多的是中国科学院昆明植物研究所的 Sun Hang，发文 12 篇，占排名前 30 作者发文总量的 7.79%；发文数量排名第 2 位和第 3 位的分别是中国科学院动物研究所的 Lei Fumin 和中国科学院地理科学与资源研究所的 Dai Erfu，分别发文 8 篇（占比为 5.19%）和 7 篇（占比为 4.55%）。

表 5-24　中国西南山地区域生态安全研究领域发文数量 4 篇及以上的排名前 30 的作者

序号	作者	作者所在机构	发文数量（篇）	发文占比（%）
1	Sun Hang	中国科学院昆明植物研究所	12	7.79
2	Lei Fumin	中国科学院动物研究所	8	5.19
3	Dai Erfu	中国科学院地理科学与资源研究所	7	4.55
4	Peng Jian	北京大学	7	4.55
5	Wang Yahui	中国科学院地理科学与资源研究所	7	4.55
6	Liu Wenyao	中国科学院西双版纳热带植物园	6	3.90
7	Quan Qing	中国科学院动物研究所	6	3.90
8	Xu Jianchu	中国科学院昆明植物研究所	6	3.90
9	Fang Zhendong	香格里拉高山植物园	5	3.25
10	Liu Yanxu	北京大学	5	3.25
11	Ma Liang	中国科学院地理科学与资源研究所	5	3.25
12	Qu Yanhua	中国科学院动物研究所	5	3.25
13	Song Liang	中国科学院西双版纳热带植物园	5	3.25
14	Xiao Wen	大理大学	5	3.25
15	Yin Le	中国科学院地理科学与资源研究所	5	3.25
16	Deng Wei	中国科学院水利部成都山地灾害与环境研究所	4	2.60
17	Gao Lian-Ming	中国科学院昆明植物研究所	4	2.60
18	Ge Deyan	中国科学院动物研究所	4	2.60
19	Huang Shuangquan	武汉大学	4	2.60
20	Li Rong	中国科学院昆明植物研究所	4	2.60
21	Li Su	中国科学院西双版纳热带植物园	4	2.60
22	Lu HuaZheng	中国科学院西双版纳热带植物园	4	2.60
23	Luo Dong	中国科学院昆明植物研究所	4	2.60
24	Ma Keping	中国科学院植物研究所	4	2.60
25	Ran Jianghong	四川大学	4	2.60
26	Tang Ya	四川大学	4	2.60
27	Wen Zhixin	中国科学院动物研究所	4	2.60
28	Wu Yongjie	四川大学	4	2.60
29	Xia Lin	中国科学院动物研究所	4	2.60
30	Yang Qisen	中国科学院动物研究所	4	2.60

5.4.4.2 作者合作

从整体上看，30 位发文数量 4 篇及以上的主要作者相互间形成了闭环或线性开放的合作关系（见图 5-19）。

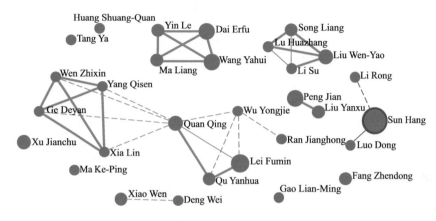

图 5-19 发文数量排名前 30 的作者间合作关系

发文最多的中国科学院昆明植物研究所的 Sun Hang 与同机构的 Li Rong、Luo Dong 形成了开放式的合作网。

发文数量排名第 2 位的中国科学院动物研究所的 Lei Fumin 主要与同机构的 Quan Qing、Qu Yanhua 及四川大学的 Wu Yongjie 形成了闭环合作网，同时也与四川大学的 Ran Jianghong 形成了线性合作关系。

发文数量排名第 3 位的中国科学院地理科学与资源研究所的 Dai Erfu 与同机构的 Yin Le、Ma Liang、Wang Yahui 形成了紧密的闭环合作网。

发文数量排名第 4 位的北京大学的 Peng Jian 则与该机构的 Liu Yanxu 形成了紧密的线性合作关系。

另外，中国科学院动物研究所的 Ge Deyan、Wen Zhixin、Xia Lin、Yang Qisen 相互间形成了非常紧密的闭环合作网络，同时还分别与该机构的 Quan Qing 形成了一定程度的线性合作关系。

由此可见，发文数量排名前 30 位的作者之间形成了较为紧密的合作关系，机构内部的合作较多，同时也与其他机构相关作者保持了一定的合作关系。

5.4.4.3 研究者演变

1991—2013 年，除部分年份外，该领域全球每年新增研究人员最多不超过 50 人，部分年份没有新增研究人员，在一定程度上表明该领域在该时间段新生研究力量加入较为缓慢。从 2014 年开始，每年新增研究人员数量均在 100 人以上，呈明显上升趋势，而 2020 年新增研究人员数量达到最高，为 269 人，表明有更多的研究人员开始关注并加入该领域相关研究。

研究人才时间演变趋势在一定程度上说明该领域受到越来越多科研人员的关注。中国西南山地区域生态安全研究领域人才时间演变情况如图 5-20 所示。

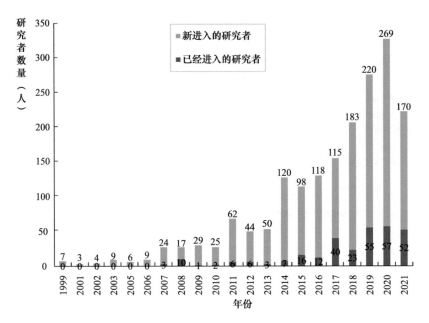

图 5-20　中国西南山地区域生态安全领域研究者演变

5.5　中国西南山地生物多样性与生态安全社会关注

由于受人类活动的影响，生物多样性正以前所未有的速度减少，生态安全问题日益凸显，这不仅引起了国家、政府组织、学界的广泛关注，其相关研究成果也受到了学术圈以外的社会大众的广泛关注。随着全球信息技术的快速发展，新媒体应运而生，从社会媒体的层面反映学术成果影响力与社会热点成为当前学术热点分析的重要方面。替代计量学（Altmetrics，又被称为补充计量学）就是近年来新兴的一种用于评价科研成果社会影响力的方法，该方法汇集了众多社会媒体指标，如新闻提及、政策文件引用、网络百科全书引用等，以及自媒体指标，如个人博客、社交媒体网站转载引用等。本节利用 Altmetric 网站对以上提及的指标数据进行采集与分析，以得到中国西南山地生物多样性与生态安全的全球社会关注度情况 [1]。

---

[1] Altmetric 数据库在统计社交媒体、新闻媒体等来源时，主要关注点为国外主流平台和媒体，因而对我国数据统计存在一定偏差。

5.5.1　中国西南山地生物多样性形成、演化研究主题社会关注

前文中"中国西南山地生物多样性形成、演化研究"共检索到相关论文 863 篇，在 Altmetric 数据库检索到 515 篇，其中 473 篇有被社交媒体、政策、新闻等引用的记录，共计被引用 3823 次。从被引用时间来看，除了 2012 年 10 月及 2016 年 1 月引起大范围关注，大体分布较为均匀，2016—2022 年间热度较之前有较大提高，整体较为平稳，但部分时间段内会出现较为明显的波动。可见该主题所受社会关注度整体较为平稳，仅在出现特定话题时会出现爆发性关注（见图 5-21）。

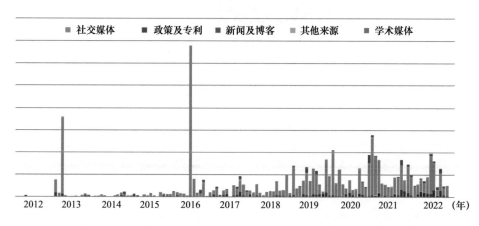

图 5-21　中国西南山地生物多样性形成、演化研究主题社会关注度演变

从社会关注引用类别来看，引用该主题学术成果最多的类别为社交媒体（推特、脸书）共计 3172 条，占比高达 82.97%；其次为其他来源 391 条，占比为 10.24%；新闻及博客 249 条，占比为 6.51%；学术媒体、政策及专利等内容较少，分别为 7 条和 4 条（见表 5-25 和图 5-22）。

表 5-25　中国西南山地生物多样性形成、演化研究主题社会关注类别

类别	社交媒体	其他来源	新闻及博客	学术媒体	政策及专利
数量（条）	3172	391	249	7	4

从社会关注区域来看，该主题关注最多的区域为美国，在推特、脸书、政策、新闻中相关主题论文共被引用 426 次；其次为英国，共计 336 次；再次为印度，共计 121 次。其他国家提及频率相对较低，均在 100 次以下，依次为德国、瑞士、西班牙、澳大利亚等，中国排名第 8 位，共提及该主题 68 次 [1]（表 5-26）。

---

[1] Altmatric 数据库未统计微博数据，且推特、脸书在中国使用率较低，故对中国的社会关注度统计存在较大偏差。

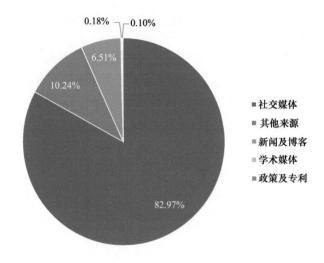

图 5-22　中国西南山地生物多样性形成、演化研究主题社会关注类别

表 5-26　中国西南山地生物多样性形成、演化研究主题社会关注度区域分布

序号	国家	推特（次）	脸书（次）	政策（次）	新闻（次）	合计（次）
1	美国	382	9	34	1	426
2	英国	310	1	25	0	336
3	印度	106	1	14	0	121
4	德国	73	1	13	0	87
5	瑞士	81	0	0	1	82
6	西班牙	65	2	5	0	72
7	澳大利亚	53	2	16	0	71
8	日本	68	0	0	0	68
8	中国	21	0	47	0	68
10	加拿大	51	0	0	0	51
11	荷兰	48	0	0	0	48
12	法国	35	0	0	0	35
13	瑞典	26	5	0	0	31
14	巴西	29	0	0	0	29
15	墨西哥	28	0	1	0	29

　　具体论文被引情况方面，在全部 473 篇被社交媒体、政策、新闻等引用的论文中，共有 3 篇论文被社交媒体等引用超过 100 次，共有 3 篇论文被引用次数为 90 ～ 100 次，其余大多数论文被引用次数为 1 ～ 30 次，其中被引用次数为 1 ～ 10 次的论文在

100 篇以上（见图 5-23）。中国西南山地生物多样性形成、演化研究主题高被引论文如表 5-27 所示。

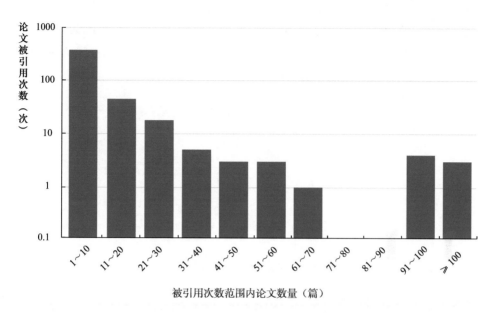

图 5-23　中国西南山地生物多样性形成、演化研究主题社会关注度论文分布情况

表 5-27　中国西南山地生物多样性形成、演化研究主题高被引论文

序号	论文标题	合计被引用次数（条）
1	*Remains of Holocene giant pandas from Jiangdong Mountain (Yunnan, China) and their relevance to the evolution of quaternary environments in south-western China*	301
2	*Ancient orogenic and monsoon-driven assembly of the world's richest temperate alpine flora*	266
3	*Uplift-driven diversification in the Hengduan Mountains, a temperate biodiversity hotspot*	121
4	*Hypoxic and Cold Adaptation Insights from the Himalayan Marmot Genome*	99
5	*Sedimentary ancient DNA reveals a threat of warming-induced alpine habitat loss to Tibetan Plateau plant diversity*	95
6	*No high Tibetan Plateau until the Neogene*	94
7	*Out of Tibet: an early sheep from the Pliocene of Tibet, Protovis himalayensis, genus and species nov. (Bovidae, Caprini), and origin of Ice Age mountain sheep*	62
8	*Hominin interbreeding and the evolution of human variation*	59
9	*Regional drivers of diversification in the late Quaternary in a widely distributed generalist species, the common pheasant Phasianus colchicus*	58
10	*A global molecular phylogeny and timescale of evolution for Cryptocercus woodroaches*	56

5.5.2 中国西南山地生态系统功能与服务主题社会关注

前文中"生态系统功能与服务"共检索到相关论文 56639 篇，其中涉及中国西南山地的 103 篇，在 Altmetric 数据库检索到 39 篇，其中 32 篇有被社交媒体、政策、新闻等引用的记录，共计被引用 130 次。从被引用时间来看，该主题被间歇性关注，多数时间对该主题的社会关注度较低（见图 5-24）。

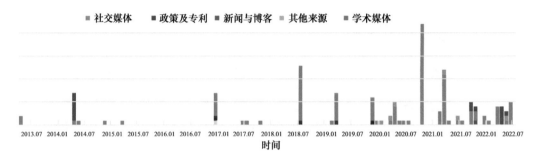

图 5-24　中国西南山地生态系统功能与服务主题社会关注度演变

从社会关注引用类别来看，引用该主题学术成果最多的类别为社交媒体（推特、脸书），共计 108 条，占比高达 83.08%，其次为新闻及博客，共计 20 条，占比约为 15.38%，其他来源、政策及专利、学术媒体等引用较少，仅为 1 条、1 条、0 条（见表 5-28 和图 5-25）。

表 5-28　中国西南山地生态系统功能与服务主题社会关注类别

类别	社交媒体	新闻及博客	其他来源	政策及专利	学术媒体
数量（次）	108	20	1	1	0

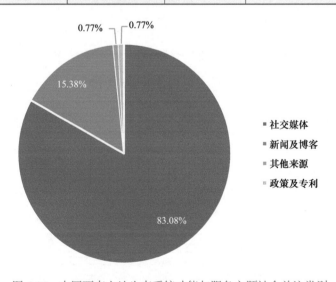

图 5-25　中国西南山地生态系统功能与服务主题社会关注类别

从社会关注区域来看，该主题关注最多的区域为瑞士，在推特、脸书、政策、新闻中相关主题论文共被引用 26 次，其次为美国 25 次、德国 14 次、英国 13 次。其他国家提及频率相对较低，均在 10 次以下，依次为意大利、中国等，中国排名第 5 位，共计被引 6 次（见表 5-29）。

表 5-29　中国西南山地生态系统功能与服务主题社会关注度区域分布

序号	国家	推特（次）	脸书（次）	政策（次）	新闻（次）	合计（次）
1	瑞士	15	9	1	1	26
2	美国	14	10	0	1	25
3	德国	8	3	0	3	14
4	英国	5	5	0	3	13
5	意大利	3	3	0	0	6
6	中国	1	1	0	4	6
7	法国	3	2	0	0	5
8	荷兰	3	1	0	0	4
9	奥地利	1	1	0	2	4
10	比利时	1	1	0	0	2

在具体论文被引情况方面，在全部 20 篇被社交媒体、政策、新闻等引用的论文中，共有 2 篇论文被社交媒体等引用超过 40 次，共有 7 篇论文被引用次数在 10 ～ 40 之间，其余论文被引次数均在 1 ～ 10 次之间（见图 5-26）。中国西南山地生态系统功能与服务主题社会高被引论文如表 5-30 所示。

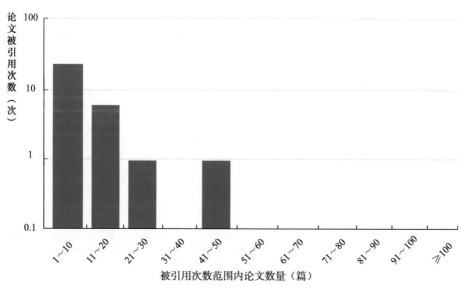

图 5-26　中国西南山地生态系统功能与服务主题社会关注度文章分布

表 5-30　中国西南山地生态系统功能与服务主题社会高被引论文

序号	论文标题	合计被引用次数（次）
1	*The role of the uplift of the Qinghai?Tibetan Plateau for the evolution of Tibetan biotas*	48
2	*Local perceptions of Tibetan village sacred forests in northwest Yunnan*	44
3	*Does Public Environmental Education and Advocacy Reinforce Conservation Behavior Value in Rural Southwest China?*	28
4	*The role of botanical gardens in scientific research, conservation, and citizen science*	16
5	*Estimations of forest water retention across China from an observation site-scale to a national-scale*	14
6	*Impacts of the grain for Green Program on the spatial pattern of land uses and ecosystem services in mountainous settlements in southwest China*	13
7	*Nature and People in the Andes, East African Mountains, European Alps, and Hindu Kush Himalaya: Current Research and Future Directions*	13
8	*Socio-Cultural Values of Ecosystem Services from Oak Forests in the Eastern Himalaya*	12
9	*The global significance of biodiversity science in China: an overview*	11
10	*Seasonal variations in soil microbial communities under different land restoration types in a subtropical mountains region, Southwest China*	6

5.5.3　中国西南山地区域生态安全研究主题社会关注分析

前文中"中国西南山地区域生态安全研究"共检索到相关论文 463 篇，在 Altmetric 数据库检索到 204 篇，其中 175 篇论文有被社交媒体、政策、新闻等引用的记录，共计被引用 1250 次。从被引用时间来看（见图 5-27），该主题被间歇性关注，部分时间新闻媒体热度较高（图中红色柱），其他时间为社交媒体热度较高（图中蓝色柱），其他时间的整体关注水平较为平稳。

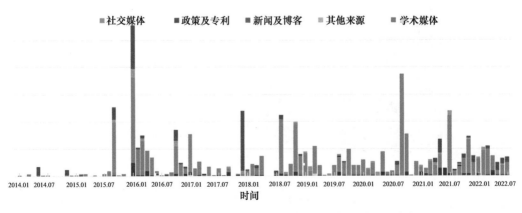

图 5-27　中国西南山地区域生态安全研究主题社会关注度演变

从社会关注引用类别来看，引用该主题学术成果最多的类别为社交媒体（推特、脸书），共计977条，占比为78.16%，其次为新闻及博客207条，占比为16.56%，其他来源、政策及专利、学术媒体等引用较少，仅为58条、6条、2条（见表5-31和图5-28）。值得注意的是，在该主题下，新闻及博客的比例明显高于前两个主题，可见主流媒体对生态安全的敏感度要高于前两个主题。

表 5-31　中国西南山地区域生态安全研究主题社会关注类别

类别	社交媒体	新闻及博客	其他来源	政策及专利	学术媒体
数量（条）	977	207	58	6	2

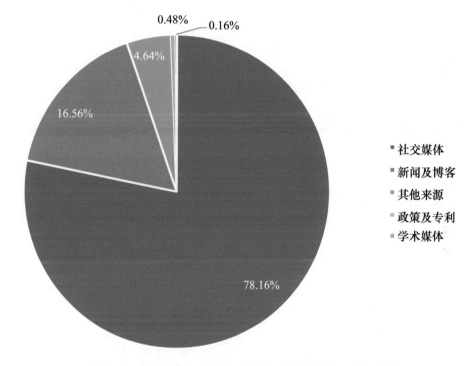

图 5-28　中国西南山地区域生态安全研究主题社会关注类别

从社会关注区域来看，该主题关注最多的区域为美国，在推特、脸书、政策、新闻中相关主题论文共被引用195次，其次为英国125次。其他国家提及频率相对较低，均在100次以下，依次为中国、印度、澳大利亚，分别为32次、31次、27次（见表5-32）。值得注意的是，与前两个主题相比，生态安全主题下政策关注明显增多，且在统计数据不完整的情况下（缺少微博数据，推特、脸书数据过少），中国仍居第3位，足见我国对生态安全的高度关注。

在具体文章被引情况方面，在全部175篇被社交媒体、政策、新闻等引用的论文中，共有3篇论文被社交媒体等引用超过100次，其中 *China's endemic vertebrates sheltering under the protective umbrella of the giant panda* 一文的被引用次数高达 528 次，为 3 个主题中被引用次数最高的文章，如表 5-33 所示。有少数论文的被引用次数在 11 ~ 80 之间，其余大多数论文的被引用次数在 1 ~ 10 之间，如图 5-29 所示。

表 5-32　中国西南山地区域生态安全研究主题关注度区域分布

序号	国家	推特（次）	脸书（次）	新闻（次）	政策（次）	合计（次）
1	美国	110	6	78	1	195
2	英国	106	1	17	1	125
3	中国	7	0	25	0	32
4	印度	19	0	12	0	31
5	澳大利亚	17	0	10	0	27
6	瑞士	24	0	0	0	24
7	德国	13	1	6	0	20
8	瑞典	16	0	2	0	18
9	加拿大	12	0	1	0	13
10	巴西	12	0	0	0	12

表 5-33　中国西南山地区域生态安全研究主题高被引论文

序号	标题	合计被引用次数（次）
1	China's endemic vertebrates sheltering under the protective umbrella of the giant panda	528
2	Integrative taxonomy of the Plain-backed Thrush (Zoothera mollissima) complex (Aves, Turdidae) reveals cryptic species, including a new species	327
3	Climate refugia of snow leopards in High Asia	123
4	Identification of Priority Conservation Areas for Protected Rivers Based on Ecosystem Integrity and Authenticity: A Case Study of the Qingzhu River, Southwest China	73
5	Regional drivers of diversification in the late Quaternary in a widely distributed generalist species, the common pheasant Phasianus colchicus	58
6	The role of the uplift of the Qinghai?Tibetan Plateau for the evolution of Tibetan biotas	48
7	Sacred forests are keystone structures for forest bird conservation in southwest China's Himalayan Mountains	47
8	Local perceptions of Tibetan village sacred forests in northwest Yunnan	44
9	Climate niche conservatism and complex topography illuminate the cryptic diversification of Asian shrew?like moles	30
10	Evolutionary legacy of a forest plantation tree species (Pinus armandii): Implications for widespread afforestation	29

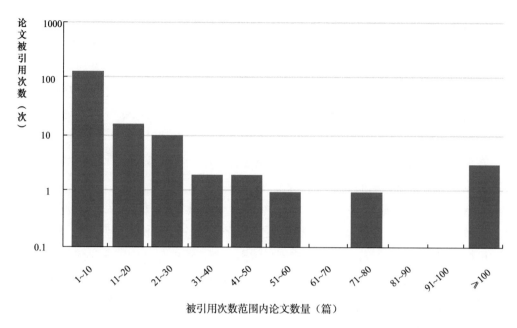

图 5-29　中国西南山地区域生态安全研究主题社会关注度文章分布情况

5.6　小结

5.6.1　战略规划布局

中国的生物多样性与生态安全日益受到国家的重视，相关政策法规正在逐步布局完善，其中生态安全更是被纳入国家安全体系之中，通过环境管控、生态环境风险防范、生态文明监督考核与问责机制等系列政策手段构建生态安全保障体系。多年来，我国坚持实施针对森林资源、草原生态系统、土地资源、河湖、湿地、海洋生态、生物多样性等多方面的保护措施，已经取得了较为显著的成效。

中国通过 NSFC 项目促进生物多样性与生态安全领域的科技进步，2017—2021 年间资助"生物多样性"主题项目 138 项，总计资助金额为 9773.3 万元；资助"生态安全"主题项目 25 项，总计资助金额为 1372 万元。

5.6.2　生物多样性形成、演化研究态势

从发文时间趋势看，中国西南山地生物多样性形成、演化研究领域从 1991 年至今，发文数量整体呈上升趋势，其中 2014—2020 年是发文数量增长较为快速的阶段。

在研究方向上，该领域全部 863 篇论文分布在 45 个研究方向。其中，植物科学、环境科学与生态学、进化生物学、遗传学、动物学是排名前 5 位的研究方向。

在关键词方面，该领域涉及大于等于 26 次的关键词 30 个，通过关键词分析该领域研究方向主要集中在演化、DNA 序列、生物地理学、系统发育、气候变化等方面，研究地区主要集中在青藏高原、横断山脉、喜马拉雅地区等。

该领域共涉及 9 篇 ESI 高被引论文，其中有 4 篇关于生物多样性起源和演化，且均涉及造山运动，有 3 篇关于植物区系起源和演化，有 1 篇关于空气污染成因，还有 1 篇关于山系起源。

在研究的区域分布上，该领域发文数量 5 篇及以上的国家共 22 个，中国、美国、英国在该领域发文数量居前 3 位。

在研究机构上，发文 10 篇以上的机构共 24 个，其中中国相关发文机构有 20 个，其次为德国，有 2 个发文机构，美国和苏格兰分别有 1 个发文机构。发文数量排名前 3 位的机构均来自中国科学院，分别是中国科学院大学（可能包括中国科学院各研究所的发文）、中国科学院昆明植物研究所、中国科学院植物研究所；进入发文数量排名前 10 位的机构还有四川大学、中国科学院动物研究所、中国科学院西双版纳热带植物园、云南大学、中国科学院成都生物研究所、兰州大学、中国科学院昆明动物研究所等。

在发文作者方面，该领域发文 8 篇以上的作者共有 30 位，27 位作者均来自中国机构，仅有 3 位作者来自国外（德国和美国）相关机构。来自中国科学院相关机构的作者有 19 位，可见参与中国西南山地生物多样性形成、演化领域研究的主要是中国作者，而且以中国科学院作者为主。从发文的个人来看，发文数量最多的是中国科学院昆明植物研究所的 Sun Hang，发文数量排名第 2 位和第 3 位的分别是四川大学的 He Xing jin 和中国科学院动物研究所的 Lei Fumin。从整体上看，30 位发文 8 篇及以上的主要作者相互间形成了较为紧密的合作关系，机构内部的合作比较多，同时也与其他机构相关作者保持了一定的合作关系。从 2011 年开始，每年新进入该领域的研究人员增幅较大，在一定程度上说明越来越多的科研人员正在关注该领域。

5.6.3　生态系统功能与服务研究态势

在发文趋势方面，中国西南山地生态系统功能与服务领域的发文整体呈明显增长趋势，发文情况经历了 3 个明显的阶段：1965—1997 年是研究的起步阶段，发文数量增长较少且缓慢；1998—2008 年是研究的积累阶段，发文数量持续稳定较快增长；2009—2021 年是研究的爆发阶段，发文数量呈现持续爆发式增长，且在 2021 年达到峰值。

在研究热点方面：①从研究领域看，生态系统功能与服务领域的研究方向具有"大集中、小分散"的特点，检索到的全部论文分布在 120 个研究领域，但其中有 62.88%的论文集中分布在环境科学与生态学领域。②从关键词看，最高频的热点关键词为生物多样性（11248 次），其他高频热点关键词还有气候变化、保护、社群等，说明生态系统最核心的功能与服务和生物多样性、气候变化等密切相关。③从高被引论文看，该领域的主要研究方向为生态系统子系统、生态系统的影响因素、生态系统功能与服务的价值评估。

在竞争与合作方面：①从主要研究国家看，发文数量排名前 3 位的国家为美国、中国、英国；主要研究国家之间建立了多样化、错综复杂的合作关系，且国家之间的合作与相近的地缘特点有关。②从主要研究机构看，全部论文涉及 43187 家研究机构，其中发文数量排名前 3 位的机构为荷兰瓦格宁根大学、中国科学院大学、德国亥姆霍兹环境研究中心；主要研究机构之间建立了"点对点"合作、"多边"合作、"闭环式"合作、"开放式"合作等多种合作关系网络。

在智力聚集方面：①从主要发文作者看，全部论文共有 122851 位作者，其中发文数量排名前 3 位的作者分别是德国哥廷根大学 Tscharntke Teja（154 篇）、德国生物多样性综合研究中心 Eisenhauer Nico（145 篇）、瑞士苏黎世大学 Schmid Bernhard（132 篇），中国有来自中国科学院生态环境研究中心的学者 Fu Bojie（105 篇）和 Ouyang Zhiyun（78 篇）。②从主要作者合作看，28 位主要作者中的 14 位之间形成了错综复杂的合作关系，主要表现为"闭环式"合作网络。③从研究人才时间演变看，2009—2020 年已经进入该领域和新进入该领域的研究人才均逐年快速增长且在 2020 年达到峰值；自 2009 年开始，新进入的研究者数量多于已经进入的研究者，但随着时间的演进两者的数量越来越接近、差距越来越小。

5.6.4 区域生态安全研究态势

从发文时间趋势看，中国西南山地区域生态安全研究领域从 1999 年至今，发文数量整体呈上升趋势，其中 2017—2020 年是发文数量增长较为快速的阶段。

在研究方向方面，该领域全部 463 篇论文分布在 44 个研究方向。其中，环境科学与生态学、生物多样性与保护、科技 - 其他主题、自然地理、植物科学是排名前 5 位的研究方向。

在关键词方面，该领域涉及大于等于 10 次的关键词 40 个，通过关键词分析该领域研究方向，主要集中在保护、气候变化、生物多样性、生态系统服务、物种丰富度、生态群落、土地使用、森林 / 植被、模型、谱系地理学等方面，研究的区域主要集中在青藏高原、云南、横断山脉、喜马拉雅山脉及云南西双版纳地区等。

该领域共有高被引论文 4 篇，其中有 3 篇论文是关于生物群落演化的，有 1 篇是关于谱系地理学的。

在研究的区域分布方面，中国、美国、英国在该领域发文数量居前 3 位。

在研究机构方面，发文数量 6 篇以上的机构共 30 个，其中中国相关发文机构有 29 个，外国机构仅 1 个，为美国威斯康星大学。发文数量排名前 3 位的机构均为中国科学院下属单位，分别是中国科学院大学（可能包含中国科学院各研究所研究生发文后署名中国科学院大学的论文）、中国科学院昆明植物研究所、中国科学院地理科学与资源研究所；发文数量排名前 10 位的机构还有云南大学、中国科学院动物研究所、西南林业大学、北京师范大学、中国科学院西双版纳热带植物园、北京大学、中国科学院水利部成都山地灾害与环境研究所、四川大学等。

在发文作者方面，该领域发文 4 篇以上的作者共有 30 位，均来自中国相关机构，其中又以中国科学院相关机构作者最多，有 22 位，可见参与中国西南山地区域生态安全研究领域发文的主要是中国作者，而且以中国科学院作者为主。从发文的个人来看，发文量最多的是中国科学院昆明植物研究所的 Sun Hang，发文数量排名第 2 位和第 3 位的分别是中国科学院动物研究所的 Lei Fumin 和中国科学院地理科学与资源研究所的 Dai Erfu。从整体上看，30 位发文 4 篇及以上的主要作者相互间形成了较为紧密的合作关系，机构内部的合作比较多，同时也与其他机构相关作者保持了一定的合作关系。从 2014 年开始，每年新进入该领域的研究人员增幅较大，在一定程度上说明越来越多的科研人员正在关注该领域。

5.6.5　生物多样性与生态安全的社会关注

在社会关注方面，目前社会各界对以上 3 个主题的关注度由高到低排序依次为"中国西南山地生物多样性形成、演化""中国西南山地区域生态安全"及"中国西南山地生态系统功能与服务"。从时间分布来看，3 个主题的关注度分布没有明显规律，只有在特定时间会出现关注度爆发的情况。

从关注来源情况来看，"中国西南山地生物多样性形成、演化"和"中国西南山地生态系统功能与服务"两个主题主要论文引用都是来自社交媒体（主要是推特）；而"中国西南山地区域生态安全"主题则有较多的新闻媒体关注。

从区域来看，美国、英国、德国等国家对 3 个主题均有较高的关注度。我国对 3 个主题的社会关注度排序为"中国西南山地生物多样性形成、演化"＞"中国西南山地区域生态安全"＞"中国西南山地生态系统功能与服务"。

致谢：中国科学院昆明植物研究所孙航研究员、邓涛研究员对本章内容提出了宝贵意见和建议，谨致谢忱。

执笔人：中国科学院成都文献情报中心史继强、田雅娟、卿立燕。

第 6 章

重要电子特气与湿电子化学品行业研发技术发展态势分析

6.1 重要电子化学品行业概况

电子化学品是专为电子信息产品制造配套的专用化工材料，是电子信息产业的重要支撑材料。电子化学品广泛应用于半导体芯片（以集成电路为主）、平板显示（液晶显示、有机发光二极管显示等）、LED 照明和太阳能电池等领域（见图 6-1）。

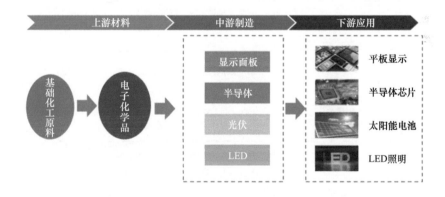

图 6-1　电子化学品主要产业链

根据国际半导体产业协会（SEMI）发布的数据，2020 年半导体材料市场规模达553 亿美元。其中，2020 年前道制造耗材市场达 349 亿美元，细分耗材及占比主要为硅片（33%）、电子特气（14%）、光掩膜（13%）、光刻胶及配套材料（13%）、CMP抛光材料（7%）、湿电子化学品（4%）和靶材（3%）。

集成电路是半导体产业的核心，是采用半导体制作工艺，把一定数量的电阻、电容和晶体管等常用电子元件及导线互连组合成的电子电路。集成电路行业通常包括设计、制造和封装三大模块。其中，集成电路制造过程中需要使用大量的湿电子化学品和电子特气，集成电路制造主要工艺如图 6-2 所示，湿电子化学品和电子特气在集成电路工艺中的应用情况如表 6-1 所示。

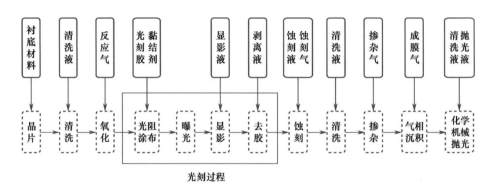

图 6-2　集成电路制造主要工艺

表 6-1　湿电子化学品和电子特气在集成电路工艺中的应用

工艺	类别	具体产品
清洗	湿电子化学品	有机试剂：丙酮、三氯乙烯、甲醇、异丙醇 无机溶剂：H_2SO_4、HNO_3、HCl、HF、$NH_3(aq)$、H_2O_2
氧化	电子特气	Cl_2、HCl、三氯乙烷、二氯乙烯
光刻	电子特气	氟气、氢气、氮气、氖气等
显影	湿电子化学品	正性光刻胶：有机碱水溶液（TMK、TMA） 负性光刻胶：二甲苯、脂肪烃、醋酸正丁酯
去胶	湿电子化学品	有机试剂：有机溶液 无机试剂：H_2SO_4、$NH_3(aq)$、H_2O_2、浓 HNO_3
蚀刻	湿电子化学品	Si:HF、HNO_3、CH_3COOH SiO_2:HF、NH_4F Al:H_3PO_4、HNO_3、CH_3COOH
	电子特气	SiO_2: CF_4、CHF_3、C_2F_6、SF_6 和 C_3F_8 等 Al: $SiCl_4$、BCl_3、BBr_3、CCl_4、CHF_3 等
掺杂	电子特气	AsH_3、PH_3、B_2H_6、$AsCL_3$、AsF_3、BF_3、$POCl_3$ 等
气相沉积	电子特气	氨气、氢气、氧化亚氮、TEOS（正硅酸乙酯）、TEB（硼酸三乙酯）、TEPO（磷酸三乙酯）、磷化氢、三氟化氮、二氯硅烷、氟化氮、硅烷、六氟化钨、六氟乙烷、四氯化钛、甲烷等

湿电子化学品和电子特气材料占集成电路材料总成本的比例较少，湿电子化学品约占 5%，电子特气材料占 5%～6%。湿电子化学品和电子特气的产品纯度对集成电路的成品率、电性能和可靠性都有重要影响，但目前湿电子化学品和电子特气材料在我国的国产化程度较低，是发展先进制造产业的"卡脖子"领域。

近年来，我国多部门陆续印发了支持、规范湿电子化学品和电子特气行业的发展政策（见表 6-2），内容涵盖产业规划、生产工艺、应用领域和绿色发展等方面。

表 6-2　湿电子化学品和电子特气行业有关政策

时间（年）	部门	政策名称	相关内容
2009	科技部	《国家火炬计划优先发展技术领域》	将"专用气体"列入优先发展的"新材料及应用领域"中的电子信息材料
2012	工业和信息化部	《电子基础材料和关键元器件"十二五"规划》	将超高纯度氦气等外延材料、高纯电子特气和试剂等列入重点发展任务
2012	科技部	《新型显示科技发展"十二五"专项规划》	提出开发高纯特种气体材料等，提高有机发光显示产品上游配套材料国产化率
2013	国家发展和改革委员会	《产业结构调整指导目录（2011 年版）》（2013 年修订）	将电子特气等新型精细化学品的开发与生产列入"第一类鼓励类"产业
2016	科技部	《国家重点支持的高新技术领域目录（2016 年）》	在"四、新材料"之"（五）精细和专用化学品"之"2.电子化学品制备及应用技术"中明确指出，"包括特种（电子）气体的制备及应用技术"
2016	国务院	《"十三五"国家战略性新兴产业发展规划》	提出优化新材料产业化及应用环境、提高新材料应用水平，推进新材料融入高端制造供应链，到 2020 年力争使若干新材料品种进入全球供应链，重大关键材料自给率达到 70% 以上
2017	国家发展和改革委员会	《战略性新兴产业重点产品和服务指导目录（2016 年）》	在"1.3.5 关键电子材料"中包括"超高纯度气体等外延材料"
2017	科技部	《"十三五"先进制造技术领域科技创新专项规范》	提出要重点研发超高纯电子特气等关键材料产品，构建材料应用工艺开发平台，支持关键材料产业技术创新生态体系的建设与发展
2017	工业和信息化部等国家部门	《新材料产业发展指南》	在重点任务中提出"加快高纯特种电子特气研发及产业化，解决极大规模集成电路材料制约"
2017	工业和信息化部	《重点新材料首批次应用示范指导目录（2017 年版）》	在"先进基础材料"之"三先进化工材料"之"（四）电子化工新材料"之"20 特种气体"中将特种气体明确列示，主要应用于集成电路、新型显示
2018	国家统计局	《战略性新兴产业分类（2018）》	在"1.2.4 集成电路制造"的重点产品和服务中包括"超高纯度气体外延用原料"，在"3.3.6 专用化学品及材料制造"的重点产品和服务中包括"电子大宗气体、电子特种气体"
2019	国家发展和改革委员会	《产业结构调整指导目录（2019 年）》	超净高纯试剂、光刻胶、电子气、高性能液晶材料等新型精细化学品的开发与生产属于鼓励类发展领域

时间（年）	部门	政策名称	相关内容
2020	石油和化学工业规划院	《化工新材料行业"十四五"规划指南》	重点发展为集成电路、平板显示、新能源电池、印制电路板四个领域配套的电子化学品；加快品种更替和质量升级，满足电子产品更新换代的需求
2021	中国石油和化学工业联合会	《化工新材料行业"十四五"发展指南》	要突破一批新型催化、微反应等过程强化技术，并大力发展电子特气、电子级湿化学品等高端电子化学品等

6.2 重要电子特气研发技术趋势

6.2.1 主要电子特气

6.2.1.1 电子特气分类

电子气体是指用于半导体及相关电子产品生产的特种气体，是电子工业中的关键性基础化工材料，可分为电子大宗气体和电子特气。电子大宗气体集中供应且用量较大，如氮气（N_2）、氧气（O_2）、氢气（H_2）、氩气（Ar）、氦气（He）等，主要用作环境气和保护气。电子特气用量较小，主要用于蚀刻、掺杂、成膜（CVD）等。

电子特气品种繁多，分类方法亦较为复杂，其中，按照本身化学成分可分为含氟化合物、含氯化合物、含硅化合物等类别（见表 6-3）。

表 6-3　电子特气按化学成分分类

分类	主要产品
含氟化合物	三氟化氮、三氟化硼、四氟化碳、六氟化硫、六氟化钨、三氟甲烷、四氟甲烷、六氟乙烷、八氟丙烷等
含氯化合物	三氯氢硅、二氯二氢硅、氯化氢、氯气、三氯化硼、$POCl_3$ 等
含硅化合物	硅烷、四甲基环四硅氧烷、二乙基硅烷、TEOS（正硅酸乙酯）、HCDS（六氯乙硅烷）等
其他	氧化亚氮、硫化氢、溴化氢、溴化硼、丙烯、砷烷、磷烷、硼烷、锗烷、甲烷、硒化氢等

6.2.1.2 电子特气应用

电子特气广泛应用于集成电路、TFT-LCD、太阳能电池等电子工业生产领域（见表 6-4）。

表 6-4　电子特气应用

应用	环节	所需产品	用途
集成电路	硅片制造	HCl； H_2； Ar	氧化； 还原； 维持惰性隔绝环境，避免气体杂质留存
	氧化	Cl_2、HCl、三氯乙烷（TCA）或二氯乙烯（DCE）	控制离子侵入氧化层，去除不必要的金属杂质，清洗用途
	CVD	SiH_4、$SiHCl_2$、$SiHCl_4$、$SiCl_4$、TEOS、NH_3、N_2O、WF_6、H_2、O_2、NF_3 等	形成 CVD 膜
	刻蚀	CF_4、SF_4、C_2F_6、NF_3； Cl_2、Br_2、HBr； CCl_4、Cl_2、BCl_3 等	硅片刻蚀； 改进气体、提高各向异性和选择性； 铝和金属复合层的刻蚀
	离子注入	三价掺杂气体：B_2H_6、BBr_3、BF_3 等； 五价掺杂气体：PH_3、$POCl_3$、AsH_3、$SbCl_5$ 等	P 型半导体的掺杂； N 型半导体的掺杂
TFT-LCD	成膜	Ar； SiH_4、NH_3、PH_3、N_2O、NF_3 等	做溅射气体； 受到激发产生低温等离子体
	刻蚀	CF_4、O_2、Cl_2	刻蚀硅岛、沟道和接触孔
太阳能电池	晶体硅电池片	$POCl_3$、O_2； CF_4； SiH_4、NH_3	用于扩散工序； 用于刻蚀工序； 用于减反射层 PECVD 工序
	薄膜太阳能电池片	$DEZn$、B_2H_6； SiH_4、PH_3、H_2、TMB、H_2、CH_4、NF	用于 LPCVD 沉积 TCO 工序； 用于沉积工序

　　半导体行业对气源及其供应系统要求苛刻，纯度是气体质量最重要的指标。气体纯度的表示方法主要有两种：一种是用百分数表示，如 99%、99.9%、99.99%；另一种是用"N"表示，如 3N（99.9%）、4.5N（99.995%）等。

　　随着集成电路制造技术的快速发展，工艺不断提高，特征尺寸线宽不断减小，集成电路制程用的各种电子特气纯度、特定技术指标不断提高，对关键杂质的要求更为苛刻。在先进制程的集成电路制造过程中，气体纯度要求通常在 5N（99.999%）以上，金属元素净化到 10-9 级至 10-12 级。气体纯度每提高一个层次对纯化技术就提出了更高的要求，技术难度也将显著上升。

　　近年来，国家不断出台政策扶持，多家 12 英寸晶圆厂已完工并投产，同时 8 英寸和 6 英寸晶圆厂也在兴建中。其中，国产气体供应商能为 6 英寸和 8 英寸晶圆厂提供电子特气，8 英寸的电子特气国产化率已达到 30% 以上。但 12 英寸晶圆厂需要电子特气纯度常在 6N 以上，国内晶圆厂家的质量目前很难达到要求。电子特气的纯度标准如表 6-5 所示。

表 6-5 电子特气的纯度标准

气体等级	普通气体	纯气体	高纯气体	超高纯气体
纯度要求	≥ 99.9%（3N）	≥ 99.99%（4N）	5N	6N 及以上
杂质含量	≤ 1000ppm	≤ 100ppm	≤ 10ppm	≤ 1ppm
应用领域	一般器件	晶体管和晶闸管等	大规模集成电路和特殊器件、太阳能电池、光纤等	超大规模和极大规模集成电路、平板显示器件、化合物半导体器件等

6.2.2 主要电子特气处理工艺技术研发态势

电子特气按照本身化学成分可分为含氟化合物、含氯化合物、含硅化合物等类别，电子特气广泛应用于半导体制造的各个工艺流程，常用于化学气相沉积、蚀刻、掺杂、离子注入、光刻胶印刷及扩散等。电子特气的提纯是高质量产品的核心技术。为了准确了解含氟、含氯、含硅及氢气 4 种主要电子特气处理半导体（以集成电路为主）工艺重点技术和含氟、含氯、含硅及氢气 4 种电子特气分离技术的发展现状与潜力，绘制电子特气制备与应用技术发展态势的"地形图"，本节分别以"主要电子特气处理半导体（以集成电路为主）工艺"和"电子特气分离"为主题，在定性资料调研和专家咨询的基础上，利用文献数据库，采用由面到点、由浅入深的分析思路对主要电子特气处理半导体工艺重点技术和电子特气分离技术研究的整体国际研究态势和技术主题进行了分析，旨在分析目前该领域的国内外研究现状及技术热点。

6.2.2.1 专利申请趋势

经过 DII 数据库检索（时间跨度：1900—2021 年）人工判读剔除后，共获得 4704 项电子特气处理半导体工艺重点技术主题的专利技术，分别对重点技术专利申请趋势、专利申请国家 / 组织、专利申请人、研发技术构成，热点主题分布、核心专利及专利法律状态进行了分析。

从电子特气处理半导体工艺技术专利申请来看，该技术最早可追溯到 20 世纪 60 年代，总体呈波动上升的趋势。在 1988 年之前，该技术的专利申请数量均未超过 100 项。专利量申请高峰出现在 2006 年，共有 257 项专利申请。美国是最早开展电子特气相关技术研究的国家之一，1963 年，美国的摩托罗拉公司公开了"氯化氢气体蚀刻半导体材料"的专利技术方案，率先开展了电子特气技术研发。

中国最早申请的专利是在 1984 年，1986—1994 年没有相关专利申请，1995 年后中国的专利申请呈波动上升的趋势，总体变化趋势与国际专利申请趋势大致相同。中国的专利申请高峰出现在 2017 年，共有 92 项专利，约占全球专利申请数量的 53.8%。在电子特气技术研发中，中国作为该技术的新兴国家，正在快速发展（见图 6-3）。

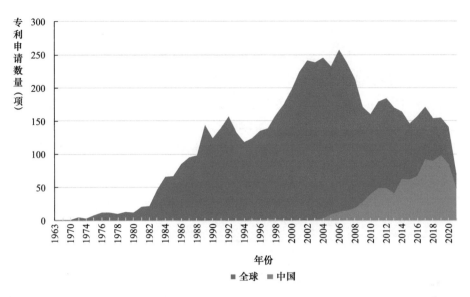

图 6-3　电子特气处理半导体工艺重点技术专利申请趋势

需要说明的是，由于发明专利从提出申请到公布通常都要 1 年半左右的时间，因此 2019—2020 年专利申请数量仅供参考。

6.2.2.2　主要国家 / 地区

从电子特气处理半导体工艺重点技术的国家 / 地区来源来看，全球共有 40 个国家 / 地区有相关专利申请。日本的专利数量最多，其专利占该技术领域的 45.75%；第 2 ～ 4 名分别为美国、中国和韩国，分别约占 24.60%、14.57% 和 10.51%。从专利技术的市场分布来看，专利市场分布在全球 41 个国家 / 地区，其中主要分布在日本、美国、中国和韩国，4 个国家的专利量占比超过 75%。由此可以看出，电子特气相关技术主要掌握在日本、美国、中国和韩国手中，日本占有相对优势（见图 6-4）。

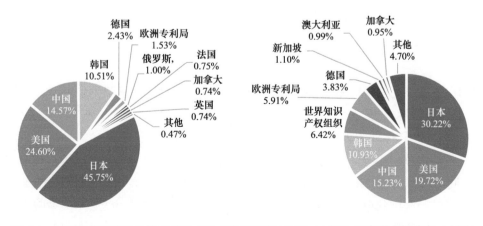

图 6-4　电子特气处理半导体工艺重点技术来源国家 / 地区（左图）和专利市场分布（右图）

6.2.2.3 主要专利申请人

从检索结果看，有超过 2000 家机构和个人活跃在电子特气处理半导体工艺技术研发领域。专利申请数量排名前 15 位的机构均为公司。其中，来自日本的专利申请人有8 家，韩国和中国各 2 家，美国和法国各 1 家。排名第 1 位的专利申请人为东京电子有限公司，专利申请数量为 190 项；日本电气股份有限公司居第 2 位，专利申请数量为 141 项；富士通有限公司排名第 3 位，专利申请数量为 131 项；法国液化空气公司专利申请数量为 66 项，排名第 12 位（见表 6-6）。

表 6-6　电子特气处理半导体工艺重点技术专利申请人

序号	专利申请人	专利申请数量（项）	国家
1	东京电子有限公司	190	日本
2	日本电气股份有限公司	141	日本
3	富士通有限公司	131	日本
4	应用材料公司	115	美国
5	索尼公司	108	日本
6	日立有限公司	106	日本
7	东芝	94	日本
8	海力士半导体公司	86	韩国
9	三星电子有限公司	79	韩国
10	台湾半导体制造有限公司	77	中国
11	三菱电机	73	日本
12	法国液化空气公司	66	法国
13	美光科技公司	66	美国
14	日立国际电机株式会社	64	日本
15	佳能 KK（CANO-C）	54	中国

6.2.2.4 技术分类

对电子特气处理半导体工艺技术相关专利的气体类别进行了归类分析，发现含氯、含硅气体占比较高，分别为 30.29% 和 27.04%，含氟气体占比为 18.76%，氢气占比为 7.31%，除 4 类气体外的其他电子特气类别占比为 16.60%（见图 6-5）。

从不同国家使用气体类别来看，日本、美国、中国和韩国申请的专利技术均涉及 4 种不同的气体类别且专利申请数量居前 4 位。德国的专利技术较多涉及含氯、含硅和含氟气体，法国的电子特气处理半导体工艺专利技术中较多涉及氢气，在氢气处理半导体专利申请数量中排名第 5 位（见图 6-6）。

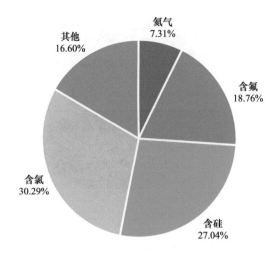

图 6-5　电子特气处理半导体工艺重点技术使用气体类别占比

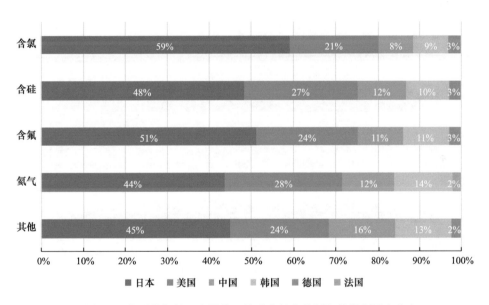

图 6-6　电子特气处理半导体工艺重点技术使用气体类别国家分布

中国在电子特气处理半导体的相关技术中，使用含氟气体的技术相对较多，有 170 项；其次是使用含氯气体的技术，有 150 项；含硅气体的技术有 132 项；使用氢气的技术有 103 项。

从电子特气处理半导体的工艺来看，主要有蚀刻、气相沉积和掺杂 3 种技术方向。其中，蚀刻有 1570 项专利，占比最多，为 35.36%；气相沉积有 1032 项专利，占比为 23.24%；掺杂有 229 项专利，占比为 5.16%。其他专利技术主要包括气体制备、气体运输及反应设备等方面（见图 6-7）。

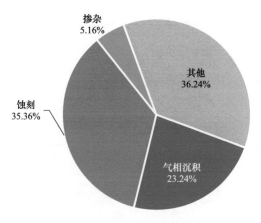

图 6-7　电子特气处理半导体工艺重点技术专利技术方向分布

从专利技术方向国家分布来看，日本、美国、中国、韩国和德国申请的专利技术均涉及 4 种不同的气体类别（见图 6-8）且专利数量居前 5 位。

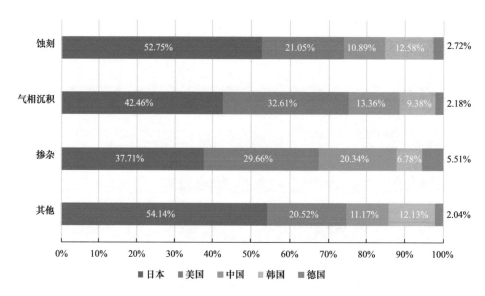

图 6-8　电子特气处理半导体工艺重点技术专利技术方向国家分布

中国在电子特气处理半导体的工艺方向上，蚀刻工艺相关专利数量最多，有 180项，气相沉积相关专利有 141 项，掺杂相关技术有 48 项。

将电子特气处理半导体工艺重点技术专利申请按照专利分类号进行分类，在该研究领域，技术研发主要集中在半导体器件（H01L）和对金属材料的镀覆（C23C）技术领域（见表 6-7）。

对专利申请数量排名前 5 位国家的专利技术进行分析。日本、美国、中国、韩国和德国在等离子腐蚀、活性离子腐蚀、应用气态化合物的还原或分解产生固态凝结物等技术方向上具有较多研发布局。

表 6-7　电子特气处理半导体工艺重点技术专利研发技术构成

序号	专利申请数量（项）	IPC 分类号	含义
1	731	H01L-021/3065	等离子腐蚀；活性离子腐蚀
2	580	H01L-021/205	应用气态化合物的还原或分解产生固态凝结物的，即化学沉积
3	506	H01L-021/302	改变半导体材料的表面物理特性或形状的，如腐蚀、抛光、切割
4	504	H01L-021/02	半导体器件或其部件的制造或处理
5	403	H01L-021/31	在半导体材料上形成绝缘层的，如用于掩膜的或应用光刻技术的，以及这些层的后处理；这些层的材料的选择
6	318	H01L-021/28	用 H01L21/20 至 H01L21/268 各组不包含的方法或设备在半导体材料上制造电极的
7	294	H01L-021/768	利用互连在器件中的分离元件间传输电流
8	244	C23C-016/34	氮化物
9	239	H01L-021/306	化学或电处理，如电解腐蚀
10	233	H01L-021/316	由氧化物或玻璃状氧化物或以氧化物为基础的玻璃组成的无机层
11	228	H01L-021/3205	非绝缘层的沉积，如绝缘层上的导电层或电阻层
12	225	H01L-021/20	半导体材料在基片上的沉积，如外延生长
13	223	C23C-016/44	以镀覆方法为特征的
14	223	H01L-021/336	带有绝缘栅的
15	198	C23C-016/42	硅化物

在等离子腐蚀和活性离子腐蚀（H01L-021/3065）相关技术领域，日本专利申请数量最多，有 525 项，占比为 65.14%；美国专利数量居第 2 位，有 140 项，占比为 17.37%；韩国、中国、德国 3 个国家在该领域布局较少，专利数量均未超过 100 项。

在应用气态化合物的还原或分解产生固态凝结物的，即化学沉积（H01L-021/205）相关技术领域，日本专利数量呈现绝对优势，有 425 项，占比高达 66.51%，其次为美国，占比为 17.53%，韩国、中国和德国占比均较低，分别为 9.23%、4.54% 和 2.19%。

在改变半导体材料的表面物理特性或形状的，如腐蚀、抛光、切割（H01L-021/302）相关技术领域，日本和美国专利布局最多，分别有 298 项和 186 项，占比分别为 54.68% 和 34.13%。

在半导体器件或其部件的制造或处理（H01L-021/02）相关技术领域，同样日本和美国的专利布局最多，分别有 235 项和 138 项，占比分别为 40.45% 和 23.75%。

在半导体材料上形成绝缘层的（H01L-021/31）相关技术领域，日本和美国申请的专利占比分别为 61.12% 和 26.52%（见图 6-9）。

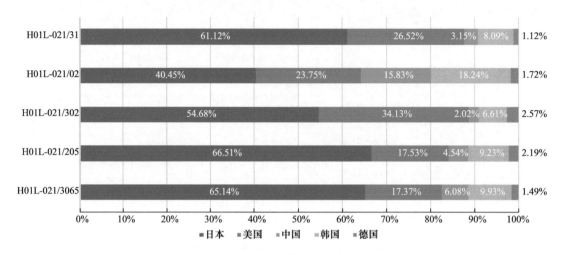

图 6-9 电子特气处理半导体工艺技术构成国家分布

从电子特气处理半导体工艺专利使用的气体类别涉及的技术方向看，使用氢气处理半导体工艺相关专利技术主要集中在以下技术方向：等离子腐蚀；活性离子腐蚀（H01L-021/3065）；改变半导体材料的表面物理特性或形状的，如腐蚀、抛光、切割（H01L-021/302）；半导体器件或其部件的制造或处理（H01L-021/02）；在半导体材料上形成绝缘层的（H01L-021/31）；应用气态化合物的还原或分解产生固态凝结物的，即化学沉积 (H01L-021/205)。

使用含氟电子特气处理半导体工艺专利相关技术主要集中在以下技术方向：等离子腐蚀；活性离子腐蚀（H01L-021/3065）；改变半导体材料的表面物理特性或形状的，如腐蚀、抛光、切割（H01L-021/302）；应用气态化合物的还原或分解产生固态凝结物的，即化学沉积 (H01L-021/205)；半导体器件或其部件的制造或处理（H01L-021/02）；用 H01L21/20 至 H01L21/268 各组不包含的方法或设备在半导体材料上制造电极的（H01L-021/28）。

使用含硅电子特气处理半导体工艺专利相关技术主要集中在以下技术方向：应用气态化合物的还原或分解产生固态凝结物的，即化学沉积（H01L-021/205）；在半导体材料上形成绝缘层的（H01L-021/31）；半导体器件或其部件的制造或处理（H01L-021/02）；由氧化物或玻璃状氧化物或以氧化物为基础的玻璃组成的无机层（H01L-021/316）；硅化物（C23C-016/42）。

使用含氯电子特气处理半导体工艺相关技术主要集中在以下技术方向：等离子腐蚀；活性离子腐蚀（H01L-021/3065）；改变半导体材料的表面物理特性或形状的，如腐蚀、抛光、切割（H01L-021/302）；应用气态化合物的还原或分解产生固态凝结物的，即化学沉积（H01L-021/205）；半导体器件或其部件的制造或处理（H01L-021/02）；用 H01L21/20 至 H01L21/268 各组不包含的方法或设备在半导体材料上制造电极的（H01L-021/28）（见图 6-10）。

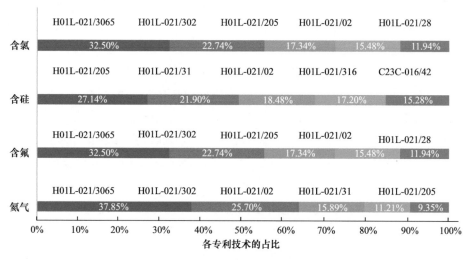

图 6-10　电子特气类别技术构成分布

6.2.2.5　技术热点

基于专利题名和摘要关键词绘制电子特气处理半导体工艺重点技术专利热点主题，如图 6-11 所示。由图 6-11 可以看出，电子特气处理半导体工艺研发技术关注主题明显集中于纯度氯化氢、高纯氨、氮化镓层、等离子体处理方法、蚀刻、芳烷基及配方化合物等方向。

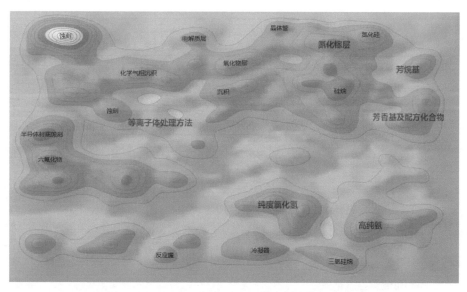

图 6-11　电子特气处理半导体工艺重点技术热点主题分布

6.2.2.6 核心专利

全球被引频次最高的专利是由日本东芝（TOSHIBA KK(TOKE-C)）1993 年申请的一项有关"有机硅烷气体通过等离子体 CVD 形成半导体器件布线的氧化硅膜"（*Semiconductor device, useful for forming insulation film for semiconductor device wirings*）的专利，该专利被引频次为 321 次。

被引频次排在第 2 位的专利是由美国诺发系统［NOVELLUS SYSTEMS INC (LRES-C)］于 1998 年申请的一项有关"在集成电路生产过程中填充间隙的方法包括使用含硅、含氧和惰性成分（如氦气）气体混合物在间隙上沉积薄膜"（*Process for filling gaps during integrated circuit production, involves depositing film over gaps using gas mixture comprising silicon-, oxygen-containing components and inert component such as helium*）的专利，该专利被引频次为 311 次。

被引频次排在第 3 位的专利是由美国艾萨华公司［LSI LOGIC CORP(LSIL-C)］NITROTEC CORP 于 1992 年申请的一项有关"使用氯气选择性蚀刻半导体晶片上的含钛合金"（*Selectively etching titanium-contg. material on semiconductor wafer*）的专利，该专利被引频次为 299 次（见表 6-8）。

表 6-8　电子特气重点技术高被引核心专利

序号	专利号	标题	国家/地区	被引频次（次）
1	JP7074245-A	*Semiconductor device, useful for forming insulation film for semiconductor device wirings*	日本	321
2	US6395150-B1	*Process for filling gaps during integrated circuit production, involves depositing film over gaps using gas mixture comprising silicon-, oxygen-containing components and inert component such as helium*	美国	311
3	US5326427-A	*Selectively etching titanium-contg. material on semiconductor wafer*	美国	299
4	US6037018-A	*Fabrication of high density plasma chemical vapor deposition oxide filled shallow trench isolation involves forming a thermal oxide layer and ozone-tetraethyl orthosilicate on a substrate*	中国台湾	275
5	EP605814-A1	*Deposition of hard diamond-like carbon@ films*	美国	273
6	JP6310548-A	*Forming tungsten silicide, useful for machines*	美国	264

（续表）

序号	专利号	标题	国家 / 地区	被引频次（次）
7	EP658928-A1	*Plasma etching silica selectively w.r.t. silicon nitride and poly:silicon@*	美国	254
8	EP517548-A2	*CVD for forming fluorine contg. silicon di:oxide film*	日本	251
9	WO200124581-A1	*Substrate holder for holding a substrate such as a wafer or LCD panel during plasma processing includes electrostatic chuck, helium gas distribution system, multi-zone heating plates and multi-zone cooling system*	日本	242
10	JP59177968-A	*Titanium nitride gate electrode and interconnect mfr. for MOS device*	美国	231

6.2.2.7 法律状态

电子特气处理半导体领域专利的法律状态与占比情况：授权占 26.41%、申请中占 6.94%、撤销占 9.78%、过期占 17.34%、放弃占 39.53%（见图 6-12）。

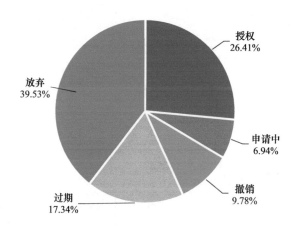

图 6-12 电子特气处理半导体工艺重点技术专利法律状态

6.2.3 电子特气重要企业

6.2.3.1 发展历程

1. 公司发展历程

法国液化空气集团（以下简称法液空）创立于 1902 年，是全球工业与医疗保健领域气体、技术和服务的领导者，业务遍及 80 个国家 / 地区，向众多行业提供氧气、氮气、氢气和其他气体及相关服务。

1906 年法液空开始在世界范围内建厂投产，1952 年开始发展低温液化供气罐装运输，1960 年建立了管道运输体系（见图 6-13）。

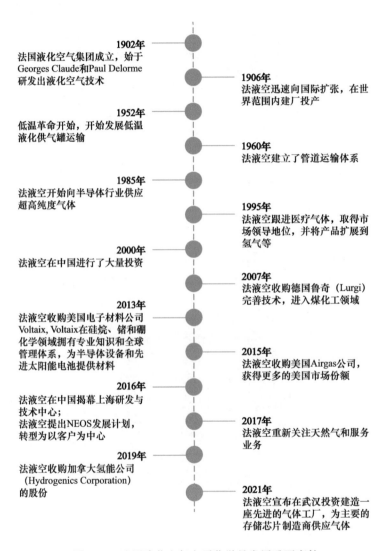

图 6-13　法国液化空气电子化学品发展重要事件

法液空于 1985 年正式进入半导体市场，在电子特气方面的产品涉及半导体、光伏和平面显示设备。在半导体领域，法液空提供的产品覆盖半导体生产的各个主要过程，主要包括先进的半导体加工前体材料和高纯度的性能稳定的电子特气。法液空为半导体行业的客户供应超纯载气、电子特气和先进材料，这些气体不仅直接用于芯片制造工艺，而且为机台设备营造超净的保护环境。

法液空有 9 个电子材料中心，分布在亚洲多个国家 / 地区（韩国、日本、中国和新加坡）、美国、法国和德国。其在这些中心生产、封装和认证电子专用材料，确保供应的安全性并满足客户的需求。

法液空于 1916 年进入中国，遍布 40 多个城市。其在华主要经营范围包括工业及医用气体的运营。目前，法液空业务已覆盖中国重要的沿海工业区域，并继续向中部、南部和西部地区拓展。

2016 年，法液空在中国揭幕上海研发与技术中心。该中心拥有经验丰富的研究员与专家，并配备了先进的设备，助力液化空气进一步在中国开展创新研发工作，加强同中国知名大学及公共机构的合作。

2021 年，法液空宣布将投资约 7000 万欧元，在武汉建造一座先进的气体工厂，为一家主要的存储芯片制造商供应气体，支持武汉地区半导体产业的发展。这家超高纯工业气体工厂将由法液空建造和运营，并采用其最先进的技术设计，产品包括氮气、氧气、氩气和其他超高纯气体。

2. 公司主要产品

在半导体领域，法液空主要提供用于化学气相沉积和原子层沉积的电子高级材料，大容器供应如硅烷、卤素气体等电子专用材料，以及现场生产或大量输送超高纯载气（包括氮气、氧气、氢气、氦气和氩气）。

法液空凭借其 ALOHA™ 产品，是向半导体制造提供先进前驱体的行业领导者。前驱体是具有特殊物理和化学性能的分子，用于微电子设备的制造过程中沉积关键层。法液空收购美国电子材料公司 Voltaix 不仅补充了其 ALOHA™ 产品线，也为发现新分子和提升规模优势带来了协同效应，有助于加速向半导体制造商提供更多的先进材料。

ALOHA™ 产品代表了半导体沉积材料的领导地位。ALOHA™ 产品包括 ZyALD™、TSA、HCDS 和 SAM.24™，应用在化学气相沉积和原子层沉积制造硅、高介电材料和金属中。一些新产品包括用于沉积金属的前驱体，如用于前沿半导体器件的钌、钨和钴。

Voltaix™ 用于通过化学气相沉积和原子层沉积，从而形成沉积薄膜。Voltaix™ 产品的关键材料包括乙硅烷、锗烷、乙硼烷等化学物质，应用在芯片、存储和光伏中。Voltaix™ 产品在薄膜特性和薄膜加工方面实现了突破性创新。

法液空启动了新型刻蚀材料的开发，研发的 enScribe™ 产品可以满足最新的刻蚀气体保护要求。enScribe™ 产品也具备环境效益，旨在降低刻蚀工艺中使用的大多数气体造成的全球变暖的影响。

法液空主要的气体产品如表 6-9 所示。

表 6-9　法液空主要的气体产品

气体类别	具体气体
纯气	H_2、He、NH_3、Ar、N_2、O_2、N_2
化学气体	NO、CO、C_3H_8、C_2H_6、NO_2、SO_2、C_4H_{10}、CH_4、H_2S

资料来源：法液空官方网站。

6.2.3.2　专利布局

本节利用 Orbit 全球专利分析数据库对法液空在全球电子特气领域的专利申请及布局情况进行检索和分析，检索日期截至 2022 年 3 月。

1．专利申请趋势

法液空在电子特气领域，聚焦在半导体及集成电路中刻蚀、掺杂和气相沉积工艺中的专利共计 72 项。通过对法液空的专利进行分析可以看出，1985 年之前，法液空最早期的专利是关于制备硅烷的方法和装置，该专利为法液空在 1985 年正式进入半导体市场奠定了基础。

从专利申请数量来看，法液空在电子特气专利领域的专利申请数量不多，1998—2004 年间处在该领域的专利申请高峰期。近 10 年来，基本维持每年 1 ~ 2 项专利申请。2015 年，法液空收购了美国的 Airgas 公司，并在该年获得了 2 项用于 ald/cvd 含硅薄膜的氨基（碘和溴）硅烷前体的专利（US10053775 和 US9777373）（见图 6-14）。

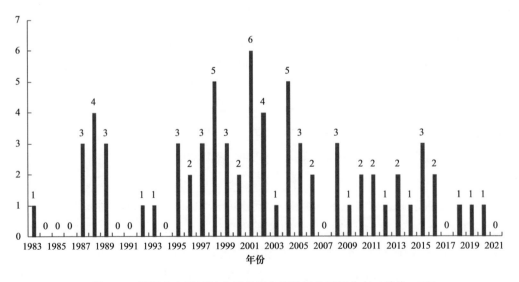

图 6-14　法液空电子特气全球专利申请数量的时间分布（单位：项）

从集成电路的工艺来看，法液空的专利与刻蚀工艺相关的有 26 项，与掺杂工艺相关的有 17 项，与化学气相沉积工艺相关的有 64 项。从法液空用于集成电路的电子特气各细分工艺的专利申请数量可以看出，法液空在气相沉积方面相关的专利申请数量远远高于刻蚀和掺杂。从专利申请角度来看，化学气相沉积是法液空技术布局的重点领域。这与法液空的代表产品相吻合，其 ALOHA™ 产品占据了半导体沉积材料的领导地位（见图 6-15）。

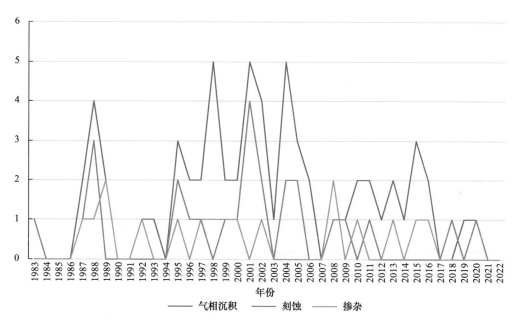

图 6-15 法液空电子特气各工艺全球专利申请量的时间分布（单位：项）

根据产品技术生命周期理论，一种产品或技术的生命周期通常由萌芽（产生）、迅速成长（发展）、稳定成长、成熟、瓶颈（衰退）几个阶段构成，我们基于专利申请数量的年度趋势变化特征，进一步分析法液空在电子特气领域的技术发展阶段。为了保证分析的客观性，我们以 Logistic growth 模型算法为基础，以专利累计申请数量为纵轴，以申请年为横轴，通过模型计算，拟合出法液空电子特气领域技术的生命周期曲线[1]，如图 6-16 和表 6-10 所示。

通过数据拟合结果可以看出，在 1983—1998 年期间，法液空处于电子特气领域的技术探索期或者萌芽期阶段。从专利的申请方向看，其前期专利主要集中在化学气相沉积领域，如用于制造半导体器件的选择性 CVD、难熔金属硅化物沉积工艺、在硅衬底 / 铝基板上沉积金属的方法等。1992 年之后，法液空在该领域的相关专利主要是关于如何生产出符合标准的气体，如 N_2O 净化工艺、供应超纯氦的工艺和装置、三氯化硼的提纯方法、硅烷的连续生产、低温蒸馏分离气体混合物的方法、用于半导体器件的高纯氨等。

---

[1] 李亚男，李攀，雷二庆 . 基于 SCI 论文和专利数据的单项技术成熟度评估方法 [J]. 中华医学图书情报杂志，2016，25(3):16-20.

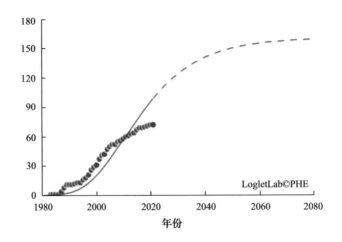

图 6-16　法液空电子特气的专利生命周期曲线

表 6-10　法液空电子特气基于专利申请拟合的技术成熟度

拟合度 R_2	萌芽期	迅速成长期	稳定成长期	成熟期
0.956	1983—1998 年	1999—2011 年	2012—2029 年	2030—2043 年

1999—2011 年，从专利申请趋势变化来看，这段时间属于法液空在该领域专利申请数量的顶峰，处于技术的迅速成长期阶段。从专利的申请方向看，法液空的研究逐渐深入，再次主要聚焦到化学气相沉积工艺上，如化学气相沉积制备氮化硅薄膜、形成氧化硅薄膜的方法、用于气相沉积的硅烷混合物等。

2012 年至今，法液空在电子特气领域的技术基本进入了稳定成长期，在该领域的相关技术全面发展。2018—2020 年的专利分别是用于制造半导体器件的刻蚀方法、氮气回收 / 净化系统及用于气相沉积的铟前体。

2. 专利布局

图 6-17 为法液空在主要国家的与电子特气相关的专利申请数量分布，从该图可以看出，日本和美国是法液空的主要专利技术布局国家，这两个国家的专利申请分别为 45 项和 44 项，分别约占总申请量的 18.5% 和 18.1%。

另外，从图 6-17 中可以看出，法液空电子特气专利布局的重点地区与法液空的 9 个电子材料中心在全球的分布相一致。同时，这些国家是全球半导体产业的主要市场，对电子特气有着巨大的市场需求量。

按集成电路的工艺看，法液空在气相沉积工艺的专利布局要明显高于刻蚀和掺杂两个工艺的专利布局。这也再次印证了化学气相沉积领域是法液空的研发重点（见图 6-18）。

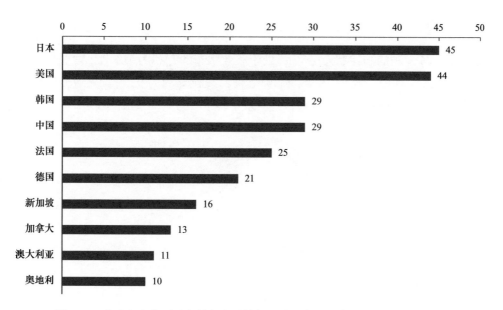

图 6-17 法液空在主要国家的与电子特气相关的专利申请数量分布（单位：项）

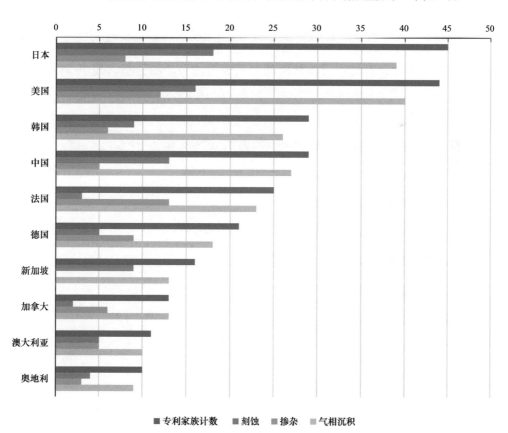

■ 专利家族计数　■ 刻蚀　■ 掺杂　■ 气相沉积

图 6-18 法液空的电子特气各工艺在主要国家的专利申请数量分布（单位：项）

319

3. 法律状态

法液空全球专利的法律状态分布：处于有效状态的专利为 105 件[1]，失效专利为369 件。在有效专利中，申请中的专利为 12 件，授权专利为 93 件。失效专利中放弃的专利为 265 件，撤销的专利为 40 件，过期的专利为 64 件（见图 6-19）。

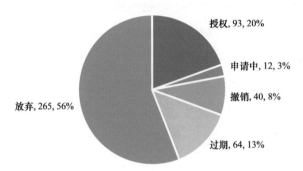

图 6-19　法液空电子特气全球专利法律状态分布（单位：件）

1）有效专利分析

从法液空电子特气领域全球专利法律状态分布情况可以看出，目前法液空特气相关有效专利共 105 件，对处于有效状态的专利进行进一步的分析，其中授权专利 93件，申请中专利 12 件。法液空电子特气有效专利的国家分布如图 6-20 所示。

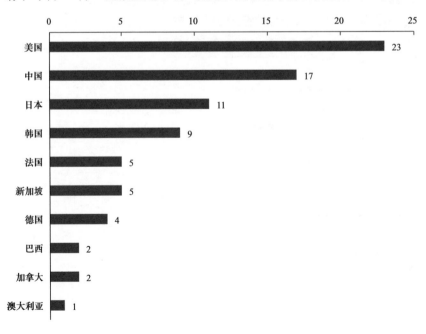

图 6-20　法液空电子特气有效专利的国家分布（单位：件）

---

[1] 专利家族单位为项，此处为单个专利。

其中，在中国有效专利共有9项，利用Orbit专利综合评价模块，对在中国的有效专利及技术方向进行梳理与评价，具体梳理结果如表6-11所示。从表6-11中可以看出，部分法液空的电子特气相关专利在中国市场的保护还将持续很长时间。

表6-11 法液空在华有效专利清单（按专利家族）

序号	技术方向	专利公开号	过期时间	专利价值	专利强度	专利影响力	市场覆盖面
1	通过催化脱氢偶联以无卤素方式合成氨基硅烷的方法	CN105793270	2034.9.25	7.49	6.43	7.91	2.42
2	碳硅烷与氨、胺类及脒类的催化剂脱氢偶联	TW202043246	2036.3.29	4.82	3.75	3.96	1.64
3	制冷方法以及相应的蓄冷盒及低温设备	CN105934641	2034.11.6	4.49	3.58	1.33	2.43
4	形成含氧化硅的薄膜的方法	TW201403715	2026.3.16	2.88	6.02	8.65	1.83
5	氧化物材料的刻蚀	TW201213594	2031.8.16	1.53	2.94	6.7	0.02
6	由热化学气相沉积制造氮化硅薄膜和氮氧化硅薄膜的方法	TW200406503	2023.9.19	0.74	6.08	7.05	2.44
7	六（单烃基氨基）乙硅烷及其制备方法	CN1592750	2022.11.27	0.31	6.3	7.55	2.44
8	用化学蒸气沉积技术沉积氮化硅膜和氧氮化硅膜的方法	TW200302292	2022.11.26	0.18	5.05	5.06	2.31
9	制造氮化硅膜的方法和使用该方法制造半导体器件的方法	TW200525642	2024.12.21	0.01	3.4	4.93	1.02

2）失效专利分析

通过对失效状态的专利进行进一步的分析与统计，过期专利是集中在2002年以前的专利申请，结合专利申请趋势分析结果可以看出，2002年以前法液空在该领域处于技术萌芽发展及迅速成长的前期阶段。该阶段的相关专利汇集了法液空早期在化学气相沉积工艺的技术专利，以及生产和提纯相关电子特气的方法。法液空电子特气过期专利国家分布如图6-21所示。

研究国外领先企业过期专利，可以助力国内企业更方便地获取核心技术，打破技术壁垒，快速将领先企业的先进技术消化，并形成生产力。对领先企业刚刚过期或即将过期的专利进行及时、全面的跟踪监测，对企业获取技术、发展技术意义重大。为此我们对法液空电子特气相关的过期专利进行梳理，利用Orbit专利综合评价模块，对过期专利及技术方向进行梳理与评价，具体梳理结果如表6-12所示。

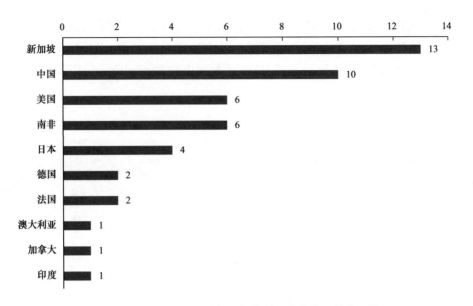

图 6-21　法液空电子特气过期专利国家分布（单位：件）

表 6-12　法液空过期专利清单（按专利家族）

序号	技术方向	专利公开号	最早申请时间	专利强度	专利影响力	市场覆盖面
1	Processes and systems for purification of boron trichloride（三氯化硼的提纯方法）	US6238636	1999.9.3	4.27	6.9	1.03
2	Process for the production of high pressure nitrogen and oxygen（高压氮气和氧气的生产工艺）	FR2689224	19923.24	4.06	5.13	1.48
3	Process for the preparation of silicon hydrides, use thereof and apparatus for carrying out the process（制备硅烷的方法、用途和装置）	US4698218	1983.12.19	4.25	4.77	1.76
4	Process for removing gaseous hydrids on a solid carrier consisting of metal oxides（去除由金属氧化物组成的固体载体上的气态氢化物的方法）	FR2652280	1989.9.22	4.09	4.76	1.64
5	Nitrous oxide purification system and process（N_2O 净化系统和工艺）	US6370911	1999.8.13	3.26	4.65	1
6	Method and apparatus for cleaning, and method and apparatus for etching（用于清洗的方法和装置，以及用于刻蚀的方法和装置）	JP2001267241	2000.3.10	1.63	3.66	0.03

（续表）

序号	技术方向	专利公开号	最早申请时间	专利强度	专利影响力	市场覆盖面
7	Method of silicifying metallic parts by chemical vapour deposition（通过化学气相沉积硅化金属部件的方法）	FR2649995	1989.7.19	1.35	2.19	0.32
8	Apparatus and method for recycling（用于回收的设备和方法）	JP4074379	1998.7.21	1.2	2	0.27
9	Process for synthesizing arsin by reducing arsenious oxide（通过还原氧化亚砷来合成砷的工艺）	JP2566600	1987.1.28	1.33	2	0.37
10	Process of depositing a refractory metal-silicide for integrated circuits manufacturing（用于集成电路制造的难熔金属硅化物沉积工艺）	JP02007423	1987.10.19	2.67	1.91	1.49
11	Di:silane continuous production for use in microelectronics industry（微电子工业中硅烷连续生产）	FR2743554	1996.1.15	0.9	1.71	0.13

注：（1）专利价值：该数值基于专利强度运算，同时考量专利的剩余保护期，失效专利的分值为 0。
（2）影响力：该指标基于专利家族的前向引用（被引量）数量，并考虑专利年龄和技术领域。
（3）市场覆盖面：该数值基于专利家族已授权或正在审查中的公开国的 GDP。
（4）专利强度：该数值基于专利家族的前向引用量，以及已授权或正在审查中的公开国的 GDP。

4．技术主题

法液空在电子特气领域主要技术概念特征如表 6-13 所示。从技术概念特征来看，法液空在用于掺杂工艺方面，电子特气相关的专利主要聚焦在 MATRIMID 聚合物前体、MATRIMID 分离性能、热解等气体制备和提纯方面。

表 6-13　法液空在电子特气领域主要技术概念特征

工艺	技术概念特征
掺杂	MATRIMID POLYMERIC PRECURSOR（MATRIMID 聚合物前体） MATRIMID SEPARATION PERFORMANCE（MATRIMID 分离性能） PYROLYSIS ENVIRONMENT STUDY（热解氧气浓度） PYROLYZING POLYMER PRECURSOR（热解聚合物前体） PYROLYSIS ENVIRONMENT STUDY（热解环境研究）
刻蚀	DISILANE（乙硅烷） SILANE COMPOUND（硅烷化合物） RESIDUAL AMMONIA（残留氨） PURGING NITROGEN GAS（吹扫氮气） VACUUM PUMP PMP（真空泵）

（续表）

工艺	技术概念特征
刻蚀	ALKYLAMINOSILANE（烷基氨基硅烷） GASEOUS SILICON COMPOUND（气态硅化合物） UNREACTED SI（未反应的硅） ALKYLHYDRAZINE COMPOUND（烷基肼化合物） SILICON NITRIDE PRODUCTION（氮化硅生产）
化学气相沉积	HELIUM（氦气） SILANE COMPOUND（硅烷化合物） DISILANE（乙硅烷） SUPERCRITICAL FLUID DEPOSITION（超临界流体沉积） SILICON CARBONITRIDE（碳氮化硅） PRECURSOR VAPORIZATION（前驱体汽化） CHLOROALKANES（氯烷） MIXED TERNARY OXIDE（三元混合氧化物） AMINO HALOGEN（氨基卤素） HALIDE AMINE（卤胺） GERMANIUM HETEROATOM BOND（锗杂原子键） SILICON DIELECTRIC FILM（硅介电薄膜） TRANSITION METAL ORGANOMETALLIC COMPLEX（过渡金属有机金属络合物）

在用于刻蚀工艺方面，电子特气相关的专利主要聚焦乙硅烷、硅烷化合物、烷基氨基硅烷、气态硅化合物等含硅物质方面。

在用于化学气相沉积工艺方面，电子特气相关的专利主要聚焦氦气、硅烷化合物、乙硅烷、碳氮化硅、氯烷等物质方面，以及超临界流体沉积、前驱体汽化等工艺方面。

截至 2022 年 5 月，法液空电子特气领域有效专利共计 20 项（按专利家族合并），在中国以外的有效专利有 11 项，对相关专利进行梳理，并利用 Orbit 专利评价模型进行评价，如表 6-14 所示。

表 6-14　法液空在中国以外的有效专利（按专利家族）

序号	技术方向	专利公开号	最早申请时间	专利强度	专利影响力	市场覆盖面
1	Amino(iodo)silane precursors for ald/cvd silicon-containing film applications and methods of using the same ［用于 ald/cvd 含硅薄膜的氨基（碘）硅烷前体的方法］	US9777373	2035.12.30	3.59	2.81	3.63
2	Method for producing carbon molecular sieve membranes in controlled atmospheres（在受控情况下生产碳分子筛膜的方法）	US20130305921	2030.6.17	3.47	4.13	5.98

（续表）

序号	技术方向	专利公开号	最早申请时间	专利强度	专利影响力	市场覆盖面
3	Methods of using amino(bromo)silane precursors for ald/cvd silicon-containing film applications ［用于 ald/cvd 含硅薄膜的氨基（溴）硅烷前体的方法］	US20160108064	2036.7.30	2.49	1.87	1.46
4	Production of helium from a stream of natural gas （从天然气中生产氦气）	US20180209725	2036.7.12	1.79	1.38	1.49
5	Thermal cleaning gas production and supply system （热清洁气体生产和供应系统）	US20100132744	2030.11.20	1.78	2.21	2.24
6	Helium recovery/purification system （氦气回收／净化系统）	JP2020189757	2039.5.17	1.22	1.28	2.55
7	Purification unit with multi-bed adsorber （带多床吸附器的净化装置）	FR3005873	2033.5.27	1.21	1.14	2.26
8	Indium precursors for vapor depositions （用于气相沉积的铟前体）	US20220106333	2040.10.6	0.82	1.23	0
9	Method for producing synthesis gas using a steam methane reforming unit （利用蒸汽甲烷重整装置生产合成气的方法）	FR3055328	2036.8.30	0.22	0.16	0
10	Etching method and method for manufacturing semiconductor device （用于制造半导体器件的刻蚀方法）	JP2019169495	2038.3.22	0.15	0.17	0
11	Method and device for feeding gas to an appartus （一种向设备供气的方法和装置）	FR2904401	2026.7.31	0.11	0.27	0.26

6.3　重要湿电子化学品研发技术趋势

6.3.1　主要湿电子化学品

6.3.1.1　湿电子化学品分类

湿电子化学品（Wet Electronic Chemicals）又称工艺化学品（Process Chemicals）、超净高纯试剂，指主体成分纯度大于 99.99%，杂质离子含量低于 ppm 级和尘埃颗粒粒径在 0.5μm 以下的化学试剂。湿电子化学品具有技术门槛高、专用性强、质量要求严等特点，是半导体制造工序中的关键性化工材料。

湿电子化学品按照组成成分和应用工艺不同，可分为通用湿电子化学品和功能湿电子化学品（见表6-15）。

表6-15 湿电子化学品分类

类别	子类别		主要产品名称
通用湿电子化学品	酸类		氢氟酸、硝酸、盐酸、磷酸、硫酸、醋酸等
	碱类		氨水、氢氧化钠、氢氧化钾等
	有机溶剂类	醇类	甲醇、乙醇、异丙醇等
		酮类	丙酮、丁酮、甲基异丁基酮等
		酯类	醋酸乙酯、醋酸丁酯、醋酸异戊酯等
		烃类	甲苯、二甲苯、环己烷等
		氯代烃类	三氯乙烯、三氯乙烷、氯甲烷、四氯化碳等
	其他类		过氧化氢等
功能湿电子化学品	蚀刻液		金属蚀刻液、BOE蚀刻液、ITO蚀刻液等
	清洗液		—
	光刻胶配套试剂	稀释液	—
		显影液	正胶显影液、负胶显影液等
		剥离液	正胶剥离液、负胶剥离液、剥离清洗液、酸性剥离液等

通用湿电子化学品以高纯试剂为主，包括各种酸、碱和有机溶剂，功能湿电子化学品指通过复配方法使材料具备特殊性能，从而满足制造中特殊工艺需求的配方类或复配类化学品。半导体用湿电子化学品主要以硫酸和过氧化氢为主，根据中国电子材料行业协会统计，半导体用湿电子化学品中消耗量最大的分别是硫酸（31%）、过氧化氢（29%）、显影液（10%）、氨水（8%）、氢氟酸（5%）、刻蚀液（5%）、硝酸（4%）等。

6.3.1.2 湿电子化学品应用

湿电子化学品广泛应用于集成电路、显示面板、太阳能电池等技术领域。在集成电路领域，需求量最大的是硫酸和过氧化氢，主要应用在湿法清洗或者蚀刻过程；在显示面板领域，清洗、蚀刻、剥离等过程也需要使用湿电子化学品，磷酸和硝酸需求量最大；在太阳能电池领域，需求量最大的为氢氟酸和硝酸，主要用于太阳能电池硅片的制绒、清洗及蚀刻过程（见表6-16）。

为了适应电子信息产业微处理工艺技术水平不断提高的趋势，并规范世界超净高纯试剂的标准，国际半导体设备与材料协会（SEMI）将湿电子化学品按金属杂质、控制粒径、颗粒个数和应用范围等指标制定了国际等级分类标准（见表6-17）。

表 6-16 湿电子化学品应用

产品	集成电路		显示面板		太阳能电池	
	主要用途	占比（%）	主要用途	占比（%）	主要用途	占比（%）
过氧化氢	清洗	28.1	—	—	清洗	3.5
氢氟酸	蚀刻、清洗	5.9	—	—	蚀刻制绒、清洗	38.7
硫酸	清洗	32.8	—	—	清洗	0.8
硝酸	蚀刻	3.4	蚀刻	24	蚀刻制绒、清洗	31.0
磷酸	蚀刻	1.1	蚀刻	41	—	—
盐酸	清洗	0.5	—	—	清洗	12.9
氨水	清洗	8.3	—	—	—	—

资料来源：中国工商银行总行投资银行部研究中心。

表 6-17 湿电子化学品的纯度标准

SEMI 等级	金属杂质含量（10^{-9}）	控制粒径（μm）	颗粒个数（个 /mL）	适应 IC 线宽（μm）	对应国内标准
C1/Grade1	≤ 1000	≤ 1.0	≤ 25	>1.2	EL 级
C7/Grade2	≤ 10	≤ 0.5	≤ 25	0.8 ～ 1.2	UP 级
C8/Grade3	≤ 1.0	≤ 0.5	≤ 5	0.2 ～ 0.6	UP ～ S 级
C12/Grade4	≤ 0.1	≤ 0.2	供需双方协定	0.09 ～ 0.2	UP ～ SS 级
Grade5	≤ 0.01	供需双方协定	供需双方协定	<0.09	UP ～ SSS 级

注：SEMI 指国际半导体设备和材料协会；线宽指 IC 生产工艺可达到的最小导线宽度，是 IC 工艺先进水平的主要指标。

资料来源：SEMI，中国工商银行总行投资银行部研究中心。

微电子、光电子加工技术需要与之相配套的湿电子化学品。随着集成电路、显示面板等行业技术升级换代，尤其是集成电路的集成水平由微米级逐步进入纳米级阶段，湿电子化学品的标准也逐渐变高，从 G1 已经提升至 G5 级，对金属杂质的要求提升了 1 万倍。国际上制备 SEMI 从 C1 级到 C12 级湿电子化学品技术都已趋于成熟，满足纳米级集成电路加工需求是未来超净高纯试剂的发展方向（不同领域对湿电子化学品的要求如表 6-18 所示）。

表 6-18 不同应用领域对湿电子化学品的要求

应用领域	等级	技术要求
集成电路	G3、G4	要求的纯度等级最高，技术难度最大，盈利性好
显示面板	G2、G3	技术水平要求相对较高，盈利能力较好
太阳能电池	G1	技术水平要求不高，盈利能力一般

资料来源：中国工商银行总行投资银行部研究中心。

6.3.2 湿电子化学品处理半导体工艺重点技术研发态势

湿电子化学品包括通用湿电子化学品和功能湿电子化学品。通用湿电子化学品以酸类、碱类、有机类、过氧化氢等高纯试剂为主，功能湿电子化学品以蚀刻液、清洗液等高纯试剂为主。本节聚焦酸类、碱类、有机类、过氧化氢 4 类通用高纯试剂和蚀刻液、清洗液两类功能高纯试剂，以及聚焦于半导体、集成电路的蚀刻、清洗两个应用工艺在 DII 数据库中进行专利数据检索（时间跨度：1900—2021 年），结合人工判读，最终获得 1838 项同族专利。

6.3.2.1 专利申请趋势

从专利检索结果看，全球在湿电子化学品处理半导体工艺重点技术的专利申请数量处于波动上升态势。该技术早在 20 世纪 70 年代就有相关专利申请，但是一直到 20 世纪 90 年代初期，相关专利申请数量都比较少，全球湿电子化学品相关技术研发处于萌芽阶段。1993—2017 年，全球湿电子化学品相关技术研发进入成长阶段，专利申请数量波动上升。1993—1996 年，专利申请数量逐渐增长。1997—2017 年，专利申请数量呈现震荡特征。2018—2020 年，专利申请数量明显增多，上涨幅度较大，全球湿电子化学品相关技术研发进入上升阶段。2020 年专利申请数量为 167 项，达历史峰值，2011—2021 年的专利总量占该技术专利总量的 51.74%。

中国在该领域的相关专利申请出现在 20 世纪 90 年代。2005 年之前，发展速度非常缓慢。2006 年以后，专利申请数量逐渐增加。2020 年专利申请数量达 143 项，年申请数量首次突破 100 项。

从申请趋势看，中国在该技术的专利申请在 2008—2020 年间的变化趋势与全球专利申请趋势大致相同。2016 年至今，中国在该技术的专利申请数量占全球在该技术专利申请总量的比例保持在 50% 以上（见图 6-22）。

图 6-22 湿电子化学品处理半导体工艺重点技术专利申请趋势

6.3.2.2　主要国家 / 地区

从专利技术的国家来源来看，中国、日本和韩国的专利技术最多，专利占比分别为 32.60%、31.29% 和 15.43%。从专利技术的市场分布来看，专利市场主要分布于中国、日本和韩国，专利占比分别为 25.80%、20.23% 和 13.25%。可见，湿电子化学品处理半导体工艺重点技术的相关技术主要掌握在中国、日本和韩国手中（见图 6-23）。需要说明的是，中国的专利数量虽然占比较高，但专利质量落后于日本、韩国、美国等国家。

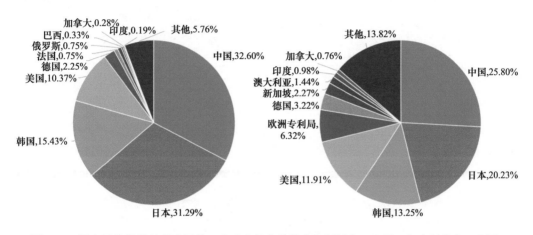

图 6-23　湿电子化学品处理半导体工艺重点技术的技术来源国家（左图）与市场分布（右图）

6.3.2.3　主要专利权人

从专利权人的分布来看，专利申请数量排名前 10 位的专利权人包括：日本三菱瓦斯化学株式会社、日本三菱化学、德国巴斯夫、日本东友精细化学株式会社、中国安集微电子股份有限公司、美国空气化工产品有限公司、韩国东进世美肯、日本住友化学、日本大金工业株式会社、中国福建天甫电子材料有限公司。这 10 家机构中，来自日本的机构有 5 家，来自中国的机构有 2 家，来自美国、德国、韩国的机构各 1 家。分析机构属性可知，这 10 家机构全部为公司（见图 6-24）。

6.3.2.4　技术分类

对检索到的专利进行物质种类分析，发现酸类物质的湿电子化学品有 484 项，占比为 26.33%，位列第 1；有机类物质的湿电子化学品有 335 项，占比为 18.23%，位列第 2；其余为清洗液、蚀刻液、过氧化氢、碱类湿电子化学品，专利数量分别达 330 项、311 项、225 项、128 项，占比分别为 17.95%、16.92%、12.24%、6.96%；其他物种的湿电子化学品包括盐、纯水溶剂等湿电子化学品，占比为 1.36%（见图 6-25）。

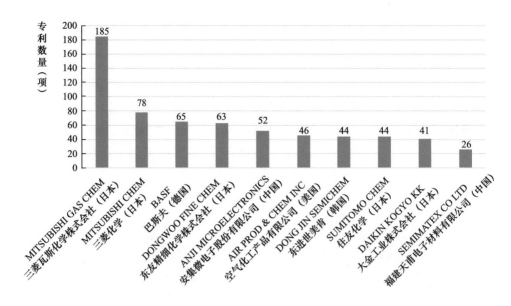

图 6-24　湿电子化学品处理半导体工艺重点技术专利权人

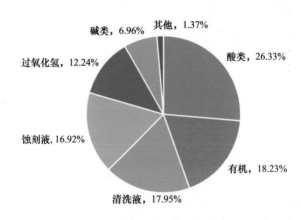

图 6-25　湿电子化学品处理半导体工艺重点技术使用物质种类分布

对检索到的专利进行主题分析，发现湿电子化学品的制备方法类专利有 789 项，占比为 42.93%，位列第 1；清洗类专利有 385 项，占比为 20.95%，位列第 2；制备装置类专利有 330 项，占比为 17.95%，位列第 3；蚀刻类专利有 315 项，占比为 17.14%；其他专利包括湿电子化学品储运、回收等专利，共 19 项，占比为 1.03%（见图 6-26）。

表 6-19 列举了湿电子化学品处理半导体工艺重点技术专利研发技术构成。在湿电子化学品领域，技术研发主要集中在半导体器件的处理方法或设备，含氮、含氧化合物的清洗液制备，过氧化物的分离提纯等方面。

分析主要物质种类的湿电子化学品相关技术发现：①酸类湿电子化学品的主要技术研发集中在氟化氢的制备方法（C01B-007/19）、含硫化合物的分离与纯化方法（C01B-017/90）、含磷化合物的提纯方法（C01B-007/07）；②碱类湿电子化学品的主要技术研发集中在氨的制备与提纯（C01C-001/02）、有机化合物的电解工艺（C25B-003/00）、用于气体分离与提纯的吸附剂（B01D-003/00）；③过氧化氢类湿电子化学品的主要技术研发集中在过氧化物的分离与提纯技术（C01B-015/013）、专门适用于半导体器件的制造 / 处理方法或设备（H01L-021/304）、过氧化氢制备（C01B-015/01）；④有机类湿电子化学品的主要技术研发集中在叔丁醇的制备（C07C-031/10）、含羟基化合物的物理制备方法（C07C-029/76）、专门适用于半导体器件的制造 / 处理方法或设备（H01L-021/304）；⑤清洗液湿电子化学品的主要技术研发集中在专门适用于半导体器件的制造 / 处理方法或设备（H01L-021/304）、半导体器件的加工 / 印刷等过程用到的剥离剂（G03F-007/42）、一种包含含氮化合物的清洗剂组合物（C11D-007/32）；⑥蚀刻液湿电子化学品的主要技术研发集中在专门适用于半导体器件的制造 / 处理过程的化学处理方法或电处理方法（H01L-021/306）、专门适用于半导体 / 固体器件的制造或处理的掩膜方法或设备（H01L-021/308）、包含一种含氟化合物的蚀刻液（C09K-013/08）（见图 6-27）。

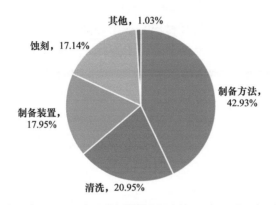

图 6-26　湿电子化学品处理半导体工艺重点技术分布

表 6-19　湿电子化学品处理半导体工艺重点技术专利研发技术构成

IPC 分类号	专利申请数量（项）	含义
H01L-021/304	300	专门适用于半导体器件的制造 / 处理方法或设备
H01L-021/306	262	专门适用于半导体器件的制造 / 处理过程的化学处理方法或电处理方法
G03F-007/42	161	半导体器件的加工、印刷等过程用到的剥离剂
H01L-021/02	156	专门适用于半导体器件或其部件的制造 / 处理方法或设备
C11D-007/32	137	一种包含含氮化合物的清洗剂组合物
H01L-021/308	127	掩膜方法或设备，专门适用于半导体 / 固体器件的制造或处理
H01L-021/027	116	一种方法或设备，用于在半导体上制作掩膜
C01B-015/013	113	过氧化物分离提纯
C11D-007/26	110	一种包含含氧化合物的清洗剂组合物
C01B-007/19	96	一种氟化氢的制备方法

酸类	31.62%		21.32%		18.38%		17.65%		11.03%	
	C01B-007/19		C01B-017/90		C01B-007/07		C01B-025/234		C01B-021/46	
碱类	59.00%				12.00%		10.00%		10.00%	9.00%
	C01C-001/02				C25B-003/00		B01D-003/00		B01D-053/04	B01D-053/02
过氧化氢	52.36%				14.62%		13.68%		11.32%	8.02%
	C01B-015/013				H01L-021/304		C01B-015/01		H01L-021/306	B01J-039/04
有机	29.24%		19.30%		18.71%		16.38%		16.37%	
	C07C-031/10		C07C-029/76		H01L-021/304		C07C-029/80		C07C-067/54	
清洗液	33.10%		20.60%		17.96%		14.26%		14.08%	
	H01L-021/304		G03F-007/42		C11D-007/32		C11D-007/26		H01L-021/02	
蚀刻液	34.36%		19.49%		17.44%		14.62%		14.09%	
	H01L-021/306		H01L-021/308		C09K-013/08		C09K-013/06		C09K-013/00	

图 6-27　湿电子化学品处理半导体工艺重点技术的物质种类技术构成分布

6.3.2.5　技术热点

根据技术热点主题分布（见图 6-28），目前湿电子化学品领域专利申请集中在高纯试剂的制备方法、制备装置、提纯材料与在半导体中的应用等方面。其中，制备方法的热点主题分布在萃取、杂质去除方法、相分离方法等技术方向；制备装置的热点主题分布在分离塔、吸附塔、重沸器、洗涤塔、成品储运设备、萃取设备、清洗设备、板式塔、液体分离器、冷凝管、过滤设备等技术方向；制备材料的热点主题集中在阳离子交换树脂、酸性阳离子交换树脂、碱性阴离子交换树脂、极性溶剂、离子交换柱、离子交换膜及材料的传质性能等技术方向；在半导体的应用工艺集中在半导体衬底清洗、酸洗涤、半导体合金清洗等技术方向。

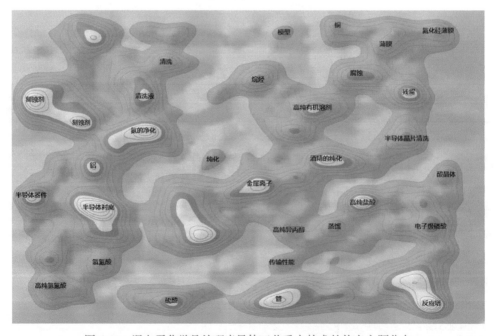

图 6-28　湿电子化学品处理半导体工艺重点技术的热点主题分布

6.3.2.6 专利布局

遴选专利申请数量排名前 5 位的国家 / 地区，分析各国家 / 地区的前 5 位的 IPC 技术布局发现：各国的技术研发集中在半导体处理方法或设备、半导体的化学 / 电处理方法、处理试剂等方面，分布相对均衡。中国的技术研发以半导体器件的加工、印刷等过程用到的剥离剂最为主要，占比达 27.12%；日本的技术研发以半导体器件的制造 / 处理方法或设备最为主要，占比达 40.33%；韩国的技术研发以半导体器件的制造 / 处理过程的化学处理方法或电处理方法最为主要，占比达 31.92%；美国的技术研发集中在半导体器件的制造 / 处理方法或设备、半导体器件的制造 / 处理过程的化学处理方法或电处理方法，占比分别为 22.86%、24.76%；欧洲专利局的专利申请集中在半导体器件的制造 / 处理过程的化学处理方法或电处理方法，占比达 28.85%（见图 6-29）。

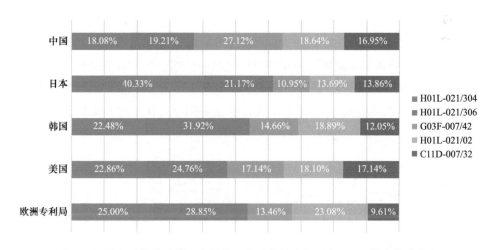

图 6-29 湿电子化学品处理半导体工艺重点技术的国家 / 地区技术构成分布

分析不同种类湿电子化学品处理半导体工艺重点技术的国家 / 地区可知，酸类湿电子化学品专利技术研发集中在中国、日本、韩国、美国、德国，各国专利占比分别为 67.98%、16.22%、8.52%、4.78%、2.49%；碱类湿电子化学品专利技术研发集中在中国、日本、美国、韩国、德国，各国专利占比分别为 37.68%、31.16%、14.49%、10.87%、5.80%；过氧化氢类湿电子化学品专利技术研发集中在日本、中国、韩国、美国、法国，各国专利占比分别为 53.54%、23.01%、14.16%、5.31%、3.98%；有机类湿电子化学品专利技术研发集中在日本、中国、韩国、美国、欧洲专利局，专利占比分别为 37.17%、31.82%、16.31%、10.96%、3.74%；清洗液湿电子化学品专利技术研发集中在日本、中国、韩国、美国、欧洲专利局，专利占比分别为 45.20%、22.22%、16.67%、12.88%、3.03%；蚀刻液湿电子化学品专利技术研发集中在韩国、日本、美国、中国、德国，各国专利占比分别为 32.44%、27.98%、20.54%、15.77%、3.27%（见图 6-30）。

图 6-30　湿电子化学品处理半导体工艺重点技术的物质种类专利国家 / 地区分布

6.3.2.7　核心专利

从核心专利来看，按照专利被引频次排名前 10 位专利的被引频次多数大于 100 次，从最早优先权来看，全部来源于美国和日本的机构或个人。其中，被引频次最高的是 EKC 半导体公司等一起申请的用于半导体晶圆的组合物，被引频次为 222 次；排名第 2 位的是美国应用材料公司等申请的集成电路生产过程中基片蚀刻和腔室表面的清洗专利，被引频次为 204 次；排名第 3 位的是美国空气化工产品有限公司等申请的蚀刻或清洗组合物，被引频次为 203 次（见表 6-20）。

表 6-20　湿电子化学品处理半导体工艺重点技术的高被引核心专利

序号	专利号	标题	国家	被引次数（次）
1	WO9804646-A1	*Composition for chemical mechanical polishing of semiconductor wafers - comprises slurry, selective oxidising and reducing compound, and pH adjusting compound* 一种用于半导体晶圆的组合物	美国	222
2	US6527968-B1	*Etching of substrate and cleaning of chamber surfaces during production of integrated circuit, involves sequentially providing energized process gases in chamber to etch the substrate and to simultaneously remove etchant residue* 集成电路生产过程中基片蚀刻和腔室表面的清洗	美国	204
3	US5413670-A	*Plasma etching or cleaning with diluted nitrogen tri:fluoride - provides increased etch rate and throughput and reduced costx* 蚀刻或清洗组合物，提供更高的蚀刻速率，并降低成本	美国	203
4	EP496605-A2	*Treating semiconductor surfaces - using 1st soln. contg. (in) organic alkali salt, hydrogen peroxide and water and 2nd soln. contg. ultra-pure water with one soln. contg. complexing agent* 处理半导体表面的组合物，包括有机碱盐、过氧化氢、超纯水和第二溶剂等	日本	202

（续表）

序号	专利号	标题	国家	被引次数（次）
5	US6063712-A	*Oxide etchant for use in semiconductor device fabrication comprises at least one fluorine-containing compound and at least one boron-containing compound* 用于半导体器件制造的氧化物蚀刻剂	美国	196
6	EP827188-A2	*Aqueous cleaning solution for producing semiconductor devices - comprises fluorine-containing compound, water-soluble or -miscible organic solvent and inorganic acid and/or organic acid* 用于生产半导体器件的清洗液，包括含氟化合物、水溶性或可混溶有机溶剂、无机酸和／或有机酸	日本	173
7	US5209028-A	*Semiconductor substrate surface cleaning system removing particulate contamination - prays frozen argon particles at surface to remove contamination with subsequent argon melting or sublimation* 一种去除半导体基板表面颗粒污染的清洁系统	美国	148
8	EP560324-A1	*Hydrogen peroxide fluid for cleaning semiconductor substrate - comprises phosphonic acid chelating agent and wetting agent* 用于清洁半导体基板的过氧化氢	日本	115
9	EP989597-A1	*Aqueous etching composition for etching of semiconductor devices exhibits increased etch selectivity of silicon nitride films over silicon dioxide films* 一种用于半导体器件蚀刻的组合物	美国	91
10	EP1091254-A2	*Resist stripping composition used for integrated circuit manufacture comprises specified amount of a fluorine compound, an ether solvent and water* 一种用于制造集成电路的抗蚀剂剥离组合物	日本	83

6.3.2.8　法律状态

湿电子化学品处理半导体工艺重点技术专利的法律状态与占比情况：授权占 37.55%、申请中占 13.42%、撤销占 10.28%、过期占 14.12%、放弃占 24.62%（见图 6-31）。

图 6-31　湿电子化学品处理半导体工艺重点技术专利法律状态

335

6.3.3 湿电子化学品重要企业

6.3.3.1 发展历程

1. 公司发展历程

三菱瓦斯化学株式会社（以下简称三菱瓦斯化学）是世界著名的化工企业，总部位于日本，是覆盖资源－原料－衍生物一贯制的联合化学公司。该公司主要从事芳烃、特种化学品、电子材料和信息及先进材料的生产和销售，在超纯电子级过氧化氢生产工艺方面具有世界领先优势。据报道，2022 年在清洗液领域，三菱瓦斯化学是掌握全球 50% 的市场份额的最大企业。该公司包括基础化学品业务部门和特殊化学品业务部门两大业务部门，其中特殊化学品业务部门中的无机化学品业务，以生产和销售超纯过氧化氢和主要用于半导体领域的高纯度清洗剂为核心业务，以满足电子产业客户需求。三菱瓦斯化学在电子化学品方面的重要事件如图 6-32 所示。

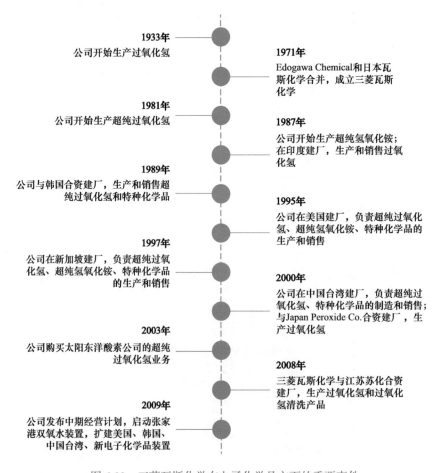

图 6-32　三菱瓦斯化学在电子化学品方面的重要事件

2012年
公司发布中期经营计划，明确将双氧水和电子化学品生产作为六大核心业务之一

2018年
公司发布中期经营计划，将高纯化学制剂（超纯过氧化氢和超纯氢氧化铵）生产支撑电子创新

2018年
公司在江苏泰兴建厂，生产和销售超纯过氧化氢和特种化学品

2021年
公司公布中期经营计划，将在中国大陆地区新建原材料工厂和超纯过氧化氢工厂，另外计划在中国台湾地区建立原材料工厂，预计于2023年启动

图 6-32　三菱瓦斯化学在电子化学品方面的重要事件（续）

2. 公司主要产品

三菱瓦斯化学作为全球湿电子化学品生产和销售的头部机构，其产品兼顾超纯物质和功能化学品两大类，其中超纯物质包括超纯过氧化氢和超纯氨水，功能化学品以清洗液和刻蚀液为主，清洗液和刻蚀液研发主要依据要实现的功能，对超纯过氧化氢、超纯氢氧化铵等超纯物质以不同比例的复配利用。三菱瓦斯化学在湿电子领域的产品及应用领域如表 6-21 所示。

表 6-21　三菱瓦斯化学在湿电子领域的产品及应用领域

产品类别	产品	应用领域
超纯物质	超纯过氧化氢	用于晶圆或半导体器件制备的清洗剂、刻蚀剂、抛光剂、抗蚀剂
超纯物质	超纯氢氧化铵	用于半导体制造过程中的清洗剂、刻蚀剂
功能化学品	ELM clean 系列	用于半导体和 LCD 领域的清洁剂、剥离剂，去除刻蚀残留物的清洗剂，去除光刻胶的剥离剂
功能化学品	Clean Etch 系列	用于半导体或印刷电路板中金属表面的化学处理，如刻蚀、干膜抗蚀剂去除等

三菱瓦斯化学作为全球最大的电子级过氧化氢销售商，在超纯过氧化氢生产中占据领先优势。1963 年，三菱瓦斯化学采用独特的戊基蒽醌自动氧化工艺（MGC 法）生产电子用过氧化氢，该工艺由三菱江户川化学株式会社开发，该公司是第一家成功生产超纯过氧化氢溶液用来清除半导体异物和灰尘的日本公司。

MGC 法是以戊基蒽醌作为载体的蒽醌法。该方法是将 2- 戊基蒽醌进行氧化，生成 2- 戊基氢蒽醌，再将此氢蒽醌氧化，使其变回到原来的蒽醌，同时生成 H_2O_2。将后者用纯水萃取，即得到 H_2O_2 水溶液，而萃取后的蒽醌溶液再回入氢化工序。整个过程是连续循环进行的，包括工作液配制、氢化、氧化、萃取、精制、蒸馏浓缩、工作液再生等工艺步骤（见表 6-22）。

表 6-22　MGC 法制备过氧化氢工艺流程及要点

工艺步骤	组分	设备	技术要点
工作液配制	2-特戊基蒽醌和 2-异另戊基蒽醌的混合物	—	两种异构体的比例不完全固定，随合成条件波动和原料成分不同而有所变动
氢化	氢气 Pd-r-Al$_2$O$_3$（触媒）	氢化塔	工作液从塔底送入；悬浮氢化；触媒再生
氧化	空气	氧化塔	提高空气中 O$_2$ 的分压； 氧化塔比氢化塔低； 塔内盘管冷却； 冷冻回收和活性炭吸附技术用于有机溶剂蒸汽回收； 氧化过程不添加稳定剂
萃取	纯水	筛板塔	氧化液中 H$_2$O$_2$ 浓度控制在 30% 左右； 所用纯水是经过离子交换树脂处理过的； 逆流操作萃取
精制	庚烷 石油芳烃（三甲苯） 空气（或氮气）	混合器 分离器	将产品中所含的有机物用脂肪族或芳香族碳氢化合物洗净； 用空气或氮气吹除残留的萃取剂
蒸馏浓缩	—	—	减压下进行
工作液再生	Pd-r-Al$_2$O$_3$ 乙烯	再生塔 （悬浮塔）	萃余工作液（约为工作液总量的 1/5）用于再生； 四氢蒽醌的脱氢和羟基蒽酮的脱氢，在同一再生反应器中完成； 脱氢高压蒸汽加热； 循环气要定时地部分放空，防止生成的乙烷积累

　　MGC 法的特点是：第一，MGC 法中蒽醌损失比其他方法少。工作液中过度氢化的蒽醌连续地经受简单的再生处理，可防止降解产物的生成，由此工业液将永远保持基本上很纯的状况，同时蒽醌的损失也少。第二，在 MGC 法中，萃取所得过氧化氢中所含有机杂质少。通过进一步净化和蒸馏，可得到最纯的过氧化氢。第三，工作液含有很低的四氢蒽醌浓度。由于蒽醌的核上加氢而生成的四氢蒽醌连续地被处理，而使蒽醌再生，氧化塔所需较小，而使用蒽醌和四氢蒽醌的混合物中，四氢蒽醌虽然容易氢化产生四氢蒽醌，但四氢蒽醌的氧化却进行很慢，且需采用大的氧化塔。第四，因为戊基蒽醌和相应的氢蒽醌的高溶解度，每单位体积工作液所得到的过氧化氢的浓度，比其他方法所得者都高，因此所需要的工作液流量较小。

6.3.3.2 专利布局

本节利用 Orbit 全球专利分析数据库对三菱瓦斯化学在全球的专利申请及布局情况进行检索和分析，检索日期截至 2022 年 3 月。

1. 专利申请趋势

三菱瓦斯化学是 1971 年由日本的三菱江户川化学公司（Mitsubishi Edogawa Chemical Co.，Ltd）与日本瓦斯化学公司（Japan Gas Chemical Co.，Inc）合并而成的一家全球性化工企业。根据对三菱瓦斯化学官方产品信息的调研，其自 1981 年开始在日本生产超纯过氧化氢，用于电子工业生产。

从整体趋势来看，三菱瓦斯化学在湿电子化学品领域有 195 项专利申请，最早开始于 1986 年过氧化氢中有机杂质的去除（US4792403），1991 年后以过氧化氢为主的超纯物质纯化、清洗剂、蚀刻剂等领域的专利申请出现较快增长。三菱瓦斯化学全球专利申请数量的时间分布如图 6-33 所示。

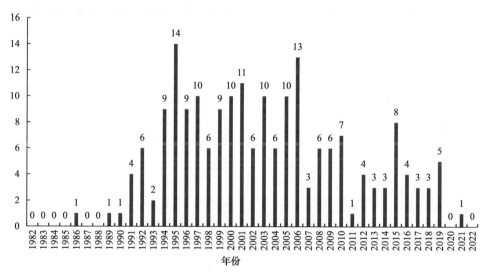

图 6-33　三菱瓦斯化学全球专利申请数量的时间分布（单位：项）

从技术分布领域来看，三菱瓦斯化学在清洗领域专利申请数量最多，为 103 个族，约占专利申请总量的 52.8%；其次为纯化领域，为 57 个族，约占 29.2%，刻蚀领域专利申请数量相对较少，有 38 个族（见图 6-34）。

根据产品技术生命周期理论，一种产品或技术的生命周期通常由萌芽（产生）、迅速成长（发展）、稳定成长、成熟、瓶颈（衰退）5 个阶段构成，我们基于专利申请数量的年度趋势变化特征，进一步分析三菱瓦斯化学湿电子化学品领域的技术发展阶段。为了保证分析的客观性，我们以 Logistic growth 模型算法为基础，以专利累计申请数量为纵轴，以申请年为横轴，通过模型计算，拟合出三菱瓦斯化学湿电子化学品产品技术的生命周期曲线，如图 6-35 所示。

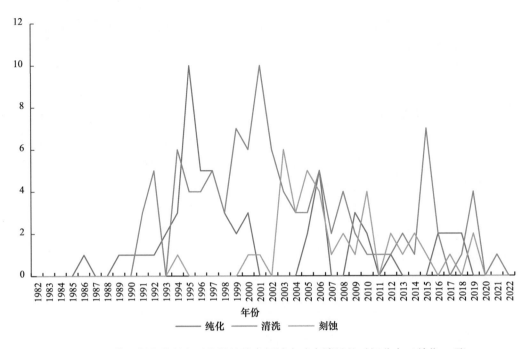

图 6-34　三菱瓦斯化学湿电子化学品技术领域全球申请量的时间分布（单位：项）

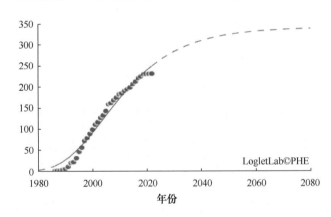

图 6-35　三菱瓦斯化学湿电子化学品的专利生命周期曲线

通过数据拟合结果可以看出，1986—1991 年，该阶段的专利主要聚焦于超纯物质生产和提纯，主要是基于三菱江户川化学株式会社的技术基础得以拓展和提升，处于湿电子化学品技术的探索期或者萌芽期阶段（见表 6-23）。

从 1992—2006 年专利申请数量的变化可以看出，三菱瓦斯化学的湿电子化学品技术处于迅速成长期，从专利申请方向来看，超纯物质生产、清洗剂研发、刻蚀剂应用相关技术同步发展，更多集中在清洗剂领域进行研究。结合公司发展历程来看，三菱瓦斯化学此阶段在美国、新加坡等地相继建厂，用于生产和销售超纯过氧化氢和特种化学品。

表 6-23 三菱瓦斯化学湿电子化学品基于专利申请拟合的技术成熟度

拟合度 R_2	萌芽期	迅速成长期	稳定成长期	成熟期
0.959	1986—1991 年	1992—2006 年	2007—2023 年	2024—2038 年

2007 年到 2022 年 5 月，从三菱瓦斯化学的专利申请数量变化上看，虽然有一定幅度的波动，但整体年均申请量维持在 5 项左右，基本进入稳定成长期。从细分领域看，主要是以清洗和刻蚀领域技术研发为主。2007 年以后，三菱瓦斯化学通过不断制订中期经营计划，不断进行技术升级和突破，保持超纯过氧化氢和电子化学品领域的全球优势。

从三菱瓦斯化学在湿电子化学品各细分领域的专利申请数量表现可以看出，清洗剂的相关专利申请数量最多，其次是提纯，刻蚀剂相关的专利申请较少，由此从专利申请角度来看，清洗剂和提纯是三菱瓦斯化学技术布局的重点领域。

2. 专利布局

图 6-36 为三菱瓦斯化学在主要国家的专利申请数量分布，从该图可以看出，日本是三菱瓦斯化学的主要专利技术布局国家，三菱瓦斯化学在日本申请专利共计 191 项，约占总申请量的 97.9%，除日本地区的专利申请外，三菱瓦斯化学在中国（约占总申请量的 44.6%）、美国（约占总申请量的 43.6%）、韩国（约占总申请量的 43.6%）也申请了大量湿电子化学品相关专利。

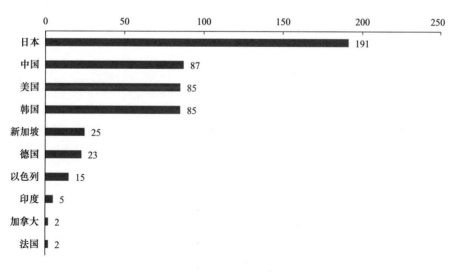

图 6-36 三菱瓦斯化学湿电子化学品在主要国家的专利申请数量分布（单位：项）

从三菱瓦斯化学湿电子化学品专利布局的地区分布来看，日本、美国、韩国等地半导体产业发展较为发达，也是全球主要湿电子化学品供应商的聚集地，三菱瓦斯化学需要在这些国家保持一定的专利布局数量规模，并建立起一定的专利优势。而中国、新加坡、德国等国半导体、集成电路产业发展规模日益扩大，对湿电子化学品需求旺盛，因此也成为三菱瓦斯化学湿电子化学品专利布局的重点国家（见图 6-37）。三菱瓦斯化学强化相关产品的供应体制，在中国开工建厂，生产超纯过氧化氢，预计中国的年产能将达到 9 万吨，以抓住半导体产业不断增长的中国国内需求。据介绍，三菱瓦斯化学还预定最早于 2023 年在中国台湾地区启动新的原料工厂，大力完善供应链。

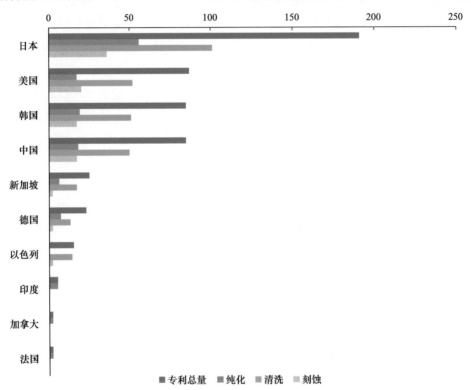

图 6-37　三菱瓦斯化学湿电子化学品各工艺在主要国家的专利申请数量分布（单位：项）

从技术领域分布来看，三菱瓦斯化学在纯化领域的专利布局更多，基本与湿电子化学品技术领域整体布局保持一致，清洗剂和刻蚀剂专利分布情况不均，以日本、美国、韩国和中国为主，在印度、加拿大、法国等国未见分布。

3. 法律状态

三菱瓦斯化学湿电子化学品全球专利的法律状态分布：处于有效状态的专利 337 件，失效专利 356 件。在有效专利中处于申请中状态的专利为 75 件，授权专利为 262 件。失效专利中放弃的专利 199 项，撤销的专利 46 件，过期的专利 111 件（见图 6-38）。

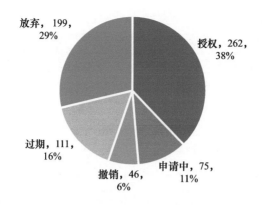

图 6-38　三菱瓦斯化学湿电子化学品全球专利法律状态分布（单位：件）

1）有效专利分析

从三菱瓦斯化学湿电子化学品全球专利法律状态分布情况可以看出，目前三菱瓦斯化学湿电子化学品相关有效专利共 337 件，主要布局在中国、日本、韩国、美国等国家。在中国的湿电子化学品相关有效专利共计 104 件（见图 6-39），其中处于申请状态的专利 27 件，授权专利 77 件。

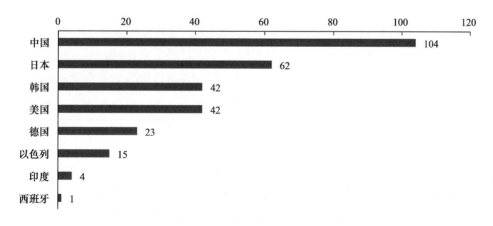

图 6-39　三菱瓦斯化学湿电子化学品有效专利的国家或地区分布（单位：件）

对中国的 45 件有效专利按有效年限进行划分，有效年限在 5 年以内（2022.4.25—2027.12.31）的有 7 件（按专利族合并为 7 项），有效期在 5～10 年（2028.1.1—2032.12.31）的有 11 件，有效期在 10～15 年的有 18 件，有效期在 15 年以上的有 9 件，由此可以看出，三菱瓦斯化学的湿电子化学品相关专利在中国市场的保护还将持续很长时间。

利用 Orbit 专利综合评价模块，对有效年限在 5 年以内的专利及技术方向进行梳理与评价，具体梳理结果如表 6-24 所示。

表 6-24　三菱瓦斯化学在中国有效年限在 5 年以内的专利清单（按专利家族）

序号	技术方向	专利公开号	过期时间	专利价值	专利强度	专利影响力	市场覆盖面
1	用于除去配线基板的残渣的组合物及洗涤方法	CN101331811	2026.12.14	1.45	3.37	3.97	1.33
2	氢化催化剂的活化方法及含有该物质的过氧化氢制造方法	CN101066751	2027.4.30	1.96	4.12	3.58	2.08
3	腐蚀剂组合物及使用该组合物的半导体装置的制备方法	CN101199043	2026.6.22	2.1	4.43	4.46	2.02
4	洗涤液及使用其的洗涤方法	CN1526807	2024.2.9	0.69	4.15	6.43	1.1
5	清洁组合物	CN1488740	2023.9.9	0.64	4.63	5.37	1.86
6	光刻胶剥离组合物	CN1444103	2023.3.12	0.65	5.19	6.03	2.08
7	剥离抗蚀剂的方法	CN1578932	2022.10.31	0.19	3.48	5.8	0.78

注：（1）专利价值：该数值基于专利强度运算，同时考量专利的剩余保护期。
　　（2）影响力：该指标基于专利家族的前向引用（被引量）数量，并考虑专利年龄和技术领域。
　　（3）市场覆盖面：该数值基于专利家族已授权或正在审查中的公开国的 GDP。
　　（4）专利强度：该数值基于专利家族的前向引用量，以及已授权或正在审查中的公开国的 GDP。

2）失效专利分析

通过对失效状态的专利进行进一步的分析与统计，发现过期专利主要集中在 2002 年之前，其中 20 世纪 90 年代是过期专利高峰时期。结合专利申请趋势，这一阶段与三菱瓦斯化学湿电子化学品相关技术的迅速成长期存在重合，失效专利除过氧化氢纯化技术外，还包括用于半导体中的清洗剂、刻蚀剂配方技术。通过对失效专利的分析可以看出，三菱瓦斯化学在超纯过氧化氢制备和提纯方面始终保持技术迭代，处于全球领先位置。

研究国外领先企业过期专利，可以助力国内企业更方便地获取核心技术，打破技术壁垒，快速将领先企业的先进技术消化，并形成生产力。对领先企业刚刚过期或者即将过期的专利进行及时全面的跟踪监测，对企业获取技术、发展技术意义重大。为此，我们对三菱瓦斯化学湿电子化学品技术领域过期专利进行梳理，得到 111 件过期专利，主要分布在日本、美国、德国等国家，占比共计 62.2%（见图 6-40）。2018—2022 年，三菱瓦斯化学在中国共有 9 件（按专利族合并为 7 项）过期专利，利用 Orbit 专利综合评价模块，对上述过期专利及技术方向进行梳理与评价，具体梳理结果如表 6-25 所示。

4. 技术主题

为分析与研判三菱瓦斯化学当前在湿电子化学品领域的技术布局情况，我们利用 Orbit 全球专利分析工具，对当前三菱瓦斯化学在湿电子化学品各细分领域的有效专利进行主题分析。

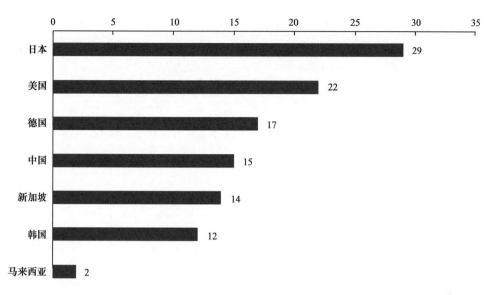

图 6-40 三菱瓦斯化学湿电子化学品过期专利国家分布（单位：件）

表 6-25 2018—2022 年三菱瓦斯化学在中国过期专利清单（按专利家族）

序号	技术方向	专利公开号	过期时间	专利强度	专利影响力	市场覆盖面
1	清洁剂及清洁方法	TWI235176	2021.10.9	2.48	2.55	1.11
2	电子零件之清洁方法	TWI254036	2021.10.9	3.84	5.67	1.11
3	光刻胶洗涤组合物	CN1296064	2020.9.28	5.42	6.64	2.05
4	光阻剥离剂及使用其制造半导体装置之方法	TWI261152	2020.2.24	4.49	6.44	1.37
5	清洗剂以及使用它的清洗方法	CN1288589	2019.11.11	4.92	5.35	2.1
6	半导体器件清洗液	TW392239	2018.8.14	0.36	0.74	0.03
7	半导体电路用清洗剂及使用该清洗剂制造半导体电路的方法	TW432524	2018.4.10	2.09	4.43	0.13

注：（1）专利价值：该数值基于专利强度运算，同时考量专利的剩余保护期，失效专利的分值为 0。
（2）影响力：该指标基于专利家族的前向引用（被引量）数量，并考虑专利年龄和技术领域。
（3）市场覆盖面：该数值基于专利家族已授权或正在审查中的公开国的 GDP。
（4）专利强度：该数值基于专利家族的前向引用量，以及已授权或正在审查中的公开国的 GDP。

1）纯化

截至 2022 年 5 月，三菱瓦斯化学在湿电子化学品纯化技术领域的有效专利共计 61 件（按专利族为 16 项），通过文献文本的技术概念抽取，发现排名前 10 的概念主要集中在过氧化氢制备、加氢催化剂、过氧化氢纯化工艺等方面（见表 6-26）。

表 6-26　三菱瓦斯化学在纯化技术领域中有效专利（件）排名前 10 位的技术概念

序号	英文概念	中文概念	专利申请数量（件）
1	Hydrogen peroxide	过氧化氢	56
2	Hydrogenation catalyst	加氢催化剂	47
3	Hydrogenation	氢化	28
4	Anthrahydroquinone	蒽醌法	36
5	Purification	纯化	36
6	Distillation	蒸馏	29
7	Alkyl substituent	烷基取代基	26
8	Platinum	铂金	30
9	Working solution	工作溶液	38
10	Amyl anthraquinone	戊基蒽醌	26

　　在物质制备和纯化技术领域，戊基蒽醌生产是三菱瓦斯化学的独有专利，且三菱瓦斯化学在此基础上不断创新。通过对专利申请数量排名前 10 位的技术概念术语进行分析发现，有效专利内容包括：①蒽醌法工艺中活化催化剂的氢化选择性和活性技术，如使用碱性水溶液处理（如 CN101066751 等）、添加加氢反应器（JP2017128460、JP2018135229）。②蒽醌法工艺中过氧化氢提纯技术，如使用具有烷基取代基的蒽醌和具有烷基取代基的四氢化蒽醌的摩尔比为 2:1 ～ 8:1 的混合物（CN101104510），添加碱化合物，并蒸馏混合物（JP2008087992）；通过工作液中溶液极性改变（JP2008120631）；活性氧化铝和阳离子交换树脂工艺（CN107265409）；重结晶蒽醌，以去除工作液中的磷酸三辛酯（CN109467057）；冷凝分离和液相分离的方法（CN110121480）；沸石膜处理（JP2020007201）；RO 膜净化（JP2020001984）。③其他工艺生产过氧化氢。JP5048643、JP5311478 能够在催化剂和离子液体［如丁基 -3- 甲基咪唑鎓双（三氟甲磺酰基）亚胺］存在的情况下，直接生成过氧化氢；板钛矿型氧化钛作为催化剂载体，在不存在有机溶剂的条件下制造过氧化氢（WO2012/133149）；金属络合物作为催化剂，直接生成过氧化氢（CN104640854）。④过氧化氢稳定剂，如 CN104379502 使用自由基捕捉剂有效地抑制生成的过氧化氢分解。

　　2）清洗

　　随着半导体的微细化，半导体清洗液需要较高品质。截至 2022 年 5 月，三菱瓦斯化学在湿电子化学品清洗技术领域的有效专利共计 195 件（按专利族为 41 项），通过文献文本的技术概念抽取，发现排名前 10 位的概念主要集中在高纯度添加剂组分氨基亚甲基膦酸、钴石金 / 铜合金残渣、有机硅氧烷类薄膜等（见表 6-27）。有效专利内容包括：①能够去除硬掩膜、干刻蚀残留物、有机硅氧烷系薄膜等，同时抑制对铜、铜合金等布线材料的腐蚀（CN104823267、IL238967）；②能够去除氮化钛硬掩膜，不腐蚀钨、铜或铜合金和钴或钴合金的损伤（CN105981136、WO2015/111684、KR10-2017-0042240、US10301581 等）；③去除干蚀刻残渣、光致抗蚀剂等，抑制钽、钨、钴等布线材料、硬掩膜的损坏（IL247785、WO2016/076032 等）；④去除蚀刻残留物，防止钴（US11193094 等）、铝（US20120149622）、铜或铜合金（US8802608、JP5278319等）、钛或钛合金（EP1965618）等金属布线变性；⑤稳定去除有机硅氧烷类薄膜、干法刻蚀产生的残留物、干法刻蚀处理改性后的改性光刻胶和未改性的光刻胶，不腐蚀Low-k 膜、铜或铜合金（US7977292）；⑥高纯度添加剂组分的制备，如 JP4775095、JP5581832，制备高纯度氨基亚甲基膦酸，可作为半导体的组分添加到过氧化氢、氨水等硅片清洗液中，用于防止过氧化物分解。增加螯合能力以去除硅片上的金属。

表 6-27　三菱瓦斯化学在清洗领域中有效专利（件）排名前 10 位的技术概念

序号	英文概念	中文概念	专利申请数量（件）
1	Quaternary ammonium hydroxide	季铵氢氧化物	64
2	Amino methylene phosphonic acid	氨基亚甲基膦酸	26
	Cobalt alloy	钴合金	46
3	Copper alloy	铜合金	48
4	Copper wiring	铜线	55
5	Dielectric constant film	介电常数薄膜	31
6	Organosiloxane thin film	有机硅氧烷薄膜	21
7	Hard mask	硬掩膜	51
8	Gallium phosphorus	镓磷	72
9	Photoresist	光刻胶	90

　　3）刻蚀

　　截至 2022 年 5 月，三菱瓦斯化学在湿电子化学品刻蚀技术领域的有效专利共计90 件（按专利族为 22 项），通过文献文本的技术概念抽取，发现专利申请数量排名前10 位的概念主要集中在硅 / 半导体基板、硅膜、氟化氢、钛层、铜合金、四甲基氢氧化铵等方面（见表 6-28）。有效专利内容包括：①酸性水溶液用于具有高介电常数的薄膜材料（如氧化硅）的蚀刻剂，以提升 MOSFET 的集成度和速度（US20040188385等）；②碱性水溶液用于稳定硅蚀刻液速率和提升蚀刻液寿命（US8883652、JP5109261等）；③包含马来酸离子、氨基的水溶液用于铜和钼的多层膜蚀刻（US9466508、US9365770 等）；④包含氟化合物、氧化物（高锰酸化合物和五氧化二钒中的一种或以上且不含硝酸）的湿法刻蚀组合物用于具有 SiN（氮化硅）层和 Si（硅）层的基板，以提高硅相对于氮化硅的去除选择性（US10689573）。

表 6-28　三菱瓦斯化学在刻蚀领域中有效专利（件）排名前 10 位的技术概念

序号	英文概念	中文概念	专利申请数量（项）
1	Silicon substrate	硅基板	21
2	Wafer	晶圆	19
3	Hydrogen fluoride	氟化氢	15
4	Hydrogen peroxide	过氧化氢	17
5	Semiconductor substrate	半导体基板	29
6	Titanium layer	钛层	16
7	Copper alloy	铜合金	16
8	Tetramethylammonium hydroxide	四甲基氢氧化铵	24
9	Copper wiring	铜线	17
10	Si film sin film	硅膜 /sin 膜	5

6.4　小结

湿电子化学品处理半导体工艺重点技术的专利申请始于 20 世纪 70 年代，从 20 世纪 90 年代中期开始专利申请数量逐渐增加，整体呈波动上升态势。2012—2021 年的专利总量占该技术专利总量的 51.74%。中国在该技术的专利申请在 2008—2020 年间的变化趋势与国际专利申请趋势大致相同。2016—2021 年，中国在该技术的专利申请数量占国际专利总量的比例保持在 50% 以上。在湿电子化学品相关技术研发中，中国扮演着越来越重要的角色。

在国家分布方面，湿电子化学品处理半导体工艺的相关技术主要掌握在中国、日本和韩国手中。重点技术专利的来源国集中在中国、日本和韩国，占比分别为 32.60%、31.29% 和 35.43%；专利市场分布也集中在中国、日本和韩国，占比分别为 25.80%、20.23% 和 13.25%。

在专利权人方面，排名前 10 位的专利权人来自日本（5 位），中国（2 位），法国、德国和韩国的专利权人各 1 位。排名前 10 位的专利权人 / 申请人全部为公司。

湿电子化学品处理半导体工艺的物质种类主要涉及酸类、有机类、清洗液、蚀刻液、过氧化氢和碱类，占比分别为 26.33%、18.23%、17.95%、16.92%、12.24%、6.96%。其中，42.93% 的专利是湿电子化学品的制备方法类专利；20.95% 是湿电子化学品清洗类专利；17.95% 是湿电子化学品制备装置类专利；17.14% 是湿电子化学品蚀刻类专利。

专利研发热点主题集中在高纯试剂的制备方法、制备装置、提纯材料与在半导体中的应用等方面。制备方法的热点主题分布在萃取、杂质去除方法、相分离方法等技术方向；制备装置的热点主题分布在分离塔、吸附塔、重沸器、洗涤塔、成品储运设备、萃取设备、清洗设备、板式塔、液体分离器、冷凝管、过滤设备等技术方向；制备材料的热点主题集中在阳离子交换树脂、酸性阳离子交换树脂、碱性阴离子交换树脂、极性溶剂、离子交换柱、离子交换膜及材料的传质性能等技术方向；半导体的应用工艺集中在半导体衬底清洗、酸洗涤、半导体合金清洗等技术方向。

三菱瓦斯化学是全球最大的超纯过氧化氢生产和销售商。其以拥有先进的蒽醌法生产超纯过氧化氢技术，供应适用于半导体的超纯物质、清洗剂、刻蚀剂等优质产品，持续不断的创新而闻名。

三菱瓦斯化学的超纯过氧化氢生产得益于专有的戊基蒽醌自动氧化工艺，通过对其全球专利申请趋势进行分析可以看出，该项技术主要起源于早期合并公司之一的三菱江户川化学株式会社，三菱瓦斯化学成立后，在已有技术条件的基础上对超纯过氧化氢的纯化、清洗剂、刻蚀剂等方面进一步继承和发展。从三菱瓦斯化学公开专利数据拟合的技术成熟度曲线可以看出，三菱瓦斯化学在湿电子化学品技术研发相关方面已趋于成熟，目前已进入稳定成长阶段，近年来在清洗剂、刻蚀剂等领域一直保持稳定的专利申请数量。

在专利市场布局方面，日本、美国、韩国、中国是三菱瓦斯化学湿电子化学品相关专利的重点布局国家，其与这些国家较为发达和强劲的半导体产业发展表现一致。在细分领域，三菱瓦斯化学在纯化领域的专利布局更多，基本与湿电子化学品技术领域整体布局保持一致，清洗剂和刻蚀剂专利分布情况有所不同，在印度、加拿大、法国等国家未见分布。

在技术细分领域，三菱瓦斯化学的专利布局更多地集中在纯化和清洗两个领域，在刻蚀方面的布局专利并不多。其在纯化领域的专利，主要聚焦在过氧化氢制备、加氢催化剂、过氧化氢纯化工艺等方面。其在清洗领域的专利，主要聚焦在高纯度添加剂组分氨基聚亚甲基膦酸、钴合金/铜合金残渣、有机硅氧烷类薄膜等。其在刻蚀领域的专利，主要集中在硅/半导体基板、硅模、氟化氢、钛层、铜合金、四甲基氢氧化铵等相关专利。

致谢：中国科学院过程工程研究所张锁江院士、何宏艳研究员对本章内容提出了宝贵意见和建议，谨致谢忱。

执笔人：中国科学院文献情报中心、中国科学院大学经济与管理学院信息资源管理系张超、吴鸣；中国科学院文献情报中心徐扬、费鹏飞；中国化工信息中心有限公司顾方、于宸、鲁瑛、肖甲宏。